中国地震年鉴
CHINA EARTHQUAKE YEARBOOK
2010

地震出版社

图书在版编目（CIP）数据

中国地震年鉴 . 2010 /《中国地震年鉴》编辑部编 . —北京：地震出版社，2022.12
ISBN 978-7-5028-5488-1

Ⅰ . ①中⋯　Ⅱ . ①中⋯　Ⅲ . ①地震-中国-2010-年鉴　Ⅳ . ①P316.2-54

中国版本图书馆 CIP 数据核字（2022）第 178241 号

地震版　XM5359/P（6313）

中国地震年鉴（2010）

《中国地震年鉴》编辑部　编

责任编辑：郭贵娟
特约编辑：李巧萍　黄宝忠
责任校对：凌　樱

出版发行：地震出版社

北京市海淀区民族大学南路 9 号　　　　邮编：100081
发行部：68423031　68467993　　　　传真：68467991
总编办：68462709　68423029
编辑室：68467982
http://seismologicalpress.com
E-mail：dz_press@163.com

经销：全国各地新华书店
印刷：北京广达印刷有限公司

版（印）次：2022 年 12 月第一版　2022 年 12 月第一次印刷
开本：787×1092　1/16
字数：605 千字
印张：24.25
书号：ISBN 978-7-5028-5488-1
定价：198.00 元

版权所有　翻印必究

（图书出现印装问题，本社负责调换）

《中国地震年鉴》编辑委员会

主　编：闵宜仁
委　员：方韶东　韩志强　陈华静　王春华　马宏生
　　　　高亦飞　黄　蓓　朱芳芳　周伟新　徐　勇
　　　　米宏亮　兰从欣　牟艳珠　张　宏

《中国地震年鉴》编辑部

主　任：王春华　陈华静　张　宏
成　员：刘　强　彭汉书　刘小群　高光良　齐　诚
　　　　崔文跃　杨　鹏　陈俞含　李明霞　丁昌丽
　　　　李巧萍　黄宝忠　王　莹　李　苗　李松阳
　　　　李　丽　董　青　李佩泽

2010年9月9日,中国地震局党组书记、局长陈建民(前排右二)陪同全国人大常委会副委员长、中国红十字会会长华建敏(前排左二)莅临国家地震救援基地观摩指导北京市应急演练

(中国地震局办公室 提供)

2010年9月20日,中国地震局党组书记、局长陈建民(左三)出席中国地震局第七届科学技术委员会成立大会

(中国地震局科技与国际合作司 提供)

2010年8月4日,中国地震局与冰岛气象厅签署双边合作谅解备忘录

(中国地震局科技与国际合作司 提供)

2010年8月25日,中国地震局党组书记、局长陈建民(左二)赴黑龙江省地震局检查指导工作

(黑龙江省地震局 提供)

2010年4月7日，中国地震局副局长刘玉辰（左四）出席中国援建老挝地震台站落成仪式

（中国地震局科技与国际合作司　提供）

2010年4月12日，中国地震局副局长刘玉辰（右四）出席在印度尼西亚首都雅加达举行的中国援建印度尼西亚地震监测和海啸预警系统项目交接仪式

（中国地震局科技与国际合作司　提供）

2010年8月28日，中国地震局党组成员、副局长赵和平（左二）出席海南省抗震救灾指挥部揭牌仪式

（海南省地震局　提供）

2010年10月23日，中国地震局党组成员、副局长赵和平（右三）出席在重庆召开的第六届中国西部防震减灾论坛

（重庆市地震局　提供）

2010年10月11—15日，中国地震局党组成员、副局长修济刚（右三）陪同全国人大教科文卫委员会调研组赴广东省调研《中华人民共和国防震减灾法》实施情况

（广东省地震局　提供）

2010年8月4日，中国地震局党组成员、副局长修济刚（左四）在山西豆罗镇看望中国地震局第一监测中心野外监测职工

（中国地震局第一监测中心　提供）

2010年3月22—26日，中国地震局党组成员、纪检组长张友民（右三）到湖南省地震局检查指导工作

（湖南省地震局　提供）

2010年6月29日—7月5日，中国地震局纪检组长张友民（前排左三）率领中国地震局科技代表团赴香港和澳门进行工作访问

（中国地震局科技与国际合作司　提供）

2010年10月25—27日,中国地震局党组成员、副局长阴朝民(右五)率领国务院抗震救灾指挥部调研组到江苏检查指导工作

(江苏省地震局 提供)

2010年12月15—16日,中国地震局党组成员、副局长阴朝民(前排左一)为宁夏海原地震博物馆揭幕,并出席在海原县举办的开馆仪式暨海原大地震学术研讨会

(宁夏回族自治区地震局 提供)

2010年4月2日,天津市委党校教师到天津市地震局参观

(天津市地震局 提供)

2010年6月18日,河北省地震局参加河北省军地联合应急行动演练

(河北省地震局 提供)

2010年5月5日，内蒙古自治区呼和浩特市小记者协会组织小记者参观内蒙古自治区防震减灾科普教育基地

（内蒙古自治区地震局　提供）

2010年4月15日，上海市防震减灾科技中心大楼奠基仪式在上海市普陀区兰溪路87号举行

（上海市地震局　提供）

2010年11月10日,江西省防震减灾应急指挥中心及台网加密与扩建工程在南昌高新技术开发区开工建设

(江西省地震局 提供)

2010年9月5日,冰岛共和国总统奥拉维尔·拉格纳·格里姆松(右二)参观访问云南省地震局

(云南省地震局 提供)

2010年5月12日,陕西省地震灾害救援志愿者服务总队成立暨授旗仪式在西安举行

(陕西省地震局 提供)

2010年5月12日,甘肃省抗震救灾指挥部办公室在甘肃省地震局正式挂牌

(甘肃省地震局 提供)

2010年12月24—25日，第八届全国地震工程学术会议在重庆召开

（中国地震局工程力学研究所　提供）

2010年8月25—27日，第五届国际岩石应力研讨会在北京召开

（应急管理部国家自然灾害防治研究院　提供）

目 录

专 载

中国地震局党组书记、局长陈建民在2010年全国地震局长会暨党风廉政建设工作会议上的讲话（摘要） ……………………………………………………………（ 3 ）

中国地震局党组书记、局长陈建民在中国共产党中国地震局直属机关第七次代表大会上的讲话（摘要） ……………………………………………………………（ 20 ）

中国地震局党组成员、副局长刘玉辰在中国地震局人事工作会议暨人才工作会议闭幕式上的讲话（摘要） ……………………………………………………………（ 23 ）

中国地震局党组成员、副局长赵和平在2010年应急管理国际研讨会上的讲话（摘要） ……………………………………………………………………………（ 29 ）

中国地震局党组成员、副局长修济刚在2010年中国地震局直属机关党建工作会议上的讲话（摘要） …………………………………………………………………（ 32 ）

中国地震局党组成员、副局长阴朝民在2010年中国地震局政策法规工作会议上的讲话（摘要） ………………………………………………………………………（ 37 ）

2010年发布2项地震国家标准 ………………………………………………………（ 44 ）

2010年发布6项地震行业标准 ………………………………………………………（ 45 ）

中国地震局关于进一步加强地震科技工作的意见 …………………………………（ 47 ）

地震与地震灾害

2010年全球$M \geqslant 7.0$地震目录 …………………………………………………（ 55 ）

2010年中国大陆及沿海地区$M \geqslant 4.0$地震目录 …………………………………（ 56 ）

2010年地震活动综述 …………………………………………………………………（ 60 ）

2010年中国大陆地震灾害情况述评 …………………………………………………（ 63 ）

各地区地震活动

首都圈地区 ……………………………………………………………………………（ 68 ）

北京市 …………………………………………………………………………………（ 68 ）

天津市 …………………………………………………………………………………（ 68 ）

河北省 …………………………………………………………………………………（ 69 ）

山西省 …………………………………………………………………………………（ 69 ）

内蒙古自治区 …………………………………………………………………………（ 70 ）

辽宁省 …………………………………………………………………………………（ 70 ）

吉林省	（71）
黑龙江省	（71）
上海市	（72）
江苏省	（72）
浙江省	（72）
安徽省	（73）
福建省及近海地区（含台湾地区）	（73）
江西省	（73）
山东省及近海地区	（74）
河南省	（74）
湖北省	（74）
湖南省	（75）
广东省	（75）
广西壮族自治区	（75）
海南省	（76）
重庆市	（76）
四川省	（76）
贵州省	（77）
云南省	（77）
陕西省	（77）
甘肃省	（78）
青海省	（78）
宁夏回族自治区	（78）
新疆维吾尔自治区	（79）

重要地震与震害

2010年1月31日四川遂宁、重庆潼南交界5.0级地震	（80）
2010年2月22日重庆荣昌4.2级地震	（81）
2010年3月10日黑龙江友谊4.2级地震	（81）
2010年4月14日青海玉树7.1级地震	（81）
2010年6月10日新疆乌恰5.1级地震	（82）
2010年9月10日重庆荣昌4.5级地震	（82）
2010年10月24日河南太康4.6级地震	（83）
2010年11月6日新疆且末、若羌交界5.0级地震	（83）

防震减灾

2010年防震减灾工作综述	（87）

防震减灾法治建设与政策研究

2010年防震减灾法治建设工作综述…………………………………………………………（ 89 ）
2010年防震减灾政策研究工作综述…………………………………………………………（ 92 ）
2010年地震标准化建设工作……………………………………………………………………（ 94 ）

地震监测预报

2010年地震监测预报工作综述…………………………………………………………………（ 95 ）
2009年地震监测预报工作质量全国统评结果（前三名）……………………………………（ 99 ）
2010年中国测震台网运行观测年报……………………………………………………………（108）
2010年中国地震前兆台网运行年报……………………………………………………………（110）

各省、自治区、直辖市、中国地震局直属单位监测预报工作

北京市………………………………………………………………………………………………（113）
天津市………………………………………………………………………………………………（114）
河北省………………………………………………………………………………………………（115）
山西省………………………………………………………………………………………………（116）
内蒙古自治区………………………………………………………………………………………（117）
辽宁省………………………………………………………………………………………………（119）
吉林省………………………………………………………………………………………………（120）
黑龙江省……………………………………………………………………………………………（120）
上海市………………………………………………………………………………………………（122）
江苏省………………………………………………………………………………………………（123）
浙江省………………………………………………………………………………………………（125）
安徽省………………………………………………………………………………………………（126）
福建省………………………………………………………………………………………………（128）
江西省………………………………………………………………………………………………（129）
山东省………………………………………………………………………………………………（130）
河南省………………………………………………………………………………………………（131）
湖北省………………………………………………………………………………………………（133）
湖南省………………………………………………………………………………………………（134）
广东省………………………………………………………………………………………………（135）
广西壮族自治区……………………………………………………………………………………（137）
海南省………………………………………………………………………………………………（138）
重庆市………………………………………………………………………………………………（139）
四川省………………………………………………………………………………………………（140）
贵州省………………………………………………………………………………………………（142）
云南省………………………………………………………………………………………………（143）
陕西省………………………………………………………………………………………………（145）
甘肃省………………………………………………………………………………………………（145）
青海省………………………………………………………………………………………………（147）
宁夏回族自治区……………………………………………………………………………………（148）

新疆维吾尔自治区	(149)
中国地震局地球物理勘探中心	(150)
中国地震局第一监测中心	(151)
中国地震局第二监测中心	(152)

台站风貌

灵丘地震台	(153)
荣成地震台	(153)
姑咱水化综合台	(154)
洱源地震台	(155)
西安基准地震台	(156)

地震灾害预防

| 2010年地震灾害预防工作综述 | (157) |
| 2010年全国市县防震减灾工作综述 | (160) |

各省、自治区、直辖市地震灾害预防工作

北京市	(162)
天津市	(163)
河北省	(164)
山西省	(165)
内蒙古自治区	(167)
辽宁省	(168)
吉林省	(169)
黑龙江省	(170)
上海市	(171)
江苏省	(173)
浙江省	(175)
安徽省	(175)
福建省	(177)
江西省	(178)
山东省	(179)
河南省	(180)
湖北省	(182)
湖南省	(183)
广东省	(184)
广西壮族自治区	(186)
海南省	(187)
重庆市	(188)
四川省	(189)
贵州省	(190)

云南省	（191）
陕西省	（193）
甘肃省	（194）
青海省	（195）
宁夏回族自治区	（196）
新疆维吾尔自治区	（197）

地震灾害应急救援

2010年地震灾害应急救援工作综述 …………………………………………（199）

各省、自治区、直辖市地震应急救援工作

北京市	（202）
天津市	（203）
河北省	（204）
山西省	（205）
内蒙古自治区	（207）
辽宁省	（207）
吉林省	（208）
黑龙江省	（209）
上海市	（211）
江苏省	（211）
浙江省	（213）
安徽省	（213）
福建省	（215）
江西省	（216）
山东省	（217）
河南省	（218）
湖北省	（219）
湖南省	（220）
广东省	（221）
广西壮族自治区	（222）
海南省	（224）
重庆市	（225）
四川省	（225）
贵州省	（228）
云南省	（229）
陕西省	（231）
甘肃省	（231）
青海省	（233）
宁夏回族自治区	（234）

新疆维吾尔自治区 …………………………………………………………………………（235）
重要会议
2010年全国防震减灾工作会议 ……………………………………………………………（237）
2010年全国地震局长会暨党风廉政建设工作会议 ………………………………………（238）
2011年度全国地震趋势会商会 ……………………………………………………………（238）
天津市2010年防震减灾工作会议 …………………………………………………………（239）
山西省2010年防震减灾工作会议 …………………………………………………………（240）
内蒙古自治区2010年防震减灾工作会议 …………………………………………………（241）
辽宁省2010年防震减灾工作会议 …………………………………………………………（241）
江苏省2010年防震减灾工作会议 …………………………………………………………（241）
安徽省2010年防震减灾工作会议 …………………………………………………………（242）
福建省2010年防震减灾工作会议 …………………………………………………………（242）
江西省2010年防震减灾工作会议 …………………………………………………………（243）
山东省人民政府2010年常务会议 …………………………………………………………（243）
山东省2010年防震减灾工作会议 …………………………………………………………（244）
河南省2010年防震减灾工作会议 …………………………………………………………（244）
广东省2010年防震抗震救灾工作联席会议 ………………………………………………（245）
广西壮族自治区2010年防震减灾工作会议 ………………………………………………（245）
海南省2010年防震减灾工作会议 …………………………………………………………（246）
四川省2010年防震减灾工作会议 …………………………………………………………（246）
四川省灾后恢复重建工作现场会 …………………………………………………………（247）
"5·12"汶川特大地震暨巨灾应对全国研讨会 ……………………………………………（247）
贵州省2010年防震减灾工作联席会议 ……………………………………………………（248）
云南省2010年防震减灾工作会议 …………………………………………………………（248）
陕西省2010年防震减灾工作会议 …………………………………………………………（249）
甘肃省2010年防震减灾工作会议 …………………………………………………………（249）
宁夏回族自治区2010年防震减灾工作会议 ………………………………………………（250）
新疆维吾尔自治区2010年地震工作暨思想政治工作会议 ………………………………（251）

科技进展与成果推广

2010年地震科技工作综述 …………………………………………………………………（255）
科技成果
2010年中国地震局防震减灾优秀成果奖获奖名单 ………………………………………（257）
专利与技术转让
2010年中国地震局专利与技术转让情况 …………………………………………………（260）

科技进展

- 地震监测设施建设标准体系与定额方法研究 （261）
- 水平基准系统的数字化与自动化升级改造 （261）
- 水库地震监测与预测技术研究 （261）
- P 波和 S 波接收函数研究青藏高原东北缘及东缘岩石圈厚度和上地幔间断面 （262）
- 黄土地区复杂场地条件对地震动放大效应的影响机理研究 （262）
- 强震危险区划关键技术研究进展 （263）
- 活动地块边界带的动力过程与强震预测 （264）
- 重大地震灾害及其灾害链综合风险评估技术 （264）
- 中国主要活动火山喷发序列研究与灾害预测 （265）
- 中国地震活断层探察——华北构造区 （266）
- 汶川地震三维发震构造、现今运动状态和区域活动断层发震危险性综合评价 （266）
- 中国地震活动断层探察——华北构造区和南北地震带南段 （267）
- 深层煤矿床的原地应力场与采动应力叠加效应研究 （267）
- 大地震灾害救援现场关键环节标准工作程序及其管理系统研发 （268）
- 金沙江地震监测项目 （269）
- 华北克拉通岩石圈构造及深部过程的研究 （269）
- 用超长观测距地震宽角反射/折射剖面研究华北克拉通北部岩石圈结构和性质 （270）
- 中国地震活断层探察——华北构造区 - 深地震反射和折射剖面综合探测 （270）
- 中国综合地球物理场观测——青藏高原东缘地区 （271）
- 废墟搜索与辅助救援机器人研制 （271）

成果推广

- 核电站地震仪表系统（KIS） （273）
- 汶川县地震小区划 （273）
- 结构抗震性能的诊断及评估研究 （274）
- 乌鲁木齐城市活断层探测与地震危险性评价 （274）
- 中国地震灾害防御中心成果推广 （274）

科学考察

- 中国地震局地质研究所青海玉树 7.1 级地震科学考察 （275）
- 中国地震局工程力学研究所青海玉树 7.1 级地震工程震害科学考察 （275）
- 中国地震局地球物理勘探中心青海玉树 7.1 级地震科学考察 （276）

机构·人事·教育

机构设置

- 中国地震局领导班子成员名单 （279）
- 中国地震局机关司、处级领导干部名单 （279）
- 中国地震局所属各单位领导班子成员名单 （282）

2010年中国地震局局属单位机构变动情况……（289）

人事教育
2010年中国地震局人事教育工作综述……（292）
2010年中国地震局教育培训工作……（293）
2010年中国地震局干部培训中心教育培训工作……（294）

中国地震局直属单位教育培训工作
上海市地震局……（296）
湖北省地震局……（296）
广东省地震局……（297）
广西壮族自治区地震局……（297）
四川省地震局……（297）
云南省地震局……（298）
陕西省地震局……（298）
新疆维吾尔自治区地震局……（298）

人物
2010年中国地震局享受政府特殊津贴人员简介……（299）
2010年通过研究员（正研级高级工程师）专业技术职务任职资格人员名单……（300）
中国地震局2010年获得专业技术二级岗位人员名单……（300）

合作与交流

合作与交流项目
2010年中国地震局对外交流与合作综述……（303）
2010年出访项目……（306）
2010年来访项目……（320）
2010年港澳台合作交流项目……（325）

学术交流
冰岛共和国总统访问云南省地震局……（327）
第四届粤港澳地区地震科技研讨会……（327）
第五届国际岩石应力研讨会……（328）
第八届全国土动力学学术会议……（328）

计划·财务·纪检监察审计·党建

发展与财务工作
2010年中国地震局发展与财务工作综述……（333）
中国地震局财务决算与分析……（335）
国有资产……（335）

机构、人员、台站、观测项目、固定资产统计 …………………………………………（337）
纪检监察审计工作
2010年地震系统纪检监察审计工作综述 ……………………………………………（339）
党建工作
2010年中国地震局直属机关党建工作综述 …………………………………………（341）

附　　录

2010年中国地震局大事记 ……………………………………………………………（345）
2010年地震系统各单位离退休人员人数统计表 ……………………………………（353）
地震科技图书简介 ……………………………………………………………………（356）
《中国地震年鉴》特约审稿人名单 …………………………………………………（358）
《中国地震年鉴》特约组稿人名单 …………………………………………………（359）

专　　载

主要收载党中央、国务院、中国地震局领导有关防震减灾工作的重要讲话；国务院、国务院办公厅和中国地震局及省级机关印发的有关防震减灾工作的重要法规和文件。

中国地震局党组书记、局长陈建民
在 2010 年全国地震局长会暨党风廉政建设工作会议上的讲话
（摘要）

（2010 年 1 月 17 日）

这次会议的主要任务是：全面贯彻党的十七大、十七届四中全会和中央经济工作会议精神，以邓小平理论和"三个代表"重要思想为指导，以科学发展观为统领，贯彻落实十七届中央纪委五次全会和全国防震减灾工作会议精神，回顾总结 2009 年、研究部署 2010 年防震减灾和党风廉政建设工作。

一、2009 年防震减灾和党风廉政建设工作回顾

一是全面完成汶川地震科学总结与反思工作。中国地震局党组认真贯彻落实党中央、国务院关于进一步做好防震减灾工作的一系列重要部署，深入开展了汶川地震科学总结与反思工作。经过一年多的不懈努力，编制完成了科学总结与反思总报告，以及单位报告、领域报告、专项报告等一系列分报告，分析总结了我国防震减灾工作取得的 5 条主要经验，剖析查找了存在的 6 条主要不足，研究提出了一系列推动防震减灾事业发展改革的设想和措施建议。总结反思取得的重要成果已开始应用于防震减灾工作实践，很多措施建议已纳入全国防震减灾工作会议文件中，用于指导防震减灾事业发展。

二是《中华人民共和国防震减灾法》修订完成并正式施行。该法的修订是防震减灾事业发展历程中一件具有里程碑意义的大事，在党的十七届四中全会报告中吴邦国委员长、温家宝总理分别在年度工作报告中都对修订工作给予了充分肯定。修订工作得到了中央的大力支持，得到了各地各部门的密切配合，得到了全社会的广泛关注。《中华人民共和国防震减灾法》审议通过后，中国地震局党组把贯彻实施作为一项重要任务来抓，配合全国人大有关委员会组织召开了座谈会，共同研究贯彻实施工作，会同国务院有关部门召开电视电话会议，对法律的贯彻落实作出全面部署，部门联动、上下齐动，形成了全面推进《中华人民共和国防震减灾法》贯彻实施的良好氛围。该法的修订充分体现了中央对防震减灾工作的高度重视，充分反映了近年来防震减灾工作取得的成功经验，充分汲取了汶川地震抗震救灾的重要启示，必将对推动和保障防震减灾事业科学发展起到重要的作用。

三是国家地震救援队能力得到显著提升。国家救援队在汶川地震救援中发挥了极为重要的作用，但是由于规模偏小，救援力量还不适应大震巨灾的需要。对此，党中央、国务院和中央军委明确指示，要进一步加强国家救援队能力建设。按照中央的部署，中国地震局会同军地有关方面，全力推进救援队各项建设。队伍在原有 222 人的基础上扩编为 480 人，增加一倍多，中央财政拨付专项资金 1.1 亿元强化队伍装备建设。救援队扩编后，具

备同时在3处复杂城市条件下异地开展救援的能力,也可以同时在6处一般城市或9处乡镇地区实施救援行动。2009年11月14日,经过一年多的准备,国家救援队在艰难环境下通过联合国国际救援组织的分级资格测评,成为全球第12支、亚洲第2支获联合国认可和资格认证的国际重型救援队。

四是"十一五"重大项目工作取得重要进展。"国家地震安全"计划和"喜马拉雅"计划是"十一五"期间的国家防震减灾重大计划,对于最大限度减轻地震灾害损失,全面提升国家防震减灾综合能力,具有十分重要的意义和作用。经过努力,地震背景场探测工程可研报告已通过国家评审,获批复投资4.1亿元;地震社会服务工程已获国家立项批复,投资3.5亿元;对于"国家地震安全"计划中的另外两个项目。防震减灾基础设施项目建议书正在申请国家评审,地震预报试验场项目正在抓紧时间组织编制建议书。除此之外,中国综合地球物理场观测、中国地震活断层探察、中国地震科学台阵探测项目得到财政部批准,第一期投资1.2亿元。在我国经济发展面临困难和重大挑战、中央财政紧张的情况下,中央仍计划投入8.8亿元支持防震减灾重大项目建设,充分体现了党和国家对防震减灾工作的高度重视,表明防震减灾工作越来越得到有关部门的认可和肯定。

五是进一步完善了中国地震局机关管理体制机制。自2003年中编办批复中国地震局机构设置以来,在履行职能过程中,我们感到已经明显不适应防震减灾事业发展面临的新形势、新要求。尤其是通过汶川地震总结与反思、学习实践科学发展观活动的研究与思考,中国地震局党组认为,现有机关内设机构设置及人员编制与繁重工作任务不相适应的现象非常突出,亟需进一步调整和完善。在充分论证和研究的基础上,我们向中央提出了加强机构建设的方案,并得到中央的全盘批复,充分体现了党中央、国务院对防震减灾工作的高度关心和重视。这次机构调整强化了地震科技创新、干部及人才队伍建设和政策法规等方面的管理职能,更加明确了各司室职能职责分工,进一步理顺了管理体制和运行机制,为我们强化防震减灾社会管理和公共服务提供了有力的组织保障。

在抓好抓实上述5件大事的同时,中国地震局党组注意统筹兼顾,协调推进,全面发展。

(一)关于防震减灾业务工作

一是统筹资源配置,促进防震减灾事业科学发展。按照国家的总体部署,充分应用汶川地震科学总结与反思成果,对"十二五"防震减灾事业发展目标、发展战略和主要任务进行了深入研究,并积极争取将其纳入国家"十二五"规划。研究制定并发布《国家"十二五"防震减灾规划体系规划编制大纲》,明确了规划编制工作的具体思路和要求,国家防震减灾规划体系中各规划编制工作正在稳步推进。省级"十一五"重大项目实施取得重要进展,31个省(区、市)中已有26个完成立项并开展建设,地方投资已到位5.4亿元。

二是地震监测和震情跟踪工作成效明显。认真贯彻落实胡锦涛总书记、温家宝总理、回良玉副总理等中央领导同志的重要批示精神,全面加强重点时段和重点区域的震情监视跟踪。对首都圈、三峡库区等重点地区的地震活动态势进行密切跟踪分析,圆满完成了新中国成立60周年庆典和三峡水库试验性蓄水期间的震情保障工作。继续强化汶川余震区、南北地震带及天山地震带的震情监视和跟踪工作。

三是社会综合防御地震灾害能力不断增强。依法进一步明确学校、医院等人员密集场所建设工程抗震设防要求的确定原则，继续推进新一代全国地震区划图的编制，形成了区划图主要技术要素的基本格架。审定了辽宁兴城核电、兰渝铁路等百余项重大工程的地震安全性评价结果，各省级地震局审定地震安全性评价的重大工程达 2000 余项。印发《地震安全性评价资质单位认定行政许可实施细则》，进一步规范地震安全性评价资质管理和执业行为。山东、宁夏、新疆等省（区）就加强抗震设防要求管理、地震断裂带探测与避让等工作作出明确部署。会同建设部门等对全国农村民居地震安全工程实施情况进行全面的摸底调研，在此基础上向国务院提出了进一步推进这项工程的建议。各地农村民居地震安全工程扎实推进，海南省将农村抗震规划纳入《社会主义新农村建设总体规划》，湖北省委将农村民居地震安全工程纳入考核工作内容，新疆、四川、甘肃、云南等省（区）全年新建改造抗震农居超过 180 万户。

推动探索市县防震减灾管理的新思路、新模式。浙江省将防震减灾工作纳入"平安市县"创建考核，山西省将防震减灾内容纳入政府目标考核，统筹经济社会发展和防震减灾能力建设，狠抓防震减灾工作责任制。积极推进城市地震安全社区示范工作，目前已经在辽宁沈阳、山东东营等地开展试点。各级地震部门积极配合教育、建设等部门共同实施全国中小学校舍安全工程，在校舍安全排查、房屋鉴定和加固、新建校舍选址中发挥了应有的作用。

围绕《中华人民共和国防震减灾法》的实施，各地各部门组织开展了形式多样的宣传贯彻活动，同时着力推进配套法规规章的制定和修订工作。中国地震局和国务院法制办共同开展了《破坏性地震应急条例》立法后评估工作，为推进条例修订工作打下了良好的基础。上海、陕西等制定修订了防震减灾地方法规，山东、云南等省制定了地方政府规章，其他地区和部门也纷纷将配套法规的制定和修订工作纳入立法计划。发布实施了《地震烈度表》等 8 项国家标准和《活断层探测》等 6 项地震行业标准，成立全国地震计量技术委员会，积极推进地震计量工作。

以首个防灾减灾日为契机，强化全社会防震减灾知识宣传。会同民政部等举行了防灾减灾应急演练，回良玉副总理亲临现场观摩，并对加强防灾减灾工作作出部署。积极探索新的宣传模式，成功举办了以家庭为参赛单位的全国防震减灾知识竞赛，营造了全社会学习了解防震减灾知识的良好氛围。全国各地也都因地制宜开展防震减灾科普宣传工作，全年新建科普示范学校 300 多所。云南省地震局与电视台联合开办《地震百科》栏目，定期开展地震知识宣传，新疆开展了维吾尔文的地震科普宣传，黑龙江省地震局成立防震减灾宣教中心，增设 9 个编制，专门强化对公众的防震减灾宣传教育。通过开展这一系列活动，数以千万计的公众了解和接受了防震减灾知识，取得了很好的社会宣传效果。

四是地震应急救援能力进一步提升。在充分吸纳各地各部门意见建议的基础上，对《国家地震应急预案》进行了修订完善。组织编印了《地震应急预案修订指南》，加强对全国地震应急预案建设的督促和指导，全国各级各类地震应急预案达 26000 余件。天津、宁夏等组织开展了综合性的地震应急救援演练，提高了地方政府应急救援指挥、协调和处置能力。

充分利用国家地震紧急救援训练基地，加强对省级地震救援队技术骨干的业务培训，推动省级地震救援队伍救援能力的全面提升，2009 年对应急管理人员、专业救援队员和志愿者开展了71批5000余人次的培训。江西省成立地震灾害紧急救援队，山西、云南、江苏、安徽等省与军队、武警、公安消防等，共同组建了本地区第二支地震救援队；湖南、浙江、山东等省整合应急救援力量，组建了包括地震专业救援在内的综合性应急救援队伍，地震救援队伍建设呈现多元化的趋势。福建省成立地震救援志愿者行动指导委员会，出台了地震救援志愿者行动实施意见。湖北、江西等省联合通信、工程机械等企业成立了地震救援志愿者队伍。

强化对各地应急指挥中心负责人的业务培训，加强应急指挥技术系统的运行管理，举行了首次国家、31个省级地震应急指挥中心、21个现场工作系统的联合演练，进一步建立并完善了应急响应视频指挥与协调机制。积极推进地震重点危险区应急准备。制定地震灾害损失调查评估系列工作指南，修订地震灾害直接经济损失评估标准，地震现场灾害评估工作进一步规范。开通12322防震减灾公益服务平台，20个省（区、市）开通热线，31个省（区、市）建立了12322应急短信灾情速报平台并已开始发挥作用。地震应急避难场所建设规范在全国推广实施，已有181个城市建成地震应急避难场所，部分县级城市开始推进避难场所建设。广西壮族自治区地震局成立防震减灾应急管理办公室，增加了23个编制，山西省地震局成立地震应急指挥中心，增加了8个编制，着力加强应急组织保障能力建设；科技在地震应急救援中发挥了积极作用，中国地震局地球物理研究所、中国地震台网中心、云南省地震局等单位把研究成果转化为实用技术，为应急救援提供了科技支撑。

五是地震科技创新工作迈出新步伐。在对地震系统科技创新现状进行全面调研分析的基础上，中国地震局组织召开了地震科技工作会议，深刻分析了当前地震科技创新工作面临的新形势、新要求，从优化地震科技布局、完善科技管理机制、建立科技评价体系、健全科技投入机制和加强科技队伍建设等方面，对地震科技创新体系建设和科技发展工作进行了全面部署。

"十一五"期间，中国地震局科研机构承担的"973"重点基础研究发展规划项目、科技支撑计划等国家级重点项目共8项，其中2009年新增2项；"十一五"期间公益性行业科研专项、科研院所修缮购置专项、科研院所基本科研业务经费等支持近10亿元，有力地支持了地震科技发展。地震科学数据共享平台等项目通过验收，取得了一批新的研究成果。地震电磁探测试验卫星项目立项工作扎实推进。

建成地震科技项目管理系统，对科技项目申报、立项、实施、结题和成果运用等进行全过程跟踪管理。坚持研究所发展方向与防震减灾任务相结合，开展地震损失快速评估、震害调查等方面的实用技术研究，充分发挥地震科技对防震减灾工作的支撑保障作用。通过设立"青年科技人才公派出国留学专项"和实施"交流访问学者计划"等，为培养科技人才和创新人才创造了条件。加强防震减灾人才培养基地建设，制定并印发了《中国地震局教师科研基金管理办法》，批准资助项目37个。

充分发挥地震科技优势，承办发展中国家地震监测技术培训班和地震紧急救援研修班。中日合作地震应急救援能力项目正式启动实施。成功举办了联合国国际搜索与救援咨询团亚太地区2009年年会，选派专家参与联合国印度尼西亚地震灾害评估工作，进一步扩大了我国在国际救援领域的影响。援助建设的印度尼西亚地震台网项目基本完成并进入试运行，成为印度尼西亚海啸预警系统的重要组成部分。

六是党的建设和干部队伍建设取得重要进展。深入巩固拓展学习实践科学发展观活动成果，有力有序有效推进整改落实工作，着力健全完善服务保障防震减灾科学发展的体制机制。以组织学习党的十七届四中全会和全国机关党建工作会议精神为重点，组织系列报告会，举办党校培训班，强化专题研讨和主题实践。广泛开展学习型组织创建活动，进一步突出中心组学习的带头作用、学习计划的指导作用、领导干部讲党课的引领作用、责任制的保障作用、党组织的服务作用。组织庆祝新中国成立60周年主题活动、京区第二届职工运动会、国庆文艺汇演、优秀文学作品和摄影作品征集活动，大力加强精神文明建设，繁荣地震先进文化。

平稳推进事业单位岗位设置工作，下达了45个单位的岗位设置方案，批复了40个单位的实施细则，已有7个单位的首次聘用结果通过备案审批。深化干部人事制度改革，加强干部队伍建设。制定了《中国地震局各单位领导班子设置原则》《中国地震局领导干部任职试用期暂行规定》和《中国地震局干部选拔任用工作监督检查实施办法》，进一步完善干部选拔任用工作程序，积极探索建立促进科学发展的干部考核、评价机制，细化考核测评办法。进一步加大竞争性选拔干部力度，深入开展用人上的不正之风整治工作。完善局管干部年度考核办法，对26个单位进行领导班子任期考核和干部晋升考核。印发《关于加强干部教育培训工作的通知》，加大干部教育培训力度，举办两期局管干部研修班和一期中青年干部培训班。在国家外专局的大力支持下，成功举办首期"地震应急管理境外培训班"，选派19人赴美国开展了应急管理中期培训。各地进一步加强了市县防震减灾工作队伍建设，广东省、江西省机构编制委员会出台加强市县地震工作管理机构建设的意见，进一步完善市县防震减灾管理体制机制。

认真落实好老干部政治待遇和生活待遇，制定下发《中国地震局关于进一步落实新形势下离退休干部工作的实施意见》，明确新时期离退休干部工作的指导思想和目标要求。建立局机关困难离退休职工帮扶机制，推进老年大学分校和老年活动站建设，组织老同志开展丰富多彩的活动庆祝新中国成立60周年，丰富老同志精神文化生活。高度重视并着力改善干部职工生活，努力解决了一些涉及职工切身利益的问题。

（二）关于党风廉政建设工作

2009年中国地震局认真贯彻落实党中央、国务院及中央纪委反腐倡廉的决策部署，紧密结合防震减灾工作实际，坚持党风廉政建设与防震减灾中心任务一起研究、一起部署、一起落实、一起考核，较好地完成了各项任务，保障了防震减灾事业又好又快发展。

一是抓检查，推动重大决策和重要部署的贯彻落实。在中央和中国地震局重要工作部署的督促检查方面，中国地震局党组认真学习传达党的十七届四中全会、国务院第二次廉政工作会议及中央纪委第三次、第四次全会精神，结合地震系统实际，及时提出贯彻落实的具体要求和措施。中国地震局党组多次听取有关部门、单位专题工作汇报并分赴局属单位进行检查，促进中央和中国地震局重大决策部署、政策措施落实到位。各单位、各部门以落实震防体系五年工作规划为主线，按照确定的2009年4方面、29项任务分工，各负其责、密切配合，较好地实现了年初确定的工作目标。

在加强对厉行节约八项要求落实情况的监督检查方面，通过压缩和调减财政拨款支出预算，实现因公出国（境）费用支出同比压缩36%；车辆购置与运行费压缩35%，公务接待费压缩21%，耗电耗水耗油费压缩10%，达到中央要求的各项指标，收到了良好效果。

在加强对学习实践科学发展观活动整改措施落实情况的监督检查方面，局机关和各单位制定了整改措施落实情况督查办法。目前中国地震局10个方面101项整改任务中，除27项任务列入下一步整改计划外，74项任务已经或基本完成。局属各单位也按照要求，积极推进整改任务的落实。

二是抓监督，确保权力的正确行使。在领导干部及领导班子监督方面，认真落实谈话制度，中国地震局党组、职能部门、局属单位根据不同情况，进行领导干部任前谈话、提醒谈话、诫勉谈话，发挥了关口前移、防微杜渐作用，促进了领导干部的廉政勤政。加强对领导干部履职情况的监督检查，中国地震党组成员带队赴局属单位进行责任制考核、指导领导班子民主生活会，部分单位主要负责人和纪检组长向中国地震局党组、纪检部门负责人、监察司述职述廉。发挥巡视工作监督作用，对8个单位进行巡视，督促制定解决突出问题的整改措施。对去年巡视的单位进行回访，监督检查整改方案的落实。推进纪检组长（纪委书记）易地选拔交流，加大监督力度。积极开展经济责任审计，对35位处级以上领导干部进行了经济责任审计。

在干部人事工作监督方面，中国地震局各级纪检监察部门对干部选拔任用、招录人员、职称评聘、评比表彰等工作开展监督600多次，保证了公平公正，维护了干部职工的知情权、参与权、选择权和监督权。

在财务运行监督方面，对年度财务决算、政府采购、工程项目建设等重要环节进行跟踪检查。加强了财务收支、预算执行、开发性实体等方面的审计监督，中国地震局共完成审计项目144项，被采纳审计意见320多条。加强了对汶川地震灾后恢复重建基金的监管。局职能部门对9个单位进行财务运行、开发性实体财务专项稽查。

三是抓规章，完善反腐倡廉制度体系。中国地震局党组坚持靠制度管权、管事、管人，围绕落实惩防体系五年工作规划，完善反腐倡廉制度体系建设。印发了中国地震局党组考核局属单位党风廉政建设责任制执行情况、指导局属单位领导班子民主生活会、局属单位领导班子述职述廉等工作的实施意见。有关职能部门制定了巡视工作实施细则、提拔任用局管干部沟通情况实施办法、推进惩防体系建设检查考核实施办法、领导干部任职试用期暂行规定、基本建设项目立项审批管理细则、国有资产管理暂行办法等15项制度。各单位制定、修订了党风廉政建设制度256项，清理废止了393项。同时注意加强对制度执行情况的监督检查，督促制度落到实处。通过完善权力运行制约和监督机制，规范了工作程序，进一步确立了反腐倡廉制度体系的基本框架。

四是抓教育，不断深化廉政文化建设。坚持以推进廉政文化建设为载体，以加强党性修养、弘扬优良作风为抓手，开展廉政教育活动。围绕"六个着力、六个切实"，召开专题民主生活会。组织了专题培训班、系列报告会、参观展览、庆祝新中国成立60周年等活动。对廉政文化建设活动中涌现出来的典型和先进进行表彰，编辑出版先进事迹，树立了一批勤政廉政典型。举办了廉政文化建设成果展览，制作了专题网页，展播了"扬正气，促和谐"廉政作品，创建了廉政博客，搭建了廉政教育和信息交流的平台。在总结廉政文化建设系列活动经验的基础上，积极探索建立长效机制。通过深化廉政教育，培养和营造了地震系统干部廉洁干事的工作环境和文化氛围，提高了各级干部抓党风廉政建设的自觉性和廉洁从政的责任意识。

二、全力推进防震减灾事业向更深层次、更宽领域、更高水平发展

全国防震减灾工作会议胜利闭幕，这是在汶川地震后国务院召开的一次十分重要的会议。党中央、国务院高度重视，中共中央政治局委员、国务院副总理回良玉同志出席会议并作了重要讲话。

这次会议对于各地区各有关部门特别是地震部门进一步推动防震减灾科学发展具有非常重要的意义。地震系统各单位各部门一定要把思想认识统一到会议关于当前防震减灾工作形势的科学判断上来，认真贯彻落实会议关于防震减灾工作的总体要求，进一步增强责任感和使命感，始终把最大限度地减轻地震灾害损失作为防震减灾工作的根本宗旨，全力推进防震减灾事业向更深层次、更宽领域、更高水平发展。

（一）必须牢固树立防震减灾根本宗旨意识，并贯穿始终

贯彻落实会议精神，开创防震减灾工作新局面，必须深刻了解防震减灾根本宗旨的时代背景、准确把握其基本要求和实现这一宗旨的基本途径。

要深刻把握防震减灾根本宗旨的时代背景。这一根本宗旨是立足于我国地震多发、震灾严重的国情，着眼于经济社会快速发展和社会公众对地震安全提出的新要求，是对中央关于把防灾减灾工作作为保卫改革开放和社会主义现代化建设成果战略部署的具体落实，是汲取汶川地震经验启示，对中国特色防震减灾事业 40 多年来发展实践的经验总结，符合科学发展观的基本要求，具有鲜明的时代特征。

要把坚持全面预防观作为落实根本宗旨的基本要求。通过开展学习实践科学发展观活动和汶川地震科学总结与反思，我们提出防震减灾工作必须坚持全面预防观，现在这已成为地震系统上下的共识。会议强调，最大限度地减轻地震灾害损失，绝不能单纯考虑某一方面的工作，而是要把能不能、是不是最大限度地减轻地震灾害损失作为检验我们工作的唯一标准，坚持多管齐下，多措并举，做到全面预防，实现减灾效益的最大化。

要坚持科学防灾、有效减灾。地震是不以人的意志为转移的自然现象，但充分发挥主观能动性，采取科学的方法，落实有效的措施，可以大大减轻地震灾害损失。我们必须按照科学发展观的要求，把科学防灾、有效减灾的方法和理念落实到防震减灾各环节工作中去。在思想观念上，要在重视震后应急救援工作的同时，比以往更加注重震前的积极防御，实现从被动救灾到主动减灾观念的创新和转变；在工作部署上，要求我们在做好监测预报、震灾预防、应急救援等工作的同时，比以往更加注重统筹协调，优化资源配置，形成三大体系协调发展的良好局面；在能力建设上，要求我们在注重自身能力建设的同时，比以往更加注重全社会防御地震灾害能力的建设，努力开创防震减灾工作新局面。

（二）必须进一步加强防震减灾社会管理，并向更深层次推进

要实现从内部管理向社会管理的跨越。防震减灾不仅仅是一项业务工作，更是一项复杂的社会管理工作。比如，我们不仅要依法向政府报送预测意见，更要提出针对性的应对措施建议，配合政府稳妥有序落实相关应对准备，切实维护社会稳定；我们不仅要抓好地震安全性评价的技术、标准研究制订等管理工作，更要善于通过个人职业资格、单位资质、

安评行业管理等手段，调动社会力量积极参与，规范地震安全性评价市场秩序，努力改变既当"裁判员"又当"运动员"的现象，全面提升安评工作整体质量和水平。随着事业的快速发展我们面临着越来越多这样的形势要求和管理课题，这就要求我们必须在管理好内部事务的同时，更要善于运用法律、政策、标准等手段管理社会事务，努力成为管理全社会防震减灾工作的行家里手。

要努力实现多部门密切配合齐抓共管的局面。防震减灾行政执法主体不只地震部门一个，各级抗震救灾领导机构涉及十几个甚至是几十个部门，地震部门在履行本职的同时，必须善于与其他部门协同配合，在政府的统一领导下共同推进防震减灾社会管理。近年来，我们成功推进农居地震安全工程的重要经验之一就是坚持多部门密切配合。今后我们在工作中必须把这一经验用好用足，健全完善多部门合作的工作机制，在制定工作措施、推进工作落实、检查工作进展时加强与有关部门的配合，形成齐抓共管的合力。

要充分发挥市县地震部门的基础性作用。市县地震部门是防震减灾工作的有机组成部分，是联系社会、管理社会的纽带，许多防震减灾政策都需要市县地震部门组织贯彻，许多任务都需要市县地震部门去抓好落实。我们必须牢固树立全国"一盘棋"思想，努力推进市县地震部门管理体制和机制创新，赋予市县地震部门相应的管理职责和权限，激发市县地震部门的管理活力，把管理的基础打牢在基层，把管理的重心落实到基层，推动防震减灾社会管理向更深层次推进。

（三）必须进一步强化防震减灾公共服务，并向更宽领域拓展

汶川地震后，社会各界对防震减灾公共服务提出了新的要求，寄予了更高的期望。如何推进防震减灾公共服务向更宽领域拓展，是防震减灾工作面临的一个重要课题。

要增强主动服务意识，健全服务体系。当前，地震部门在主动了解政府的要求、经济发展和社会公众的需要方面做得还不够，比如，在服务政府方面，服务层次和质量还需要提升；在服务经济发展方面，还有很多服务潜力尚未完全发挥；在服务社会公众方面，还存在许多空白。这些都需要我们增强服务的积极性、主动性和创造性，增强开拓意识和能力，努力构建"服务国家安全、服务经济发展，服务社会稳定、服务政府应急管理和服务社会公众"五位一体的防震减灾公共服务体系。

要进一步挖掘潜能，丰富服务产品。提供防震减灾公共服务产品是地震部门的职责所在，也是全面提升社会防震减灾能力的必然要求。我们在震情与预警信息发布、灾情评估、抗震技术、农居地震安全、科普教育等服务社会方面还大有潜力可挖。比如，我多次强调过，不仅地震短临预测意见能够发挥减灾效益，长期预测意见的服务前景也很广阔，需要我们不断开发完善这方面的服务。在政府应急管理决策服务方面，地震"三要素"信息服务得到了政府肯定，但在灾情信息产品提供服务方面做得还不够。因此，我们必须深挖服务潜能，努力把防震减灾建设成果及时转化为公共服务产品，为全社会提供便捷、高效、周到、贴心的公共服务。

要创新服务方式，提高服务实效。建立健全防震减灾公共服务网络，拓展公共服务平台，不断扩大防震减灾公共服务的覆盖面。要充分利用社会力量，善于发挥市场作用，在确保服务公益性质的前提下，引导社会相关力量参与服务，改善服务质量。比如，在农居抗震技术服务、地震安全性评价、减隔振技术研发推广等方面，都可以依靠市场的力量，培育和引导中介机构参与服务,这样不仅能实现"管做"分开,还可以更好地满足社会日益增长的需求。

(四) 必须进一步提升防震减灾基础能力,并向更高水平迈进

防震减灾基础能力是做好社会管理和公共服务、全面提升防震减灾综合能力的有力保障和支撑,当前基础能力薄弱依然是制约防震减灾事业科学发展的瓶颈。

要加强防震减灾基础设施建设。基础设施主要包括防震减灾观测基础、科学实验条件、技术系统等。在这些方面我们还存在许多薄弱的环节,比如,地震监测基础设施建设还相对薄弱,甚至还有一些空白区,这就要求我们统筹资源配置,进一步优化地震固定监测台网,完善流动监测系统,构建多学科、高精度、高分辨和实时动态的多维监测网络。再比如,当前地震科学实验体系建设还明显落后,一些重点领域、重点技术的实验条件匮乏,这就要求我们要有计划、有重点地推进实验室、野外地震试验站、科研基地等基础条件平台建设,为地震科技创新提供良好的硬件保障。

要充分发挥地震科技的支撑作用。科技因素是影响防震减灾能力的重要因素之一,从目前来看,我们的地震科技应用效果不够明显,一些制约发展的科技问题迟迟得不到解决。比如,地震预测理论方法研究进展缓慢,地震观测方法、技术多年没有创新,地震区划、应急救援、结构抗震等应用技术研发的基础还相对薄弱,科技的基础性工作存在缺失,科技服务产品还不够丰富。剖析这些问题的原因,主要是地震科技与防震减灾各项工作结合不够紧密,基础研究、应用研究、基础性工作、科技服务之间明显脱节。这就要求地震科技创新必须紧密结合发展需求,着力解决制约事业发展的瓶颈,不断提升地震科技对防震减灾的贡献率。

要大力实施人才强业战略。制定人才队伍建设规划,优化资源配置,建立一套科学合理的人才政策,努力培养和造就一支适应防震减灾事业发展的人才队伍。要根据国家防震减灾事业的战略需求和国际地震科技的发展趋势,加快引进、培养学术带头人和科技领军人才步伐,着力加强老、中、青三代紧密协作的优秀科研团队建设,努力形成围绕重大科技问题开展长期连续稳定攻关研究的良好机制。要着眼防震减灾能力建设需求,建设一支支撑防震减灾工作三大体系协调发展的专业人才队伍。要通过多种方式,建设一支既懂业务又懂管理、善于开拓的行政管理干部队伍,为事业的发展提供坚实的基础保障。

三、2010年防震减灾工作的主要任务

2010年防震减灾工作的主要任务是:全面贯彻党的十七大和十七届四中全会精神,以邓小平理论和"三个代表"重要思想为指导,深入贯彻落实科学发展观,以最大限度减轻地震灾害损失为根本宗旨,全面贯彻落实全国防震减灾工作会议精神,推进防震减灾社会管理、公共服务和基础能力向更深层次、更宽领域、更高水平发展,为保障和促进经济社会发展作出新贡献。

(一) 努力做好地震监视跟踪和预测工作

针对年度地震重点危险区和值得注意的地区,要制定周密详细震情跟踪方案,加大督促检查力度,加强业务指导,进一步落实震情跟踪、异常核实等工作责任制,努力把握震

情发展态势。一旦出现异常情况，相关地区的地震部门要进行认真核实并及时向政府和中国地震局报告，不仅要通报震情趋势情况，也要提出有针对性的措施建议，为政府决策当好参谋。加强大震中长期危险性预测研究，在继续抓好华北地区地震强化监视跟踪工作的同时，针对南北地震带、天山地震带强震危险性，要组织开展目标明确的跟踪研究。2010，我国将举办上海世博会和广州亚运会，要充分借鉴奥运和新中国成立60周年地震安全保障工作经验，切实做好震情监视跟踪、趋势分析、应急应对等各项准备和保障工作。

进一步推进震情会商机制改革创新，开展危险区判定工作总结，改进完善地震会商模式，努力提高地震预测的科学性和准确性。探索建立依法管理地震预测的新模式，加强沟通协调，调动和引导有关力量为地震预测预报研究工作作出积极贡献。探索完善群测群防工作的新机制，充分发挥群测群防工作在捕捉宏观异常信息和短临预测预报中的作用。

进一步加强地震台网运行管理。重点抓好数据、信息服务平台建设与整合，完善台网分级分类管理机制，完成"九五""十五"数字地震观测技术系统整合，推进台网运维保障体系建设。建设地震监测系统维修中心，加强监测设备入网管理和质量监控。切实抓好网络、数据、信息服务三大平台的建设与运行管理，完善信息网络技术系统，改进监测信息管理，保障监测台网稳定可靠运行，提高观测数据质量。推进地震速报、前兆观测成果的应用服务，加快地震烈度速报系统和地震预警系统的建设应用，不断丰富地震速报、烈度速报、紧急地震预警信息、震源物理参数及重力地磁等地球物理场专业地震产品。进一步规范火山台网和水库、矿山等专用地震监测台网的建设和管理。

（二）继续推进"十一五"重点项目立项和实施工作

加快推进"十一五"重点项目立项和组织实施是2010年一项重要任务。要力争完成中国地震背景场探测项目初步设计报批、国家地震社会服务工程项目初步设计批复和国家地震专业基础设施项目立项。要按照回良玉副总理的要求，抓紧华北地区地震预报实验场和南北地震带地震预报实验场的立项工作。

省级地震部门要加强领导，精心组织，一方面继续争取新项目的立项，另一方面抓紧已批复项目的组织实施和验收工作。陆态网络项目已完成80%的建设任务，即将进入收尾阶段，要提前做好试运行及验收准备。要在继续申请"喜玛拉雅"计划后续项目的同时，精心组织已批复项目的组织实施工作。

2010年汶川灾后恢复重建任务十分繁重，中央要求力争用两年时间基本完成原定三年的任务。四川、陕西、甘肃等省地震部门要全力推进防震减灾基础恢复重建项目的实施，措施要跟上、工作要到位，中国地震局要加强指导和协调，确保恢复重建工作按时顺利完成。

（三）科学谋划防震减灾"十二五"事业发展

编制好中国地震局"十二五"事业发展规划是2010年一项重中之重的工作。这项工作由发展与财务司牵头，各相关业务司室要密切配合，组织好中国地震局事业发展规划和防震减灾各专项规划的编制、论证、审批等工作。各单位要根据"十二五"规划体系编制大纲要求，结合本地区本单位实际，组织编制事业发展规划和专项规划，同时要积极争取纳入同级国民经济和社会发展规划。

在规划编制过程中，一是要继续推进防震减灾能力评价体系等"十二五"发展战略研究，注重相关研究成果的应用；二是要做好各级各类规划之间的衔接，确保各专项规划之间、专项规划与事业发展规划之间目标和任务相协调；三是要研究、设计好"十二五"防震减灾重点项目，编制好重点项目计划。

（四）着力提高地震灾害综合防御能力

为各类建设工程提供科学合理的抗震设防标准和依据，是增强城乡抗震设防能力的一项重要基础性工作。第五代全国地震区划图的研究编制工作已经有了很好的基础，2010年要完成新一代区划图的编制和发布，并组织好宣传贯彻工作。继续推进水利、交通、电力等各类建设工程抗震设防超越概率水准的确定工作，确保各行业抗震设计规范与抗震设防要求相衔接。探索建立抗震设防要求落实情况联合检查机制，加强抗震设防要求监督检查，努力消除建设工程安全隐患。进一步规范地震安全性评价专业技术人员管理，制定发布《地震安全性评价工程师执业办法》，推进《地震安全性评价单位资质认定许可实施细则》的贯彻实施，开展地震安全性评价单位资质清理。

继续组织开展全国地震重点监视防御区地震活断层探测，推广城市地震活断层探测、地震小区划和震害预测工作，力争在前期工作的基础上，推动地震紧急自动处置技术系统研发和试点工作取得新进展。协同有关部门开展重大建设工程、生命线工程和可能发生严重次生灾害建设工程的抗震性能普查鉴定和加固改造，配合教育部门全面实施好全国中小学校舍安全工程，总结推广城市地震安全示范社区经验。实践表明，农居工程已经发挥了很好的减灾实效，2010要继续推进全国农村民居地震安全服务工程的开展，加快安全技术服务网络建设，扩大覆盖面，为农民建房提供便捷的技术指导和服务。回良玉副总理在全国会上强调，地方政府要进一步重视和加强市县基层防震减灾体系建设，保证必要的人员编制和工作条件。省级地震部门要配合有关方面抓好落实，加大对市县防震减灾工作的指导力度，切实发挥市县防震减灾部门的基础性作用。

（五）切实增强地震突发事件应对能力

在确保完成《国家地震应急预案》修订和发布工作的同时，继续推进各级各类地震应急预案的修订和制订，做好上下级和部门间应急预案的沟通与衔接，使地震应急预案更具实战性和可操作性。积极推进地震应急救援综合演练，通过演练来提升各级政府、部门和社会应对地震灾害的能力。地震重点监视防御区的各级地震部门要按照回良玉副总理的要求，主动配合地方政府组织开展好防震减灾应急演练。做好年度地震重点危险区应急准备，积极开展应急检查，提高政府、部门和社会应对地震灾害能力。

进一步健全完善地震应急联动机制。加强国务院抗震救灾指挥部办公室和各省级抗震救灾指挥机构办公室建设，建立指挥部办公室决策咨询、指挥调度、协调联动、信息共享等工作机制，充分发挥参谋助手和综合协调作用。着力加强年度地震重点危险区应急准备工作，制定针对性的工作方案，开展必要的演练，加强指导和检查，确保各项应急准备工作落实到位。大力推进部门间、军地间、部门与政府间的协作联动，深化地震应急区域联动工作机制建设。健全完善地震灾害损失评估会同工作机制，制定国家地震灾害损失评估工作规定，组建国家地震灾害评估工作队，夯实地震灾害评估基础工作。

完成国家地震灾害紧急救援队扩编是回良玉副总理明确提出的一项重要任务，我们要在前期工作的基础上，抓紧更新补充各种专业救援设备，加强训练，尽快使新扩充部分形

· 13 ·

成战斗力，并带动各级专业地震救援队伍规范化和标准化建设。继续推进地震志愿者队伍建设，逐步完善志愿者队伍、社团组织和基层组织等广泛参与的社会动员机制。

加强各级地震应急指挥中心运维管理，完善地震应急指挥技术平台系统，进一步增强辅助决策和应急保障能力。继续推进城市应急避难场所和疏散通道建设，2010年要努力推动这项工作向县级城市拓展。充分发挥国家救援培训基地的辐射作用，为党政干部、专业救援队伍和社会力量提供培训服务。加快防震减灾公益服务信息平台建设，更好地发挥12322信息服务平台的多重效能。

（六）**加强防震减灾政策研究和法规建设**

系统前瞻的防震减灾政策研究工作，是防震减灾事业科学发展的重要基础。要科学制定政策研究规划，健全政策研究工作体系和工作机制，紧紧围绕防震减灾事业发展中的重大关键问题开展政策研究工作。2010年要紧密围绕全国防震减灾工作会议的贯彻落实，开展扎实富有成效的政策研究工作，特别要重视政策研究成果的应用，要把政策研究成果及时转化为推进防震减灾科学发展的思路和政策措施，转化为推进事业科学发展的强大推动力。

要加快推进《破坏性地震应急条例》的修订工作，尽快着手组织开展《地震预报管理条例》的修订，研究制定《水库地震监测管理办法》《地震科学数据共享管理办法》等部门规章，年内完成审议发布。各级地震部门要积极协助地方人大和政府，结合当地经济社会和防震减灾工作实际，加大推进地方立法工作进度。2010年要争取全国人大的支持，在全国范围内集中开展一次《中华人民共和国防震减灾法》执法检查，各级地震部门一方面要配合全国的执法检查活动，同时也要争取同级人大、政府或者联合相关部门，积极开展形式多样的执法检查、行政检查活动。要不断探索执法工作模式，健全执法工作制度，加强执法队伍建设，不断提高依法行政能力。

加强防震减灾技术标准建设，围绕防震减灾社会管理和公共服务的需求，抓紧研究制定地震现场工作、社会应急避险服务等一批急需、实用的地震标准。逐步建立健全地震计量管理制度和机制，推动关键观测方法地震计量检定手段的研究和应用。

（七）**大力推进地震科技创新**

近年来，我国地震科技创新环境发生了显著变化。2007年召开了全国地震科技大会，前不久又召开了地震局科技工作会议，中国地震局党组对地震科技创新发展作了系统的阐述，提出了新的更高要求，也提出了相应的保障措施，可以讲，地震科技创新工作面临着前所未有的发展机遇。各单位、各部门一定要抢抓机遇，全面贯彻落实国家和中国地震局党组关于地震科技创新工作的战略部署，认真组织实施好即将出台的《中国地震局关于进一步加强地震科技工作的意见》。

要统筹地震科技资源、科技力量配置，完善地震科技布局。进一步明确研究所、中心、省局和市县地震部门在科技工作中的定位和主要任务，充分发挥各自在科技创新工作中的作用。进一步促进基础研究、应用研究、基础性工作、科技服务等地震科技各领域的协调发展。做好国家重大科技项目和地震行业科研专项的申报立项和组织实施工作，突出关键科学问题和重大技术问题的研究和攻关，力争取得一批新的成果。实施地震电磁监测试验卫星计划，对于我们拓展地震观测技术，推进地震预测研究具有重要意义，我们要认真贯彻落实温家宝总理关于加快推进这项工作的重要批示精神，积极会同国防科工局、财政部等部门推动立项工作。

加强科技项目管理和评价体系建设。以地震行业科研专项的组织管理为切入点，建立科技管理部门、业务管理部门和研究机构相结合的管理机制，实现对项目全过程管理，更加注重项目的实施效果，提高项目的质量，严把验收评审关。建立科研项目追踪问效制度和科研人员信誉档案，科学合理地评价地震科研项目。建立符合地震科技实际、符合科技人才成长规律的分类考核评价体系。继续通过实施公派出国留学专项、局"百人计划"工程和"交流访问学者计划"等，加强各类科技人才培养。完善并实施好地震行业引进高层次人才的办法，加强智力特别是领军人才和急需人才的引进工作。加强地震科技和防震减灾国际及地区间交流与合作，完成援外地震观测台网建设年度计划，研究编制地震观测数据国际交流总体方案。

（八）广泛深入开展防震减灾宣传教育

要制定切实可行的防震减灾宣传教育计划，深入开展防震减灾宣传教育工作，特别是要在防灾减灾日、唐山地震纪念日期间组织好集中强化宣传活动。要妥善处理宣传和维护社会稳定的关系，通过宣传使群众接受防震减灾知识，同时要避免造成社会的不稳定。进一步夯实防震减灾宣传教育基础，推进防震减灾科普教育基地和科普示范学校的建设，充分发挥示范作用和辐射效应。在做好科普宣传的同时，要进一步强化防震减灾社会宣传，充分展示地震部门的良好形象，努力形成全社会共同抵御地震灾害的新局面。

要认真落实中央关于加强政府新闻发布工作和突发事件新闻宣传的要求，进一步完善制度，健全机制，及时准确地向社会发布震情灾情信息，加强正面宣传和舆论引导，保障公众知情权，维护社会稳定。要努力推进"新闻发言人、职能部门负责人和专家"三位一体的新闻发言人团队建设。

（九）继续抓好党的建设、精神文明建设和干部队伍建设

贯彻落实党的十七届四中全会精神，组织实施好《中国地震局党组关于加强和改进新形势下党的建设的实施意见》，全面推进党的思想建设、组织建设、作风建设、制度建设和反腐倡廉建设，进一步提高抓党建带队伍、促发展的能力和水平。以夯实基础为重点，加强基层组织建设，选好配强基层党组织负责人。重视党务干部培养，加大培训力度，有计划地安排党务干部与行政、业务管理干部之间的双向交流。以提高素质、发挥作用为重点，建立健全教育、管理、服务党员长效机制，保持共产党员先进性。统筹地震系统党建工作，加强分类指导。着力推进机关党的建设，努力走在党的基层组织建设的前头。

以推进社会主义核心价值体系建设为重点，着力加强地震系统精神文明建设和先进文化建设。进一步健全精神文明建设工作体制和机制，开展典型宣传和经验总结，做好精神文明建设推优工作，加强对地震系统精神文明建设的组织协调指导，强化齐抓共管、目标要求，在创新载体，抓好示范，突出特色和实效上下功夫。大力弘扬爱岗敬业、无私奉献精神，形成风正劲足、团结和谐的局面，为防震减灾事业科学发展营造良好氛围。

贯彻落实《2010—2020年深化干部人事制度改革规划纲要》，推进地震系统干部人事制度改革，努力建设一支推动防震减灾事业科学发展的高素质干部队伍。完善促进科学发展的党政领导班子和领导干部的考核评价机制，坚持以平时考核、年度考核为基础，以任

期考察、任职考察为重点，增强考核方式的完整性和系统性。加强领导班子建设，抓住领导班子任期考核比较集中这一契机，完善领导班子结构，选好配强党政正职。坚持民主、公开、竞争、择优的改革方针，进一步完善干部选拔任用机制。大力加强竞争性选拔干部力度，全面推进各单位领导班子副职的竞争上岗；进一步完善干部提名制度，明确提名主体、程序和责任；推进差额推荐、差额考察、差额酝酿；探索从专业技术人才中选拔干部的途径和资格条件。大力加强后备干部队伍建设，完善充实后备干部队伍，通过干部交流轮岗、挂职锻炼等方式，有针对性地加强后备干部的培养。继续深化和规范事业单位岗位设置改革工作，深入开展绩效考评工作，按照国家政策组织实施好事业单位绩效工资和规范津贴补贴工作。

进一步关心职工生活，切实解决涉及群众切身利益的突出问题，真正为群众办实事，解难题。继续做好离退休干部工作，落实好老同志的政治待遇和生活待遇，着力解决老干部工作中面临的重点难点问题，组织引导老同志继续为党和国家事业的发展作出力所能及的新贡献。高度重视信访和维稳工作，继续做好安全、保密、后勤服务等工作。

四、2010年党风廉政建设工作主要任务

2010年党风廉政建设工作要以党的十七届四中全会、中央纪委第四次、第五次全会和国务院廉政工作会议精神为指导，统一思想、提高认识，围绕中心、服务大局，深入研究地震系统党风廉政建设和反腐败工作面临的新形势、新任务，认真解决突出问题，强化对重大决策落实的监督检查，加快推进惩防体系建设，开拓创新，狠抓落实，为防震减灾事业又好又快发展提供政治保障。

（一）统一思想认识，进一步增强、推进新形势下党风廉政建设的责任感和紧迫感

在1月13日刚刚闭幕的中央纪委第五次全会上，胡锦涛总书记从党和国家事业发展全局和战略的高度，全面、科学地分析了当前的反腐倡廉形势，明确提出了2010年党风廉政建设和反腐败工作的总体要求和主要任务，着重阐述了加强反腐倡廉制度建设的重要性、紧迫性和基本要求。在党的十七届四中全会上，胡锦涛总书记深刻阐述了加强党风廉政建设和反腐败斗争的重要性，突出强调了坚决反对腐败是党必须始终抓好的重大政治任务。《中共中央关于加强和改进新形势下党的建设若干重要问题的决定》对党的作风建设和反腐倡廉建设作出了战略部署。深入学习和贯彻落实党的十七届四中全会、中央纪委第五次全会精神是当前和今后一个时期地震系统各级党组织的一项重大政治任务。各单位、各部门要深刻领会、准确把握党中央对加强和改进新形势下党的建设提出的各项要求，充分认识新形势下加强地震系统党风廉政建设的极端重要性，进一步统一思想、提高认识，增强责任感和紧迫感。

中国地震局党组将以学习贯彻党的十七届四中全会精神为主线，加强对重大决策和重要部署执行的监督检查。纪检监察部门要会同有关部门把发现问题和督促整改作为重要任务，有效整合监督资源，切实提高监督检查的针对性和有效性，健全对重大决策和重要部署执行情况定期检查和专项督查制度，坚决纠正有令不行、有禁不止现象。2010年要重点加强对全国防震减灾工作会议和本次会议重要工作部署落实、学习实践科学发展观活动整

改落实的监督检查，确保重要决策事项得到认真贯彻落实。

（二）采取切实措施，着力解决反腐倡廉建设中的突出问题

全面开展开发性实体专项治理工作。各单位针对"小金库"专项治理检查及"回头看"、财务专项稽查等工作中发现的问题，要认真进行梳理，特别是对设立"小金库"、财务造假、虚列支出、公款私存等违反财经纪律的行为，采取有力措施坚决予以纠正，对严重问题的责任人进行严肃处理。各单位对所属开发性实体要切实履行监管职责，分析产生问题的原因，建立有效的管理和监督运行机制。现阶段要从规范开发性实体经营活动和内部财务运作入手，加强财务管理，杜绝违反财经纪律行为。对有关管理制度进行清理，与国家现行规章相抵触的，该废止的废止，该修订的修订。要建立合理的收入分配制度，做到公开、透明。中国地震局党组决定由发展与财务司负责归口管理开发经营活动，在认真调研的基础上，提出中国地震局经营性国有资产管理的指导性意见。震害防御司及各单位要加强地震安全性评价单位资质和工作质量管理，规范服务标准，完善地震安评报告评审和检查制度，引导行业自律，树立地震安全性评价队伍的行业形象。

开展工程建设领域突出问题专项治理工作。按照中央的统一部署，中国地震局制定了有关实施方案。各单位主要负责人要切实履行第一责任人的职责，认真组织开展自查，对发现的问题，要采取有力措施认真整改。纪检监察部门要加大监督力度，确保工作落实到位。

认真落实党员领导干部报告个人有关事项制度。按照中央纪委的要求，把住房、投资、配偶子女从业等情况列入报告内容，加强对配偶子女均已移居国（境）外的公职人员管理。对隐瞒不报、弄虚作假的，要严肃处理。

加强党员干部的作风建设。大兴密切联系群众之风、求真务实之风、艰苦奋斗之风、批评和自我批评之风。坚决纠正脱离群众的不良风气，领导干部对群众反映的突出问题要认真调查研究，及时反馈、限时办结。大力整治文风会风，严格控制会议数量、规模和经费。健全促进科学发展的领导班子和领导干部考核评价机制，加大治懒治庸力度，对中央重大决策及中国地震局党组重要部署不认真落实、不负责任、监督不力等造成影响的渎职失职行为，要坚决予以问责。坚持勤俭节约，反对铺张浪费，惩治奢靡之风。严格控制出国（境）团组数量和规模，继续深入开展制止公款出国（境）旅游专项工作。加强公务用车使用管理，加强对各单位公务用车购置更新的监管，制定审批备案的规定。进一步规范和改革公务接待制度，严禁用公款大吃大喝，不得以参加会议、学习、培训、协会、联谊活动等名义用公款请客送礼；不得以协会、学会活动等名义公款旅游。从严控制楼堂馆所建设，严禁违反规定购建、装修办公用房。认真解决各种庆典、研讨会等过多的问题。对铺张浪费、奢靡享乐、挥霍公款的，必须严肃处理。领导干部要敢于说实话、说真话，勇于揭露和纠正缺点错误，坚决反对上下级逢迎讨好、互相吹捧的庸俗作风，不断增强党内生活的原则性和实效性。

（三）强化监督管理，加快推进惩治和预防腐败体系建设

加强党性党风党纪教育。深入学习宣传，认真组织实施《领导干部廉洁从政若干准则》，落实中国地震局党组贯彻党的十七届四中全会精神实施意见，进一步加强各级领导干部廉洁从政教育，以"敬业、奉献、廉洁"为主题，通过加强理论学习，开展多种形式、

丰富多彩的示范教育、警示教育、岗位廉政教育活动,提高领导干部廉洁从政意识。要把制度宣传教育作为反腐倡廉教育和廉政文化建设的重要内容,通过广泛深入的宣传教育,使广大党员、干部领会制度精神、熟知制度内容,不断增强制度意识,牢固树立严格按制度办事的观念,养成自觉执行制度的习惯,把制度转化为党员、干部的行为准则、自觉行动。既要宣传制度规定了什么,又要宣传制度如何执行、如何落实、怎样监督,最大限度扩大制度透明度和影响力,努力营造人人维护制度、人人执行制度的良好氛围。

完善反腐倡廉制度体系建设。胡锦涛总书记在中央纪委第五次全会上强调:"要以建立健全惩治和预防腐败体系各项制度为重点,以制约和监督权力为核心,以提高制度执行力为抓手,加强整体规划,抓紧重点突破,逐步建成内容科学、程序严密、配套完备、有效管用的反腐倡廉制度体系,切实提高制度的执行力、增强制度实效。"近年来,局机关和局属单位从实际出发制定了一批重要制度,在加强制约、规范管理、提高效益、堵塞漏洞,促进防震减灾事业健康发展中发挥了重要作用。各单位、各部门要拓展制度建设年活动的成果,一方面对已有的制度,特别是民主决策程序、干部选拔任用、财务管理、政府采购、项目管理、政务公开、落实廉政建设责任制等方面的制度进行评估、修订、完善,在有效管用、规范、可操作上下功夫。另一方面,要认真落实惩防体系五年工作规划,在建立完善对权力的制约和监督机制上下功夫,努力在重要领域和关键环节的制度建设上,取得新的突破。结合地震系统实际,制定贯彻落实《2010—2020年深化干部人事制度改革纲要》的配套制度,制定领导干部问责制实施办法。建立预算编制及执行情况检查考核评价制度、工程院所财务管理办法、国有资本收益管理制度。建立审计监督部门对财务运行过程、重大投资项目执行过程的检查机制,以及审计意见落实情况督查机制,强化审计结果的应用。要建立健全制度执行的监督机制,每项制度都要明确监督执行的责任部门,采取日常督查和专项检查等方式随时掌握制度执行情况,努力提高制度的执行力,增强制度实效,逐步形成趋于完善的地震系统反腐倡廉制度体系。各单位、各部门的领导干部特别是主要负责同志要率先垂范,带头学习制度、严格执行制度、自觉维护制度,确保各项制度落到实处。

落实对权力运行的监督制约措施。认真落实加强局属单位党政主要负责人教育和监督的意见及各项配套制度。中国地震局党组继续坚持同局属单位领导班子成员提醒、诫勉谈话制度,着力解决群众反映强烈和监督检查中发现的突出问题。要认真贯彻落实民主集中制,凡涉及"三重一大"事项会前领导班子要充分酝酿,集体研究决定。班子成员要坚持原则,对有违反政策纪律的事项要敢于提出反对意见。研究过程中,要充分尊重不同意见,党组(党委)会议记录要将不同意见记录在案。加大对干部选拔任用、政府采购、重点项目建设等关键环节的监督力度。强化领导干部经济责任审计及财务运行、开发性实体审计监督,必要时可以委托社会机构开展专项审计。加强对汶川地震灾后恢复重建基金监管,确保专项资金的安全。加强和改进执法监察、廉政监察和效能监察,逐步建立健全岗位责任制、首问责任制、限时办结制等规章制度。要充分发挥查办案件的治本功能,坚决惩治腐败。纪检监察部门要认真对待信访举报,注意发现案件线索,拓宽案件渠道,增强办案意识,提高办案能力。完善党务政务公开制度,建立网络信息收集和处理机制,利用地震系统信息网、政务网等及时公布相关信息,对网络上涉及防震减灾事业的热点问题及时回应,正面引导,努力营造有利于防震减灾事业发展的舆论氛围。

（四）恪尽岗位职守，切实加强纪检监察队伍建设

纪检监察队伍肩负着促进和谐稳定、推动防震减灾事业健康发展的重要职责。面对党风廉政建设新形势、新任务、新要求，加强地震系统纪检监察队伍建设的任务十分迫切。建设一支政治坚强、公正廉洁、纪律严明、业务精通、作风优良的纪检监察队伍，要努力提高纪检监察干部的政治素质和业务能力，着力增强大局意识、责任意识、自律意识、服务意识。在纪检监察岗位，履职尽责是职业的要求和操守，加强监督是本职，疏于监督是失职，要敢于监督，秉公执纪，敢于说真话、报实情，不能患得患失，同时也要善于监督，谦虚谨慎，提高履职的能力和水平，提高监督的实效。

各单位要健全纪检监察工作机构、完善人员配备、保障经费投入。建立有利于优秀纪检监察干部脱颖而出的选拔任用工作机制，加强纪检监察干部双向交流、挂职锻炼、教育培训力度，把那些党性好、作风正、能力强、敢作为、有基层工作经验的青年干部，充实到领导岗位和后备干部队伍中。各单位主要负责同志要支持纪检监察工作，帮助纪检监察部门解决工作中遇到的困难和问题。

各单位党组（党委）要按照党中央的要求，自觉承担推进反腐倡廉建设的政治责任和领导责任，切实加强对党风廉政建设及反腐败工作的领导，把纪检监察队伍建设作为一项基础工程抓紧抓好。

（中国地震局办公室）

中国地震局党组书记、局长陈建民
在中国共产党中国地震局直属机关第七次代表大会上的讲话
（摘要）

（2010年6月25日）

一、切实增强抓好党建工作的责任感和紧迫感

党的十七大和十七届四中全会站在党和国家发展的全局，深入分析了党的建设面临的新形势新任务，深刻阐述了加强党建工作的重要性和紧迫性，对进一步加强新形势下党的建设作出了战略部署。直属机关各级党组织和广大党员要深刻领会、准确把握中央对党建工作提出的各项要求，首先要切实增强抓好党建工作的责任感和紧迫感。

防震减灾工作事关人民群众生命财产安全、事关经济建设和社会发展全局、事关社会和谐稳定。直属机关作为防震减灾工作的排头兵和重要力量，在推进防震减灾事业向更深层次、更宽领域、更高水平发展的进程中发挥着非常重要的作用。积极做好直属机关党的建设工作，直接关系到党的大政方针以及中国地震局党组工作部署的贯彻落实，关系到防震减灾事业的科学发展。特别是在当前震情形势相当复杂、防震减灾任务尤为艰巨的情况下，我们必须以改革创新精神努力研究探索加强党建工作的新思路、新举措，在防震减灾工作中提高党组织总揽全局、协调各方的领导能力和水平，提高党员干部运用科学发展观应对挑战、促进发展的能力，营造想干事、干成事、干好事的良好氛围。

要从抓党建、带队伍、促发展、保稳定的大局出发，科学分析当前党建工作面临的新形势、新要求，进一步增强抓好党建工作的责任感和紧迫感。党建责任制是一项管根本、管长远的工作制度，对于促进党建工作落实至关重要，抓住了责任制，就掌握了党建工作的主动权，党的各项工作落实就有了可靠的制度保证。因此，我们直属机关各级党组织和党员领导干部必须牢固树立抓好党建是本职、抓不好党建是失职的意识，切实落实党组（党委）认真抓党建、书记带头抓党建、各有关部门齐抓共管、一级抓一级、层层抓落实的党建工作格局，从思想上、组织上、制度和机制上保证党建各项任务的落实。

二、努力创新直属机关党建工作思路和举措

要紧密联系直属机关实际，着力把握党的十七大、十七届四中全会和全国机关党建工作会议提出的一系列根本性要求，努力掌握和运用一切科学的新思想、新知识、新经验，以改革创新精神深入研究探索新形势下加强直属机关党建工作的新思路、新举措，全面推进思想建设、组织建设、作风建设、制度建设和反腐倡廉建设，进一步提高抓党建、带队

伍、促发展、保稳定的能力和水平，不断完善与防震减灾事业科学发展相适应的党建工作体系。

近年来，直属机关党建工作积累了丰富的实践经验，特别是在学习实践科学发展观活动中取得了丰硕的成果。我们要把这些成果和经验巩固好、发挥好，进一步解放思想，在新形势下不断赋予新的内涵，不断拓展和深化，建立长效工作机制，把科学发展观所倡导的价值理念、人本理念、系统理念，转化为行之有效的工作模式和具体措施，着力推进党的建设制度创新、工作创新、方法创新，以科学制度保障党的建设、以科学方法推进党的建设，不断取得新成效。从建立学习实践载体出发，进一步增强直属机关党建工作的实践特色和针对性、实效性；从建立民主公开平台出发，进一步增强党内民主监督和党员主体意识；从建立人文关怀和帮扶激励机制出发，进一步增强党组织的凝聚力和战斗力；从建立健全干部考核与评价体系、党员干部交流任职机制出发，进一步增强党员领导干部抓党建、带队伍、促发展、保稳定的能力；从学习实践《中国共产党章程》和《中国共产党党和国家机关基层组织工作条例》出发，进一步加强党的基层组织，夯实党的基础；从建设学习型党组织出发，不断提高党员干部运用党的创新理论解决实际问题的能力；从健全党建工作的领导体制和工作机制出发，不断推进党建工作科学化、制度化、规范化。

抓好党建，创新思路是关键，落到实处是根本。直属机关党的建设要认真落实"机关党建走在前头"的要求，以"服务中心，建设队伍"为核心，以执政能力和先进性建设为主线，以建设为民、务实、清廉机关为目标，以加强党员干部党性锻炼和改进作风为重点，以开展"讲党性、重品行、作表率"活动为载体，着力加强思想政治、业务能力、机关作风、党内民主、反腐倡廉建设，努力探索新思路、新举措，建设一流机关、打造一流队伍、培养一流作风、创造一流业绩。

健全长效机制，提升党建工作科学化水平，建设坚强的基层党组织和高素质党员干部队伍是巩固防震减灾事业发展的组织基础。要通过创建学习型党组织和创先争优等活动，切实加强基层组织建设和广大党员干部理论武装工作，着力在学习的制度化、经常化上下功夫，紧密围绕中央重大决策部署、防震减灾中心任务开展学习，突出单位和部门特点，大力推进和探索基层组织建设工作创新，找准党建工作与各单位、各部门中心任务的结合点，抓住关键环节，坚持立足实际、学以致用，使建设学习型党组织的过程成为增强本领、推动工作的过程。要健全党建工作责任制，创新基层党建工作方式，加强党务干部队伍建设，把基层党建工作融入日常工作中，把维护党员合法权利和提高广大党员干部素质作为核心内容，加强党员干部党性党风党纪教育，建立健全教育、管理、服务党员的长效机制，增强基层党组织的创造力、凝聚力、战斗力，弘扬地震系统优良作风，发扬艰苦奋斗、爱岗敬业的精神，营造风清气正的干事创业环境。

三、坚持围绕中心，服务大局着力推动防震减灾各项任务的完成

"围绕中心，服务大局"是直属机关党建工作的基本规律和内在要求，也是新形势下直属机关党建的基本方向。我们要始终坚持把直属机关党的工作放到党和国家大局中去思考和谋划，紧紧围绕防震减灾中心工作来研究、部署和推进党的建设，着力做好推动发展、

服务群众、凝聚人心、促进和谐的工作，有力保障党和国家重大决策部署的实施。切实把党建工作的成效体现到服务、保障和促进科学发展上，体现在改革创新思路上，体现在和防震减灾业务工作紧密结合上。

长期以来，党中央、国务院高度重视防震减灾工作，2010年年初，国务院召开了全国防震减灾工作会议，会议科学分析了防震减灾工作面临的形势和要求，强调"当前震情形势相当复杂，务必高度警惕；防震减灾工作存在薄弱环节，务必清醒认识；防震减灾任务繁重艰巨，务必积极进取；防震减灾面临机遇十分难得，务必紧紧抓住"。明确了防震减灾的工作思路、工作机制、工作措施和政策保障；并对防震减灾工作的主要任务作出了部署，强调要重点抓好七项任务，即提升地震监测预报水平、增强建设工程抗震设防能力、提高地震救援救助能力、加快抗震农居建设、推进地震科技创新、强化宣传教育、完成汶川地震灾后恢复重建。中国地震局党组对贯彻落实全国防震减灾工作会议精神进行了精心部署，并提出防震减灾工作必须以最大限度减轻地震灾害损失为根本宗旨，强化社会管理，拓展公共服务，全面提升防震减灾基础能力。

直属机关各级党组织和广大党员干部一定要把思想认识统一到党中央、国务院关于当前防震减灾工作形势的科学判断上来，把力量凝聚到推动国家防震减灾事业发展上来，认真贯彻落实全国防震减灾工作会议的总体要求和中国地震局党组的工作部署，进一步增强责任感和使命感，充分发挥基层党组织的战斗堡垒作用和共产党员的先锋模范作用，着力推动防震减灾各项任务的圆满完成，为落实防震减灾工作的根本宗旨，实现防震减灾事业又好又快发展提供坚强保证。

（中国地震局办公室）

中国地震局党组成员、副局长刘玉辰在中国地震局人事工作会议暨人才工作会议闭幕式上的讲话（摘要）

(2010年8月27日)

一、贯彻落实《国家中长期人才发展规划纲要》

2010年4月，党中央、国务院颁布了《国家中长期人才发展规划纲要（2010—2020年）》。这是我国社会主义现代化建设在新的历史起点向前迈进、人才工作面临新形势新任务的大背景下的一项重大举措，各单位一定要抓好贯彻落实。

第一，深刻理解国家人才规划纲要提出的战略思想。贯彻落实人才发展规划纲要，首先要认真学习深刻领会中央提出的关于人才队伍建设的重要思想和理念。一要深刻理解人才资源是第一资源的重要思想。要用战略的眼光看待人才工作，把人才作为科学发展的第一要素，要把培养人才、吸引人才、开发人才、用好人才作为落实科学发展观、实现科学发展的基础性工作，使人才真正成为科学发展的第一动力。二要深刻理解国家人才发展指导方针。"服务发展、人才优先、以用为本、创新机制、高端引领、整体开发"是人才规划的核心内容。要把服务科学发展作为人才工作的根本出发点和落脚点，以人才优先发展引领经济社会又好又快发展；创新有利于人才成长和发挥作用的体制机制；要突出高端人才的引领带动作用，支持人人都作贡献、人人都能成才，统筹推进各类人才队伍建设，促进人的全面发展。三要深刻理解人才优先发展战略布局。要坚持人才资源优先开发、人才结构优先调整、人才资本优先积累、人才制度优先创新，这是人才发展思想的重要创新，也是国家人才规划的总方针和总政策。四要深刻理解人才发展以用为本的理念。要用好用活人才、提高人才效能，创新人才工作机制，要让各类人才各得所能、各展其才、建功立业。

第二，组织编制好《防震减灾"十二五"人才队伍建设规划》。经过几十年的发展，我们已基本建立了一支集科研、开发、应用、管理、服务为一体的防震减灾人才队伍。人才队伍规模相对稳定，人才队伍结构逐步优化，人才队伍发挥作用的条件逐步完善。但是当前防震减灾人才队伍，还不能完全适应经济建设的新形势、社会发展的新要求、应急管理的新趋势、防震减灾的新任务，还存在诸多问题，亟需解决。

各单位要认真开展调查研究，对人才培养工作中已取得的成绩和经验进行总结，要围绕本单位近期的发展和长远需求，超前谋划人才队伍建设的大局，要结合自身实际，尽早编制本单位的人才规划，形成相互协调的全局人才发展规划体系。落实好人才规划的关键，在于调动大家的积极性和自觉性，各单位要制定切实可行的人才培养、引进、使用计划；要建立人才工作目标责任制，形成完善的监督、评估和考核机制，把各项任务落到实处。

第三，加强高素质人才队伍建设。建成一支布局合理、功能完善、保障有力的防震减灾工作队伍，建设一支高素质的专业队伍，为防震减灾事业提供充足的人才保障和智力支持，就是要以高层次人才为引领，提升人才竞争力；以重点领域急需紧缺专门人才为重点，统筹推进防震减灾各类人才队伍建设；以提高能力为核心，全面提升防震减灾人才队伍总体素质；以改革创新人才队伍建设的体制机制为根本，全面提升人才的使用效能。

为确保防震减灾人才规划的顺利实施，要通过全面参与国家中长期人才发展规划纲要设立的重大人才工程项目，通过组织实施"十二五"防震减灾重大人才计划和工程，带动全局人才队伍的整体建设工作，为防震减灾事业发展打下坚实的人才基础。

要大力加强地震科技创新团队建设。围绕防震减灾重点领域、重点学科和重点科技问题，组建一批层次结构合理、方向任务明确、业务素质较高的地震科技创新团队，成熟一批启动一批，并给予长期稳定的科研经费支持。

要大力加强青年科技骨干队伍建设。瞄准地震科技前沿和防震减灾重点工作领域，重点支持和培养一批具有发展潜力的中青年科技创新领军人才，继续打造优秀人才"百人计划"；继续实施出国留学计划，带动后备人才的培养再上一个新台阶；设立"国家防震减灾奖学金"，支持名校拔尖大学生到地震系统学习实践。

要大力加强引进高层次人才与急需人才。发布地震系统重点领域急需紧缺人才目录，以重点领域急需紧缺专门人才为重点，分层次、有计划引进一批急需紧缺专门人才，提升地震科技服务能力，适应新时期防震减灾工作的需要。支持重点领域科学家参加国际科学计划；资助国外优秀专家学者来华从事地震科研及技术开发工作，强调双向、参与、长时效的形式，带动新兴学科与地震科技创新团队建设；在防震减灾重点领域，积极扶持西部地区人才队伍建设，利用国内交流访问学者计划，促进东部发达地区与西部地区深层次人才交流。

要大力加强培养高层次管理人才。围绕提高世界眼光、战略思维、创新精神和管理能力，培养一批司局级领导干部、优秀中青年干部、局机关处级干部。加强培养教育，选派参加党校、行政学院、高等院校和局干部培训中心组织的脱产培训。支持参加高等院校举办的在职学历教育。选拔中青年优秀管理人才到国内一流的院校进行管理专业培训和进修。加强实践锻炼，推动系统各单位间的干部交流。积极沟通，推荐领导干部到地方政府、部门挂职任职。

第四，创新人才队伍建设的体制机制。培养人才、聚集人才、用好人才，最大限度激发人才的创造活力，关键在于建立一整套好的体制机制。要注重在实践中发现、培养、造就人才，突出培养创新型人才。在强调高端引领作用的同时，要注重培养应用型人才，关注从业人员职业生涯发展的规划，构建人人能够成才、人人得到发展的培养开发机制。要建立以履职、能力和业绩为导向的科学规范的人才评价发现机制。把评价人才和发现人才结合起来，坚持在实践和基层中识别人才、发现人才。要改革各类人才选拔使用方式，科学合理使用人才，促进人岗相适、用当其时、人尽其才，形成有利于专技、管理人才脱颖而出、充分施展才能的选人用人机制。要完善分配、激励、保障制度，建立健全与工作业绩紧密联系、充分体现人才价值、有利于保障人才合法权益的激励机制。

第五，切实做好人才服务工作。各单位要大力宣传党和国家人才工作的重大战略思想和方针政策，促进地震系统转变观念，解放思想，集思广益，破解难题。从指导思想上，充分认识和发挥人才的基础性、战略性作用，做到人才资源优先开发、人才结构优先调整、人才投资优先保证、人才制度优先创新。从文化建设方面，鼓励各类人才坚持求真务实、尊重客观规律、恪守科学精神、大胆探索创造、倾心本职岗位、注重工作实效、淡泊个人名利、无私奉献才能，建设一支饱含爱国热情、勇于追求真理、具有务实作风、善于团结协作、积极改革创新、争创一流业绩的高素质防震减灾人才队伍。

二、贯彻落实《深化干部人事制度改革规划纲要》

人事教育司要结合中国地震局实际，尽快出台《深化干部人事制度改革规划纲要》实施意见，并要加强对实施意见的学习宣传和组织实施工作。各单位要加强组织领导，认真组织学习贯彻。要以重点突破项目为抓手，全面推动《深化干部人事制度改革规划纲要》的贯彻落实。

第一，要在丰富提名方式、规范提名行为上下功夫。提名是干部选拔任用初始环节，建立健全规范的提名制度尤为重要。规范干部选拔任用提名制度，总体思路是民主提名、责任提名、公开提名。要规范提名程序。按照有效、可行、简便的要求，对包括动议、推荐、确定等环节的提名程序作出规范，使隐性权力显性化、显性权力规范化。要扩大提名民主。完善领导推荐、组织部门推荐、干部群众推荐、个人自荐等办法，适当扩大群众推荐范围，保证在群众公认基础上产生提名人选。要强化提名责任，根据中央关于规范提名办法，结合实际，制定出台中国地震局干部选拔任用提名实施办法，进一步规范提名行为，坚持权责对称，谁推荐谁有责，谁提名谁负责。

第二，要在竞争性选拔、差额选人上下功夫。竞争上岗、公开选拔等竞争性选拔干部，是干部群众认为最有成效的改革，也是我们总体推进较好、最有条件推行的改革。根据中央精神，到2015年，地震系统每年新提拔厅局级以下委任制党政领导干部中，通过竞争性选拔方式产生的，不少于1/3。我们要将竞争上岗作为干部选拔任用的主要方式之一，推进竞争上岗工作经常化。要严格按照竞争上岗规定的程序组织竞争上岗工作。要增加考试环节，突出岗位特点，干什么考什么，增强考试的科学性，强化组织考察的遴选把关作用，真正让干得好的考得好、能力强的选得上、作风实的出得来。同时，还要积极探索公开选拔等其他竞争性选拔干部方式。

推行差额选拔干部。建立完善差额选拔干部制度，贯彻竞争择优原则，推进干部差额推荐、差额考察、差额酝酿制度，探索党组（党委）差额票决，让更多优秀人选进入组织视野，使干部考察更加深入、干部酝酿更加充分、干部配备更加科学。要研究制定差额选拔干部的具体规定，明确差额选拔干部的原则、标准、程序和方法。

第三，要在从基层选拔干部、改善干部队伍来源结构上下功夫。从基层一线选拔干部，是树立重视基层导向，解决中央和国家机关干部队伍来源结构性缺陷的重大举措。要注重从具有基层工作经历的人员中选拔干部，研究从基层选拔培养干部的措施，注重从基层选拔干部、到基层锻炼干部。到2015年，各单位领导班子成员中，具有基层领导工作经历的，应达到一半以上；局机关司局级领导干部和各单位处级领导干部中，具有两年以上基层工作经历的，应达到 2/3 以上。到 2012 年，中国地震局机关和省级地震局机关录用公务员，除特殊职位外，均应从具有两年以上基层工作经历的人员中考录。人事部门要根据各单位干部队伍现状和今后几年干部进退留转情况，细化改善干部队伍来源和经历结构的阶段性目标，制定年度推进计划，认真抓好落实。今后，中国地震局机关和省局机关要拿出一定比例的空缺职位，面向各单位选拔具有基层工作经历的优秀干部。要推动机关干部到基层任职。对缺乏基层工作经历的机关年轻干部，要有计划地安排到基层培养锻炼。

第四，要在加大交流培训、提高干部队伍素质能力上下功夫。要完善干部教育培训管理机制，创新干部教育培训方式方法，拓展教育培训渠道，增强教育培训实效。要积极选派领导干部参加党校、干部学院等学习。依托现有资源，加大投入，举办中长期局管干部研修班、后备干部培训班、专题研讨班。拓展培训渠道，充分利用社会培训资源，加大国内外高校、国外交流培训力度。鼓励干部参加学历教育。推动各单位将处级以上干部、科级干部、优秀中青年干部纳入地方培训计划，加大自行组织培训的力度。力争使领导干部达到五年内培训不少于 550 学时的要求。

加强干部的轮岗与交流。加强局机关、省级地震局、直属事业单位间交流任职。加强单位内部的轮岗，加大重要部门、关键岗位干部交流力度。健全管理人、财、物等岗位干部定期轮岗制度。推动选派有发展潜力的年轻优秀干部到地方挂职锻炼。

第五，要在完善考核办法、增强干部考核评价机制科学性上下功夫。考核是干部管理的基础。2009 年，中央出台了《关于建立促进科学发展的党政领导班子和领导干部考核评价机制的意见》《党政工作部门领导班子和领导干部综合考核评价办法》等"一个意见、三个办法"。中国地震局也结合各单位领导班子任期考核工作对领导班子和领导干部作了细化测评，进行了分析，效果很好。下一步，要以落实"一个意见、三个办法"为重点，结合地震行业自身特点，制定符合实际的考核指标体系，要综合运用民主推荐、民主测评、民意调查、个别谈话、实绩分析、综合评价等方法，全面客观准确地考核评价领导班子和领导干部，建立促进科学发展的考核评价机制，提高考核评价的科学化水平。坚持定性考核与定量考核相结合。整合考核信息，注意综合运用巡视、审计等结果。要强化考核结果的运用，既要把考核结果作为干部选拔任用的重要依据，树立正确的用人导向，又要作为从严管理干部、治懒治庸的有力武器。

第六，要在加强干部选拔任用工作监督、提高选人用人公信度上下功夫。近期，中央下发了干部选拔任用工作四项监督制度，中国地震局转发并提出了贯彻意见。《党政领导干部选拔任用工作责任追究办法》规定了违规必究的原则，界定了有关领导干部和人员追究责任的情形。《党政领导干部选拔任用工作有关事项报告办法》明确了干部选拔任用工作中、决定前，应当报告、征求意见的具体事项。干部选拔任用工作要及时报告情况，并自觉接受民主评议。在"一报告两评议"中，对民主评议满意度明显偏低、干部群众反映强烈的，经组织考核认定后，要追究有关责任人的责任。对履行干部选拔任用工作职责的单位主要负责人进行离任检查，把检查结果作为评价、使用、处理的重要依据。

要认真贯彻落实干部选拔任用工作"四项监督制度"。要深入学习宣传，努力扩大制度的知晓率。要制定领导干部选拔任用工作纪实办法、履行干部选拔任用工作职责主要负责人离任检查制度等配套制度。要结合巡视、干部选拔任用工作专项检查、干部选拔任用工作"一报告两评议"等方式，开展对选拔任用工作的专项检查。同时，各单位还要探索扩大干部选拔任用中的信息公开，落实干部群众的知情权与监督权。我们要抓住贯彻"四项监督制度"的有利契机，以无畏的勇气、坚决的态度、有力的措施，强力推进整治用人上不正之风工作向纵深发展，进一步匡正选人用人风气、提高选人用人公信度。

第七，要在深化事业单位人事制度改革上下功夫。事业单位人事制度改革是一项系统工程，其中包含了事业单位分类改革、聘用制度改革、岗位管理改革、收入分配制度改革、公开招聘改革等多项改革，各项改革互相联系互相影响，单独推进哪一项改革都不能取得应有的成效，要统筹考虑，扎实推动，相互促进，实现事业单位人事制度改革的不断深化。

要全力推动和完善聘用制度。以岗位管理工作的开展为契机，加大力度、加快进度，争取2010年底前全系统的岗位设置与聘用制度推行同步完成，实现由固定用人向合同用人的转变，规范事业单位与工作人员之间的人事关系，总结经验，逐步完善聘用制度。

要大力推行和完善公开招聘制度。局属事业单位的新进人员已经全部实现了公开招聘，我们要进一步改进方式方法，完善公开招聘制度，公开招聘考试考核应体现用人单位的需要和岗位的特点，不能一刀切，要坚持做到信息公开、过程公开、结果公开。

要做好事业单位分类改革、绩效工资改革、清理规范津补贴改革等改革的预研究工作。人事教育司和各单位要学习研究国家政策，对于能够提前实施的措施和防范的问题，要认真分析、区别对待、坚定不移地推动改革。

三、进一步加强人事部门自身建设

人事部门肩负着为防震减灾事业发展提供组织保障和人才支撑的重要职责，任务繁重，责任重大。面对新形势、新任务、新要求，人事干部要加强自我修养，强化自律意识，树立良好形象，在思想、能力、作风建设等方面作出表率。

一是要作学习型部门建设的表率。随着防震减灾事业的快速发展，人事人才工作面临着许多新情况、新矛盾、新挑战，做好新形势下的人事人才工作对人事干部的素质提出了新的更高要求。人事部门的同志要进一步增强责任意识和忧患意识，加强对人事人才政策理论的学习，不断开阔视野，完善知识结构，在思想观念、素质能力、工作作风和方式方法上不断取得新进步、新提高、新转变，争作学习型部门建设的表率。

二是要作能力建设的表率。人事干部自身能力水平的高低直接影响到各单位人事人才工作的开展。服务好防震减灾事业，推动人事人才工作创新，要求人事干部要不断提高能力素质、掌握过硬本领。要增强贯彻执行意识和岗位责任意识，进一步提高政治鉴别能力、服务大局能力、岗位业务能力。开展工作要有前瞻性，要吃透上情、了解外情、掌握下情，提高政策运用的能力，结合实际创造性地把人事人才工作落到实处。

三是要作作风建设的表率。作风建设是人事部门自身建设的永恒主题。人事部门要以更高的标准、更严的要求、更有力的措施，进一步加强和改进作风建设。工作中要切忌高高在上、居高临下，相反应以强烈的服务意识，深入基层，调研了解基层一线的实际情况，让人说真话、说实话，发挥好桥梁纽带作用，在上情下达、下情上传中不打折扣，真心实意地为防震减灾工作大局服务，为广大干部职工服务，使人事部门真正成为"干部之家、人才之家、职工之家"。

四是要作廉洁自律的表率。正人必先正己。人事部门要讲党性、重品行、作表率，坚持原则、公道正派、淡泊名利，清正廉洁，自觉抵制说情之风、关系之风，热情真诚为干部职工服务，用自己的实际行动维护人事部门的良好形象。

（中国地震局办公室）

中国地震局党组成员、副局长赵和平在2010年应急管理国际研讨会上的讲话（摘要）

(2010年6月19日)

一、中国地震灾害特点

中国是世界上地震活动最频繁和地震灾害最严重的国家之一，其主要原因是中国大陆处于印度板块和太平洋板块的夹持之中，也位于全球两大地震带——环太平洋地震带和欧亚地震带的交会部位，是大陆地震最多的国家。中国地震和地震灾害的特点可以概括为：强度大、分布广、灾害重。

一是强度大。20世纪，中国大陆平均每年发生16次5.0~5.9级地震；4次6.0~6.9级地震；平均每3年发生2次7.0~7.9级地震；共发生7次8.0级以上地震。21世纪以来全球共发生13次8.0级以上地震，仅有的2次大陆8.0级地震均发生在中国，分别是2001年青海昆仑山口西8.1级和四川汶川8.0级地震。中国陆地面积为全球陆地面积的1/14，但地震却占全球陆地破坏性地震的1/3。

二是分布广。中国每个省均发生过5.0级以上破坏性地震，其中，30个省发生过6.0级以上地震，20个省发生过7.0级以上地震。地震活动水平较高的省区分别是西藏、新疆、云南、四川、甘肃、台湾等。

三是灾害重。人类历史记载中，死亡超过20万人的地震共有7次，中国就有4次，其中1556年发生在陕西华县的8.5级地震造成83万人死亡，是造成死亡人数最多的一次地震。20世纪，全球因地震死亡的总人数近120万人，中国有近60万，约占一半。新中国成立60年来，地震造成的死亡人数高达36万人，比其他各类自然灾害造成死亡人数的总和还多。

二、中国地震灾害应急救援的经验和做法

地震灾害具有突发性、瞬时毁灭性、次生灾害连发性、预测难度大等特点，应急处置的时效性要求很高。所以，在地震应急工作中，我们坚持"快速、高效、有序"的目标，坚持以准军事化的理念和要求指导地震灾害应急救援工作，近年来取得了明显的进展。

一是形成了较完备的预案体系。从国家到省、市、县都相继编制了破坏性地震应急预案，由各级政府、各有关部门、相关企事业单位和社区地震应急预案组成的预案体系已初步形成。一些重点地区的地震应急预案工作，还延伸到企业、乡镇、学校、医院乃至家庭。我们还在重点地区多次组织开展了地震应急综合演练，突出实战，提高应急处置能力。

二是健全了应急指挥管理机构。2000 年,国务院成立了国务院抗震救灾指挥部,由国务院领导同志任指挥长,并建立了国务院防震减灾工作联席会议制度。地方各级政府及有关部门也逐步建立健全了分类管理、分级负责、条块结合、属地为主的防震减灾领导体制,31 个省(区、市)和地震重点监视防御区的市、县政府均成立了防震减灾领导小组,2200多个市、县设立了专门的工作机构。

三是防震减灾协调联动机制初步形成。积极推进地方、部门、军队及社会力量在地震事件应对中的协调联动机制和信息共享机制建设,例如,地震局与公安部消防局建立了地震灾害救援队联席会议制度,与安全监管总局建立了地震灾害和安全生产事故信息通报、协调机制。地震局也在全国建立了 6 个地震应急协助联动区,一旦发生较大地震事件,可有效开展跨省区的人员和技术方面的相互支援。

四是组建了专业化的地震救援队伍。2001 年,国家地震灾害紧急救援队正式成立,这支队伍按照国际先进救援理念,配备了先进的救援装备,开展高强度的训练。救援队执行了四川汶川、青海玉树、印度洋地震海啸、海地等 11 次国内外地震灾害紧急救援任务,发挥了重要作用。全国目前已有 28 个省(区、市)按照"一专多能、一队多用"的目标,建立了省级地震紧急救援队。地震应急救援志愿者队伍也逐渐发展壮大,目前全国地震志愿者超过 10 万人。2008 年,国家地震紧急救援训练基地正式建成并投入使用,这是中国第一个培训灾害应急与救援指挥官和搜救人员的现代化基地。

五是建成了初具规模的指挥技术系统。一旦发生地震,地震应急指挥系统首先作出应急响应和初步灾害评估,并做好灾害发展各个阶段的动态评估和地震趋势的动态跟踪,为有关政府部门提供技术手段和相关信息支持;建立与地震现场救灾指挥连接、处理的工作环境,使地震现场与指挥部通过有效通信手段互相支持,协同开展应急指挥工作。

六是组建了地震现场应急工作队伍。地震发生后,现场应急工作队伍能够迅速赶赴灾区,评估灾害损失,监测余震情况,分析震情趋势,为抗震救灾与恢复重建提供科学依据。此外,中国已有 26 个省(区、市)的 181 个大中城市建有或即将建成地震应急避难场所,还有一些城市正在进行应急避难场所的规划。

三、中国地震灾害应急管理展望

2008 年发生的四川汶川 8.0 级特大地震,以及 2010 年 4 月发生的青海玉树 7.1 级地震,带来了深刻的启示警示。今后,我们将认真吸取这些宝贵的经验教训,始终把人民生命安全放在首位,进一步加强中国地震灾害应急管理,努力做到"处置高效、救助到位、保障有力"。

一是牢固树立科学减灾理念和大震巨灾防范意识。把最大限度地减轻地震灾害损失作为地震灾害应急管理工作的根本宗旨,牢固树立大震巨灾防范意识,立足防大震、救大灾,从源头上做好预防和应急准备,切实做好大震巨灾的思想准备、机制准备、队伍准备和技术准备,增强地震风险防范能力,最大限度地控制和消除各类风险和隐患因素,最大限度减轻地震灾害损失。进一步健全完善地震应急预案体系,开展经常性的地震应急救援演练,提高地震应急预案的针对性和可操作性。

二是进一步提高地震灾害应急救援能力。建设专业化和社会化相结合的应急救援队伍，扩大专业队伍规模，改善技术装备水平和训练条件。大力发展社会化紧急救援服务体系，充分发挥企事业单位兼职队伍、志愿者队伍等作用。完善军地、区域、部门地震应急救援协调联动机制，提高救援队伍快速反应能力和跨专业协同应对能力。充分发挥国家地震救援训练基地的优势和作用，为应急救援队伍、应急管理人员、社会公众等提供专业化的培训服务。

三是进一步提高地震灾害应急处置能力。健全各级抗震救灾指挥部应急指挥平台，实现信息共享，建立完善部门、军地和区域间协调联动机制建设，不断增强地震突发事件处置能力。开展地震烈度速报和预警系统试点，建立健全地震灾害快速评估系统和信息快速获取系统，不断提升应急指挥辅助决策能力。加强应急管理人员业务培训，提高防范和处置地震灾害的指挥协调能力。继续推进生命线工程地震紧急自动处置技术试点应用和推广，不断提高安全生产领域地震应急处置能力。

四是进一步提高地震灾害应急保障能力。完善应急救灾物资储备制度，制定全国性的应急物资储备规划，建设国家、区域应急物资保障基地。通过完善法律、政策优惠等方式，鼓励保险企业逐步开展地震灾害等巨灾保险业务，逐步建立起政府、保险公司和投保人共担风险的巨灾风险保障机制。积极推进地震应急避难场所等基础设施建设。建立健全新闻发布机制，确保震后及时准确发布权威信息，建立健全地震应急知识宣传长效机制，切实增强全社会防震避险意识和自救互救能力。

地震灾害应急管理和其他领域突发事件应急管理是全人类共同面临的课题，有很多成功经验值得相互学习借鉴，取长补短，我们将充分吸取本次国际研讨会的最新成果，进一步提高地震灾害应急管理水平。同时，我们也愿意与世界各国一道，在更多层次、更加广泛的领域开展更加紧密的合作与交流，共享应急管理成功经验，为人类社会共同应对突发事件作出贡献。

（中国地震局办公室）

中国地震局党组成员、副局长修济刚在 2010 年中国地震局直属机关党建工作会议上的讲话
（摘要）

（2010 年 4 月 2 日）

一、关于 2009 年党建工作回顾

各单位、机关各司室紧紧围绕党组确定的中心任务，牢牢把握抓党建、带队伍、促发展这一主题，立足于组织协调、宣传指导、服务保障，着力于抓重点、夯基础，扎实推进学习实践科学发展观整改落实工作；扎实推进文明和谐机关建设；扎实推进党的十七届四中全会精神和全国机关党建工作会议精神宣传贯彻，努力推进机关和直属单位党的各项工作有力有效开展，为中心工作任务的顺利完成发挥了重要的服务保障作用。

（一）扎实推进学习实践科学发展观整改落实工作

紧密联系各单位各部门实际，认真做好学习实践科学发展观活动整改落实后续工作和"回头看"工作，推动突出问题的解决和体制机制的完善，巩固学习实践活动取得的成果，促进了党员干部推动科学发展能力和水平的提高。

在中国地震局党组的直接领导下，在机关各司室和各单位党委的协同响应下，机关党委积极做好协调督导工作，从方案论证、部门协调、专题调研、宣传通报入手，坚持不懈地巩固扩大学习实践活动成果。先后采取了专题汇报会、专题通报会和专题调研等一系列举措，从组织上为中国地震局党组和各部门抓落实、促发展提供服务和保障。在 2010 年年初组织的民意调查和年中中央国家机关工委组织的专题调研检查中，都对中国地震局整改落实工作的务实求效给予了充分肯定。中国地震局制定的 101 项整改措施，除 27 项需要列入下一阶段工作日程外，55 项已完全落实，19 项即将落实。直属单位列入 2009 年整改计划 208 项，完成 168 项。其中中国地震局地球物理研究所、中国地震局地壳应力研究所、中国地震局地壳运动工程监测研究中心三个单位计划完成率 100%。

（二）扎实推进文明和谐机关和主旋律建设

以庆祝新中国成立 60 周年为契机，深入开展系列主题教育活动，激发爱国热情，凝聚发展力量，建设地震文化。深入开展新中国成立 60 周年特别是改革开放 30 年辉煌成就、基本国情和形势任务，民族精神、时代精神、伟大抗震救灾精神的宣传教育。

以先进文化为载体，以唱响祖国好、共产党好、社会主义好、改革开放好为主题，精心组织了京区第二届职工运动会、京区大型文艺汇演等一系列主题活动，大力弘扬了党的政治优势，深入开展了历史和革命传统教育、理想信念教育，充分展现了地震系统党员干部职工积极进取、和谐文明、健康向上的精神风貌，同时也充分展现了各单位党组织的坚

强有力。

广泛开展创先争优活动。在建党88周年前夕，对许绍燮等38名直属机关优秀共产党员、18名优秀党务工作者、14个先进党支部进行了表彰，进一步激发了广大党员干部干事创业的积极性。创先争优组织推荐工作充分体现了广大党员的主体意识和党的先进性意识。尤其对许绍燮院士等38名优秀党员的表彰，在党内外反响很大，赢得广泛认可，突出了代表性和先进性。

各单位各部门以高度的政治责任感，开展学习英雄模范和先进典型、积极参与全国"双百"评选投票活动。各单位各部门以此为契机，把评选典型与学习典型结合起来，把评选过程与宣传教育结合起来，组织广大党员干部学习英雄模范人物的奋斗事迹，进一步加深对爱国主义丰富内涵的理解，增强爱国情感，陶冶道德情操，提升精神境界。

认真贯彻落实中国地震局"十一五"期间精神文明建设意见，进一步健全精神文明工作体制和机制，加强地震系统精神文明建设的组织协调指导，加强典型宣传和经验总结，做好精神文明建设推优工作。组织了地震系统庆祝新中国成立60周年、颂扬伟大抗震救灾精神为主题的网络摄影展和征文活动，开展了甘肃扶贫工程减灾林诗词歌赋征集活动。在组织参加重大政治和文化活动中，进一步历练和彰显了地震部门的昂扬精神和优良作风，促进了地震系统的精神文明建设和先进文化建设。2009年京区和局机关共有11个单位申报中央国家机关文明单位，地质所、搜救中心2个单位申报首都文明单位。

（三）扎实推进党的十七届四中全会和全国机关党建工作会议精神的宣传贯彻

党的十七届四中全会提出"必须按照科学理论武装、具有世界眼光、善于把握规律、富有创新精神的要求，把建设马克思主义学习型政党作为重大而紧迫的战略任务抓紧抓好"。为深入学习贯彻落实党的十七届四中全会精神，加强和改进新形势下地震系统党的建设，按照中国地震局党组的总体部署，直属机关党委外请专家举办了一系列报告会，着力推进学习型党组织创建活动，努力营造人人学习、不断学习的良好氛围，把地震系统各级党组织和党员领导干部的能力建设和先进性建设寓于学习型党组织和学习型领导班子建设之中。

认真贯彻落实全国机关党的建设工作会议要求，牢牢把握服务中心、建设队伍两大任务，着重抓好思想政治建设、业务能力建设、机关作风建设、党内民主建设、反腐倡廉建设，广泛开展讲党性、重品行、作表率活动，建设一流机关、打造一流队伍、培育一流作风、创造一流业绩。

通过请进来、走出去、经验交流、专题研究等途径，组织两委书记学习研讨，深入调查分析新形势下地震部门在党的工作体制机制、党性、党风、党纪等方面面临的新情况新问题。立足于当前实践，着眼于长远发展，着眼于加强和改进地震系统党的思想、组织、制度、作风、干部队伍和反腐倡廉建设，研究提出新要求新举措，边学习边研究边实践，为巩固扩大学习实践科学发展观活动成果提供动力，为中国地震局党组研究制定贯彻落实四中全会决定的实施意见提供实践依据，为统筹加强地震部门党建工作提供思想政治保障。

（四）切实加强作风建设和反腐倡廉建设

从树立良好的学风出发，大力倡导求真务实之风。从树立良好的文风出发，大力倡导负责敬业之风。从创新机制出发，大力提高科学管理能力。以认真学习贯彻中央纪委第三次、第四次全会精神和全国地震局长会暨党风廉政建设工作会议精神为主线，以作风建设为重点，进一步加强领导班子民主生活会的督察指导工作。2009 年，京区 11 个单位、机关 9 个司室分别召开了以"加强领导干部党性修养、树立和弘扬良好作风"为主题的民主生活会，会前，发文提出要求；会中，派员指导；会后，跟踪督察。认真做好中国地震局党组成员到局直属单位调研检查党风廉政工作的服务保障。积极支持和推进机关各司室深入基层开展调研和主题实践活动。根据《中国地震局贯彻落实〈建立健全惩治和预防腐败体系 2008—2012 年工作规划〉实施办法》的要求，结合局机关党风廉政建设工作的实际，重新修订了《中国地震局机关司室领导干部党风廉政建设责任书》，局机关司室领导班子成员、负有领导责任的处级干部签订党风廉政建设责任书并严格履行职责。在中国地震局党组的示范和指导下，机关各司室主要负责同志带队到基层单位开展调查研究，加强上下沟通交流，形成了了解基层、指导基层、上下共识、共谋发展的良好工作氛围。机关各部门在推进工作中注重协调，加强配合，和谐机关建设取得了新进展。

（五）统筹兼顾，全面推进党的各项工作取得新进展

从宣传服务出发，着力做好党组中心组学习的助手工作。从扩大中心组学习辐射功能、举办党校学习班、组织学习报告会、实时更新学习网页出发，着力推动学习型党组织建设和党员培训工作。从增强专报、简报、《震苑经纬》期刊实效性和专题特色出发，着力提高宣传工作的激励指导功能。从组织开展"创先争优""讲党性、重品行、作表率"和主题实践活动出发，着力加强党的先进性建设。从发展党员、加强积极分子队伍建设和基层党支部建设出发，着力夯实党的组织基础。2009 年京区直属单位党组织发展新党员 27 人，预备党员转正 50 人，防灾科技学院发展学生党员 307 人。从保障领导班子民主生活会质量和整改落实工作出发，不断推进党内民主政治建设和党员领导干部作风建设。从实施联席工作会议制度、加强协调配合出发，着力发挥纪检和审计工作在财务稽查、巡视、经济责任及落实中国地震局党组重大工作部署要求中的监督保障职能。从加强工会工作、统筹青年工作和统战工作，做好慰问济困、爱心捐助等工作出发，着力推动和谐文明、人文关怀、凝心聚力和稳定工作。

二、关于 2010 年的党建工作任务

2010 年党建工作的总体思路是：坚持以邓小平理论和"三个代表"重要思想为指导，按照党的十七大和十七届三中、四中全会和全国机关党的建设工作会议要求，认真落实中国地震局党组关于贯彻落实四中全会决定的实施意见，着眼于增强党的执政能力、保持和发展党的先进性，着眼于服务中心、建设队伍，以改革创新精神和求真务实作风全面加强和改进党的各项建设，提高党建工作科学化水平，努力实现中央关于"走在前头"的要求，为推动防震减灾事业又好又快发展提供坚强的政治和组织保障。

（一）始终把握服务中心、建设队伍这个核心

党的建设工作千头万绪，要做的工作很多，总体来说，就是要使党建工作紧紧围绕防震减灾中心工作，引导党员干部把思想和行动统一到党中央、国务院和中国地震局党组的重大部署要求上来。要把党建工作的着力点放在全面提高党员干部的素质能力上，通过建

设高素质队伍，为实现党的纲领和任务提供组织保证。要把党建工作与干部人事工作、纪检监察工作统筹考虑，通盘谋划，形成合力，整体推进。

要广泛开展学习型党组织和学习型领导班子建设活动。坚持以中心组为龙头，以党支部为基础，广泛开展学习型党组织和学习型领导班子建设活动，大力营造崇尚学习的浓厚氛围，大力倡导学以致用、用以促学、学用相长的优良学风，健全务实管用的学习制度，规范学习管理，改进学习方法，创建学习载体，关注学习需求，建立长效机制，推动党员干部向书本学习、向实践学习、向群众学习。党员领导干部要作真学、真懂、真用的表率。要继续坚持学习调研、学习报告会和通报会制度，坚持领导干部讲党课、作学习报告制度，党组织要着力做好组织、服务、保障工作。组织开展优秀学习调研成果推优活动，及时组织经验交流，推动学习成果转化，努力形成有利于学习研究和贯彻落实科学发展观的政策导向、舆论导向、用人导向和体制机制。

（二）**始终重视夯实党建基础**

党的基层组织建设是党的建设的重要任务。基础不牢，地动山摇。在基层党委和支部换届中，要特别注意选好配强基层党组织带头人。要按照守信念、讲奉献、有本领、重品行的要求，选配好基层党组织书记。各单位要切实健全和加强党委办事机构。建立健全党务干部的选拔、交流、培养机制。按照优化结构、增强活力、相对稳定、合理流动的原则，有计划地安排党务干部与行政、业务管理干部之间的双向交流。重视党务干部培养，加大党务干部培训力度。以提高素质、发挥作用为重点，抓紧抓好党员队伍建设这一基础工程。建立健全教育、管理、服务党员长效机制，保持共产党员先进性。做好发展党员工作，落实好发展对象和新党员培训制度，加强思想上入党教育和党的基本知识的学习武装，重视在高知识群体、基层一线等优秀青年中发展党员；从思想、工作、生活上关心党员，做好党员服务工作，健全党内激励、关怀、帮扶机制，加强对老党员、生活困难党员的关怀帮扶。健全党内表彰制度，坚持开展"创先争优"活动，充分发挥党员的先锋模范作用。与人事教育等部门做好衔接，统筹教育培训资源，拓宽渠道，加大投入，制定并落实党员培训规划，把党员教育培训落到实处。

（三）**始终坚持健全制度**

要加强以党章为根本的党内各项制度建设，强化制度执行力，以制度保证党的建设任务的落实，提高党的建设科学化水平。要认真落实党建工作责任制，坚持和完善党组（党委）负总责，党组（党委）书记带头抓，分管领导具体抓，党委（支部）抓落实，一级抓一级、一级带一级的党建工作格局，推进党建工作的规范化、制度化、科学化。建立和完善党内情况通报制度、情况反映制度和重大决策征求意见制度，定期召开党的工作会议，落实党员大会制度，总结报告工作，明确新任务，提出新要求，作出新动员新部署。进一步强化党员领导干部双重民主生活会制度，加强整改落实工作的监督检查与通报。研究探索党务公开的内容、方式、程序，健全党务公开制度。

深入开展示范教育、警示教育和岗位廉政教育，督促广大党员干部特别是领导干部严格遵守廉洁自律各项规定，自觉做到廉洁从政、廉洁从业。严格执行党风廉政建设责任制。严格执行党内监督各项制度，加强对民主生活会、述职述廉等制度执行情况的监督检查。

（四）**始终聚焦亮点特色**

近年来，地震系统精神文明建设和先进文化建设已成为党建工作的特色和亮点。要继续加强精神文明建设，深入贯彻落实中国地震局关于加强精神文明建设的实施意见，进一步加强工作体制和机制建设，加强组织协调指导，加强典型宣传和经验总结，做好精神文明建设推优工作。强化齐抓共管，强化目标要求，在创建载体、抓好示范、突出特色和实效上下功夫。以推进社会主义核心价值体系建设，形成风正劲足、团结和谐的生动局面为重点，以实践科学发展观和"创建文明机关，争做人民满意公务员"为载体，扎实开展创建活动，充分发挥文明机关、文明单位建设的示范带动作用。

要加强地震先进文化建设。进一步弘扬民族精神、时代精神、抗震救灾精神，深入进行历史和革命传统教育、理想信念教育，唱响共产党好、社会主义好、改革开放好、伟大祖国好的主旋律，展现地震系统党员干部职工积极进取、和谐文明、健康向上的精神风貌。加强宣传骨干队伍建设与组织工作，统筹文化资源，建好和用好党建刊物、工作信息、党建网站等宣传载体，发挥先进文化的激励引导作用。努力创造条件，创新形式，加强组织联动，开展形式多样、内涵丰富、积极向上的文化体育活动，认真组织、积极参加中央国家机关第三届职工运动会。

（五）始终关注自身建设

2019年，机关党委承担的局重点课题"加强机关党建工作研究"成果，得到中国地震局党组的充分肯定。2010年要围绕"党建工作的特点和规律"主题，开展调查研究，探索回答党建"走在前头"、建设学习型党组织和学习型领导班子、发挥党组织在队伍建设中的作用等重点课题。紧紧围绕服务中心、建设队伍的要求，进一步更新理念，改进方式，完善体制机制，切实解决党建工作中存在的突出问题，推进党的建设更加科学化、规范化、制度化。加强地震系统党建工作指导、互动和典型宣传。完善党务干部选配机制。认真贯彻《中国共产党党和国家机关基层组织工作条例》，组织实施好中国地震局直属机关党委、纪委换届选举工作。结合京区单位党委、纪委班子换届选举工作，着力做好"两委"书记选拔配备的组织保障工作，切实健全直属单位党的工作机构。根据直属单位工作特点，加强基层党支部建设的指导和研讨。加强党务干部培养工作。抓好京区直属单位"两委"书记和专职党务干部的学习培训与经验交流、典型示范和专题研讨，努力建设政治坚定、作风优良、业务精通的复合型、高素质党务干部队伍。

（中国地震局办公室）

中国地震局党组成员、副局长阴朝民在2010年中国地震局政策法规工作会议上的讲话（摘要）

（2010年7月6日）

一、立足发展，正确认识政策法规工作

（一）创新发展理念，是政策法规工作的基本要求

理念指引方向。防震减灾事业发展，从以抓监测预报为主，到推进监测预报、震灾预防、紧急救援三大工作体系，再到强化社会管理、拓展公共服务、提升基础能力三大管理职能，发展理念不断创新、不断完善。在2010年防震减灾工作会议上，回良玉副总理提出，防震减灾工作要更加注重保障民生、更加注重维护和谐、更加注重强化基础、更加注重提升能力，这是从防震减灾如何服务和适应经济社会发展大局提出的新理念、新要求，内涵深刻，意义重大。

理念创新基于实践。创新发展理念，要善于总结、善于思考，要从实际出发、解决实际问题。众所周知，防震减灾是一项技术性、专业性很强的工作，必须致力提升科技创新水平、业务支撑能力。目前地震预报还没有过关，如何基于现有能力为社会服务，开展知识宣传如何最大限度地避免不利影响，如何高效处置地震传言维护社会稳定，如何基于经济发展现状增强城乡抗震设防能力，等等，工作中面临着一系列的问题，甚至难题。对地震本身有认识问题，对地震灾害有认识问题，对如何减轻地震灾害也有认识问题，地震、地震灾害、减轻地震灾害，这是防震减灾领域的三个基本问题。有些问题是辩证的，有些问题是相对的，但都是互相关联、相辅相成的，要善于运用哲学思维，多加思考、创新理念，不断改进工作方式、增强工作实效。无论是搞政策研究，还是建立法律制度，都要注重创新发展理念，更好地引领、指导和规范工作的开展。随着经济社会和防震减灾事业的不断发展，创新发展理念是政策法规工作的基本要求。

（二）优化发展环境，是政策法规工作的重要使命

环境影响力量。对防震减灾事业而言，发展环境有外部和内部两个方面。就外部环境而言，就是要将防震减灾纳入经济社会发展大局，从国家整体发展战略出发，找准为各个行业提供服务的切入点、着力点，履行部门职能，拓展发展空间，在经济社会发展大局中做到有为、有位。在推进防震减灾事业与经济社会协调发展的过程中，致力形成政府主导、军地协调、专群结合、全社会参与的工作格局。提高地震科学水平，建立合作交流平台，积极调动社会的积极性和力量很重要。就内部环境而言，就是要完善国家、省、市、县各级地震部门之间的工作机制，完善各级地震部门机关与直属事业单位之间的工作机制，完善符合时代特征、与市场经济相适应的群测群防工作机制，推进依法行政、依法履职，推

进政事分开、政企分开。要通过建立健全防震减灾法律体系，划清职能、明确责任，避免工作中的缺位、越位、错位，致力营造上下联动、各负其责、各司其职，全局一盘棋的工作氛围。政策、法规和标准，是营造良好发展环境的根本保障。优化发展环境，凝聚各方力量，形成工作合力，是政策法规工作的重要使命。

（三）谋划发展战略，是政策法规工作的主要任务

战略事关长远。防震减灾是一项长期的任务，既要强力推进，也要循序渐进。谋划事业发展战略，有很多全局性、长远性的问题需要研究。《国务院关于进一步加强防震减灾工作的意见》提出了防震减灾2015年和2020年工作目标。目标的实现事关发展大局，任务艰巨、时间紧迫。我们如何站在全局的高度研究防震减灾工作目标的实现，面临哪些问题，需要提供哪些政策支持，需要完善哪些法制保障，需要采取哪些工作措施，这些问题都需要研究。阶段目标实现后，又需要提出新的目标，谋划新的战略，这需要政策研究的积累，也需要法律制度的前瞻。地震监测预报、震灾预防、紧急救援各个工作领域如何协调发展，如何实现法制化管理，如何适应经济社会发展的需要，也需要不断进行研究。开展政策法规工作，必须从事业发展全局思考问题，着眼全局，谋划大局。工作方针、指导思想、工作目标、发展布局等，这些全局性、长远性、战略性问题，既需要不断进行政策研究提出政策建议，也需要不断总结实践经验逐步上升为法律制度，这些都是政策法规工作的任务。

（四）提升发展质量，是政策法规工作的主要目的

质量决定效能。防震减灾是公益事业，地震部门是公共部门，其职责是，履行公共职能，利用公共资源，提供公共服务。政策对事业发展起到引领作用，研究制定与经济社会和事业发展相适应的政策，就是要明确发展方向，促进事业科学发展；法制对事业发展起到保障作用，总结实践经验，建立健全法律制度，就是要依法动员全社会的力量，促进事业有力发展；标准对事业发展起到支撑作用，建立统一的技术标准，就是要实现防震减灾管理、技术和服务的规范化，促进事业有序发展。政策、法规和标准的制定与实施，最根本的目的是，提升事业发展的质量，使减灾资源科学配置，减灾行动科学统一，减灾措施科学有效，以最小的减灾投入，达到最大的减灾实效。

二、着眼全局，创新政策法规工作思路

（一）开展政策研究，必须提升高度

政策研究是软科学的范畴，需要统筹兼顾、科学谋划，处理好宏观和微观的关系、长期和短期的关系、社会和行业的关系。就政策研究的具体工作而言，主要两个层面：一是自上而下的工作，要跟踪国家宏观政策，研究防震减灾领域如何贯彻落实国家的方针政策和战略部署，特别要根据国家有关防震减灾政策，以及中国地震局党组的重大部署，提出贯彻落实的具体措施；二是自下而上的工作，要跟踪防震减灾事业发展动态，及时发现问题、总结经验，为国家出台防震减灾新政策、新要求提出参考意见。开展防震减灾政策研究工作，要在以下几个方面下功夫：

一是，要力求站在国家层面。政策体现国家意志，开展政策研究工作，必须研究国家发展整体形势，研究防震减灾事业发展全局。

二是，要力求构建政策体系。政策必须保证系统性、延续性。我们研究的政策既要与相关行业、相关领域的政策相衔接，也要保持自身前后连贯，既要涵盖防震减灾的各个层面，又要避免相互矛盾。

三是，要力求引领发展方向。政策必须有一定的前瞻性、预见性。政策引领未来，开展政策研究工作，要做到今天研究明天，今年研究明年，甚至更远。研究课题的选取和安排不能等，需要什么再研究什么，工作就会被动，成果就会过时。凡事预则立、不预则废，要主动出击、重点突破。

四是，要力求解决实际问题。政策研究成果要力求适用性、指导性。政策研究要基于现状，全面、准确把握工作实情，既不夸大成绩，也不无病呻吟。要正确分析存在的不足，既不夸大问题，也不回避矛盾。开展政策研究工作，要针对事业发展需要，研究成果要提出切实可行的措施，不虚华、不做表面文章，思路要宽，眼光要远，措施要实。

（二）加强法制建设，必须加大力度

社会发展与自然灾害相伴随，人类面对地震等自然灾害，从被动承受，到主动防御，再到法制化管理，经历了漫长的发展过程，体现了人类文明进步。当前，我国在依法治国方略的指引下，法治国家正在推进，法治政府正在建立，法治社会正在形成，在政治、经济、文化、社会建设各个领域，法治程度越来越高。推进防震减灾法制化管理是时代的要求，是事业发展的需要。我们经过多年的努力，法制建设取得了可喜进展，为事业发展发挥了积极的作用，但要全面实现防震减灾法制化管理，还有很多工作要做。推进防震减灾法制建设，要健全立法、加强普法、严格执法、强化监督，努力形成全社会依法参与、自觉参与、经常参与防震减灾活动的良好局面。

抓立法，关键要注重操作性。要以《中华人民共和国防震减灾法》为龙头，形成国家法律、行政法规、部门规章、地方法规、政府规章配套的制度体系。国家立法要着重明确政府职能、部门职责、社会责任，调整好防震减灾活动各主体的社会关系；地方立法不能照搬照抄上位法，为了立法而立法，要有地方特色、行业特色，注重程序性、操作性，讲求立法质量。

抓普法，关键要注重覆盖面。做好防震减灾工作，强化全社会的法制意识至关重要。要坚持普法宣传与科普宣传相结合、重点对象宣传与社会宣传相结合、特殊时段宣传与经常性宣传相结合。一方面要强化地震部门自身的法制意识，提高依法推进事业发展、依法管理业务工作的能力。我们在这方面还存在一定不足，研究法律法规条文不够，惯性思维比较大；另一方面，要通过广泛宣传，强化各级政府、相关部门、企事业单位和社会公众的法制意识、责任意识，形成全社会依法参与防震减灾活动的良好氛围。

抓执法，关键要注重执行力。防震减灾法律法规确立了一系列法律制度，明确了政府、部门和社会的职责和义务，关键在于执行、在于落实。要建立健全行政执法规章制度，特别要狠抓执法责任制的落实，各单位必须将执法工作纳入年度工作计划，将执法责任落实到具体的部门、落实到人，将执法工作开展情况作为年度工作考核的指标。各地区、各单位要加强交流、借鉴经验，形成依法执法、敢于执法、善于执法的良好局面。

抓监督，关键要注重经常性。要探索建立健全法制监督工作机制，通过人大执法检查、政府行政检查、部门工作检查、专门部门监督、社会舆论监督等各种方式，有计划、有步骤地开展法制监督工作，常抓不懈，讲求实效，全面推进防震减灾法律法规的贯彻落实。对于地震部门自身而言，一方面，要加强层级监督，上级要对下级执行法律法规情况进行监督检查；另一方面，要加强层间监督，各级地震部门的法制工作机构，要对相关业务部门执行法律制度情况，进行督促检查，充分发挥法规部门的职能作用。

（三）推进标准计量，必须增强意识

近年来，地震标准化工作快速推进，发布实施了一批地震国家标准、行业标准，地方标准和企业标准也相继发布实施。一些强制性标准对推进和规范防震减灾工作发挥着重要的作用。但总体而言，全局上下的标准化意识还相对薄弱，研究制定标准、学习掌握标准、贯彻实施标准的自觉性还不够强。当前，推进地震标准计量工作，关键是全局上下要增强地震标准化意识。

一是，要高度重视标准计量工作。防震减灾是一项技术性很强的工作，推进标准化和计量工作，一方面，可以促进防震减灾管理和技术工作的规范化、标准化。无论是管理工作，还是技术工作，要求越明确、操作越规范，工作效率就越高，贡献率就越大。另一方面，可以为防震减灾法律制度的施行提供支撑。法律制度不可能面面俱到，防震减灾方方面面业务工作涉及的参数、指标和要求，只能通过技术标准作出全面的规范。因此，无论在防震减灾的技术层面、管理层面还是服务层面，都需要建立相应的技术标准。标准计量本身也是科学，是科学成果的总结，也是科学发展的前瞻，必须高度重视。

二是，要不断强化标准化意识。各级地震部门在进行业务管理过程中，要重视技术标准的研究制定，根据工作实际需要，逐步建立健全防震减灾技术标准体系，依靠标准管理业务工作，推进管理的规范化，避免管理的随意性。在地震监测预报、震灾预防、紧急救援、科技创新等领域，实现按标准生产、依标准运行、靠标准管理的良好局面。实践表明，没有标准，一些业务工作很难管、管不好。地震标准化，是进行社会管理和公共服务的抓手，各级管理人员必须强化标准化意识，善于将技术标准运用于管理工作之中。推进地震标准化，是我们管理行业和社会的一个重要途径。

三是，要自觉地遵循地震标准。防震减灾领域的技术人员从事着方方面面的技术工作，有些是重复性的工作，周而复始的工作，有的工作有着成熟的经验，也有的工作是创造性的。技术人员要树立一种意识，就是始终把"精准"作为追求的目标。当前我们从事的一些技术工作，在"精"和"准"方面确实存在一定差距，标准化意识薄弱，随意性较强。技术人员在实施工程建设、仪器生产、数据检测、分析处理、应用研究等工作中，务必要符合标准要求，遵守标准规定，使用标准语言。我们在面对社会时，如何善于运用标准语言，值得思考和研究。技术标准是基于现有技术水平基础之上的统一规范，遵守技术标准，就是要在现有技术水平的基础上，实现工作的"精准"。

推进标准计量工作，促进标准化、规范化，可以使防震减灾管理、技术和服务工作上台阶、增质量、提效率。全局上下必须强化标准化意识，在强化社会管理、拓展公共服务、提升基础能力各个领域的工作中，善于运用标准化工作的手段，逐步提升管理水平、技术水平和服务水平。

（四）强化职能履行，必须健全机制

防震减灾政策法规是政府赋予地震部门的重要职能。中央批准设置中国地震局政策法规司,并增加编制、强化职能,这充分体现了中央对防震减灾工作的高度重视。履行好政策法规职能,是防震减灾工作的重要内容、是管理部门的使命,是事业发展的重要保障、是发展动力的不竭源泉。对中国地震局而言,作为防震减灾工作的首脑机关,肩负着拟订国家防震减灾方针政策和法律法规的重要职能;对地方各级地震部门和直属单位而言,既是防震减灾方针政策和法律法规制定的参与者,又是方针政策和法律法规的实施者。

履行政策法规职能,必须创新机制。一要建立部门联系机制,政策研究工作,要加强与政府政策研究部门、政府综合部门的研究机构和科研院所的联系。法制建设工作,要加强与各级人大、政府法制部门和相关行业部门的联系。二要建立上下联动机制,方针政策和法律法规的研究制定需要体察民情、听取民意,全面把握实情。方针政策和法律法规的发布需要政令畅通、上传下达,全面贯彻实施。三要建立专家参与机制,开展政策法规工作,必须依靠智囊团,广泛听取专家意见,群策群力,凝聚智慧,充分发挥科研机构和各领域专家的作用。

三、强化措施,大力推进政策法规工作

(一)围绕中心,深入开展政策研究

把最大限度地减轻地震灾害损失作为防震减灾工作的根本宗旨,把是不是、能不能最大限度地减轻地震灾害损失作为衡量工作的唯一标准。防震减灾具有科学性和社会性双重属性,只有强化社会管理、拓展公共服务、提升基础能力,促进事业向更深层次、更宽领域、更高水平发展,才能最大限度地减轻地震灾害损失。围绕防震减灾根本宗旨,我们必须开展广泛的、深入的、动态的研究。

开展政策研究工作的关键在于选题,选题不准,立意不深,不可能出高水平的成果。当前需要研究的选题很多,要分清缓急、突出重点,有计划、有步骤地推进。一要关注工作大局。当前中国地震局的工作大局是贯彻落实全国防震减灾工作会议精神,《国务院关于进一步加强防震减灾工作的意见》提出了一系列工作要求,贯彻落实文件和会议精神,政策研究工作责无旁贷,要领会精神、研究措施、提出方案。二要关注工作实践。汶川地震发生后,中国地震局深入开展了科学总结与反思,形成的成果已经得到了应用。正是得益于总结与反思的成果,在突如其来的玉树地震又一次重大地震灾害发生后,中国地震局准备充分、沉着应对,反应迅速、措施得力,成效明显、不辱使命,再次经历重大地震灾害的洗礼,工作上又有什么新的启示,又有什么新的经验,这是鲜活的事例,是实践的检验,值得深入研究。注重实践,是政策研究工作的重要特征。三要关注国内国际动态。中国自然灾害种类很多,灾害的管理以各个部门为主,其他部门在进行减灾管理方面有没有值得中国地震局借鉴的地方,可以开展行业对比研究。海地、智利相继发生特大地震,这些地震造成的灾害相差很大,政府和社会的反应也相差很大,可以有针对性地开展国际对比研究,借鉴经验,汲取教训。四要关注新动向。春节期间,山西一些地方出现了震情和地震传言事件,这次事件发生快、波及广、影响大。安徽合肥也因为发生小地震而引发了地震传言事件。应对小地震和地震传言的概率,远比应对特大地震灾害要多得多。小地震、大影响,甚至没有地震,也产生社会影响,这些新问题究竟如何应对,需要深入研究。

（二）健全体系，全面推进依法行政

推进依法治国，关键在于依法行政。国务院提出了建立法治政府的奋斗目标，目标的实现需要各级政府和政府各个部门共同努力。地震部门作为依法行使社会管理职能的国务院直属事业单位，既承担依靠科技推进事业发展的职能，又承担依靠法制管理社会的职能，必须推进依法行政。随着法治进程的推进，各领域法制化水平越来越高。进行内部管理，必须遵守国家相关法律法规规章，严格依法办事。进行外部管理，必须坚持主体合法、实体合法、程序合法。各级地震部门必须按照防震减灾法律法规规章行使社会管理职能，做到有法可依、有法必依、执法必严、违法必究。

推进依法行政，关键是坚持立法、普法、执法、监督一起抓，健全防震减灾法制工作体系。近年来，防震减灾法制工作取得了长足进展，但距离建立法治政府的要求还有一定差距。在立法方面，我们注重抓法律法规的制定，规章制定得少，制度体系尚不健全，一些法律规定很原则，配套规章尚空缺，规范性文件不规范。推进工作、管理业务，我们首先要重视规章制度的建立。在执法方面，我们的执法人员，往往是一岗双责，一岗多责，甚至管做不分。我们难以克服机构限制带来的困难，但可以创新工作机制，切实加大执法工作力度，及时纠正防震减灾工作中的违法行为。

（三）提高质量，推进标准计量工作

标准化工作是动态的、发展的。技术标准反映了一定时期的技术水平，体现了一定时期的行业要求。在技术初创阶段就制定标准，不现实，等待技术完全成熟再制定标准，也不可取。在技术推广应用到一定程度，就需要制定标准予以规范，随着技术的改进和成熟，可以对标准进行修订。研究制定标准，必须以相关业务管理层面和技术层面的权威专家为主导，注重标准的质量。

地震学是一门以观测为基础的科学。无论是依靠观测结果开展科学技术研究，还是依靠观测结果为社会提供公共服务，都必须提高观测结果的科学性、可靠性。观测仪器通过计量检定，观测手段按照技术标准进行规范，观测结果的科学性、可靠性才能有保证。在防震减灾社会管理和公共服务方面，建立健全相应的技术标准也非常重要。在汶川地震中，桑枣中学2200多名学生、近百名老师在短短1分36秒的时间里安然疏散到操场，无一伤亡。开展全社会防震减灾知识宣传教育是服务社会的体现，我们要及时总结经验，建立相应的标准，指导和规范防震减灾知识宣传教育工作的开展，增强公共服务的质量与实效。

（四）注重实效，加大监督检查力度

方针政策和法律法规的生命在于执行，有令不行，有禁不止，不但体现不出政令的价值，还会影响政府和地震部门的形象。各级地震部门要建立防震减灾政策和法律法规执行效果评价机制，一项政策、一项制度，实施一段时间以后，要对其实际效果进行分析、作出评价，好的坚持、差的改进，讲求科学、注重实效。

在防震减灾政策实施的监督检查方面，政策拟订部门要制定责任分解方案，政策执行部门要制定政策实施计划，加强督查、层层落实。在防震减灾法律法规实施的监督检查方面，要积极争取各级人大开展防震减灾执法检查活动，要会同政府相关部门开展综合行政检查活动，要根据推进工作的需要开展专项检查活动，要充分利用新闻媒体加大社会监督力度，通过经常开展监督检查活动，全面推进防震减灾法律法规的实施。

四、加强领导，强化政策法规工作保障

要逐步健全政策法规工作机构。在中央的高度重视下，中国地震局的政策法规工作机构得到了健全。我们要继续与相关部门加强沟通、统筹考虑，强化省局相关机构建设。各省局要加强与当地编制部门的沟通联系，抓住时机、争取支持，适当扩充编制。各省局自身要结合实际，创新机制、优化结构，不拘一格、拓宽模式，加强政策法规工作机构建设。近年来一些省级地震局做了有益尝试，取得了良好效果，各单位要加强交流、相互借鉴。

要强化政策法规工作队伍建设。政策研究和法制建设，理论性强，专业性也很强。各单位要按照强化社会管理、拓展公共服务、提升基础能力的要求，强化队伍建设。地震部门干部队伍和专家队伍的整体素质高，但随着事业的新发展、工作的新要求，要注重理念的转型、知识的更新、思路的拓展。要逐步选拔一批理论水平高、政策水平强、业务精通、思想过硬的干部和专家，充实到政策法规工作队伍中来。要通过在职培训、学历教育等多种渠道，加强对政策法规工作人员的培养，提升政策法规工作水平。

要加大政策法规工作经费投入。政策法规是软的工作，硬件建设需要投入，软件建设同样需要投入。近年来，在中央和地方的共同努力下，防震减灾的硬件建设得到了加强。硬件要提升效益，需要软件的支撑。各单位要按照硬件过硬、软件不软的要求，科学配置，合理安排，加大投入，为政策法规工作开展提供条件保障。

（中国地震局办公室）

2010 年发布 2 项地震国家标准

标准名称：GB/T 24888—2010《地震现场应急指挥数据共享技术要求》
英文名称：Technical requirements of data share for emergency command in earthquake occurrence site
发布日期：2010 – 06 – 30
实施日期：2010 – 10 – 01
范　　围：规定了地震现场应急指挥数据共享的数据类型、数据编码、数据格式、元数据、数据字典，以及数据汇交、数据质量控制、共享数据服务和共享数据维护的基本要求。适用于地震现场应急指挥技术系统建设（或开发）和相关数据的获取、处理、维护、交换和共享。

标准名称：GB/T 24889—2010《地震现场应急指挥管理信息系统》
英文名称：Management information system for emergency command in earthquake occurrence site
发布日期：2010 – 06 – 30
实施日期：2010 – 10 – 01
范　　围：规定了地震现场应急指挥管理信息系统的分级、基本功能、子系统功能、结构、运行环境、配置和数据库的要求。适用于地震现场应急指挥管理信息系统的设计、开发和应用。

2010年发布6项地震行业标准

标准名称：DB/T 36—2010《地震台网设计技术要求 地电观测网》
英文名称：Technical specifications for design of earthquake monitoring network – Geoelectric observation network
发布日期：2010-02-25
实施日期：2010-06-01
范　　围：规定了地电观测网结构、技术要求、功能、数据中心和观测站的设计要求。适用于中国地震台网中各级、各类地电观测网的设计。

标准名称：DB/T 37—2010《地震台网设计技术要求 地磁观测网》
英文名称：Technical specifications for design of earthquake monitoring network – Geomagnetic observation network
发布日期：2010-02-25
实施日期：2010-06-01
范　　围：规定了地磁观测网的分类、功能、布局、技术指标和观测站技术指标的设计要求。适用于地震台网中各级、各类地磁观测网的设计。

标准名称：DB/T 38—2010《地震台网设计技术要求 地下流体观测网》
英文名称：Technical specifications for design of earthquake monitoring network – Underground fluid observation network
发布日期：2010-02-25
实施日期：2010-06-01
范　　围：规定了地下流体观测网的分类、功能、布局、技术指标和观测站技术指标的设计要求。适用于地震台网中各级、各类地下流体观测网的设计。

标准名称：DB/T 39—2010《地震台网设计技术要求 重力观测网》
英文名称：Technical specifications for design of earthquake monitoring network – Gravimetric observation network
发布日期：2010-03-12
实施日期：2010-06-01
范　　围：规定了重力观测网的分类、观测项目、功能、布局原则、技术指标和技术装备的设计要求。适用于地震台网中各类重力观测网的设计，也适用于地球科学研究的重力观测网和特种重力观测网的设计。

标准名称：DB/T 40.1—2010《地震台网设计技术要求　地壳形变观测网　第1部分：固定站形变观测网》

英文名称：Technical specifications for earthquake monitoring network – Crustal deformation observational network Part 1：The observational network of crustal deformation stations

发布日期：2010 – 03 – 12

实施日期：2010 – 06 – 01

范　　围：规定了固定站形变观测网的设计原则、结构和观测项目；规定了地倾斜观测站网、地应变观测网、全球导航卫星系统基准网及固定站形变观测网中心的结构、功能和技术要求。适用于中国地震台网中地形变观测网的固定站形变观测网设计。

标准名称：DB/T 40.2—2010《地震台网设计技术要求　地壳形变观测网　第2部分：流动形变观测网》

英文名称：Technical specifications for earthquake monitoring network – Crustal deformation observational network Part 2：The Geodesic deformation observational network

发布日期：2010 – 03 – 12

实施日期：2010 – 06 – 01

范　　围：规定了流动形变观测网的设计原则、结构和观测项目；规定了全球导航卫星系统区域网、精密水准观测网、断层形变观测网及流动形变观测网中心的结构、功能和技术要求。适用于中国地震台网中地形变观测网的流动形变观测网设计。

中国地震局关于进一步加强地震科技工作的意见

(2010年3月16日)

为巩固学习实践科学发展观成果,汲取汶川地震经验与教训,全面贯彻全国地震科技大会精神,认真落实《国家地震科学技术发展纲要(2007—2020年)》,依据《中华人民共和国防震减灾法》和《中华人民共和国科学技术进步法》,现就进一步加强地震科技工作提出如下意见。

一、统一思想认识,认真实施纲要推进地震科技进步和创新

(一)地震科技进步是国家防震减灾事业发展的重要支撑

防震减灾工作以最大限度地减轻地震灾害损失,为国民经济建设和社会发展服务为根本目的。未来十年,是我国全面建设小康社会的重要时期,同时,我国也面临着严峻的地震形势。《中华人民共和国防震减灾法》明确规定:国家鼓励、支持防震减灾的科学技术研究,逐步提高防震减灾科学技术研究经费投入,推广先进的科学研究成果,加强国际合作与交流,提高防震减灾工作水平。《国家防震减灾规划(2006—2020年)》描绘了防震减灾事业发展的宏伟蓝图,并将"加强地震科技创新能力建设,提高防震减灾三大工作体系发展水平"作为三大发展战略之一,将"提高科技支撑能力"作为实现规划的一个重要保障。中国地震局将长期致力于推进地震科学技术进步,要以防震减灾任务需求为第一导向,努力提高地震科技自主创新能力,充分发挥科学技术在防震减灾事业发展中的支撑和引领作用。

(二)加强科技创新是新时期防震减灾事业对科技工作的迫切要求

多年来,地震行业始终坚持以科技进步和科技创新为防震减灾事业的支撑,注重科研与任务相结合,取得了一批重要科技成果。但是,目前我国地震科技发展的总体水平还不适应防震减灾事业加快发展的需要,突出表现在:科技创新能力薄弱,科学技术储备不足,科技成果转化率和高新技术利用水平较低;基础研究和基础性工作薄弱,科学数据深层次加工处理能力不足;科技资源分散,利用效率不高;科技队伍整体素质有待进一步提高,优秀拔尖人才尤其是中青年科技帅才、将才偏少;科技投入不平衡,科技管理机制亟待健全完善。这些问题严重制约了地震科技健康发展,必须采取切实有效措施,大力加强地震科技工作,提高地震科技创新能力。

(三)《国家地震科学技术发展纲要(2007—2020年)》是部署地震科技工作的行动指南

《国家地震科学技术发展纲要(2007—2020年)》(以下简称《纲要》)是《国家中长期科学和技术发展规划纲要(2006—2020年)》在地震科技领域的具体体现,是《国家防震减灾规划(2006—2020年)》的重要补充和支撑。《纲要》的贯彻实施,将有助于加快地

震科学和技术的发展。从汶川地震的实践检验来看，《纲要》所提出的目标、重点领域、优先主题和"国家地震减灾科学计划"，充分考虑了我国防震减灾工作的科技需求、国家地震科技的预期发展水平以及国际地震科技发展趋势，符合我国多震灾的国情，体现了对防震减灾科学技术的全面布局和重点规划。今后一段时间，地震科技工作要在《纲要》指导下，通过长期、深厚的学术研究积累，促进原始性创新能力的提升和多学科的协调发展，并切实将地震科技成果及时转化为防震减灾能力。

二、明确方向任务，加强开放合作充分发挥地震行业各单位的资源优势

（四）明确分工，团结协作，优化地震系统科技力量配置

地震系统的专业技术人员既是国家防震减灾任务的主要承担者，也是地震科技创新活动的主体力量。要进一步明确地震系统研究所、观测或任务型事业单位、省（区、市）地震局的科技定位和重点科研方向，从基础研究、应用研究、基础性工作、成果推广应用和社会科技服务的"成果转化链"的需要出发，统筹部署三类单位的科技功能和任务，做到分工协作，有效促进地震科技创新与地震业务工作的有机结合。

研究所主要以发展地震科学基础研究、地震行业关键技术和共性技术为主，着力解决全局性、战略性的重大科技问题，努力提升地震科技创新能力和水平，充分发挥地震科技对防震减灾业务的支撑能力；观测或任务型事业单位主要以地震科技基础性工作、防震减灾业务技术平台建设、地震科技产品服务为主，着力解决任务保障和领域开拓方面的技术创新问题；省（区、市）地震局主要以应用研究和开发研究为主，着力解决区域防震减灾中的地震科学问题和防震减灾任务支撑的技术问题，开展科技成果推广和技术服务工作。

要充分发挥市县地震机构的作用，鼓励市县地震机构参与地方性科技项目的组织管理，支持其专业技术人员开展科技工作。

（五）全面动员，开放合作，共建地震科技创新体系

按照科学布局、优化配置、完善机制、提升能力的指导思想，进一步开放合作，动员全社会科技力量，形成和完善以全国相关地震科研机构、高等院校、有关企业和各级地震业务单位组成的地震科学研究和技术开发体系，合力推进地震科技创新和发展。

要进一步加强地震业务单位与地震行业相关科研院所和高等院校的交流与合作，实现优势互补，促进学科交叉与融合；要充分发挥地震行业相关学术团体的作用，共同推动地震行业的科技进步。

要充分发挥企业作为技术创新主体的作用，鼓励、支持和引导相关企业参与地震科学仪器设备的研发，在关键领域形成具有自主知识产权的核心专利和技术标准，增强市场竞争力。

（六）进一步扩大地震科技对外开放，积极推进地震科技与国际接轨

积极开展国际合作与交流，提升地震科技国际竞争力。继续实施"走出去"和"请进来"战略，不断拓宽我国地震科技国际合作与交流的领域和渠道。鼓励参与全球及区域性的深度科技合作，强化与世界知名地震科研机构、大学、公司的合作，密切跟踪国际地震科技前沿，在积极引进、消化、吸收国（境）外地震科技先进成果的基础上强化自主创新，

开拓拥有自主知识产权的科技成果,提升我国地震科技的竞争力和国际地位。积极鼓励并支持地震科技专家进入国际组织和科研机构中任职。

三、瞄准任务需求,关注重点领域统筹地震科技各领域工作的协调发展

(七)注重地震科学基础研究和学科发展

要长效开展地震科学基础研究和重点学科建设,通过地震孕育发生机理、地震观测理论和方法、建构筑物等各类承载体破坏机理以及海啸、滑坡、火灾等次生灾害成因方面的科学研究,为科学预测和预防地震灾害提供理论依据。要持续、稳定地支持一些创新型研究团队,发展重点学科、关注重点领域、解决关键科技问题。

(八)加强科技基础性工作

要大力开展科技基础性工作,切实加强对地球内部结构、地震孕育环境、地震发生过程的基础探测,尽快查明我国大陆主要的地下结构和构造、重要活动断裂的分布状况,尽快实现全国地球物理场基本场和重点区域的地球物理场的动态变化和地壳运动状况的监测。要大力推进"喜马拉雅"计划的实施,通过"把地下搞清楚"为地震预测这一社会紧迫需求提供必要的基础资料,提升科技基础支撑和创新能力。要加强针对现有国家、区域和地方各类观测台网的基础性科研工作,确保各类台网观测物理量的真实可靠。要加强各地区各类工程的抗震性能的鉴定和普查,为科学评估风险及制定防御对策提供依据。

(九)强化防震减灾应用研究和技术研发

要优先开展防灾减灾实用性技术研究开发,通过地震监测预测预警、灾害防御和应急救援等领域的应用研究和技术研发,努力提升科技对防震减灾事业的贡献率。要建立防震减灾科研和任务间需求和服务的双向高速通道,促进地震科研和防震减灾工作的有机结合。要加强地震新型传感器和地震搜救设备的研发;要积极推进发射地震电磁监测试验卫星,拓展卫星遥感技术的应用研究,逐步建立卫星地震应用系统;要适应经济建设和社会发展的需要,大力推进地震灾害风险评估、工程抗震领域的成套实用技术研发和推广。

(十)加快地震科技重点实验室建设

实验室是地震科技创新和人才培养的重要基地。要有计划、有重点、有目标、有步骤推进地震系统重点实验室的建设,构建以国家重点实验室为龙头,部门重点实验室为骨干,单位重点实验室为基础的实验室系统。鼓励省部共建重点实验室,鼓励局校合建重点实验室,形成结构布局合理、学科方向清晰,技术特色突出的地震科技实验室体系,争取更多实验室进入国家重点实验室系列。

(十一)推进地震技术标准研究和计量检测系统建设

要加强地震技术标准的研究,推进标准化建设的步伐,建立健全以国家标准为主体,以行业标准和地方标准为重点的结构合理、内容全面、技术协调的地震标准系统。要加快地震计量检测技术的研发和检定体系研究,提高对地震观测和科学实验各种专用仪器设备的检测检验能力。

四、改善管理机制，健全评价制度保障地震科技创新工作有序开展

（十二）进一步完善地震科技管理机制

进一步完善地震科技管理机制，促进科技与业务的紧密结合。要建立科研项目的统一协调管理机制，做好全局性科研项目的顶层设计，避免科研项目的分散和重复；要加强各级各类科技项目立项审查，提高项目研究的起点；要加强科技项目实施过程中的监督检查和跟踪管理，提高地震科技工作质量；要更加注重科技成果的验收与评价工作，建立科技成果水平、质量与承担后续项目挂钩的机制以及项目验收后评估制度；要加强对科技项目预算执行情况的管理，建立项目结余经费合理使用的规章制度；要建立健全科技项目数据汇交与共享制度，充分发挥资金使用效益；要明确法人单位的管理权限和职责，进一步发挥科技项目承担单位的作用。

支持多元主体共同承担地震科技项目，加快成果转化，提高科技贡献率。要积极倡导科研、企业和业务单位的合作，鼓励科研人员和一线业务人员结成伙伴关系共同承担业务目标指向明确的科研项目，鼓励科研人员与相关企业合作研发仪器设备。

（十三）建立公平、公正的竞争与激励机制

改革和完善科技评价体系，针对不同的工作对象和科技活动，建立相应的评价办法、指标体系和评价监督机制，营造自由探索、平等理性、鼓励创新的良好环境。修订完善地震科技创新成果奖励办法，强调科技含量和成果转化及推广应用，扩大地震科技成果奖励的社会覆盖面。实行科技信用管理制度，建立踏实严谨、守法诚信的职业道德和行为规范，鼓励并约束地震科技人员尽职尽责完成工作任务。

坚持公开、公平、公正和竞争、择优的原则，以完善全员聘用制为核心，进一步建立健全人才选拔、培养、使用机制和人才合理流动机制。按照国家关于事业单位实施绩效工资等要求，继续加大分配制度改革力度，真正做到按岗位定酬、按业绩定酬，切实建立起有利于促进科技人员大胆创新、刻苦攻关的激励机制。进一步改进地震专业技术职称评审办法，继续探索符合地震系统科研和业务等不同类型人员的职称评审标准的办法。

（十四）建立多渠道的科技经费投入机制

要积极适应财政体制改革，争取公共财政对科技创新的投入，解决防震减灾事业发展中的基础理论、关键问题、共性技术和科技人才培养问题。要充分发挥好地震行业科技专项的支撑作用，并鼓励科研人员申请国家自然科学基金项目和国家重大科技计划项目；要统筹经费，对自主科研予以专项支持；要争取地方政府把地震科技投入纳入公共财政预算。

（十五）在科技决策中进一步发挥科技委的作用

中国地震局科学技术委员会作为中国地震局科技发展的咨询机构，负责把握地震科技发展的方向，对科技发展重大事项和全局性、战略性重大问题的决策提出咨询意见。各单位要建立和完善各级专家咨询委员会和学术委员会等组织。坚持防震减灾重大问题、重大项目和建设工程的决策依靠专家进行科学论证，按照科学决策、民主决策的程序，遵循科学规律，提高决策水平。

五、加强组织领导，强化队伍建设营造科技创新的环境和氛围

（十六）加强对科技工作的领导

各单位各部门要充分认识科技创新的长期性和艰巨性，切实加强对科技工作的领导，努力为自主创新创造良好氛围。要加强对纲要实施的具体指导，加强统筹协调，强化政策支持，及时研究、解决重大专项和其他重点任务实施过程中遇到的问题。要按照科学发展观的要求，结合本地区实际，把地震科技发展纳入防震减灾总体规划中组织实施，形成具有地方特点的科技强业战略。要加强科技管理部门建设，健全管理机制，配备精干管理人员。

（十七）加大地震科技人才的培养力度

人才资源是第一资源，要坚定不移地实施人才强业战略，进一步完善人才队伍结构。要加大优秀拔尖科技人才的培养力度，建设高素质地震科技队伍。通过加强重点学科、重点实验室建设和重大项目（课题）的实施以及国内外进修、培训等多种措施，培养造就一批科技帅才和将才。切实加强基层实用人才和高技能人才队伍建设，提高其整体素质和业务技能，使其在防震减灾第一线充分发挥作用。高度重视地震科技后备人才的选拔和培养，提高青年科技人员在地震科技项目组中的比例，把人才培养列为实施重大项目的重要目标和重要考核内容。

鼓励地震系统研究所、业务中心和省（区、市）地震局之间通过科技人员相互兼职、联合共建等形式促进人才交流，注重引进和使用地震系统外和海外优秀人才，形成包括科技领军人才、学术技术带头人、科技新秀和基层技术骨干等组成的合理的人才结构，为开展高水平创新研究和技术开发提供源源不断的人才支持。

要按照"政府引导指导、市场主导配置、单位按需聘请、个人自愿量力"的原则，进一步发挥离退休高级专家的作用。

（十八）推动地震科技管理创新和信息化水平

各级地震科技管理部门要根据本地区实际情况，深入开展调查研究，不断推动管理创新。要加强宣传，统筹协调，主动服务，集成各方资源，增强地震科技实力，建立与新形势相适应的、具有地方特点的技术创新机制，提高科技管理的科学化、系统化和信息化水平。

要大力推进地震科技信息管理系统建设，充分发挥其在评价科技项目的实施效果、建立科技项目追踪问效制度、建立科研人员信誉档案等方面的作用。地震科技信息管理系统是未来我局科技项目立项、科技奖励评定、职称晋升评审的重要查询系统，是各单位年度科技信息统计的重要数据渠道，是各专业技术人员年度科研绩效评价的重要依据来源，是科技项目追踪问效、质量评价的重要检索工具。各单位要高度重视该管理系统的建设和维护，及时更新数据。

（十九）积极开展地震科普工作

加大地震科普工作力度，通过各种传播媒体，大力宣传地震知识和高新技术，拓展地震科普工作的深度和广度，营造有利于地震科技创新与进步的良好社会氛围。充分发挥地

震科技专业队伍、机构和设施在科普工作中的潜力和作用，建立地震科普开放日制度，研究所、业务中心、省（区、市）地震局和市县地震机构等有关单位定期向社会公众开放，开展科技展览、科技讲座等各种形式的地震科普宣传活动。

（二十）推进创新文化建设

要大力弘扬中华民族的优良传统和优秀科技文化，大兴学习科学技术之风。要加强学风建设，发扬民主，倡导学术平等和自由探索，大力营造勇于创新、尊重创新和激励创新的文化氛围。要发扬求真务实、勇于创新的科学精神，不畏艰险、勇攀高峰的探索精神，团结协作、淡泊名利的团队精神。努力营造鼓励创新、尊重知识、尊重人才的良好氛围。

实施纲要，增强自主创新能力是贯彻落实建设创新型国家战略，推动防震减灾事业持续协调发展的重大举措。各单位和广大地震科技工作者要以科学发展观为指导，紧紧围绕全面建设小康社会奋斗目标，认真落实国家关于科技工作的各项方针政策，努力提高自主创新能力，勇攀科学技术高峰，充分发挥科技对防震减灾事业发展的支撑和引领作用，全面提高地震科技对经济社会发展保障能力和服务水平，加快防震减灾事业的发展。

（中国地震局科技与国际合作司）

地震与地震灾害

本部分包括四方面内容：一是全球 $M \geq 7.0$ 地震目录；二是中国大陆及沿海地区 $M \geq 4.0$ 地震目录；三是对我国及全球一年来（1月1日至12月31日）地震活动的综述、我国及世界地震灾害情况简介；四是将一年来我国各地地震活动及破坏性地震震害的宏观考察加以记载。

2010年全球 $M \geqslant 7.0$ 地震目录

序号	月	日	时:分:秒	纬度/°	经度/°	深度/km	震级 M	地点
1	1	04	06:36:28.1	-8.80	157.40	25	7.3	所罗门群岛
2	1	13	05:53:10.1	18.50	-72.50	10	7.7	海地地区
3	2	27	04:31:22.6	25.86	128.65	25	7.3	琉球群岛
4	2	27	14:34:14.0	-35.80	-72.80	35	8.8	中智利海岸近海
5	2	27	16:01:21.3	-37.64	-75.58	31	7.3	中智利海岸远海
6	3	06	00:06:53.2	-4.37	100.77	26	7.2	苏门答腊西南以远地区
7	3	11	22:39:46.1	-34.30	-71.90	20	7.3	中智利海岸近海
8	3	11	22:55:28.9	-34.30	-71.80	18	7.3	中智利海岸近海
9	3	16	10:21:58.9	-36.20	-73.20	18	7.0	中智利海岸近海
10	4	05	06:40:43.0	32.10	-115.30	10	7.5	下加利福尼亚
11	4	07	06:14:59.4	2.31	97.20	34	7.9	北苏门答腊西海岸远海
12	4	14	07:49:36.1	33.22	96.59	14	7.1	青海玉树
13	5	06	00:28:55.3	-4.84	100.96	27	7.0	苏门答腊西南以远地区
14	5	09	13:59:38.0	3.47	95.85	43	7.4	北苏门答腊西海岸远海
15	5	28	01:14:43.0	-13.46	167.29	32	7.1	瓦努阿图（新赫布里底）
16	6	13	03:26:48.1	7.85	91.91	31	7.6	尼科巴群岛地区
17	6	16	11:16:25.5	-2.20	136.60	18	7.3	西伊里安地区
18	7	18	13:56:43.1	52.92	-170.21	10	7.0	福克斯群岛
19	7	18	21:04:10.7	-6.00	150.40	47	7.2	新不列颠地区
20	7	18	21:34:54.3	-6.54	151.21	50	7.4	新不列颠地区
21	7	24	06:51:06.9	5.98	123.86	594	7.1	棉兰老岛
22	7	24	07:15:00.9	5.96	123.62	611	7.3	棉兰老岛
23	8	10	13:23:45.7	-17.05	168.01	30	7.3	瓦努阿图（新赫布里底）
24	8	14	05:19:29.4	12.43	141.67	6	7.0	加罗林群岛西部
25	9	04	00:35:42.4	-44.11	172.96	10	7.1	新西兰南岛东海岸远海
26	9	30	01:11:24.5	-4.90	133.80	12	7.0	阿鲁群岛地区
27	10	22	01:53:11.7	24.54	-109.80	8	7.1	下加利福尼亚
28	10	25	22:42:16.2	-4.01	100.04	21	7.7	苏门答腊西南以远地区
29	12	22	01:19:41.7	27.06	143.30	14	7.6	小笠原群岛地区
30	12	25	21:16:32.8	-19.61	168.72	12	7.3	洛亚尔提群岛

注：本表根据全国统一编目（正式报）地震目录数据整理而成。在经纬度中，正数值表示东经和北纬，负数值表示西经和南纬。

（中国地震台网中心）

2010年中国大陆及沿海地区 $M \geqslant 4.0$ 地震目录

序号	月	日	时:分:秒	纬度/°N	经度/°E	深度/km	震级 M	地点
1	1	1	10:08:20.5	26.30	99.76	5	4.6	云南剑川
2	1	1	10:22:24.0	30.94	84.00	6	5.1	西藏仲巴
3	1	5	22:28:10.4	31.97	85.21	7	4.4	西藏尼玛
4	1	16	13:44:23.8	35.78	88.46	7	4.6	西藏尼玛
5	1	24	10:36:11.6	35.57	110.76	8	4.8	山西河津
6	1	31	05:36:57.4	30.28	105.71	5	5.0	四川遂宁
7	2	2	22:17:40.2	35.57	88.15	9	4.3	西藏尼玛
8	2	8	15:57:18.3	43.84	86.32	15	4.6	新疆呼图壁
9	2	13	14:21:10.2	39.44	76.84	5	4.1	新疆伽师
10	2	17	08:39:03.5	39.52	74.77	7	4.2	新疆乌恰
11	2	19	02:32:17.4	40.46	78.66	12	4.0	新疆柯坪
12	2	20	00:14:51.4	30.68	83.81	8	4.4	西藏仲巴
13	2	22	21:32:23.1	29.36	105.46	30	4.2	重庆荣昌
14	2	22	22:58:09.0	30.70	83.50	30	4.1	西藏仲巴
15	2	23	20:13:23.3	35.30	91.25	10	4.6	青海治多
16	2	24	19:18:15.9	39.44	73.57	7	4.0	中塔边境地区
17	2	25	12:56:51.6	25.42	101.94	20	5.2	云南元谋
18	2	25	20:18:46.9	34.33	82.71	45	4.3	西藏改则
19	2	26	12:42:28.0	28.40	86.80	10	4.5	西藏定日
20	2	27	05:37:31.1	31.16	103.41	21	4.6	四川汶川
21	3	1	14:24:54.3	32.33	105.04	14	4.2	四川青川
22	3	6	03:18:59.5	35.06	95.94	5	4.5	青海曲麻莱
23	3	6	11:00:46.4	39.70	118.50	10	4.3	河北滦县
24	3	10	06:20:56.6	30.22	84.20	7	4.9	西藏仲巴
25	3	10	06:21:12.8	30.85	83.85	23	4.4	西藏隆格尔
26	3	10	18:54:56.0	46.64	131.51	7	4.2	黑龙江友谊
27	3	10	22:32:19.9	36.60	86.70	7	5.1	新疆且末
28	3	15	17:35:28.1	28.80	128.23	51	5.5	东海
29	3	16	04:17:12.8	30.48	81.90	10	4.7	西藏普兰
30	3	16	04:40:25.0	30.46	81.93	5	4.0	西藏普兰
31	3	18	15:52:24.8	34.37	81.78	9	4.2	西藏日土
32	3	20	14:23:24.0	39.14	90.09	10	4.1	新疆若羌
33	3	23	18:53:25.1	30.27	84.19	5	4.2	西藏仲巴

续表

序号	月	日	时:分:秒	纬度/°N	经度/°E	深度/km	震级 M	地点
34	3	23	23:52:20.8	31.26	103.36	14	4.1	四川汶川
35	3	24	10:06:09.6	32.36	93.05	7	6.1	西藏聂荣
36	3	24	10:44:47.7	32.71	92.75	10	5.7	西藏聂荣
37	3	30	19:13:11.8	32.35	92.75	14	4.0	西藏聂荣
38	4	2	01:27:24.0	24.96	98.35	11	4.3	云南腾冲
39	4	3	04:26:31.0	22.39	100.23	10	4.1	云南澜沧
40	4	3	13:04:55.3	24.95	98.33	11	4.0	云南腾冲
41	4	4	21:46:44.7	39.90	113.83	9	4.6	山西大同
42	4	8	13:30:55.4	41.27	79.02	12	4.2	新疆乌什
43	4	9	06:41:35.4	36.66	77.38	115	4.5	新疆叶城
44	4	9	12:38:51.0	37.56	95.78	17	4.1	青海海西
45	4	9	18:52:00.0	39.47	118.06	12	4.1	河北丰南
46	4	14	05:39:58.9	33.11	96.59	15	4.8	青海玉树
47	4	14	07:49:36.1	33.22	96.59	14	7.3	青海玉树
48	4	14	08:01:15.8	33.00	96.89	6	4.9	青海玉树
49	4	14	08:12:23.9	33.04	96.40	9	4.9	青海玉树
50	4	14	09:25:16.2	33.22	96.57	17	6.4	青海玉树
51	4	14	11:15:47.0	33.03	96.51	12	4.2	青海玉树
52	4	15	08:55:51.7	40.10	76.57	15	4.3	新疆阿图什
53	4	15	22:26:38.2	32.55	93.00	15	4.7	西藏聂荣
54	4	17	08:58:57.1	32.31	92.92	23	5.3	西藏聂荣
55	4	20	11:40:00.5	37.69	95.74	10	4.0	青海海西
56	4	28	04:22:27.5	30.60	101.45	8	5.0	四川道孚
57	4	29	00:48:36.9	33.19	96.52	10	4.6	青海玉树
58	5	1	17:11:11.0	34.20	87.80	20	4.1	西藏尼玛
59	5	6	22:38:21.4	37.62	98.79	10	4.1	青海天峻
60	5	14	22:46:26.2	29.73	90.39	8	4.6	西藏当雄
61	5	23	11:02:17.4	40.02	78.28	12	4.3	新疆阿图什
62	5	25	14:11:53.1	31.17	103.49	20	5.0	四川汶川
63	5	28	11:04:52.0	31.81	104.12	10	4.4	四川茂县
64	5	29	10:29:49.5	33.26	96.21	10	5.9	青海玉树
65	5	29	11:11:16.9	33.30	96.18	10	4.0	青海玉树
66	6	1	23:13:09.8	34.46	80.96	15	4.2	西藏日土
67	6	1	23:58:07.7	24.85	99.21	5	4.8	云南施甸
68	6	3	13:35:42.0	33.31	96.22	11	5.4	青海玉树
69	6	3	13:46:57.2	33.28	96.31	10	4.3	青海玉树

续表

序号	月	日	时:分:秒	纬度/°N	经度/°E	深度/km	震级 M	地点
70	6	4	04:47:04.2	33.31	96.20	7	5.0	青海玉树
71	6	4	06:31:09.7	36.88	77.15	112	4.5	新疆叶城
72	6	5	20:58:11.1	38.18	112.63	6	4.6	山西阳曲
73	6	6	11:04:00.0	24.92	99.23	11	4.1	云南隆阳
74	6	6	11:08:52.0	24.90	99.20	11	4.1	云南施甸
75	6	6	11:12:28.8	24.90	99.22	9	4.1	云南施甸
76	6	7	00:42:42.2	33.31	96.20	10	4.8	青海玉树
77	6	7	01:28:29.8	33.29	96.20	10	4.0	青海玉树
78	6	9	00:09:19.0	44.44	83.26	5	4.1	新疆精河
79	6	10	14:38:02.2	39.89	74.70	9	5.1	新疆乌恰
80	6	12	23:44:58.8	28.99	128.29	40	5.3	东海
81	6	13	13:58:40.1	34.48	80.99	5	4.1	西藏日土
82	6	15	16:08:30.2	33.38	96.31	6	4.4	青海玉树
83	6	20	19:03:18.2	39.89	106.45	10	4.2	内蒙古阿拉善左旗
84	6	21	09:16:11.0	33.40	86.10	9	4.1	西藏改则
85	6	22	11:21:48.0	41.95	82.58	40	4.2	新疆拜城
86	6	22	16:46:01.0	38.27	106.20	6	4.4	宁夏永宁
87	6	24	19:40:50.8	32.93	85.36	6	4.0	西藏改则
88	6	30	16:31:40.3	32.31	104.83	13	4.7	四川平武
89	6	30	21:09:10.2	33.24	93.88	5	4.3	青海杂多
90	7	1	03:16:43.8	38.48	93.55	10	4.3	青海海西
91	7	2	21:00:21.7	41.91	87.76	8	4.3	新疆和硕
92	7	5	10:04:05.8	30.97	80.54	10	4.5	西藏扎达
93	7	10	18:15:43.1	29.35	87.03	30	4.3	西藏昂仁
94	7	13	12:07:01.9	34.21	96.29	16	4.5	青海曲麻莱
95	7	15	05:19:27.7	36.81	97.52	10	4.1	青海乌兰
96	7	15	07:48:11.7	29.27	103.96	19	4.0	四川犍为
97	7	19	11:06:56.8	32.47	121.59	10	4.1	黄海
98	7	24	17:56:52.2	33.21	88.83	10	4.0	西藏尼玛
99	7	27	18:14:21.9	30.36	94.84	30	4.2	西藏波密
100	7	28	00:38:52.7	30.38	94.85	7	4.6	西藏波密
101	7	29	20:10:02.9	30.40	94.86	20	4.0	西藏波密
102	7	31	02:03:30.4	30.31	94.85	8	4.6	西藏波密
103	8	9	10:54:47.0	30.29	94.79	30	4.2	西藏波密
104	8	10	22:04:11.5	30.35	94.82	30	4.0	西藏波密
105	8	18	02:31:07.3	35.31	81.09	10	4.0	西藏日土

续表

序号	月	日	时:分:秒	纬度/°N	经度/°E	深度/km	震级 M	地点
106	8	29	08:53:26.6	27.13	103.02	10	4.9	云南巧家
107	9	7	23:41:39.3	39.51	73.90	30	5.5	新疆乌恰
108	9	8	04:50:59.4	33.28	96.28	30	4.8	青海玉树
109	9	10	21:21:43.1	29.36	105.43	6	4.5	重庆荣昌
110	9	17	01:33:30.7	28.70	128.40	43	4.5	东海
111	9	18	18:07:01.3	25.20	106.73	7	4.3	贵州罗甸
112	9	22	09:04:35.0	43.11	84.06	55	4.2	新疆和静
113	9	22	19:19:29.8	27.13	102.98	8	4.2	云南巧家
114	9	24	21:43:11.6	38.26	91.74	10	4.5	青海海西
115	10	4	18:45:31.7	25.51	105.75	7	4.3	贵州贞丰
116	10	6	11:26:04.8	32.70	85.29	9	4.3	西藏改则
117	10	6	12:51:01.0	28.36	104.91	17	4.1	四川长宁
118	10	7	17:11:00.8	33.64	90.88	10	4.6	青海格尔木
119	10	12	23:53:21.5	39.62	103.41	5	4.5	内蒙古阿拉善右旗
120	10	18	04:11:16.8	28.31	85.82	50	4.2	西藏聂拉木
121	10	18	05:49:38.1	28.06	104.11	11	4.7	云南盐津
122	10	18	12:26:47.3	28.43	85.76	30	4.5	西藏聂拉木
123	10	21	18:00:28.4	32.17	104.62	21	4.2	四川平武
124	10	24	16:58:54.5	34.07	114.65	6	4.6	河南太康
125	10	25	10:55:48.9	30.86	103.32	15	4.3	四川汶川
126	10	28	15:40:56.6	28.25	92.87	27	4.2	西藏隆子
127	10	31	23:12:44.9	33.32	82.59	43	4.6	西藏改则
128	11	6	10:12:42.5	36.76	87.53	7	5.0	新疆且末、若羌交界
129	11	15	08:59:47.1	32.56	105.20	16	4.5	四川青川
130	11	17	12:37:17.0	28.70	94.35	19	4.1	西藏墨脱
131	11	30	16:39:56.0	29.89	90.42	9	5.3	西藏当雄
132	12	3	22:30:55.7	27.12	102.99	9	4.3	云南巧家
133	12	30	02:30:58.2	30.94	86.63	26	5.0	西藏尼玛
134	12	30	02:39:08.3	30.59	86.59	21	4.2	西藏尼玛
135	12	30	03:01:29.9	30.83	86.63	23	4.4	西藏尼玛

注：本表根据全国统一编目（正式报）地震目录数据整理而成。

(中国地震台网中心)

2010年地震活动综述

一、2010年中国地震活动概况

2010年中国大陆地区共发生5.0级以上地震18次，低于1950年以来24次的年均水平；中国台湾地区共发生5.0级以上地震11次。2010年发生6.0级以上地震2次，分别为4月14日青海玉树7.1级地震和6.3级地震，6.0级以上地震频次低于1950年以来4次的年均水平，与2009年相比，地震频度明显降低，但能量释放明显增强。5.0级以上地震活动频次相较于2009年（23次）有所减少，主要分布在大陆西部地区。

2010年地震活动有以下特点：

中国大陆中强地震活动依旧受到汶川8.0级地震的影响。2010年4月14日巴颜喀拉块体南边界上发生了玉树7.1级地震，其后除玉树6.3级强余震外，发生的7次5.0级地震均分布于汶川地震后的5.0级以上地震活动区内。汶川地震后，2008年8月20日—11月12日，中强地震活跃，共发生7次6.0级以上地震，其中2次6.8级强震，是汶川地震后第一次强活跃阶段；其后，6.0级以上地震平静241天，被2009年7月9日云南姚安6.0级地震打破，至2009年9月相继发生了3次6.0级以上地震，该阶段是汶川地震后第二次强活跃阶段；之后6.0级以上地震平静204天，然后发生了玉树7.1级地震，其后进入弱活动时段。至2010年12月，未发生6.0级以上地震。除玉树7.1级地震和汶川8.0级地震的余震外，仅发生6次5.0级地震。因此，2010年中国大陆中强地震活动依旧受到汶川8.0级地震的影响，处于其后的调整时段。

南北地震带强震持续活动。2008年5月12日于南北地震带中段的龙门山断裂带上发生汶川8.0级地震，结束了1996年丽江7.0级地震后南北地震带超过12年的7.0级地震平静，是南北地震带一个新活跃阶段的首发大震。其后至2009年12月，除余震活动外，相继发生了2008年8月30日四川攀枝花6.1级地震、2009年7月9日云南姚安6.0级地震和8月28日青海海西6.4级地震。2010年南北地震带共发生5.0级以上地震7次，其中包括玉树7.1级地震，该地震是汶川地震后南北地震带首个7.0级以上地震，表明2010年南北地震带仍处于强震活跃时段。

青藏块体东部大范围$M_L4.0$地震平静结束。2009年青藏块体东部地区出现大范围的$M_L4.0$以上地震平静。该区2008年汶川地震后曾较为活跃，发生了2008年10月6日西藏当雄6.6级地震。2009年9月21日在平静区边缘中国边界附近的不丹发生6.3级地震。2010年1月24日发生的西藏班戈$M_L4.2$地震，使平静区明显向东收缩。2010年3月24日平静区北部边缘发生那曲5.7级和5.5级地震，4月14日在该区北部发生玉树7.1级地震，该地震的发生使平静区继续收缩。2010年7月27日平静区内部发生了波密4级震群，11月17日平静区内部发生墨脱4.3级地震，11月30日发生的当雄5.2级地震位于平静区边缘，平静区趋于解体。

甘东南及邻区大范围$M_L4.0$地震平静持续。2009年以来甘东南及邻区出现大范围的

$M_L 4.0$ 地震平静，该区 2003—2007 年较为活跃，且汶川地震后宁夏固原地区也发生过 2 次 $M_L 4.0$ 以上地震，2008 年 12 月开始平静，至 2010 年 11 月持续近两年，是该区 1970 年以来最长的 $M_L 4.0$ 地震平静。

大陆东部 6.0 级地震平静显著。自 1820 年第四活动期以来，大陆东部 6.0 级以上浅源地震最长的平静时间为 14.9 年，截至 2010 年 12 月 31 日，1998 年河北张北 6.2 级地震后大陆东部地区 6.0 级地震已经平静近 13 年；2006 年河北文安 5.1 级地震后，华北地区 5.0 级平静超过 4 年。

2006 年 12 月 26 日台湾南部海域 7.2 级地震后，台湾地区 7 级地震平静已持续超过 4 年。

二、2010 年全球地震活动概况

据中国地震台网测定，2010 年全球发生 7.0 级以上地震 30 次，显著高于 1900 年以来全球 7.0 级以上地震年均 20 次的水平，其中包括 1 次 8.0 级以上地震，为 2 月 27 日智利 8.8 级地震，维持 2004 年以来全球每年都发生 8 级地震的状态。智利 8.8 级地震位于环太平洋地震带东带，为一次逆冲型地震事件，沿南北方向呈双向破裂，最大烈度为 Ⅸ 度 (USGS)。2010 年全球 7.0 级以上地震频次相较于 2009 年（20 次）显著偏高，主要分布在环太平洋地震带。

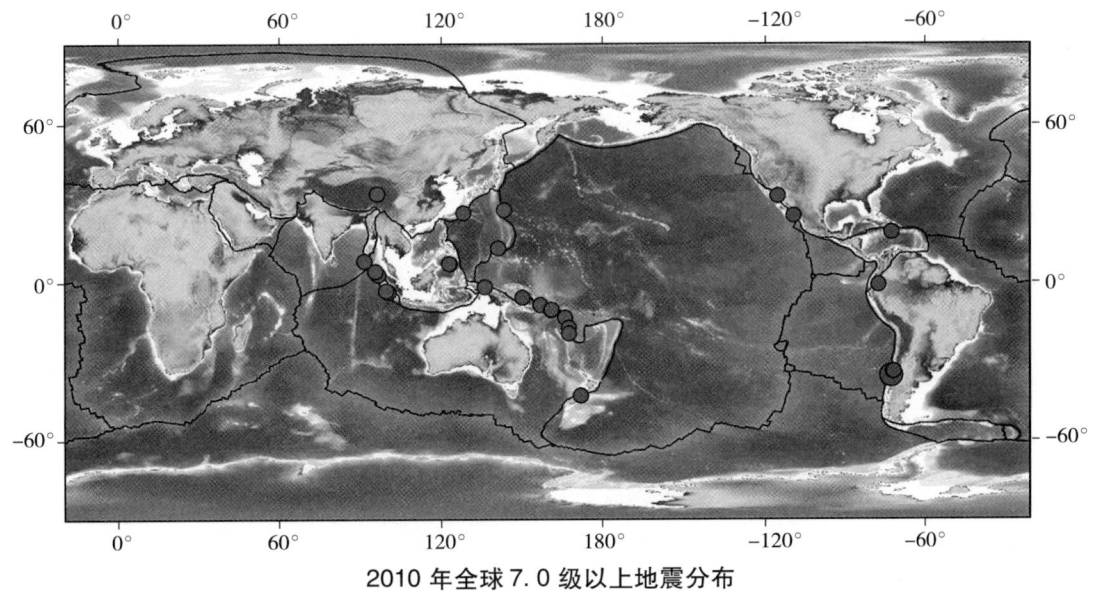

2010 年全球 7.0 级以上地震分布

2010 年全球 7.0 级以上地震活动有以下特点：

2010 年全球 7.0 级以上地震活动水平相比于 2009 年显著偏高。强度上，2010 年全球仅发生 1 次 8 级地震，与 2009 年相当。频次上，相对 2009 年 20 次 7 级地震，频次显著偏高。

2010 年全球 7.0 级以上地震活动在空间上不均匀，主要分布于环太平洋地震带和欧亚地震带东段，其中有 16 次分布在印度—澳大利亚板块的北边界和东边界上，5 次在南美板块西边界，4 次在菲律宾板块边界，2 次在北美板块边界，1 次在欧亚板块内部，显示出空间分布相对集中的特点。

（中国地震台网中心）

2010年中国大陆地震灾害情况述评

一、2010年中国地震概况

2010年中国境内共发生5.0级以上地震28次（中国大陆地区发生17次，海域和台湾地区发生11次），其中7.0级以上地震1次，6.0~6.9级地震2次，5.0~5.9级地震25次（表1），最大地震为2010年4月14日在青海省玉树县发生的7.1级地震。

表1　2010年中国 $M_S \geqslant 5.0$ 地震一览表

序号	日期	纬度/°N	经度/°E	震级	地点
1	1月1日	30.94	84.00	5.0	西藏自治区仲巴县
2	1月31日	30.28	105.71	5.0	四川省遂宁市与重庆市潼南县交界
3	2月22日	24.10	122.90	5.1	台湾花莲海域
4	2月25日	25.42	101.94	5.1	云南省禄丰县与元谋县交界
5	2月26日	23.80	122.80	5.1	台湾花莲海域
6	2月26日	28.40	86.80	5.0	西藏自治区定日县
7	3月4日	22.90	120.60	6.7	台湾高雄县与屏东县交界
8	3月4日	22.90	120.70	5.2	台湾高雄县与屏东县交界
9	3月24日	32.36	93.05	5.7	西藏自治区聂荣县
10	3月24日	32.71	92.75	5.5	西藏自治区聂荣县
11	4月14日	23.10	121.40	5.0	台湾台东海域
12	4月14日	33.22	96.59	7.1	青海省玉树县
13	4月14日	33.22	96.57	6.3	青海省玉树县
14	4月17日	32.31	92.92	5.2	西藏自治区聂荣县
15	5月25日	31.17	103.49	5.0	四川省都江堰市与彭州市交界
16	5月29日	33.26	96.21	5.7	青海省玉树县
17	6月3日	33.31	96.22	5.3	青海省玉树县
18	6月10日	39.89	74.70	5.1	新疆维吾尔自治区乌恰县
19	6月15日	24.10	121.70	5.5	台湾花莲海域
20	7月9日	24.30	122.10	5.0	台湾宜兰海域
21	7月25日	22.90	120.60	5.2	台湾高雄县与屏东县交界
22	8月30日	25.00	122.20	5.3	台湾宜兰附近海域
23	9月7日	39.51	73.90	5.6	中、塔、吉交界
24	11月6日	36.76	87.53	5.0	新疆维吾尔自治区且末县与若羌县交界
25	11月12日	24.10	122.40	5.0	台湾花莲附近海域
26	11月21日	23.90	121.60	5.6	台湾花莲
27	11月30日	29.89	90.42	5.2	西藏自治区当雄县
28	12月30日	30.94	86.63	5.0	西藏自治区尼玛县

二、2010年中国大陆地震灾害情况

2010年，大陆地区共发生地震灾害事件10次（表2），其中特别重大地震灾害事件1次，一般地震灾害事件9次。地震共造成2705人死亡，270人失踪，11088人受伤，直接经济损失约235.70亿元。

表2 2010年中国大陆地震灾害损失一览表

序号	时间		地点	震级	人员伤亡/人		直接经济损失/万元
	日期	时分			死亡	受伤	
1	1月17日	17:37	贵州省贞丰县、关岭县、镇宁县交界	3.4	6	8	—
2	1月31日	05:36	四川省遂宁市与重庆市潼南县交界	5.0	1	16	29405.00
3	2月22日	21:32	重庆市荣昌县与四川省隆昌县交界	4.2	0	0	1808.85
4	2月25日	12:56	云南省禄丰县与元谋县交界	5.1	0	35	35440.00
5	4月4日	21:46	山西省阳高县与大同县交界	4.5	0	0	1061.68
6	4月14日	07:49	青海省玉树县	7.1	2698	11000	2284741.00
7	6月5日	20:58	山西省阳曲县	4.6	0	0	427.75
8	6月10日	14:38	新疆维吾尔自治区乌恰县	5.1	0	0	2408.00
9	8月29日	08:53	云南省巧家县与四川省宁南县交界	4.8	0	17	—
10	10月24日	16:58	河南省太康县	4.7	0	12	1445.85
合计					2705	11088	2356738.13

全年地震灾害事件共造成中国大陆地区约90万人受灾，受灾面积约30759平方千米；造成房屋毁坏3562151平方米，严重破坏1069406平方米，中等破坏3350522平方米，轻微破坏1073050平方米。

1. 贵州省贞丰县、关岭县、镇宁县交界3.4级地震

1月17日17:37，贵州省贞丰县、关岭县、镇宁县交界发生3.4级地震，地震造成6人死亡，8人受伤。此次地震是一起典型的小震致灾事件，相关地区应注意山区震后次生灾害的防范工作。

2. 四川省遂宁市与重庆市潼南县交界5.0级地震

1月31日05:36，四川省遂宁市与重庆市潼南县交界发生5.0级地震，地震造成1人死亡，16人受伤，直接经济损失29405万元。此次地震主要特点是：①当地抗震设防标准低，由于灾区的地震基本烈度为Ⅴ度，几乎所有房屋建筑未考虑抗震设防，抗震性能不佳，致使损失明显；震区人口密集、建筑物众多，地震震源浅，破坏影响力增大，震区处于2008年5月12日汶川8.0级地震的影响区内，区内房屋建筑物及其他工程结构已受到一定程度的地震影响，存在震害叠加的因素。地震还导致一些新的地质灾害点和地质灾害隐患点加剧，主要表现为小规模的边坡崩塌和滑坡现象。②地震发生在地质构造简单、区域地震构造环境相对稳定的川中台拱内，历史上未曾发生过破坏性地震，小地震活动也十分微弱。

震后收集的资料表明,即使地表地质构造十分简单的地区,在深部亦存在发生破坏性地震的潜伏构造。

3. 重庆市荣昌县与四川省隆昌县交界4.2级地震

2月22日21:32,重庆市荣昌县与四川省隆昌县交界发生4.2级地震,地震没有造成人员伤亡,直接经济损失1808.85万元。此次地震主要特点是:①2008年的汶川8.0级地震造成本次地震区Ⅵ度破坏,形成了一些危房和房屋裂缝,其中部分未修缮,本次地震形成了地震破坏的叠加现象。②本次地震震源浅,震感强烈,形成灾区小而地震烈度较高的异常现象。又由于强震动持续时间短,形成受灾范围并不大。③当地政府十分重视建筑抗震设防工作,城区新建建筑基本进行了抗震设防,本次地震新建建筑没有受到地震影响。④汶川地震后,通过市地震局和荣昌县地震局的宣传与应急演练,群众的自救互救能力明显增强,因此,本次地震没有造成人员伤亡和社会恐慌。

4. 云南省禄丰县与元谋县交界5.1级地震

2月25日12:56,云南省禄丰县与元谋县交界发生5.1级地震,地震造成35人受伤,直接经济损失35440万元。此次地震主要特点是:①地震有感范围广,北到四川省境内,南到普洱市墨江、景谷县,东自曲靖市会泽,西抵大理市以西保山市边界,达10万余平方千米,距震中91千米的昆明城区市民普遍有感。灾区范围较大,地震造成楚雄州禄丰、元谋、牟定、武定4县12个乡镇受灾,面积达1563平方千米。②震区为云南省中强地震频发地区,近2年内,震区附近发生多次中强地震,2008年8月30日四川仁和—会理发生6.1级地震,2009年7月9日姚安发生6.0级地震,加上本次地震,房屋建筑和工程结构遭受多次震害,加重了灾情。③震区为山区,地质灾害隐患点广泛分布,本次地震加剧了险情。④已实施完成的地震安居工程与校安工程绝大多数基本完好。

5. 山西省阳高县与大同县交界4.5级地震

4月4日21:46,山西省阳高县与大同县交界发生4.5级地震,地震没有造成人员伤亡,直接经济损失1061.68万元。此次地震主要特点是:①自2009年3月28日原平4.2级地震打破山西地区近5年无4级地震的平静后,相继发生了2009年11月5日陕西高陵4.4级地震、河津—万荣4.8级地震和本次大同—阳高4.5级地震,表明山西地震带的地震活动呈增强趋势。②地震震中位于册田凹陷内大王断裂、团堡断裂共轭断裂的交会处,是大王断裂、团堡断裂和控震断裂六棱山北缘断裂共同作用的结果。③地震中阳高县鳌石乡尉家小堡村和大同县峰峪乡沙岭村虽然距震中区较远,但因90%以上居民用房为老旧土木结构和土窑洞,且1989年以来先后经历8次4.7级以上地震,破坏效应相互叠加,形成2个破坏相对较重的异常点。

6. 青海省玉树县7.1级地震

4月14日07:49,青海省玉树县发生7.1级地震,地震造成2968人死亡和失踪,11000人受伤,直接经济损失228.47亿元。此次地震主要特点是:①玉树地震发生地点靠近城镇,震害现象沿活动断裂呈带状分布,穿过县城,对城镇房屋、基础设施和生命线工程造成严重破坏,供电、通信一度中断。②从玉树地震经验总结,结合地震灾害事件多发于西部地区实际,反映出西部地区的地震灾区经济能力普遍较差,房屋尤其是民用房屋设防薄弱,土木结构等简易结构房屋毁坏严重。③此次玉树地震发生在高原山区,灾区地形复杂、环境恶劣,参与抗震救灾的抢险救援人员出现不同程度高原反应,进一步加大了救灾难度。

7. 山西省阳曲县4.6级地震

6月5日20:58,山西省阳曲县发生4.6级地震,地震没有造成人员伤亡,直接经济损失427.75万元。此次地震主要特点是:①本次震区属经济欠发达地区,民房抗震性能太差。②在远离震中40余千米的Ⅳ度区,并且于地震发生后3个多小时的次日凌晨,发生7所高校学生惊慌逃生从而造成人员伤亡。教训极其惨痛,究其原因:一是高校基本没有开展地震应急、逃生避险和自救互救知识及方法的教育培训,也没有组织过地震应急演练。二是大学生均属尚未成熟但又具有一定思考能力的敏感人群。在太原市10万名在校居住的中学生中,却未发生1人伤亡,这与太原市近年来在中小学校大力开展地震应急演练和举办应急知识课紧密相关,是平时应急宣传、培训和演练所积累的巨大社会效益。

8. 新疆维吾尔自治区乌恰县5.1级地震

6月10日14:38,新疆维吾尔自治区乌恰县发生5.1级地震,地震没有造成人员伤亡,直接经济损失2408万元。此次地震主要特点是:①地震发生在南天山与西昆仑两大构造单元交会部位,震中附近多条活动断裂发育。本次地震微观震中与1955年4月15日乌恰县发生的2次7级地震震中位置重合。②灾区居民主要居住于河谷阶地上,阶地面相对平坦,场地条件良好。震区多个强震记录表明,地表峰值加速度衰减很快。③受惠于2008年6.8级地震灾后重建,乌恰县抗震安居工程实施正在实现跨越式发展,由过去原址自建逐渐转变为统一规划、整村推进,单户抗震安居建筑面积也在逐渐增加,农牧民生活质量有了进一步的改善。校舍恢复重建和抗震加固工程也初具规模,当地群众的生产生活和学习基本没有受到地震的影响。本次地震没有造成人员伤亡,受灾群众无需转移安置。

9. 云南省巧家县与四川省宁南县交界4.8级地震

8月29日08:53,云南省巧家县与四川省宁南县交界发生4.8级地震,地震造成云南境内3人重伤,14人轻伤。此次地震主要特点是:①震区大地构造位置地处扬子准地台、滇东台褶带、滇东北台褶束西端,新构造单元位于川滇块体的东缘。②震区地处山区,地形起伏,加之震区房屋没有抗震设防,损坏严重,是造成人员伤亡的主要原因。

10. 河南省太康县4.7级地震

10月24日16:58,河南省太康县发生4.7级地震,地震造成1人重伤,11人轻伤,直接经济损失1445.85万元。

三、2010年中国大陆地震灾害主要特点

西部大震集中,灾害损失严重。2010年西部地区发生的地震灾害事件占全年国内地震事件总数的70%,死亡人数比例和直接经济损失比例更是占全年总数的100%和99.8%,而西部省份中,尤以青海、云南、四川、新疆、重庆5省(区、市)受灾为重。

东部小震频发,影响范围广泛。2010年东部地区未发生5.0级以上地震,但山西太原、山西大同、山西运城、河北邢台、河北唐山、河南周口、黑龙江双鸭山等地多次发生4次以上地震,一些地区还不同程度出现范围较广的地震谣言,这些都给当地群众的生产生活造成了较大影响。

小震成灾致灾，损失超出预期。2010年1月17日贵州省贞丰县、关岭县、镇宁县交界发生的3.4级地震造成6人死亡、8人受伤。此外，河南太康4.7级地震、山西阳曲4.6级地震、贵州贞丰3.4级地震等较小震级地震也都出现人员伤亡和财产损失，所造成的破坏和影响超出预期。

（中国地震台网中心）

各地区地震活动

首都圈地区

1. 地震活动概况

据中国地震台网中心测定结果统计，2010年首都圈地区共发生1.0级以上地震263次，2.0级以上地震41次，3.0级以上地震7次，最大地震为4月4日山西大同4.6级地震。

2. 主要活动特征

（1）2010年首都圈地区1.0级、2.0级、3.0级和4.0级以上地震活动相对于2009年均有不同程度的回升。京津地区自1996年北京顺义4.0级地震后一直没有发生中等以上地震，仍处于明显的缺震背景中。

2010年3月，汾渭带北部2.0级以上地震开始活跃，4月4日发生了山西大同4.6级地震，之后一直处于持续活跃当中，11月、12月活动有所降低。

（2）首都圈地区1.0级以上地震活动的空间分布特征为：中西部地区小震活动主要分布在京西北地区和北京地区，没有明显的集中区域；首都圈东部地区仍以唐山震区的北东向分布为主，相比2009年的活动有所增强，共发生7次3.0级以上地震。

（中国地震台网中心）

北京市

1. 地震活动概况

据中国遥测地震台网测定，2010年行政区共记录到 $M_L \geqslant 1.0$ 地震69次。其中 $M_L 1.0 \sim 1.9$ 地震58次，$M_L 2.0 \sim 2.9$ 地震10次，$M_L 3.0 \sim 3.9$ 地震1次。最大地震为2010年4月16日昌平 $M_L 3.2$ 地震。

2. 地震活动特征

（1）地震频次与往年平均水平相比大致持平。2010年，行政区发生 $M_L \geqslant 1.0$ 地震69次，略高于1970年以来约66次年平均水平；发生 $M_L \geqslant 2.0$ 地震11次，等同于1970年以来约11次的年平均水平；发生 $M_L \geqslant 3.0$ 地震1次，低于1970年以来约2次的年平均水平。

（2）$M_L \geqslant 4.0$ 地震继续平静。1970年以来，北京行政区 $M_L \geqslant 4.0$ 地震平均 3~4 年发生1次。自1996年12月16日顺义 $M_L 4.5$ 震群以来，本地区已14年未发生 $M_L \geqslant 4.0$ 地震。

（3）2010年4月16日，昌平区发生 $M_L 3.2$ 地震，是本地区2014年度最显著的地震活动。北京行政区1998年以来平均每年发生1次 $M_L \geqslant 3.0$ 地震（2004年、2005年和2008年除外，其中2008年最大地震为4月29日海淀 $M_L 2.9$ 地震，震级稍偏小），该地震属于本地区正常的地震活动。

（北京市地震局）

天津市

1. 地震活动概况

2010年，天津市行政区范围内记录到1.0级以上地震次数为8次，最大地震为2010年8月2日宁河1.6级地震。

2. 地震活动特征

总体来说，2010年天津地区$M≥1.0$地震数目与2009年基本一致，活动强度明显低于2009年，主要分布在唐山老震区以及天津西南侧河北文安—霸州一带。2010年天津地区没有地震灾害发生。

（天津市地震局）

河北省

1. 地震活动概况

据河北省测震台网测定，2010年河北省发生地震1357次。其中$M_L 1.0$以下474次，$M_L 1.0 \sim 1.9$地震734次，$M_L 2.0 \sim 2.9$地震129次，$M_L 3.0 \sim 3.9$地震18次，$M_L 4.0 \sim 4.9$地震2次，没有5.0级以上地震发生。最大地震为3月6日河北滦县$M_L 4.8$（$M_S 4.3$）地震。

2. 地震活动特征

（1）3月6日河北滦县发生$M_L 4.8$地震，其前震较为活跃且余震丰富，截至3月16日，共记录到地震246次，其中$M_L 1.0$以下地震79次，$M_L 1.0 \sim 1.9$地震136次，$M_L 2.0 \sim 2.9$地震25次，$M_L 3.0 \sim 3.9$地震5次，$M_L 4.0 \sim 4.9$地震1次。2010年度另外一次$M_L 4.0$以上地震为4月9日河北丰南$M_L 4.6$级地震，唐山老震区出现一个月内连发两次4级地震的活动。

（2）与2009年度相比，地震频度与强度都有显著增高。

（3）地震活动主要分布在张家口—渤海地震带与河北平原地震带南端，小震活动仍集中在唐山老震区与邢台老震区。

（河北省地震局）

山西省

1. 地震活动概况

2010年山西地区发生$M≥1.0$地震285次。其中1.0～1.9级地震236次，2.0～2.9级地震42次，3.0～3.9级地震4次，4.0～4.9级3次。最大地震为1月24日河津—万荣4.8级地震。其中3级以上地震大同盆地1次、太原盆地1次、临汾盆地3次、西部山区2次。

2. 地震活动特征

（1）$M≥2.3$地震出现活跃～平静、平静～活跃交替现象。山西忻定盆地—大同盆地南缘一带2007—2009年$M≥2.3$地震异常活跃，形成2.3级地震集中区，2009年7月之后转入平静。而中部的太原盆地是2008年12月16日之后$M≥2.3$地震持续平静，2010年1月27日汾阳2.4级地震打破平静后，在短短的5个月连续发生6次$M≥2.3$地震。在活跃转平静异常区、平静转活跃异常区两头分别发生4月4大同阳高4.5级地震、4月7日洪洞3.7地震和6月5日阳曲4.6级地震。

（2）$M≥2.3$地震频次高、强度大，一年内连续发生3次$M≥4.5$地震，为1970年以来首次。2007—2009年3级地震年频次均低于多年平均值18次；而2010年发生$M≥2.3$地震27次，远远高于年平均值18次。自2009年3月28日以来，山西地区$M≥3.4$地震频繁发生，累计发生5次，远高于年平均1.8次的水平。

（3）$M≥4$地震出现升级爬坡现象，表明山西已经进入第五活跃时段。自2009年3月28日原平4.0级地震打破山西地震带长达3年5个月的4级平静后，山西地震带在短短的一年多时间内连续发生2009年11月5日陕西高陵4.2级地震、2010年1月

24日山西河津4.8级地震、2010年4月4日山西大同—阳高4.5级地震和2010年6月5日山西阳曲4.6级地震,表明山西已经进入第五活跃时段。

(山西省地震局)

内蒙古自治区

1. 地震活动概况

2010年,内蒙古自治区发生$M_L \geq 1.0$地震488次,其中$M_L 1.0 \sim 1.9$地震284次,$M_L 2.0 \sim 2.9$地震173次,$M_L 3.0 \sim 3.9$地震24次,$M_L 4.0 \sim 4.9$地震7次,无$M_L 5.0$以上级地震。最大地震是6月20日阿拉善左旗发生的$M_L 4.7$地震,其次是10月12日阿拉善右旗发生的$M_L 4.5$地震。以上地震次数统计均为可定位地震。

2. 地震活动特征

(1)$M_L \geq 3.0$地震频度出现较大下降。2010年发生$M_L \geq 3.0$地震31次,与2007年38次、2008年45次、2009年50次相比,地震活动频度有较大下降。特别是2010年未发生$M_L 5.0 \sim 5.9$地震,与2009年发生2次$M_L 5.0 \sim 5.9$地震(2009年7月16日阿拉善右旗$M_L 5.0$地震、2009年12月21日科尔沁左翼中旗与吉林省白城市通榆县交界$M_L 5.1$地震)相比,$M_L 5.0 \sim 5.9$地震频度明显下降。

(2)地震活动强度西部地区强,中部和东部地区弱。2010年发生的7次$M_L \geq 4.0$地震都分布在内蒙古自治区西部地区,阿拉善地区地震强度水平相对较高。内蒙古自治区中部和东部地区地震强度水平相对较低,未发生$M_L \geq 4.0$地震。

(3)发生1次有感地震。6月20日19时03分,阿拉善左旗发生$M_L 4.7$地震,乌海市区有感,阿拉善左旗巴彦木仁苏木震感较为明显,大部分人感觉到摇晃和听到门窗作响。

(4)老震区中等地震活跃。2010年内蒙古自治区发生7次$M_L \geq 4.0$地震,其中有5次发生在老震区:6月20日$M_L 4.7$地震发生在1976年9月23日巴音木仁6.2级老震区;9月6日$M_L 4.0$地震、12月9日$M_L 4.3$地震、12月18日$M_L 4.1$地震均发生在1954年7月31日腾格里沙漠北7.0级老震区;12月10日$M_L 4.1$地震发生在1954年2月11日内蒙古自治区阿拉善右旗与甘肃省张掖市山丹县交界的7.2级老震区。

(5)地震丛集活动区。2010年地震活动出现5个丛集活动区:内蒙古自治区阿拉善右旗与甘肃省张掖市山丹县交界地区;腾格里沙漠北地区;乌海市至蒙宁交界地区;呼和浩特市至山西省交界地区;扎兰屯地区。

(内蒙古自治区地震局)

辽宁省

1. 地震活动概况

据中国地震台网中心小震目录数据库统计,2010年辽宁及邻区(38°~43.5°N,119°~126°E)共发生$M_L \geq 2.0$地震179次,其中$M_L \geq 3.0$地震29次,$M_L \geq 4.0$地震1次,最大地震为5月17日渤海$M_L 4.0$,震中位于38.38°N,120.57°E。辽宁省境内最大地震为7月4日普兰店$M_L 3.8$和7月21日岫岩$M_L 3.8$。

2. 地震活动特征

(1)3级地震持续活跃。2010年辽宁及邻区4级地震活动并不显著。

(2)普兰店3.8级小震群。1月以来,普兰店地区共发生地震86次,其中2.0~2.9级地震21次,3.0~3.9级地震9次,最大地震为7月4日普兰店$M_L 3.8$。该序列位于北东向皮口断裂的南端，呈现间歇性地震活动特征，即3月普兰店小震开始活跃，4—5月相对平静，6月下旬到7月27日该区地震活动再次活跃，之后趋于平静。

（3）辽南海域3级地震条带。2010年辽宁地区$M_L \geq 3.0$地震在海城—辽南海域地区相对较集中，且在渤海—普兰店—丹东一带呈现明显的北东向带状分布。两次显著地震事件（5月17日渤海4.0级地震和7月4日普兰店不规则震群序列）均位于该带上。

总之，2010年度辽宁地区地震活动基本位于正常的背景水平，主体活动地区在辽南及两侧海域。值得关注的是，两次显著地震事件均位于辽南地区的3级地震条带上。

（辽宁省地震局）

吉林省

1. 地震活动概况

据吉林省地震台网测定，2010年共发生地震36次，其中2.0级以下地震24次，2.0～2.9级地震6次，3.0～3.9级地震3次，4.0～4.9级地震2次（为深源地震），6.0级以上地震1次（为深源地震），最大地震为2月18日发生在吉林省珲春与俄罗斯交界处的6.5级地震。全年释放能量为7.22×10^{13}焦耳。长白山天池火山共发生68次地震，其中可确定震级的地震20次，最大地震为2.1级地震。

2. 地震活动特征

（1）地震活动频度及强度均有所下降。2010年地震活动频度及强度均低于2009年度，与历年地震活动水平相当，但2010年度发生的4.0级以上地震均为深源地震，能量释放则要高于2009年。

（2）地震活动空间分布图像与2009年有所不同。2009年发生的地震主要分布于三个区域内：西部分布于前郭县—乾安县交界的查干花镇及邻近区域内；中部主要分布于伊通—舒兰断裂及附近区域；东南部沿浑江断裂带及附近区域分布。而2010年发生的地震主要集中在吉林省的中部及西部，中部的地震主要分布在伊通—舒兰断裂带及其与敦化—密山断裂带之间的次级北西向断裂上，西部的地震则发生在松辽盆地西边界断裂（嫩江断裂带）及盆地中央断裂（扶余—肇东断裂带）上，东部发生的地震主要是在浑江断裂带的北东端及长白山天池火山区内。此外，在珲春与俄罗斯交界还发生3次中强深源地震。

（3）地震活动的时间分布呈现较有规律的韵律特征。2010年月均发生地震3次，多集中于每月的月中及下旬，显示出较有规律的时间韵律特征，与往年有所不同。深源地震活动集中发生于上半年，下半年浅震活动的强度强于上半年。

（4）长白山火山地震活动水平继续降低。2010年长白山火山小震频度为68次，其中可确定震级的地震20次，为近4年来的最低值。记录到的火山地震最大震级仅为2.1级，地震强度也降低。

（吉林省地震局）

黑龙江省

地震活动概况

2010年黑龙江省记录可定位地震122次，地震活动主要分布在黑龙江省东部地区，其中$M2.0 \sim 2.9$地震10次，$M3.0 \sim 3.9$地震5次，$M4.0$以上地震1次，最大地震为3月10日友谊$M4.2$地震。$M2.0$以上地震活动主要集中在8月，记录到3次，最大震级是$M2.4$。

（黑龙江省地震局）

上海市

1. 地震活动概况

据上海市地震台网测定，2010年上海行政区范围内共记录到$M1.0$以上地震1次，为2010年8月12日23时16分发生在上海市嘉定区的$M1.3$地震，震源深度9千米。

2. 地震活动特征

（1）2010年上海市行政区仅发生1次地震，频次较2009年明显下降，强度也明显减弱。地震活动水平低于1970年以来的平均水平。

（2）自2009年11月7日上海松江震群（最大震级$M3.1$）之后，本年度该地区未记录到小震活动。

（上海市地震局）

江苏省

1. 地震活动概况

据江苏省地震台网测定，2010年江苏省及其邻近海域共发生$M_L \geq 2.0$地震57次，其中海域33次，陆地24次；发生$M_L \geq 3.0$地震13次，其中海域12次，陆地1次；发生$M_L \geq 4.0$地震2次，均位于黄海海域。最大地震为7月19日黄海$M_L 4.6$地震，发生在1984年黄海老震区；陆地最大地震为11月26日江苏兴化$M_L 3.4$地震，附近部分居民有感。

2. 地震活动特征

2010年江苏地区共发生$M_L 3.0$以上地震13次，其中上半年发生3次，其余10次发生在7月份黄海两次$M_L 4.0$地震后。7月9日和7月19日黄海$M_L 4.2$和$M_L 4.6$两次地震发生在1984年黄海6.2级地震老震区，且间隔仅为10天，附近沿岸地区有一定震感，较为引人关注。

2010年江苏地震活动总体较2009年有所上升，和1970年以来的平均水平相当。从地震活动的空间分布来看，2010年小震在苏中及附近海域出现丛集现象，多次$M_L 3.0$以上地震都集中在该区域，包括1月15日黄海$M_L 3.1$地震、11月14日黄海$M_L 3.1$地震，11月16日黄海$M_L 3.7$地震和11月26日江苏兴化$M_L 3.4$地震；特别是3月在黄海海域同一位置发生6次$M_L 3.0$左右地震以及其后（7月9日和7月19日）黄海老震区$M_L 4.2$和$M_L 4.6$两次地震也发生在相对丛集区。从地震活动的时间分布上看，以7月9日和7月19日黄海老震区$M_L 4.2$和$M_L 4.6$两次地震为标志开始，2010年下半年地震活动水平明显高于上半年，特别在苏中及附近海域的$M_L 3.0$以上地震活动增强明显。

（江苏省地震局）

浙江省

1. 地震活动概况

据浙江省地震台网测定，2010年浙江省域共发生$M_L \geq 1.0$地震34次，最大地震为1月7日浙江鄞州与余姚交界（皎口水库）$M_L 2.6$地震。

2. 地震活动特征

地震活动特点表现为，浙北地区地震活动强于浙南地区，活动区域主要在杭州湾及环太湖的湖州段；宁波皎口水库、温州文成、泰顺交界仍有小震活动；地震频次与强度均低于上年水平。

（浙江省地震局）

安徽省

1. 地震活动概况

2010年安徽省共记录到地震488次，其中1.5级以上地震7次，最大地震为12月20日凤阳2.5级地震。

2. 地震活动特征

与2009年相比，地震活动频次与强度均明显降低。从时间分布上看，2010年上半年仅于5月份发生一次1.6级地震，从8月份开始地震活动水平有所增强，至12月先后发生6次1.5级以上地震，其中包括两次2.0级以上地震。地震活动在空间分布上较为集中，均分布在皖中部地区，地震主要发生在郯庐断裂带、土地岭—落儿岭断裂、肥中断裂和马鞍山—镇江断裂附近。其中两次较大地震，10月13日庐江2.4级地震及12月20日凤阳2.5级地震，均发生在郯庐断裂带附近，该断裂带上2009年还曾发生肥东3.5级地震，显示了地震活动活跃的趋势。

（安徽省地震局）

福建省及近海地区（含台湾地区）

1. 地震活动概况

据福建省地震台网测定，2010年，福建及近海地区发生$M_L≥1.0$地震203次，其中$M_L1.0～1.9$地震172次，$M_L2.0～2.9$地震30次，$M_L3.0～3.9$地震1次，最大地震为1月24日金门$M_L3.2$地震；台湾海峡地区发生$M_L≥2.0$地震13次，其中$M_L2.0～2.9$地震11次，$M_L3.0～3.9$地震2次，最大地震为7月31日海峡南部$M_L3.8$地震；台湾地区发生$M_L≥3.0$地震197次，其中$M_L3.0～3.9$地震128次，$M_L4.0～4.9$地震58次，$M_L5.0～5.9$地震10次，$M_L6.0～6.9$地震1次，最大地震为3月4日高雄$M_L6.4$地震。

2. 地震活动特征

（1）2010年福建及近海地区地震活动水平相较于2009年显著减弱，未发生$M_L≥4.0$地震，仅在金门发生1次$M_L3.2$地震。$M_L≥2.0$地震相对集中在漳州、龙岩交界地区。

（2）2010年台湾海峡地区地震活动强度与2009年相当，但地震频次有所减少，$M_L≥3.0$地震主要分布于台湾海峡南部地区，延续了2008年以来$M_L≥4.0$地震平静状态。

（3）2010年台湾地区地震活动水平与2009年基本持平，$M_L≥5.0$地震频次略有增强，最大地震为3月4日高雄$M_L6.4$地震。$M_L≥4.0$地震主要相对集中分布在台湾东北部及近海和高雄地区。

（福建省地震局）

江西省

1. 地震活动概况

据江西省地震台网测定，2010年，江西省境内共发生$M_L≥1.0$地震89次，其中$M_L2.0～2.9$地震18次；$M_L3.0～3.9$地震4次，分别为5月20日安福$M_L3.0$地震、6月10日新余$M_L3.1$地震、6月14日九江$M_L3.1$地震和11月16日奉新$M_L3.4$地震。

2. 地震活动特征

（1）2010年地震活动水平与2009年基本相当，未发生$M_L4.0$以上地震。从空间分布来看，地震分布范围更广，北强南弱的格局不变。

（2）江西中部地区的地震活动相对南部和北部地区活跃，小震活动在萍乡—广丰断裂带北侧形成北东东向的条带分布，条带上的最大地震为6月10日新余M_L3.1地震。

（3）赣南地区自2005年9月21日寻乌M_L3.9地震后，截至2010年12月，M_L3以上地震已平静63个月。M_L2以上地震也相对缺乏，表现为显著平静。

（江西省地震局）

山东省及近海地区

1. 地震活动概况

2010年1—12月，山东内陆及附近区域共发生$M_L \geq 1.0$级地震238次，其中M_L1.0～1.9地震157次，M_L2.0～2.9地震66次，M_L3.0～3.9地震12次，M_L4.0～4.9地震2次，M_L5.0～5.9地震1次。活动水平与2009年度基本持平，仍处在近年来的较低水平。山东附近最大地震为10月24日河南太康5.1级，海域最大地震为5月17日渤海4.0级。2010年共发生有感地震8次，分别为1月15日河南濮阳、范县交界4.2级地震，3月25日山东鄄城、河南范县、濮阳交界3.6级地震，5月17日渤海4.0级地震，6月14日长岛近海3.5级地震，6月18日山东栖霞3.8级地震，9月11日山东高青3.4级地震，10月24日河南太康5.1级地震，11月6日山东招远2.9级地震。

2. 地震活动特征

山东地区2010年度的地震活动整体上没有明显的条带、空区等异常图像，小震活动呈随机分布的态势；2级左右微震活动多分布于胶东半岛及其北部海域、沂沭带及其北西向分支断裂地区。

胶东半岛及其北部海域尤其是渤海地区延续了2009年9月以来的3级地震活动增强的态势，并且发生了5月17日渤海4.0级地震，3级地震活动有序分布，2级微震活动较为频繁。

沂沭带及其北西向分支断裂地区2010年延续2008年以来的活动态势，3级地震长期平静，2010年9月11日高青3.4级地震打破了平静。

冀鲁豫交界地区2010年以来相继发生1月15日河南濮阳4.2级地震，3月25日河南范县3.7级地震，10月24日河南太康5.1级地震，显示出该区域地震活动增强的趋势，形成了中等地震活动集中区。

黄海北部海域地区地震活动较弱，仅发生3级地震3次，空间分布较为离散，没有明显的异常图像。

（山东省地震局）

河南省

地震活动概况

2010年，河南省地震台网共记录2.0级以上天然地震10次，其中3.0级以上地震4次，最大地震为10月24日河南太康4.6级地震。地震活动主要分布在聊兰带的濮阳地区及太行山前断裂带，相对2003年以来地震活动主要在豫北聊兰带而言，地震活动的主体地区明显向中南移动。与2009年相比，其地震活动频度与地震活动强度均明显增强。

（河南省地震局）

湖北省

1. 地震活动概况

据湖北省地震台网测定，2010年湖北

省境内共发生 $M1$ 以上地震 118 次，其中 $1 \leq M < 2$ 地震 103 次，$2 \leq M < 3$ 地震 15 次，最大地震为 5 月 21 日荆门市沙洋县曾集镇 $M2.9$ 地震。

2. 地震活动特征

（1）2010 年湖北省地震活动水平与 2009 年相当，未发生 $M3$ 以上地震，地震主要分布在湖北西部地区的巴东—秭归和东部地区的大冶等地。

（2）三峡水库自 9 月 10 日 0 时开始第 3 次试验性蓄水，地震频次和强度与 2009 年相当。三峡重点监视区的微震活动主要分布在巴东高桥断裂、秭归泄滩和秭归屈原镇等地区。

（湖北省地震局）

湖南省

1. 地震活动特征

2010 年湖南省境内共发生 $M_L \geq 1.0$ 地震 246 次。其中，1.0~1.9 级地震 165 次，2.0~2.9 级地震 73 次，3.0~3.9 级地震 7 次，4.0~4.9 级地震 1 次，最大地震为 10 月 8 日永顺 $M_L 4.1$ 地震。

2. 地震活动特征

从地震活动空间看，主要分布在湘北的石门县、湘西北的永顺县和湘中地区的宁乡、娄底以及湘南地区的郴州市；其中，$M_L \geq 2.0$ 地震相对集中在湘北、湘西北和湘中地区。综合地质构造环境和地震震相特征分析认为，永顺 $M_L 4.1$ 地震与水库蓄水有关。湖南省内矿产资源丰富、大中型水库较多，存在诱发地震的潜在因素。

（湖南省地震局）

广东省

1. 地震活动概况

2010 年广东省地震台网共记录到广东省及其近海 $M \geq 1.0$ 地震 176 次，其中 $M1.0~1.9$ 地震 158 次，$M2.0~2.9$ 地震 16 次，$M3.0~3.9$ 地震 2 次，最大为 7 月 9 日阳东 $M3.3$ 地震。

2. 地震活动特征

（1）地震活动格局没有明显变化。地震活动空间上仍主要集中在河源、阳江、南澳 3 个老震区，但在粤西 2010 年 7—9 月出现了一个北西向的 2.5 级地震条带。

（2）地震强度、频度虽较 2009 年度有所升高，但仍然偏弱。2010 年度最大地震为阳东 $M3.3$ 地震，无 4 级以上地震。

（3）2010 年发生的两次较高震级活动都与水有关，阳东的 $M3.3$ 地震为与附近平提水库蓄水有关的构造地震，高州的 $M2.9$ 地震则可能是强降雨引起的。

（广东省地震局）

广西壮族自治区

地震活动概况

2010 年广西壮族自治区地震台网共记录广西及北部湾海域 $M_L 0.0$ 以上地震 3657 次，其中 0.0~0.9 级地震 2661 次，1.0~1.9 级地震 873 次，2.0~2.9 级地震 111 次，3.0~3.9 级地震 12 次，陆地最大地震为 10 月 5 日广西壮族自治区百色市右江区 $M_L 3.7$ 地震，海域最大地震为 11 月 6 日北部湾 $M_L 3.5$ 地震。地震主要分布在桂西北和桂东南地区，地震频次和强度较 2009 年有所增强。

（广西壮族自治区地震局）

海南省

1. 地震活动概况

据海南省地震台网测定，2010年海南岛及其邻近海域共发生 $M_L \geq 1.0$ 地震10次，其中 $M_L 1.0 \sim 1.9$ 地震6次，$M_L 2.0 \sim 2.9$ 地震4次，最大地震是8月27日海南省万宁市东南部约60千米海域2.9级地震。海南岛陆地上最大地震是1月21日儋州市那大镇 $M_L 2.5$ 有感地震。

2. 地震活动特征

陆地主要在琼北部儋州市；其次在琼南部陵水县，发生地震2次，文昌、定安、东方等县市各发生地震1次。近海地区万宁—琼海市东部近海区域1~2级地震2次，儋州—临高北部近海2级地震2次。

（海南省地震局）

重庆市

1. 地震活动概况

据重庆市地震台网测定，2010年重庆市共发生 $M_L \geq 1.0$ 地震128次，其中1~1.9级地震107次，2~2.9级地震14次，3~3.9级地震4次，4~4.9级地震2次，5.0级地震1次。最大地震是1月31日重庆潼南与四川遂宁交界 $M_S 5.0$ 地震，其次是9月10日荣昌 $M_S 4.7$ 地震。

2. 地震活动特征

2010年重庆市地震活动水平显著增强，先后发生1月31日重庆潼南与四川遂宁交界5.0级地震、2月22日荣昌 $M_S 4.2$ 地震，以及9月10日荣昌 $M_S 4.7$ 地震，地震活动达到近10年的最高水平。地震主要集中分布在荣昌、万盛、石柱、巫山、奉节、巫溪等地。

2010年三峡库区重庆段的地震活动水平不高。年内发生的最大地震是10月19日的巫山2.3级地震。重庆库段的小震主要分布在石柱、万州、巫山与湖北巴东交界地区。

（重庆市地震局）

四川省

1. 地震活动概况

据四川省地震台网测定，2010年在四川省内共记录 $M_L 2.0$ 以上地震2939次，其中2.0~2.9级地震2607次，3.0~3.9级地震297次，4.0~4.9级地震31次，5.0~5.9地震4次。2010年四川地区较显著的地震事件是1月31日四川遂宁、重庆潼南交界 $M_S 5.0$ 地震，4月28日四川道孚 $M_L 5.1$ 地震，5月25日都江堰市、彭州市交界 $M_S 5.0$ 地震，9月10日重庆荣昌、四川隆昌、泸县交界 $M_L 5.2$ 地震等5次5.0级以上余震。最大是1月31日四川遂宁、重庆潼南交界 $M_S 5.0$ 和5月25日都江堰市、彭州市交界 $M_S 5.0$ 地震。2010年地震频次和强度均低于2009年。

2. 地震活动特征

2010年 $M_L 3.0$ 以上地震活动主要分布于四川盆地及其边缘地区，包括龙泉山断裂带东北段、马边地区、华蓥山断裂带附近的宜宾—自贡地区以及川滇交界地区。此外，鲜水河断裂带南段—安宁河断裂带、川北马尔康地区 $M_L 3.0$ 以上地震也有活动，川西较大范围较平静。1月31日四川遂宁与重庆潼南交界处发生 $M_S 5.0$ 地震，该地震位于四川盆地中部地震弱活动区，在

1970年有四川地震台网记录以来,此次震中附近70千米半径范围内仅在2006年12月14日曾发生1次$M_L3.0$地震,距2010年1月31日四川遂宁与重庆潼南交界$M_S5.0$地震震中约18千米。

(四川省地震局)

贵州省

1. 地震活动概况

2010年贵州境内共记录到地震173次,其中2.0～2.9级地震46次,3.0～3.9级地震4次,4.0～4.9级地震2次。最大地震为9月18日发生在罗甸的4.4级地震。

2. 地震活动特征

(1) 地震活动空间分布较集中。地震主要位于光照水电站和董箐水电站库区以及罗甸一带;其余零星分布在全省各个区域。

(2) 地震活动时间分布不均匀。贵州境内2级以上地震频次较高的月份为1月、6月和9月、10月,地震活动在时间分布不均匀。

(3) 地震频度低于往年平均水平,强度高于往年平均水平。

(贵州省地震局)

云南省

1. 地震活动概况

据云南省地震台网测定,2010年云南及周边地区共发生$M\geqslant 3.0$地震49次,其中3.0～3.9级地震43次,4.0～4.9级地震5次,5.0～5.9级地震1次。云南省内最大地震为2月25日禄丰—元谋5.1级地震。

2. 地震活动特征

(1) 滇东北及川滇交界地区3级地震持续活跃,最为显著的是8月29日巧家3.7级地震、10月6日四川长宁3.8级地震。

(2) 滇西地区3级、4级地震地震活跃,在大理、保山、德宏一带较为集中,较为突出的是施甸地区6月发生4.5级震群后,小震持续活跃。

(3) 滇西南地区3级地震较为活跃,勐腊地区5月、6月3级地震丛集发生。

(云南省地震局)

陕西省

1. 地震活动概况

2010年陕西省共发生地震491次,包括:①发生在宁强(属于汶川8.0级地震余震区)的地震310次,其中$M_L0.0～0.9$地震66次,$M_L1.0～1.9$地震188次,$M_L2.0～2.9$地震43次,$M_L3.0～3.9$地震12次,$M_L4.0～4.9$地震1次,最大震级为$M_L4.2$;②属于2009年11月5日陕西省西安市临潼区与高陵县交界$M_L4.8$地震余震的26次,其中$M_L1.0～1.9$地震17次,$M_L2.0～2.9$地震9次,最大震级为$M_L2.8$;③发生在本省其他地区的可定震中地震155次,其中$M_L0.0～0.9$地震34次,$M_L1.0～1.9$地震97次,$M_L2.0～2.9$地震20次,$M_L3.0～3.9$地震4次,最大震级为$M_L3.8$。M_L3以上地震分别是1月13日略阳$M_L3.4$地震、6月24日三原$M_L3.8$地震、8月10日周至$M_L3.5$地震和11月12日佛坪$M_L3.4$地震。另外,2010年陕西省数字地震遥测台网共记录到塌陷地震29次,最大震级为$M_L3.8$,主要分布在府谷、神木等地;记录到爆破事件3次,主要分布在柞水、南郑、洛南等地。

2. 地震活动特征

（1）汶川地震后，陕西地震活动明显增强，2010年度小震频次依然较高，空间分布仍然维持2009年分布特征，陕南西部地震所占比例较高。

（2）时间上，2010年1月省内地震频次最高（30次），4月和10月最低（7次），其余月份地震频次起伏不大，1—2月中旬、11月中旬至12月初为年内小震相对密集时段，M_L2以上地震在时间上分布比较均匀。

（3）汶川地震后，特别是2009年9月以来，省内M_L3级地震活动有增强趋势。

（陕西省地震局）

甘肃省

1. 地震活动概况

2010年甘肃省共发生$M \geq 2.0$地震138次。其中，2.0～2.9级地震130次，3.0～3.9级地震8次，最大地震为9月22日发生的肃南3.8级地震。

2. 地震活动特征

2010年地震活动在时间分布上比较均匀，3月地震活动频次较高达到14次，6月、8月地震活动水平较低仅7次，其他月份地震频次为7～14次，9月以后地震频次逐月降低；3.0级地震主要集中分布在9月以后，以9月频次最高。

地震活动在空间上延续了2006年以来甘肃地区地震活动格局，2.0级以上地震主要集中分布于祁连山地震带西段和东段的古浪周围及甘川交界地区；3.0级以上地震主要分布在祁连山地震带中东段地区。

（甘肃省地震局）

青海省

1. 地震活动概况

据中国地震台网测定，2010年青海境内共发生$M_S \geq 5.0$地震4次，最大地震为4月14日玉树7.1级地震，5.0级以上地震全部为玉树序列地震。

据青海省地震台网测定，2010年青海及邻区发生$M_L \geq 2.0$以上地震678次，其中2.0～2.9级地震499次，3.0～3.9级地震139次，4.0～4.9级地震26次，5.0～5.9级地震11次，6.0～6.9级地震2次，7.0～7.9级地震1次，为4月14日玉树7.1级地震。

2. 地震活动特征

空间上主要分布在青海北部的柴达木—共和地震带、祁连地震带和青海西南部的唐古拉地震带。地震集中分布区有茫崖地区、德令哈—大柴旦地区、天峻及其附近地区、门源及其附近地区、兴海地区、玉树地区和青藏交界聂荣—杂多地区。

（青海省地震局）

宁夏回族自治区

1. 地震活动概况

2010年宁夏回族自治区境内共发生$M_L2.0$以上地震95次，其中$M_L2.0～2.9$地震86次，$M_L3.0～3.9$地震8次，$M_L4.0～4.9$地震1次，无$M_L5.0$以上地震，最大地震为2010年6月22宁夏永宁$M_L4.8$地震。

2. 地震活动特征

（1）2010年宁夏境内弱震活动空间上主要集中在以往地震多发的区域，如宁夏石嘴山以北一带、宁夏灵武至阿拉善左旗一带、宁夏固原至彭阳一带。

（2）北部及邻区 $M_L4.0$ 以上地震比较集中，如内蒙古自治区阿拉善左旗与甘肃省民勤县一带持续发生3次 $M_L4.0$ 地震。

（3）境内地震活动水平持续高值。

（宁夏回族自治区地震局）

新疆维吾尔自治区

1. 地震活动概况

2010年新疆维吾尔自治区发生 $M2.0$ 以上地震903次。其中 $M2.0 \sim 2.9$ 地震727次，$M3.0 \sim 3.9$ 地震140次，$M4.0 \sim 4.9$ 地震31次，$M5.0 \sim 5.9$ 地震5次，无 $M6.0$ 以上地震。9月7日中、塔、吉交界发生的 $M5.6$ 地震为新疆2010年度最大地震。

2. 地震活动特征

2010年新疆地区无6.0级以上地震发生，地震活动频度低于常年平均活动水平，强度也低于周边省区。2.0~2.9级地震频度略高于2009年，但低于过去6年的平均活动水平，显著低于2008年活动水平。3.0~5.9级地震活动频度略低于2009年活动水平，与除2008年外的各年平均活动水平相当。

（新疆维吾尔自治区地震局）

重要地震与震害

2010年1月31日四川遂宁、重庆潼南交界5.0级地震

一、地震基本参数

发震时刻：2010年1月31日5时36分56.8秒

微观震中：30.28°N，105.71°E

宏观震中：四川遂宁市、重庆潼南县交界

地震震级：$M=5.0$

震源深度：10千米

最大烈度：Ⅶ度

二、烈度分布与震害

本次地震灾区四川省Ⅶ度地区面积为120平方千米，主要位于遂宁市安居区及船山区。Ⅵ度地区面积为888平方千米，包括遂宁市安居区、船山区、蓬溪县及资阳市的安岳县4个区（县），涉及31个乡镇。灾区总人口数约为56万人，总户数约为15.2万户。

地震灾区属于农村、乡镇地区，房屋建筑类型较复杂，按照结构类型可大致分为土木结构房、砖木结构房和砖混结构房。由于该区受经济条件制约，地震基本烈度为Ⅴ度区，房屋建筑抗震性能较差，特别是土木结构房、砖木结构房多属老旧建筑，平房，震害程度较重。在重灾区内，土木结构房、砖木结构房出现明显的损坏现象，主要表现为墙体严重开裂、倾斜、变形，极个别还出现倒塌现象；砖混结构房屋多为近些年来兴建的农居，2~3层楼房，由于没有考虑抗震设计措施，加上施工、材料等因素，在重灾区出现一定程度的损坏，主要表现为墙体出现明显裂缝，个别房屋还因地基处理不当出现下沉现象。一般灾区房屋震害则主要表现为梭瓦、掉瓦现象，墙体出现细裂缝。

地震还造成震区水库、道路、桥梁等生命线遭到一定程度的损坏。其中区内共有28座水库、53座桥梁及县乡道路受损。水库工程损坏主要表现为坝体开裂及轻微变形，道路震害则表现为局部出现滚石、小型崩塌及涵洞轻微变形、路面沉陷等，震区桥梁受地震影响也出现桥面轻微下沉、栏杆开裂、桥面倾斜现象。此外震区电力设施也遭受到一定程度的损坏或影响，如电杆倾斜。

本次地震共造成1人死亡，受伤16人，其中重伤1人，均发生在安居区磨溪镇境内。造成部分房屋倒塌或严重破坏而无法居住，室外避难人数达到4000人左右，且绝大部分分布在磨溪镇境内。

本次地震造成的直接经济损失为20820万元，其中房屋建筑损失值为13777万元（其中安居区8526万元、船山区2099万元、蓬溪县1151万元、安岳县2001万元），工程结构直接损失为5000万元，室内财产损失为400万元；抗震救灾直接投入费用300万元。

（四川省地震局）

2010年2月22日
重庆荣昌4.2级地震

一、地震基本参数

发震时刻：2010年2月22日21时32分
微观震中：29.36°N，105.46°E
宏观震中：重庆市荣昌县广顺镇附近
震　　级：$M=4.2$
震源深度：2千米

二、烈度分布与震害

震中烈度：未进行烈度评估；
震害情况：荣昌广顺镇有烟囱垮塌，无人员伤亡。

（重庆市地震局）

2010年3月10日
黑龙江友谊4.2级地震

一、地震基本参数

发震时刻：2010年3月10日18时54分
微观震中：46.64°N，131.51°E
宏观震中：黑龙江省双鸭山市友谊县
震　　级：$M=4.2$
震源深度：7千米

二、烈度分布与震害

本次地震宏观震中位于友谊县凤岗镇新发村，震中烈度Ⅴ度，个别老旧房屋烟囱掉砖、抹灰裂缝，地震未造成人员伤亡、房屋破坏和财产损失。

（黑龙江省地震局）

2010年4月14日
青海玉树7.1级地震

一、地震基本参数

发震时刻：2010年4月14日07时49分36.1秒
微观震中：33.22°N，96.59°E
宏观震中：青海省玉树藏族自治州玉树县结古镇隆洪达附近
震　　级：$M=7.1$
震源深度：14千米
玉树序列余震特点：截至2010年12月31日，玉树地震序列共记录到$M_L \geq 1.0$以上地震3027次，其中1.0~1.9级地震2322次；2.0~2.9级地震595次；3.0~3.9级地震83次；4.0~4.9级地震16次；5.0~5.9级地震8次；6.0~6.9级地震2次；7.0~7.9级地震1次，为4月14日玉树7.1级地震。玉树地震序列余震发展经历了3个阶段，第一阶段为主震后余震序列衰减较快，主要分布在主震以东的余震区东南段；第二阶段为5月29日5.7级地震打破了余震5.0级地震1个半月平静，出现起伏活动，并接连发生了5.3级和2次4.8级地震，中等余震活跃，主要分布在主震以西的余震区西北段；第三阶段为9月8日序列出现再次起伏活动，最大为$M_L 5.0$强余震，主要分布在主震以西的余震区西北段。

二、烈度分布与震害

极震区烈度为Ⅸ度。

比较清晰的地表破裂带位于洛荣达村附近至禅古寺一带，总体走向 300°～310°，长约 31 千米。如以隆宝镇崩荣喀南侧一带发育的约 2 千米长的雁列式张裂缝为破裂带的北端点，则破裂带总长约 51 千米。

破裂样式。破裂带由 3 条主破裂左阶组成，左旋走滑性质。主破裂由一系列右阶斜列的挤压鼓包—裂缝型、裂缝型支破裂组成。支破裂长多在 20～50 米，表现为挤压鼓包与张裂缝相间排列或雁列式裂缝带，局部表现为非常平直的断面。

同震位错量。实测同震位错量（左旋位错）为 0.5～1.8 米，最大位错量位于甘达村南，约 1.8 米。

地震地表破裂与活动断层的关系。此次地震的发震构造为玉树—甘孜断裂，地表破裂具沿该断裂原地重复破裂特征。

（青海省地震局）

2010 年 6 月 10 日
新疆乌恰 5.1 级地震

一、地震基本参数

发震时刻：2010 年 6 月 10 日 14 时 38 分
微观震中：39.89°N，74.70°E
宏观震中：新疆乌恰县
震　　级：$M=5.1$
震源深度：8 千米

二、烈度分布及震害

通过灾区震害调查，确定极震区烈度为Ⅵ度，Ⅵ度区西自乌鲁克恰提乡克孜勒克鲁克村，东至康苏镇驻地，南自吾合沙鲁乡吾合沙鲁恰提村，北到吾合沙鲁乡阿克然牧场。等震线长轴呈近东西向，该烈度区长半轴 33.4 千米，短半轴 22.4 千米，面积 2322 平方千米。

本次地震属一般破坏性地震，无人员伤亡，直接经济损失 2408 万元。

（新疆维吾尔自治区地震局）

2010 年 9 月 10 日
重庆荣昌 4.5 级地震

一、地震基本参数

发震时刻：2010 年 9 月 10 日 21 时 21 分
微观震中：29.36°N，105.43°E
宏观震中：重庆市荣昌县、四川省内江市隆昌县、泸州市泸县交界
震　　级：$M=4.5$
震源深度：6 千米

二、烈度分布与震害

震中烈度：未进行烈度评估。
震害情况：地震造成荣昌县龙集镇倒塌房屋 3 间，紧急转移安置 4 人，无人员伤亡。受损房屋多是无人居住的老旧危房。鉴于本次地震破坏轻微，重庆市地震局与四川省地震局共同商议后决定无需开展地震灾害损失评估。

（重庆市地震局）

2010年10月24日
河南太康4.6级地震

一、地震基本参数

发震时刻：2010年10月24日16时58分54秒

微观震中：34.07°N，114.65°E

宏观震中：河南省周口市太康县逊母口镇

震　　级：$M=4.6$

震源深度：6千米

震中烈度：Ⅵ度

地震类型：孤立型地震

二、烈度分布与震害

本次地震位于许昌—太康断裂东段和曹县断裂西段共同控制的分界线位置，也是太康凸起与周口凹陷分界线附近。据现场实地考察及调查资料，太康 $M_L5.0$ 地震宏观震中位于太康县的逊母口镇，与微观震中相距约5千米。震中区烈度为Ⅵ度，等震线呈北西向椭圆形分布。

Ⅵ度区：包括太康县的逊母口镇大部分、板桥镇部分行政村。长轴12千米，短轴8.3千米，面积约为78平方千米。Ⅴ度区：包括了太康县逊母口镇、板桥镇、常营镇、清集乡、独塘乡、大许寨乡、五里口乡，扶沟县大新镇，西华县西华营镇等3县9个乡镇的全部或部分村。长轴30.3千米，短轴21.7千米，面积约为426平方千米。

该地震有感范围较大，包括河南省大部分地区，山东菏泽、济宁，安徽亳州、阜阳等地区。有感半径约200千米，面积约134100平方千米。地震造成12名学生受伤，均为太康县逊母口镇一中学生。其中住院观察8人，3人轻微伤，1人重伤，4人经过简单治疗后出院回家。造成房屋破坏的直接经济损失为1445.85万元。

（河南省地震局）

2010年11月6日
新疆且末、若羌交界5.0级地震

一、地震基本参数

发震时刻：2010年11月6日10时12分

微观震中：36.76°N，87.53°E

宏观震中：新疆且末县、若羌县交界

震　　级：$M=5.0$

震源深度：10千米

二、烈度分布与震害

本次地震没有造成人员伤亡和经济损失。

（新疆维吾尔自治区地震局）

防 震 减 灾

这一部分收载中国地震局系统、各级政府防震减灾三大工作体系（地震监测预报、地震灾害预防、地震震灾应急救援）的建设与进展，全面记录政府、专业队伍、社会各界的作用和贡献，从中可看到中国防震减灾事业的发展。

2010 年防震减灾工作综述

2010 年，在党中央、国务院的坚强领导下，地震部门以科学发展观为指导，全面贯彻落实全国防震减灾工作会议精神，全力推进防震减灾社会管理、公共服务和基础能力向更深层次、更宽领域、更高水平发展。

一、认真贯彻落实新时期国务院防震减灾工作重大部署

2010 年 1 月，国务院召开全国防震减灾工作会议，6 月，印发《国务院关于进一步加强防震减灾工作的意见》（以下简称《意见》）。中国地震局认真传达学习会议和文件精神，针对当前事业发展的重大关键环节，研究制定加强地震监测预报、地震科技工作、市县防震减灾工作 3 个重要指导性文件。紧密围绕会议和《意见》的贯彻落实，组织开展社会管理、公共服务和发挥地震部门在抗震救灾中的作用 3 个重点政策研究课题。

二、有力有序有效开展玉树地震抗震救灾

玉树 7.1 级地震后，中国地震局认真贯彻党中央国务院的决策部署，全力以赴开展玉树地震抗震救灾工作。一是迅速快速测定地震参数，分析研判震情灾情，第一时间上报党中央国务院，为中央决策赢得宝贵时间；充分发挥科技优势，快速产出地震速报、震源机制、破裂过程等结果，为应急处置和抗震救灾决策提供依据。二是立即派出国家地震救援队和邻近省区地震救援队驰援灾区，承担急难险重的救援任务；及时确定灾区范围和重灾村镇，为部署抢险救灾兵力提供科学指导。三是及时开展流动监测和滚动会商；绘制烈度分布图，开展灾害损失评估；及时修订完善地震区划图，为恢复重建工作提供科学依据；开展科学考察，获得丰富的第一手资料。四是第一时间向社会公布震情灾情权威信息，加强信息发布，积极主动引导社会舆论，平息谣言，安定民心，为抗震救灾营造良好舆论氛围。

三、"十二五"规划编制和重大项目立项实施进展顺利

充分汲取汶川地震科学总结与反思成果和玉树抗震救灾新经验，科学确定"十二五"防震减灾事业发展目标和主要任务，并积极争取纳入国家"十二五"规划纲要。基本完成防震减灾事业发展规划和 14 个专项规划的编制工作。大陆构造环境监测网络项目进展顺利，投入试运行并发挥观测效益。地震背景场探测项目和地震社会服务工程初步设计方案获得批复，中央投资 7.9 亿元。着力开展国家地震烈度速报与预警、地震预报实验场、电磁监测试验卫星等重大项目的立项研究。

四、地震监测和震情跟踪不断强化

针对年初全球强震活动增强的态势，对全球地震活动以及中国地震趋势进行认真分析。

积极会同有关地方政府，圆满完成世博会、亚运会、三峡试验蓄水等重大活动地震安全保障任务。推进地震预测预报管理机制改革，创新危险区判定方法。开展地震烈度预警技术试点，完成 30 个重点台站观测环境优化改造。不断丰富和规范各学科观测资料的产出，已开发应急服务产品 10 余种。加强水库地震台网建设和管理，颁布《水库地震监测管理办法》部门规章。

五、社会综合防御地震灾害能力稳步提升

依法规范抗震设防要求管理，2010 年审定近 3000 项重大工程的地震安全性评价结果。会同发展和改革委员会发布《地震安全性评价收费管理办法》，组织实施地震安全性评价工程师注册和单位资质重新认定工作。着力推进农村民居地震安全工程的深入实施，全国新建抗震民居近 70 万户。配合教育等部门，全力推进中小学校舍安全工程的实施。深入开展活断层探测等震害防御基础性工作。协助教育部门组织以"加强疏散演练、确保学生平安"为主题的全国中小学安全教育日主题活动，普及防震避险知识。积极推进城市地震安全示范社区建设，新建地震安全示范社区近百个。

六、地震应急救援能力显著增强

组织开展《破坏性地震应急条例》和《国家地震应急预案》修订工作。强化地震应急救援联动机制建设，与军队、武警、公安、安监、中科院、总参、中国移动、中国联通等部门和单位建立合作机制。国家地震救援队扩编工作顺利完成，队伍力量和装备水平得到明显提升，先后实施赴海地、青海玉树、甘肃舟曲、巴基斯坦 4 次国内外紧急救援行动，出色完成任务。会同武警总部等部门共同研究制定加强武警部队抗灾救灾力量建设方案，在每个省区市均建立一支 68 人组成的救援队伍。积极推进各省专业救援队建设，目前全国 31 个省（区、市）均组建省级地震救援队。发挥国家地震紧急救援训练基地的作用，开展地震专业培训。

七、地震科技工作和国际交流迈出新步伐

加强地震科学基础研究和关键技术攻关。"973"项目、国家科技支撑计划和地震行业科研专项等科研项目进展顺利，活动地块边界带动力过程与强震预测课题等项目通过验收，取得一批新的研究成果。加大对基层科研和应用性技术创新的支持，设立地震科技星火计划。充分利用地震科技优势，加强国际交流与合作，援助印度尼西亚、缅甸、老挝等台网建设任务顺利完成并投入运行，增强受援国和中国地震监测能力。成功举办"第五届国际地应力研讨会"和"第十七届国际应急管理学会年会"，正式启动"中日合作地震应急救援能力强化计划"。

（中国地震局办公室）

防震减灾法治建设与政策研究

2010 年防震减灾法治建设工作综述

一、防震减灾立法工作

（一）开展《破坏性地震应急条例》修订工作

开展《破坏性地震应急条例》（以下简称《条例》）修订的调研论证和准备工作，成立《条例》修订工作领导小组和起草组，就地震应急管理体制、应急指挥机构职责、地震应急准备、临震应急管理、震后应急管理等方面组织开展专题研究工作，确定《条例》修订的思路和框架，形成专题研究报告，起草修订案征求意见稿，先后征求地震系统各单位和国务院有关部门的意见。在认真梳理、分析研究各部门、各单位和专家意见的基础上，不断对修订案进行修改完善。2010年12月，中国地震局局务会审议通过《地震应急救援管理条例（送审稿）》，并将其上报国务院审议。

（二）发布《水库地震监测管理办法》

为加强和规范水库地震监测的管理，在认真总结水库地震监测工作经验，广泛调研和深入研究的基础上，中国地震局组织开展《水库地震监测管理办法》部门规章的起草工作。经征求地震系统各单位、专家和国务院相关部门意见，并多次修改完善，12月28日，《水库地震监测管理办法》通过局务会审议。中国地震局党组书记、局长陈建民签署第9号中国地震局令，发布《水库地震监测管理办法》，自2011年5月1日起施行。

《水库地震监测管理办法》进一步明确有关各方的权利和义务，对提高水库地震监测能力，保障水库运行安全，保护人民生命财产安全，服务经济社会发展大局具有重要的作用；是地震部门履行管理职能，贯彻落实《中共中央国务院关于加快水利改革发展的决定》，推进防震减灾法律法规实施的具体举措。

（三）推进防震减灾地方立法工作

新修订的《中华人民共和国防震减灾法》实施后，各省（区、市）均已经启动防震减灾地方性法规的制修订工作。2010年，上海、陕西、山东、重庆等4个省（市）完成制修订工作；河南、天津等7省（区、市）防震减灾地方法规已提交人大常委会审议；北京、内蒙古等20个省（区、市）正在积极开展立法工作，并已列入地方立法工作计划。四川省人大常委会发布《加强农村民居抗震设防管理的决定》，明确各级政府的责任和加强农村民居抗震设防的具体措施，是中国第一部规范农村民居抗震设防管理的地方性法规，为提高农村民居的抗震能力提供法律保障。

二、全面推进《中华人民共和国防震减灾法》贯彻实施

新修订的《中华人民共和国防震减灾法》实施后，正值汶川特大地震恢复重建工作的关键时期。2010年4月14日青海玉树发生7.1级地震，造成重大人员伤亡和财产损失。按照国务院抗震救灾总指挥部的部署，中国地震局科学依法统一、有力有序有效地组织开展抗震救灾工作，在夺取抗震救灾斗争胜利中发挥重要作用，是贯彻实施《中华人民共和国防震减灾法》成果的一次实战检验和深化。

（一）配合全国人大开展防震减灾法实施调研

2010年2月，中国地震局党组书记、局长陈建民向全国人大教科文卫委员会汇报防震减灾年度工作基本情况，以及进一步推进《中华人民共和国防震减灾法》贯彻实施的重点工作安排。

2010年8月，中国地震局向地震系统各单位发文，对全国贯彻实施《中华人民共和国防震减灾法》情况进行摸底调查，根据各地上报材料对全国贯彻实施法律的情况、反映的问题、提出的建议进行全面的梳理。

为全面了解《中华人民共和国防震减灾法》对推进防震减灾工作及在抗震救灾、恢复重建中的实施情况，2010年10月，全国人大开展《中华人民共和国防震减灾法》贯彻实施调研工作。由全国人大教科文卫委员会组成两个组赴广东、广西就法律实施情况进行调研。此次调研工作的重点为：防震减灾规划编制与实施的情况，地震监测台网的规划、建设和运行的情况，建设工程抗震设防特别是学校、医院等人员密集场所的建设工程抗震设防要求落实的情况，完善地震应急救援体系的情况，开展防震减灾法制监督检查的情况等，听取各地反映法律贯彻实施中存在的主要问题，以及对进一步推进法律实施的意见和建议。

（二）积极推进全国依法行政会议精神的落实

2010年8月，国务院召开全国依法行政工作会议，中国地震局党组书记、局长陈建民及有关负责同志参加会议。会后，中国地震局及时组织学习温家宝总理、马凯国务委员在全国依法行政工作会议上的讲话，深刻领会《国务院关于加强法治政府建设的意见》，部署安排地震系统推进依法行政工作的贯彻落实。政策法规司认真结合防震减灾工作实际，组织起草关于进一步加强依法行政的意见，对地震系统推进依法行政工作进行全面部署，并积极推进依法行政责任制和法制建设管理规章的制度建设。

三、编制《"十二五"防震减灾法制建设规划》

为做好"十二五"时期的防震减灾法制工作，科学谋划"十二五"时期防震减灾法制建设发展战略，中国地震局以国务院《全面推进依法行政实施纲要》和《国务院关于加强法治政府建设的意见》为指导，以《国务院关于进一步加强防震减灾工作的意见》和《国家防震减灾规划（2006—2020年）》为依据，按照依法治国和建立法治政府的要求，组织编写《"十二五"防震减灾法制建设规划》。

四、开展"五五"普法总结验收

2010年是"五五"普法检查验收年,按照司法部和全国普法办的要求,中国地震局对地震系统2010年普法工作进行全面总结。

"五五"普法期间,地震系统各单位认真贯彻落实中央关于法制宣传教育工作的要求,在全国普法办公室的有力指导下,结合防震减灾工作实际,坚持法制宣传与防震减灾方针政策宣传相结合,坚持法制宣传与防震减灾科普教育相结合,坚持面向广大社会公众宣传与重点对象宣传相结合,坚持经常性宣传与重点时段宣传相结合,坚持部门协作与上下联动相结合,深入开展法制宣传教育活动,为逐步形成政府主导、军地协调、专群结合、全社会广泛参与的防震减灾工作格局,全面提升防震减灾综合能力,维护社会稳定,服务经济社会发展,发挥着重要的作用。通过开展"五五"普法活动,地震系统干部职工法制意识进一步增强,依法治理能力进一步提高,防震减灾法制建设进一步推进,为防震减灾事业又好又快发展提供有力保障。

(中国地震局公共服务司(法规司))

2010年防震减灾政策研究工作综述

一、开展政策研究规划编制

为确保防震减灾2020年奋斗目标的实现，立足解决制约防震减灾事业发展的难点、热点问题和重大问题，通过广泛调研，结合工作实际，组织编制《"十二五"防震减灾政策研究规划》。

二、加强政策研究制度建设

为落实中国地震局党组关于加强机关作风建设，深入基层调查研究的要求，结合中国地震局机关调查研究工作实际，修订《中国地震局机关干部深入基层调查研究的规定》，对机关干部深入基层调查研究工作的组织安排、主要内容、工作要求、成果应用等方面提出明确要求，并印发执行。

三、组织地震系统开展政策研究

经过征求各单位、各部门和客座（特约）研究员的意见建议，研究提出《中国地震局2010年度政策研究重点方向》，并向系统各单位印发《关于做好2010年防震减灾政策研究工作的通知》，对地震系统2010年度政策研究工作进行部署，提出明确要求和新时期防震减灾工作的重大政策和新思路、新举措等11个政策研究重点研究方向。

结合全国防震减灾工作会议精神和《国务院关于进一步加强防震减灾工作的意见》贯彻落实，制定《中国地震局2010年度政策研究课题方案》，经中国地震局领导审定后组织实施。按照方案要求，2010年组织开展加强社会管理、拓展公共服务和发挥地震部门在抗震救灾中的作用3个全局性重点政策研究课题和地震预报、震害防御、应急准备、地震科技等方面的9个专项政策研究课题的研究工作。

地震系统各单位围绕政策研究重点方向，开展125个选题的政策研究，提交100项研究成果，机关有关部门也组织开展大量的政策研究工作，取得显著成效。其中，全国防震减灾工作会议精神和《中华人民共和国防震减灾法》贯彻落实情况调研报告，分别报送国务院和全国人大，有关研究成果在国务院防震减灾工作联席会议、中国地震局党组研究部署2011年全局工作、制定印发关于加强监测预报和市县防震减灾工作的意见等方面发挥较好的决策支持和参谋作用。

四、继续做好成果交流与应用转化

创办《防震减灾政策研究与法制建设》刊物,向地震系统各单位和市县地震部门发放,全年发行 4 期,收到较好反响;对《政策研究参阅》进行改版,及时跟踪事业发展动态,通过参阅形式为中国地震局党组和地震系统各单位领导提供服务,全年刊发 30 期,内容包括部委动态、政策建议、典型经验、地方工作等研究成果共 37 篇。

玉树地震发生后,及时收集整理青海玉树地震报道、救灾举措等相关资料。按照中央政策研究室的要求和中国地震局领导的批示,政策法规司编写《近期地震活动和我国防震减灾工作概况》,提交中央政策研究室;认真研究国内外防震减灾相关情况,完成《美国、日本、新西兰防震减灾制度和经验的启示》《我国防震减灾能力现状及改革提升对策》和《基层防灾能力建设亟需加强》3 篇研究报告供参阅。

(中国地震局公共服务司(法规司))

2010 年地震标准化建设工作

2010 年地震标准化工作得到稳步发展。全年共发布 2 项国家标准和 6 项行业标准，完成 4 项国家标准的申报和 2 项行业标准的审查工作，制定行业标准化管理办法。编制"十二五"地震标准化发展规划文本，完成第三届全国地震标准化技术委员会的换届，举办标准化知识培训班，调整全国地震计量技术委员会组成人员，将地震计量中心建设项目纳入基础设施专项建设规划。

除常规的标准编制之外，与青海玉树 7.1 级地震应急同步开展标准化相关工作，积极协调国家标准化管理委员会，联合全国地震标准化技术委员会和地震安全性评价专业委员会召开玉树地震灾区地震动参数区划审查会，快速发布实施《中国地震动参数区划图》国家标准第 2 号修改单。在调查新发布标准实施效果的基础上，编制发布 DB/T 34—2009《地震地电观测方法 地电场观测》地震行业标准第 1 号修改单。

截至 2010 年底，国家质量监督检验检疫总局和国家标准化管理委员会、中国地震局共批准颁布实施地震标准 78 项，其中国家标准 24 项，地震行业标准 54 项。此外 6 项 2010 年国家标准制修订计划得到国家标准化管理委员会批复，中国地震局下达 14 项地震行业标准制修订计划。

一、国家标准化管理委员会批准发布 2 项国家标准

（1）GB/T 24888—2010《地震现场应急指挥数据共享技术要求》。
（2）GB/T 24889—2010《地震现场应急指挥管理信息系统》。

二、中国地震局批准发布 6 项行业标准

（1）DB/T 36—2010《地震台网设计技术要求 地电观测网》。
（2）DB/T 37—2010《地震台网设计技术要求 地磁观测网》。
（3）DB/T 38—2010《地震台网设计技术要求 地下流体观测网》。
（4）DB/T 39—2010《地震台网设计技术要求 重力观测网》。
（5）DB/T 40.1—2010《地震台网设计技术要求 地壳形变观测网 第 1 部分：固定站形变观测网》。
（6）DB/T 40.2—2010《地震台网设计技术要求 地壳形变观测网 第 2 部分：流动形变观测网》。

(中国地震局公共服务司（法规司）)

地震监测预报

2010 年地震监测预报工作综述

一、高效应对玉树地震，为抗震救灾胜利作出贡献

2010 年 4 月 14 日，青海玉树 7.1 级地震监测预报工作再次面临严峻考验。国家自动地震速报备份系统震后 5 分钟完成地震测定，中国地震台网中心、中国地震局地球物理研究所、中国地震局地震预测研究所及时提供、发布了震源机制等 10 余种应急数据产品，为党中央、国务院指挥抗震救灾科学决策提供了有力支持。震后第一时间派出流动监测队伍，在现场紧急布设 5 个流动测震台和 7 个强震台，紧急抢修 3 个受损台站，组成现场地震台网，组织专家团队 24 小时不间断分析处理地震序列资料，对余震进行精确定位，实现对震区 100 千米范围内地震的有效监测。选派地震预报骨干专家赴震区加强分析预报力量，组织中国地震台网中心和青海、四川、甘肃等省地震局建立联合会商机制，开展滚动会商，分析研究地震序列特征，较准确把握了震情发展趋势。在开展玉树地区余震监视的同时，部署加强全国其他重点地区震情趋势研判。按照国务院抗震救灾总指挥部的部署，中国地震局负责牵头地震监测组的工作，会同其他部门，协调组织开展地震、地质、环境、气象等次生灾害的防治工作。玉树地震的高效处置应对，为救灾决策部署、灾害快速评估及震后恢复重建工作提供了有力支撑。

二、全面加强震情跟踪监视，提高震情研判的科学性、准确性

以年度重点危险区和重点监视防御区为重点，统筹协调、周密部署震情监视跟踪工作，推进会商制度改革，较好把握了震情形势。

一是周密部署，扎实做好年度重点危险区震情监视跟踪工作。细化落实年度重点危险区跟踪工作方案，组成各危险区震情跟踪研究工作专家组，明确协同工作机制，部署加密与流动观测等工作，加强综合分析研判，各省（区、市）地震局加强对市县地震观测网点和宏观测报力量的组织，全力收集分析各类观测异常信息，年度危险区震情动态跟踪监视成效明显。

二是努力探索，完善"长、中、短、临"预报思路。着力推进中长期危险性预测，依托地震地质研究成果，应用地形变和数字地震学资料与技术方法，开展大陆七八级大震中长期危险性预测研究。努力改进地震大形势预测研究工作，依托重力、地壳形变、地磁等综合地球物理场的动态演化观测资料，结合地震活动性，努力改变经验统计预报的局限性，

积极开展动力学思想指导下的地震预测探索，相关成果在震情研判中发挥了重要作用。扎实推动华北、南北带强震强化监视跟踪等专项实施，及时将研究成果应用于年度地震趋势预测和危险区判定。改进短临工作机制，强化措施，落实责任，加强区域及局所合作，构建资料共享机制，积极有效应对鄂尔多斯周缘、山西、藏东等地突发的震情变化。

三是突出重点，强化重大事件、重点时段震情保障工作。圆满完成上海世博会、广州亚运会、三峡蓄水等重大事件重点时段震情保障任务。及时平息境外媒体对长白山天池火山活动状态的不当报道。

四是注重实效，着力推进地震预测预报改革。加大学科会商力度，发挥台站、研究所专家在观测异常分析和震情研判中的作用。安徽省地震局等4个单位启动震情会商改革试点，制定可操作性、可考核、可评价、更加科学合理的会商改革方案。启动年度危险区研判结果的系统总结工作，并取得初步成果。

三、监测台网运行管理不断规范，产出服务能力稳步提升

以规范监测工作管理，提高监测台网应用服务效能为核心，进一步健全台网运行的规章和制度，推进技术系统升级完善，台网产出与应用服务效能取得显著进展。

一是地震监测台网规章制度建设成效显著。发布《地震台网设计要求　地磁观测网》等6项行业标准，规范监测台网建设。修订印发《区域前兆台网运行管理技术要求》等技术规范，规范台网运行和丰富台网产出。以第9号局长令发布《水库地震监测管理办法》，加强行业管理和拓展社会服务。

二是紧扣台网运行关键问题与薄弱环节，推进技术系统升级完善，全力保障台网高效可靠运转。加快"九五"技术系统升级改造，推进地震监测台网核心软件系统维护与升级完善，部分试点省局完成台站设备更新和公共观测环境改造等工作。由中国地震局地壳应力研究所牵头对首都圈和华东、华南的54个地震台站，224套仪器实施综合避雷改造。首次对监测系统运行情况开展绩效评估，启动观测台网和预测方法的清理与效能评估工作。开展区域台网仪器在线检测工作，依托台网区域维修维护中心和国家级备机备件中心，进一步加强故障仪器维修监管和检修服务，保障了台网运行质量。2010年监测台网运行率达到95%，数据优秀率在90%以上。

三是提升监测台网服务效能，产品产出服务能力进一步增强。汶川地震后，中国地震局深入发掘监测台网应用效能，健全地震自动速报、初报和终报工作机制，建立产品产出服务机制。2010年国家台网共速报地震72次（国内45次，国外27次），中国地震台网中心、中国地震局地球物理研究所、中国地震局地震预测研究所等单位开展大震地震参数、震源机制、破裂过程等地震应急产品产出服务48次（国内24次，国外24次）。陕西省地震局等10个省局第二批启动地震新参数试验编制工作，完成10个台网覆盖区域的Q值及211个台站场地响应计算。启动首都圈地区和川滇地区的烈度速报和预警技术试点以及基于150个国家台的烈度速报系统改造工作，提高了应急响应能力。推进地震信息公共服务平台建设，数据共享服务能力进一步增强，2010年注册用户已达4400多人，提供30TB数据资料。

四、规划引领，重点项目进展明显

一是完成地震监测、预报、信息网络规划编制。按照中国地震局《国家防震减灾规划体系规划编制大纲》要求，以建设与国家防震减灾目标相适应的监测预报能力为首要任务和总体目标，规划监测预报工作的总体布局、战略重点、主要任务与重大计划专项。

二是重大项目进展显著。实施中的重点地震台网优化改造项目、陆态网络项目、子午工程项目和援外台网建设项目进展良好。河北、云南、甘肃等21个省局总计对29个台站的观测、生活环境进行优化改造。在系统各单位共同努力下，陆态网络项目主体完成，近90%的基准站已投入试运行，开始发挥观测效益，已着手进行验收准备。子午工程项目10个台站的建设任务已全部完成，验收各项准备工作就绪。援建巴基斯坦、萨摩亚等国的地震监测系统进展顺利。中国地震局地震预测研究所牵头的首都圈地震电离层前兆试验网投入运行并开始试验观测与分析。

背景场项目和极低频探地工程获得批复。背景场项目初步设计获得发改委批复，总投资额度4.297亿元。2010年在中国地震台网中心组织下，各单位加强协调，狠抓落实，完成环境评估、土地预审、征租地等难点工作，保障了背景场项目初步设计顺利通过评审、获得批复。极低频探地工程获立项批复，并向发改委上报可研报告。

深化《地震预报实验场项目建议书》的研究编制。积极组织申报地震烈度速报与预警系统工程、钻孔应变观测网络和陆态网络二期项目。

五、继续推进人才培养和队伍建设

重视和加强人才培养，以项目带动、技术培训、专题研讨等形式，促进监测预报人员科技素质和工作水平的提高。为改变当前分析预报人员萎缩、人才断层的现状，加快年轻骨干人才的培养和选拔，充实预报科技队伍，提高预报人员素质，以提升地震预测预报能力，近2年来通过有针对性地安排科研性震情跟踪工作任务，提高了年轻人员的科研能力和分析预报工作水平；大力加强青年人员的技术和方法培训，持续举办东西部青年分析预报人员科技论坛，为青年人才成长创造有利条件，发现人才，重点培养。继续组织开展监测岗位考核培训等各类专业技术培训，培训420人次。向基层台站发放800余套培训教材和500余套声像资料。四川、云南等省局还启动面向台站人员素质提升的研究专项，调动了一线人员的积极性。

2010年监测预报各项工作的稳步推进，为"十一五"画上了圆满的句号。回首"十一五"是监测预报工作在探索地震预测、攻克地震预报难关道路上孜孜以求、艰难前行的五年，实现了观测系统的数字化、网络化，经受了汶川、玉树大震巨灾考验，得益于以下宝贵经验和做法：

始终坚持牢固树立最大限度减轻地震灾害的根本宗旨意识。以最大限度减轻地震灾害为监测预报工作的出发点和落脚点，指导改进监测预报工作。在历次大震应急工作中，都是第一时间奔赴现场，深入一线，布设台网、开展监测，动态分析会商，研判震情趋势，以实际行动践行减灾宗旨。建立大震应急产品产出工作机制，及时提供地震震源机制、破裂过程、烈度分布等研究成果，服务大震救灾决策。积极推进地震烈度速报与预警关键技术研究，启动实施国家台烈度速报系统改造，提高地震应急响应能力。

始终坚持"震情第一"的信念。牢记"震情就是使命、震情就是命令"，以对国家、对人民、对历史高度负责的态度，科学严谨的作风，扎实细致的工作，紧盯震情，常抓不懈，周密部署，圆满完成北京奥运会、新中国60周年大庆、上海世博会、广州亚运会和三峡蓄水地震安全保障任务。快速测报核爆事件，为国家安全和总体外交作出特殊贡献。

始终坚持依靠科技进步推进监测系统的现代化建设。通过数字地震观测网络建设，实现地震监测数字化、网络化的技术跨越，地震监测能力大幅提升。全国平均监测震级监测下限从4.5级提升到2.5级，速报时间从30分钟缩短到10分钟以内。重点地震台站优化改造项目取得明显成效。中央财政累计投资1.85亿元，地方配套经费超过1.1亿元，完成全国257个重点台站的改造任务，大力夯实监测预报工作的基础。

始终坚持以改革创新推动预测预报探索。完善长中短临预报思路，监测预报科研实验结合进一步密切。开展"973"、科技支撑、行业专项等与震情跟踪紧密结合的专题研究工作，深化对活动地块边界带动力过程与强震发生物理机制的认识。推进强震监测预报技术、水库地震监测与预测技术、基于空间对地观测的地震监测和预测技术的研究工作。注重技术方法创新，针对数字地震监测系统提供的观测基础，开展数字观测资料在地震预测中的应用研究，并提出一些具有较好实用前景的技术和方法。

始终坚持以扩能增效为导向，提高监测台网的服务能力与水平。充分发挥各学科组在台网产品研究与产出中的作用，实现地球物理场观测台网产品常规化产出服务。建立大地震应急产出协同工作机制，规范服务产品的形式和内容，搭建测震台网、前兆台网产出服务平台和地震数据信息共享服务平台，为地震预测、灾害评估和政府科学决策提供及时、准确的信息服务。

（中国地震局监测预报司）

2009 年地震监测预报工作质量全国统评结果（前三名）

一、监测综合评比

（一）省级测震台网

第一名：福建台网（福建省地震局）
第二名：河北台网（河北省地震局）　山东台网（山东省地震局）
第三名：广东台网（广东省地震局）　云南台网（云南省地震局）
　　　　陕西台网（陕西省地震局）

（二）国家测震台站

第一名：延边台（吉林省地震局）
第二名：兰州台（甘肃省地震局）　松潘台（四川省地震局）
　　　　加格达奇台（黑龙江省地震局）
第三名：个旧台（云南省地震局）　贵阳台（云南省地震局）
　　　　红山台（河北省地震局）　昆明台（云南省地震局）
　　　　碾子山台（黑龙江省地震局）
　　　　成都台（四川省地震局）

（三）地壳形变学科

第一名：兰州台（甘肃省地震局）
第二名：乌什台（新疆维吾尔自治区地震局）　姑咱台（四川省地震局）
　　　　宜昌台（湖北省地震局）　易县台（河北省地震局）
第三名：宽城台（河北省地震局）　代县台（山西省地震局）
　　　　泰安台（山东省地震局）　佘山台（上海市地震局）
　　　　南通（常熟)台（江苏省地震局）

（四）电磁学科

第一名：高邮台（江苏省地震局）
第二名：乾陵台（陕西省地震局）　蒙城台（安徽省地震局）
第三名：新沂台（江苏省地震局）　红山台（河北省地震局）
　　　　乌鲁木齐台（新疆维吾尔自治区地震局）

（五）地下流体学科

第一名：聊城台（山东省地震局）
第二名：庐江台（安徽省地震局）　乌鲁木齐台（新疆维吾尔自治区地震局）
　　　　盘锦台（辽宁省地震局）

第三名：下关台（云南省地震局）　平凉台（甘肃省地震局）
　　　　保山台（云南省地震局）　怀来台（河北省地震局）
　　　　洱源台（云南省地震局）

（六）流动观测

第一名：中国地震局第二监测中心
第二名：安徽省地震局
第三名：中国地震局地球物理勘探中心

二、监测单项评比

（一）省级测震台网

1. 省级测震台网系统运行

第一名：福建台网（福建省地震局）
第二名：山东台网（山东省地震局）　河南台网（河南省地震局）
第三名：云南台网（云南省地震局）　广东台网（广东省地震局）
　　　　新疆台网（新疆维吾尔自治区地震局）

2. 省级测震台网速报

第一名：四川台网（四川省地震局）
第二名：福建台网（福建省地震局）　河北台网（河北省地震局）
第三名：安徽台网（安徽省地震局）　湖北台网（湖北省地震局）
　　　　云南台网（云南省地震局）
优　秀：天津台网（天津市地震局）　北京市台网（北京市地震局）
　　　　宁夏台网（宁夏回族自治区地震局）　陕西台网（陕西省地震局）
　　　　辽宁台网（辽宁省地震局）　甘肃台网（甘肃省地震局）
　　　　内蒙古台网（内蒙古自治区地震局）　重庆台网（重庆市地震局）
　　　　黑龙江台网（黑龙江省地震局）　山西台网（山西省地震局）
　　　　新疆台网（新疆维吾尔自治区地震局）　河南台网（河南省地震局）
　　　　青海台网（青海省地震局）　吉林台网（吉林省地震局）

3. 省级测震台网编目

第一名：河北台网（河北省地震局）
第二名：福建台网（福建省地震局）　广东台网（广东省地震局）
第三名：陕西台网（陕西省地震局）　新疆台网（新疆维吾尔自治区地震局）
　　　　山东台网（山东省地震局）

（二）国家测震台站

1. 国家测震台系统运行

第一名：延边台（吉林省地震局）
第二名：成都台（四川省地震局）　加格达奇台（黑龙江省地震局）
　　　　红山台（河北省地震局）

第三名：武汉台（湖北省地震局）　巴里坤台（新疆维吾尔自治区地震局）
　　　　兰州台（甘肃省地震局）　格尔木台（青海省地震局）
　　　　连云港台（江苏省地震局）　喀什台（新疆维吾尔自治区地震局）

2. 国家测震台资料分析

第一名：成都台（四川省地震局）

第二名：贵阳台（云南省地震局）　高台台（甘肃省地震局）
　　　　兰州台（甘肃省地震局）

第三名：呼和浩特台（内蒙古自治区地震局）　延边台（吉林省地震局）
　　　　松潘台（四川省地震局）　乌鲁木齐台（新疆维吾尔自治区地震局）
　　　　碾子山台（黑龙江省地震局）　乌加河台（内蒙古自治区地震局）

3. 国家测震台大震速报

第一名：红山台（河北省地震局）

第二名：沈阳台（辽宁省地震局）

第三名：银川台（宁夏回族自治区地震局）　昆明台（云南省地震局）

4. 中国数字地震台网（CDSN）

第一名：昆明台（云南省地震局）

第二名：乌鲁木齐台（新疆维吾尔自治区地震局）

（三）区域前兆台网

1. 系统运行

第一名：天津市地震局

第二名：重庆市地震局　河南省地震局

第三名：江苏省地震局　山西省地震局　湖北省地震局

2. 产出与应用

第一名：江苏省地震局

第二名：北京市地震局　天津市地震局

第三名：河北省地震局　山西省地震局　山东省地震局

（四）地壳形变学科

1. 区域水准测量

第一名：中国地震局第二监测中心106组

第二名：中国地震局第一监测中心206组

第三名：中国地震局第一监测中心202组

2. 流动重力观测

第一名：中国地震局地球物理勘探中心

第二名：甘肃省地震局

第三名：安徽省地震局

3. 断层形变场地观测

第一名：中国地震局第二监测中心（水准）

第二名：四川省地震局（水准）

第三名：中国地震应急搜救中心（水准）　甘肃省地震局（水准）

4. 断层形变观测台站

第一名：临汾台（山西省地震局）

第二名：炉霍台（四川省地震局）

第三名：南通台（江苏省地震局）

5. 倾斜潮汐形变单项台

第一名：肃南台（甘肃省地震局）

第二名：乌什台（新疆维吾尔自治区地震局）　十堰台（湖北省地震局）

第三名：代县台（山西省地震局）　海原台（宁夏回族自治区地震局）
　　　　依兰台（黑龙江省地震局）　抚顺台（辽宁省地震局）

6. 倾斜潮汐形变综合台

第一名：怀来台（河北省地震局）

第二名：乾陵台（陕西省地震局）　铁岭台（辽宁省地震局）

第三名：蓟县台（天津市地震局）　双阳台（吉林省地震局）
　　　　姑咱台（四川省地震局）

7. 重力潮汐台站

第一名：昆明台（云南省地震局）

第二名：马陵山台（山东省地震局）

第三名：高台台（甘肃省地震局）　蓟县台（天津市地震局）

8. 洞体应变台站

第一名：宜昌台（湖北省地震局）

第二名：白银台（甘肃省地震局）　云龙台（云南省地震局）

第三名：湖州台（浙江省地震局）　攀枝花台（四川省地震局）
　　　　包头台（内蒙古自治区地震局）　涉县台（河北省地震局）

9. 钻孔应变台网

第一名：佘山台（分量应变，上海市地震局）

第二名：宽城台（体应变，河北省地震局）　高台台（分量应变，甘肃省地震局）

第三名：通化台（分量应变，吉林省地震局）　南通台（体应变，江苏省地震局）
　　　　锦州台（体应变，辽宁省地震局）　昔阳台（体应变，山西省地震局）

（五）电磁学科

1. 地电阻率

第一名：大同台（山西省地震局）

第二名：海安台（江苏省地震局）　新沂台（江苏省地震局）
　　　　蒙城台（安徽省地震局）　乾陵台（陕西省地震局）

第三名：合肥台（安徽省地震局）　通渭台（甘肃省地震局）
　　　　红格台（四川省地震局）　石嘴山台（宁夏回族自治区地震局）

2. 地电场

第一名：高邮台（江苏省地震局）

第二名：昌黎台（河北省地震局）　大同台（山西省地震局）
　　　　马陵山台（山东省地震局）　榆树台（吉林省地震局）
　　　　延庆台（北京市地震局）

第三名：绥化台（黑龙江省地震局）　乌鲁木齐台（新疆维吾尔自治区地震局）
　　　　宝坻台（天津市地震局）　山丹台（甘肃省地震局）
　　　　兴济台（河北省地震局）

3. 地磁基准

第一名：红山台（河北省地震局）

第二名：肇庆台（广东省地震局）　泰安台（山东省地震局）
　　　　乌鲁木齐台（新疆维吾尔自治区地震局）

第三名：长春台（吉林省地震局）　静海台（天津市地震局）
　　　　通海台（云南省地震局）　武汉台（湖北省地震局）
　　　　嘉峪关台（甘肃省地震局）

4. 地磁秒采样

第一名：红山台（河北省地震局）

第二名：乾陵台（陕西省地震局）　徐庄子台（天津市地震局）
　　　　泰安台（山东省地震局）

第三名：蒙城台（安徽省地震局）　喀什台（新疆维吾尔自治区地震局）
　　　　万州天星台（重庆市地震局）　邵阳台（湖南省地震局）
　　　　通海台（云南省地震局）

5. FHD 观测

第一名：高邮台（江苏省地震局）

第二名：广平台（河北省地震局）　红山台（河北省地震局）
　　　　嘉峪关台（甘肃省地震局）

第三名：连云港台（江苏省地震局）　淮安台（江苏省地震局）
　　　　涉县台（河北省地震局）　韶关台（广东省地震局）
　　　　金寨台（安徽省地震局）

6. 流动地磁

第一名：安徽省地震局

第二名：云南省地震局

（六）地下流体学科

1. 水氡

第一名：平凉台附件厂井（甘肃省地震局）

第二名：乌鲁木齐台 10 号泉（新疆维吾尔自治区地震局）　姑咱台（四川省地震局）
　　　　宁波台（浙江省地震局）

第三名：夏县台（山西省地震局）　漳州台（福建省地震局）
　　　　武都台（甘肃省地震局）

2. 水位

第一名：锦州沈家台2井（辽宁省地震局）
第二名：平凉C11井（甘肃省地震局）　弥勒弥东哨井（云南省地震局）
　　　　庐江台（安徽省地震局）　周至井（陕西省地震局）
第三名：丹东汤池（辽宁省地震局）　宝坻井（天津市地震局）
　　　　易门井（云南省地震局）　宁德台（福建省地震局）
　　　　加积台（海南省地震局）　岫岩1井（辽宁省地震局）
　　　　山龙峪（辽宁省地震局）　中卫倪滩（宁夏回族自治区地震局）
　　　　海口ZK26井（海南省地震局）

3. 水温

第一名：沈家台（深）（辽宁省地震局）
第二名：澜沧台（云南省地震局）　盘锦台（辽宁省地震局）
　　　　平凉台（浅）（甘肃省地震局）　通河1井（黑龙江省地震局）
第三名：聊城台（山东省地震局）　张道口1井（天津市地震局）
　　　　新04井（新疆维吾尔自治区地震局）
　　　　昌平台（浅）（中国地震局地壳应力研究所）
　　　　海口台（海南省地震局）　泉州1井（福建省地震局）
　　　　门源台（青海省地震局）　陇南ZK801井（甘肃省地震局）
　　　　昭通渔洞（云南省地震局）

4. 气氡

第一名：庐江台（安徽省地震局）
第二名：聊城台（山东省地震局）　盘锦台（辽宁省地震局）
　　　　海原郑旗台（宁夏回族自治区地震局）
第三名：五大连池台（黑龙江省地震局）　周至台（陕西省地震局）
　　　　夏县台（山西省地震局）

5. 水汞

第一名：洱源台（云南省地震局）
第二名：聊城台（山东省地震局）　怀来台（河北省地震局）
第三名：平凉台（甘肃省地震局）　下关台（云南省地震局）

6. 气汞

第一名：聊城台（山东省地震局）
第二名：庐江台（安徽省地震局）　下关台（云南省地震局）
第三名：九江台（江西省地震局）　腾冲台（云南省地震局）
　　　　怀来台（河北省地震局）

7. 氦

第一名：聊城台（山东省地震局）

第二名：丰台台（北京市地震局）
第三名：肇源 1 井（黑龙江省地震局）

三、分析预报评比

（一）分析预报综合评比
1. 一类单位
第一名：新疆维吾尔自治区地震局
第二名：中国地震台网中心
2. 二类单位
第一名：安徽省地震局
第二名：宁夏回族自治区地震局
3. 三类单位
第一名：贵州省地震局
第二名：重庆市地震局

（二）日常分析预报
第一名：新疆维吾尔自治区地震局
第二名：贵州省地震局　重庆市地震局
第三名：安徽省地震局　中国地震台网中心

（三）年度会商报告
1. 一类局
第一名：新疆维吾尔自治区地震局
第二名：云南省地震局
第三名：甘肃省地震局
2. 二类局
第一名：安徽省地震局
第二名：山东省地震局
第三名：江苏省地震局　广东省地震局
3. 三类局
第一名：青海省地震局
第二名：上海市地震局
第三名：黑龙江省地震局　陕西省地震局
4. 局直属单位
第一名：中国地震台网中心
第二名：中国地震局地震预测研究所
第三名：中国地震局第二监测中心　中国地震局地壳应力研究所

四、信息网络评比

(一) 国家中心、区域中心系列

1. 综合奖

第一名：中国地震台网中心

第二名：山东省地震局　河北省地震局

第三名：云南省地震局　安徽省地震局

2. 网络运行单项奖

第一名：中国地震台网中心

第二名：新疆维吾尔自治区地震局　甘肃省地震局

第三名：宁夏回族自治区地震局　安徽省地震局

3. 信息服务单项奖

第一名：中国地震台网中心

第二名：山东省地震局　河北省地震局

第三名：云南省地震局　安徽省地震局

(二) 直属单位系列

1. 综合奖

第一名：中国地震局地壳应力研究所

第二名：中国地震局第二监测中心

2. 网络运行单项奖

第一名：中国地震局地壳应力研究所

第二名：中国地震局工程力学研究所

3. 信息服务单项奖

第一名：中国地震局地壳应力研究所

第二名：中国地震局第二监测中心

(三) 市县地震局与台站节点系列

1. 市县地震局综合奖

第一名：大理州（云南省地震局）

第二名：邯郸市（河北省地震局）　临沂市（山东省地震局）
　　　　大连市（辽宁省地震局）

第三名：济南市（山东省地震局）　临汾市（山西省地震局）
　　　　易门县（云南省地震局）　包头市（内蒙古自治区地震局）
　　　　安阳市（河南省地震局）

2. 台站节点综合奖

第一名：泰安台（山东省地震局）

第二名：克拉玛依台（新疆维吾尔自治区地震局）　红山台（河北省地震局）
　　　　大同台（山西省地震局）

第三名：厦门台（福建省地震局）　下关台（云南省地震局）
　　　　中卫台（宁夏回族自治区地震局）　牡丹江台（黑龙江省地震局）
　　　　陇南台（甘肃省地震局）　玉树台（青海省地震局）

（中国地震局监测预报司）

2010年中国测震台网运行观测年报

一、中国地震台网基本情况

通过中国地震局"十五"重大工程项目"数字地震观测网络"的实施,已经建成了由1个国家地震台网和32个区域地震台网组成的覆盖全国的地震监测台网。全国地震运行台站达到1006个,其中包括国家台站148个,区域台站806个,火山台站33个,2个台阵19个台点。

二、数据汇集与交换情况

2010年,包括国家台站和区域台站在内的1006个台站的实时观测数据首先汇集到各区域地震台网中心,再通过流服务器汇集到国家地震台网中心。

国家地震台网中心共接收14个境外援建台站的实时观测数据,包括2个阿尔及利亚台、10个印度尼西亚台和2个老挝台。同时还实时接收部署在四川震区56个流动台站的数据。此外,国家地震台网中心实时接收全球地震台网(GSN)近77个台站的观测数据。

国家地震台网中心向除贵州以外的31个区域地震台网中心转发相邻区域台站的实时数据,同时还向中国地震局地球物理研究所地震备份中心和广东国家地震速报备份中心实时转发全部固定台站的数据。

三、台网运行率

根据国家地震台网中心基于流服务器实时数据接收情况的统计,区域地震台网年平均运行率为94.94%。由148个国家地震台站组成的国家地震台网年平均运行率为93.62%。

四、全国地震速报、编目及产出情况

1. 地震速报

2010年国家地震台网监测正式速报地震76次。在正式速报的76次地震中,国内地震占51次,其中3.0~3.9级地震1次、4.0~4.9级地震14次、5.0~5.9级地震31次、6.0~6.9级地震5次;国外地震占25次,其中7.0级以上地震20次。

国家地震台网中心共确认并转发区域地震台网速报地震722次,发送地震信息(国外$M \geq 6.0$地震)73次。

2. 地震编目

中国地震局"中国数字地震观测网络"工程项目完成建设后,中国已建成了由1个国家地震台网和32个区域地震台网组成的全国地震监测台网。

2010年1月1日开始实现国家地震台网和区域地震台网统一编目，并产出中国地震台网的统编地震目录。89个国家地震台站共向国家地震台网中心报送5日报震相数据102万余条，国家地震台网中心经过分析处理产出地震事件4935次，其中国内及邻区地震事件为848次，占产出总数的17%；国外地震4087次，占地震总数的83%。有人值守国家地震台站的资料年均使用率为98.13%。

国家地震台网中心按照要求对国家台站和各区域台网报送的速报目录、快报目录和正式目录进行统一编目，产出中国地震台网地震目录。

3. 国家地震台网观测报告的编辑与出版

2010年完成了《国家数字地震台网观测报告》《中国地震台站观测报告》的编报。其中，《中国地震台站观测报告》为国际资料交换，每年12期，主要包括24个国际资料交换台的震相数据。《国家数字地震台网观测报告》每年12期，主要包括89个有人值守国家地震台站震相数据，报告出版后邮寄到89个有人值守国家地震台站和31个区域台网及有关用户。

4. 国家地震台网观测资料的国际交换

自1978年中国恢复国际地震观测资料交换以来，经过20多年的努力，已同国际地震中心（ISC）、美国地质调查局地震信息中心（USGS/NEIC）等60余个单位建立了正常的国际资料交换关系。每5天向NEIC报送北京、兰州、昆明、拉萨4个台站的国际码5日报数据，每月向ISC和NEIC报送中国24个国际资料交换台站的震相数据，向其他单位邮寄《中国地震台站观测报告》(*Seismological Report of Chinese Seismic Stations*)。

2010年定期向ISC报送中国24个国际交换台站的地震观测数据，其中交换地震目录5083条、震相数据36万余条，同时得到ISC全球约3000个台站的地震资料和USGS/NEIC的地震目录及震源机制解。

（中国地震局监测预报司）

2010年中国地震前兆台网运行年报

一、台网分布与运行概况

2010年全国地震前兆台网由743个观测台（站）、35个省级区域地震前兆台网中心，5个学科台网中心和1个国家地震前兆台网中心组成，分别负责台站观测、区域前兆台网运行、学科台网质量监控、全国前兆台网运行监控与数据服务。随着观测技术、信息技术的迅速发展，目前中国地震前兆台网基本实现了数字化、网络化观测。

形变（形变、重力）观测台站由形变和重力观测台网组成，其中形变观测台站243个，重力观测台站39个，承担中国大陆地壳形变的监测任务。

电磁（地磁、地电）观测台站由地磁和地电观测台网组成，其中地磁观测台站160个，地电观测台站132个，承担中国大陆电磁场的监测任务。

地下流体观测台站共435个，承担中国大陆地下流体的监测任务。

2010年，各观测台网向国家地震前兆台网中心报送观测数据的前兆台站数743个，观测仪器2420套，其中，模拟观测仪器117套，人工观测仪器328套。

"九五"数字化观测仪器586套，"十五"数字化仪器观测仪器1389套，另有无型号的人工观测设备109套未纳入统计。其中形变观测仪器518套，占台网仪器总数的21%；重力观测仪器40套，占台网仪器总数的2%；地磁观测仪器295套，占台网仪器总数的12%；地电观测仪器194套，占台网仪器总数的8%；流体观测仪器991套，占台网仪器总数的41%；辅助观测仪器382套，占台网仪器总数的16%。

2010年全国地震前兆台网运行总体平稳。有1759套仪器（包括无型号的人工观测设备）纳入国家地震前兆台网的运行管理评比范围，占全国地震前兆台网运行仪器的69.55%。2010年全国地震前兆台网数据汇率为96.84%，其中参评台网的数据汇集率99.01%；台网观测数据连续率为94.21%，参评台网数据连续率为98.45%，其中"十五"台网产出原始数据连续率为97.13%，预处理后的数据连续率为96.19%；台网观测仪器运行率为97.78%，参评台网仪器运行率为98.46%；各项观测技术系统总体运行正常。

二、台网运行管理概况

2010年，全国地震前兆台网运行管理工作继续以强化规范运行和台网产出为目标，台站、区域中心、学科中心和国家中心各环节工作协调配合，建立健全各项规章制度，在台网观测、台网运行、产出与服务、技术管理等各方面的工作进步显著。

1. 运行规章制度建设与完善

为进一步规范区域地震前兆台网的运行管理，强化前兆台网的产品产出与服务，在充分听取有关单位意见的基础上，由监测预报司组织，国家地震前兆台网中心负责牵头对

《区域地震前兆台网运行管理技术要求（试行）》（以下简称《技术要求》）的台网技术管理、运行维护、产品应用等内容进行了修订与完善，并于2010年9月公布了新的《技术要求》。

同时为进一步加强地震前兆台网运行管理评比工作，规范前兆台网日常运行维护与数据产出服务，充分发挥省级区域中心和国家级中心（国家前兆台网中心和学科中心）在前兆台网运行、质量监控和数据分析研究中的作用，提高前兆台网整体运行质量与服务效能，在原《区域地震前兆台网运行管理评比办法（试行）》的基础上，重新制定并发布实施了《地震前兆台网运行管理评比办法（试行）》。

各区域台网根据新要求，制定和完善区域台网中心与台站的运行值班制度、区域台网观测系统与技术系统管理与维护制度、区域台网数据管理与服务制度、区域台网数据产品产出制度、区域台网登记与备案制度、区域台网资料归档制度。进一步规范了数据报送、数据处理、系统维护、数据服务、技术资料管理等相关工作。

2. 运行质量监控

2010年，全国地震前兆台网继续按照现有运行质量监控思路，由国家中心负责监控全国区域地震前兆台网的运行管理工作，各学科台网中心负责台站的观测数据质量的监控，区域台网中心负责本区域台网的运行质量监控。依据新的《地震前兆台网运行管理评比办法（试行）》对区域地震前兆台网运行管理进行评比，评比采用年评比和月评比相结合的方式。月评比内容包括地震前兆台网运行监控、数据汇集与连续性、观测月报三个方面。国家台网中心每月15日前完成月评比工作，同时将评比结果在国家前兆台网中心网站（http://qzweb.seis.ac.cn）上公布。区域台网中心通过月评比报告及时掌握上月本区域台网的总体运行情况，发现运行中存在的问题并及时更正。

同时各省级地震监测主管部门组织制定台网运行管理考评办法，明确奖励与惩罚措施，对区域台网的技术管理、系统运行和产出应用等工作进行定期检查与年度考评。

依据《地震前兆台网运行管理评比办法（试行）》，分别产出2010年度"全国地震前兆台网系统运行""全国地震前兆台网产出与应用"和"全国地震前兆台网技术管理"三个系列的第一名、第二名和第三名。

3. 产品产出规范建设

2010年，由中国地震台网中心牵头，联合各相关单位开展了强化地震前兆台网产品产出工作，先后制定了《前兆台网产品产出与汇集服务技术约定》和《前兆台网产品产出工作规范》，由国家中心负责研制前兆台网产品服务平台并于2010年8月正式投入运行，用于产品的管理与服务。通过该平台，进一步整合了全国前兆台网产出的各种产品，提升了前兆台网的效能。目前，各学科台网仍在不断地探索和研究新的产品。

4. 技术培训

为了规范化前兆台网运行管理工作和提高运行质量，及时纠正运行管理过程中存在的问题，国家台网中心和各学科台网中心定期集中对区域台网技术人员进行技术培训工作。培训内容包括观测技术、数据处理方法、技术系统维护、工作要求等。同时各区域台网根据需要定期组织培训台站工作人员或进行经验交流。

2010年6月，在苏州召开2009年度全国区域地震前兆台网运行质量评比暨技术交流会，这次会议的主要任务是审议 2009 年度全国区域地震台网预评比结果，总结交流 2009 年度前兆运行经验与问题，完善前兆台网运行管理要求，修订《区域地震前兆管理技术要求和评比办法》。

2010 年 10 月，全国区域地震前兆台网运行管理技术培训工作在江西南昌召开，在培训会上，国家前兆中心就前兆台网技术要求、评比办法、技术系统的运行维护、数据质量监控和台网年月报编写等内容进行了讲解，并提供文字材料。

（中国地震台网中心）

各省、自治区、直辖市、中国地震局直属单位监测预报工作

北京市

1. 震情

2010年，北京市地震局结合震情形势和北京市地震监测预报工作实际，继续强化地震监测、震情跟踪和分析会商工作。

2010年2月印发《北京市2010年度震情跟踪工作方案》。组织召开北京市2010年年中、2011年度两次地震趋势会商会，加强预测研究和分析会商力度。对延庆五里营水位水温异常、顺义龙湾屯钻孔应变异常、密云东邵渠电磁波异常、昌平长陵电磁波异常及平谷大兴庄井水变热、大兴薄村井水变热、昌平马池口镇井水变热等宏微观异常进行了及时调查、跟踪和落实。

召开周、月、加密和紧急会商会59次，其中加密和紧急会商会7次，共计上报各类会商意见75份，完成春节、"两会""武博会""五一""十一"期间震情保障工作。

完成地震速报16次，启动震情应急5次，即3月6日河北滦县4.2级地震、4月4日山西阳高4.5级地震、4月9日河北丰南4.1级地震、4月16日北京昌平2.3级地震和7月30日河北易县3.2级地震。地震发生后，有关人员迅速到岗并进行紧急会商，对震后趋势及时作出判定。通过具体跟踪工作措施，并结合相关项目实施，不断强化背景研究与分析预测研究，坚持地震背景研究与震情短临跟踪密切结合，较好把握了北京地区2010年震情形势。

2. 台网运行管理

（1）运行情况概况。北京市新建地震前兆监测站点4个，对6个前兆台站进行避雷及技术改造，对100多个地震烈度速报台站进行升级改造。完成前兆、测震台网监测效能评估，开展监测布局优化和调整工作，停止2个前兆测项运行。

（2）国家地震安全计划实施情况。

①制定《北京市地震安全计划管理办法》，并印发执行。

②背景场探测项目：2月受环境保护部和中国地震背景场探测项目法人——中国地震台网中心的委托，将《中华人民共和国环境保护部关于〈中国地震背景场探测项目环境影响报告表的批复〉》及《中国地震背景场探测项目环境影响报告表》函告北京市环境保护局、各相关区县环境保护局。5月，组织项目相关人员参加背景场探测项目初步设计工作会，按要求完成背景场探测项目各前兆台站和强震台站初步设计基础资料汇总，并上报。

③国家地震社会服务工程：5月，组织工程相关人员参加国家地震社会服务工程初步设计工作会，按要求完成该项目震害防御系统及应急救援系统初步设计材料整理汇总，并上

报项目办。

（3）监测设施与观测环境保护。2010年，因重点工程、城乡建设、村民建筑等原因，昌平、顺义、通州、延庆、平谷、次渠等监测站点受到不同程度影响。对此，北京市地震局组织行政执法、监测管理人员迅速赶往现场，和有关方面进行协商，有效保护了台站观测环境。

（4）资料评比结果。2010年3月组织召开2009年度北京市地震观测资料评比会。前兆台网产出与应用、延庆台大地电场、丰台台氡气观测在2009年度全国地震监测预报工作质量评比中均获第二名，其他参评测项均获优秀。

3. 地震专用仪器研发

（1）仪器研发。完成JDF-3电容反馈井下宽带地震计的研发工作并生产出样机。

（2）仪器生产。生产DS-4K电容换能式三分向地震计3台，其中1台交付用户。

（北京市地震局）

天津市

1. 震情

年度监测预报工作概述。编制印发《2010年度震情短临跟踪工作实施方案》，用于指导天津市2010年度震情监视工作。加强宏观异常收集与处理，先后对大港区"地震云"等7项宏观异常进行现场调查核实。为提高天津市区县地震部门宏观异常判别能力，11月组织召开宏观异常培训班。扎实做好周、月等各类会商会，积极参加"津、唐、廊、沧、秦"五地区地震趋势会商联席会，不断加强区域震情联防。根据重大节日、全国"两会"等特殊时段以及"2010年天津夏季达沃斯论坛"和"联合国气候变化国际谈判天津会议"组织筹备工作的需求，制定《天津市地震局特殊时段地震安全保障工作方案》，做到机构、人员、任务"三到位"，强化震情监视工作，确保不遗漏重大震情。

年度地震趋势会商会及判定意见。10月19日，天津市地震局组织召开2011年度地震趋势会商会。会议听取各学科关于2010年度天津及邻近地区地震活动和地球物理场的异常变化情况，提出2011年度天津及邻近地区地震活动趋势及值得注意地区判定意见。预报评审委员会对判定意见进行认真严格的评审，并最终通过天津市2011年度地震趋势会商意见。

2. 台网运行管理

天津市区域台网运行良好，测震台网、前兆台网、强震动台网、地壳运动观测网、环渤海虚拟台网观测数据连续率达到98%以上，并完成9次地震速报任务。强化地震信息网络运行与维护，行业骨干网运行与连通率达到100.0%。在全市2010年度观测资料质量评比工作中，全部56个测项优秀率达100%。在全国地震观测资料质量评比中成绩突出，共有9个测项进入前三名。其中，区域前兆台网获得系统运行第一名。

3. 台网建设

强化地震监测台网建设，前兆台网新增仪器设备21套，维修维护仪器设备33套，维护辛庄井通信线路3次,维护数据库服务器等技术系统30次,对4个有人值守台站进行避雷改造,备份通信设备7套,组织实施新宝坻台建设及青光台优化改造等项目。测震台网完成安康等台点的软、硬件升级改造工作。强震动台网完成滨海台等6个台的搬迁工作,完成大港油田台等6个台的供电线路整改工作。曾先后240余次开展现场维修,保障台网平稳可靠运行。

4. 监测预报基础和应用研究工作

为强化天津市地震监测预报管理,编制并印发《关于成立天津市地震局科学技术委员会地震监测预报工作组学科技术管理组的通知》,提高专家团队在测震台网、前兆台网、强震动台网、地壳运动观测网建设以及台站建设、学科发展上的作用。成立专题调研组,对天津市地震局所属的9个有人值守专业台站,围绕台站管理体制、工作方式、人员结构、远景规划等开展调查研究,提出加强台站建设与加快台站发展的举措方案。2010年度承担中国地震局"震情跟踪合同制定向任务"2个项目,天津市地震局内科研项目8项,发表文章13篇。承担的"天津市地震局前兆台网建设及应用成果"科研项目获得中国地震局防震减灾优秀成果奖三等奖。

(天津市地震局)

河北省

1. 震情

一是地震观测质量稳中求进。根据2010年度公布的结果,河北省在2009年度地震监测预报资料质量评比中参评项目有106项,参评台站优秀率100%,获得学科评比前三名共27项,取得了历史最好成绩。二是震情跟踪工作扎实开展。针对河北省地震形势和震情跟踪任务,制定《2010年度河北省震情跟踪方案》,方案对强化地震监测、强化震情监视和跟踪判定、强化通信保障、加强快速应对突发地震事件的能力、加强"两会""国庆"等重大活动期间的震情保障工作进行部署。按时组织召开年中、年度地震趋势会商会,对华北地区和晋冀蒙交界地区的震情趋势进行了预测,在10月举行的河北省2011年度地震趋势会商会上,震害防御中心介绍了用"动态聚类分析"等多种方法进行长期预报方法及结果,受到预测专家的好评。三是台站规范化管理工作有序推进。2009年在台站人员业务交流的基础上,加大管理交流力度,昌黎—红山,易县—宽城都进行了管理工作交流,通过一个月到同类台站工作学习,使交流人员开阔了眼界,学习了好的管理经验和技术。

2. 台网运行管理

河北省区域地震前兆台网2010年在运行的台共计69个,在运行的观测仪器共计191套,测项分量共计377个。台网平均运行率为98.5%、平均连续率为98.26%、平均完整率98.13%,年产出数据量约10G。河北省数字遥测地震台网按时完成大震速报和各类测震、强震台网的数据处理、报送和归档服务任务。2010年,完成地震速报14次,处理编报地震及爆破事件1699条,向中国地震局APNET网报送快报50余期。

组织各类业务培训 10 余期，培训人数达 120 余人次，设立地震科研基金，资助了 8 项重点项目，4 项硕博项目，21 项青年项目，充分促进了地震科研水平的提升。6 人次获中国地震局防震减灾优秀成果一等奖一项，多人在各种专业刊物上发表学术论文。

3. 台网建设

一是完成背景场探测项目河北省 4 个测震台、1 个地磁台、2 个地电台、1 个流体台和 48 个强震台的土地预审和环境安全性评价工作，待国家发改委批复后实施。二是由河北省发展和改革委员会批准投资立项的"曹妃甸地震综合观测中心"建设项目于 10 月 10 日破土动工。三是张家口地震台获批的中国地震局台站观测环境优化改造项目，由于张家口市北绕城高速建设的影响，项目尚未实施。

4. 监测预报基础和应用研究工作

河北省地震局按照中国地震局下发的《关于开展烈度速报试验区建设需求调研的函》（中震测函〔2010〕53 号）文件要求，组织相关人员进行讨论、调研，选择唐山地区作为试验系统建设场地，计划布设 150 个加速度计，初步形成覆盖全市的烈度速报台网，这将是全国首个实用化烈度速报系统之一。

（河北省地震局）

山　西　省

1. 震情

年度监测预报工作概述。一是地震监测水平逐步提高。地震监测能力由原来的 2.4 级提升到 1.8 级，太原等重点区域可达 1.0 级；地震速报由原来的 15 分钟缩短至 10 分钟。二是科技创新能力逐步加强。积极实施国家"十五"山西数字地震观测网络项目。建设完成"太原大陆裂谷动力学国家野外科学观测研究站"。

年度地震趋势会商会情况及判定意见。2010 年山西省发生多次中等强度有感地震事件，中国地震局先后派遣专家 163 人次到山西落实异常；中国地震局监测预报司在山西召开 2 次紧急会商会。山西省地震局组织召开周、月会商会 93 次，临时或紧急会商会 39 次和三省一市震情联合会商会 1 次。10 月 13 日召开山西省 2011 年度地震趋势会商会，提出山西地区 2011 年度地震趋势判定意见。积极探索会商新形式，建立了远程会商模式。建立山西各地地质情况、历史地震情况等基础信息库，为震后第一时间进行远程资料汇集研讨，提高震后趋势判定速度提供基础资料。

2. 台网运行管理

运行情况概况。山西数字测震台网 2010 年平均实时运行率为 96.80%；山西地震前兆台网观测仪器 84 台套，共计 225 个测项，平均运行率达到 100%，连续率为 99.65%，完整率为 99.54%；山西地震信息网络系统区域中心至国家中心运行率为 99.08%，山西省区域中心局域网运行率为 99.79%，区域中心至台站信息节点运行率为 99.02%、区域中心至市县信息节点运行率为 98.86%。

规章制度建立健全情况。制定《实验仪器管理办法》和《山西地震前兆台网运行管理规定与细则》；完善《质量监控管理办法》《观测质量管理办法（试行）》《山西地震信息网站应急工作流程》和《山西地震信息系统大震应急方案》等制度，做到科学、规范管理；制定《山西省地震局强震监测预报应对预案》，于2月8日组织监测预报处、监测信息中心、预报中心、11个市地震局和10个省属地震台站进行地震应急演练。

观测环境保护。2010年，山西省地震局处理多起观测环境保护事件，主要有：太原市滨河西路南延工程干扰太原武家寨磁电台观测环境；武家寨村建移动基站，干扰磁电观测环境；为蒙西—晋中1000千伏特高压输电线路建设选线提供需按国标要求避让的相关台点坐标。

3. 台网建设

2010年，山西省地震局完成陆态网络项目灵丘、长治、临汾和夏县4个基准站的建设工作，进入试运行阶段。完成山西省9个基准站（含其他部委的5个基准站）的网络接入工作。离石地震台迁建项目完成北武当山观测山洞建设。中国地震局背景场探测项目完成勘选，开始进行部分台站的土地预审工作。昔阳地震台优化改造项目全部完成并通过验收。五台山地震台建设项目土建主体工程已完成，开始进行装修、观测山洞、技术系统建设。

4. 监测预报基础和应用研究工作

资助山西省地震局所属科研项目24项。争取山西省科技计划项目7项、中国地震局合同制项目1项、中国地震局"三结合"项目2项。与中国地震局直属研究所合作的科研项目9项。组织申报2011年度中国地震局"三结合"项目8项，推荐2011年度山西省科技计划项目6项，推荐中国地震局星火计划项目3项，推荐中国地震局防震减灾优秀成果奖项目5项，推荐山西省科技进步奖项目2项。

（山西省地震局）

内蒙古自治区

1. 震情

2010年先后对鄂尔多斯杭锦旗民用井、八一井水位、乌加河电阻率、乌加河大地电场、宝昌电阻率（多次）、乌拉特中旗民用井、巴彦浩特金属摆等地震前兆观测手段和一些宏观井进行核实，逐一排查，为震情跟踪和判定提供重要依据。

6月20日，阿拉善盟左旗巴彦木仁苏木发生4.3级地震，内蒙古自治区地震局在及时通过新闻媒体向大众发布震情的同时，召开专门局务会和紧急会商会，以《震情通报》的形式报告内蒙古自治区党委、政府和中国地震局，并多次派出工作组赶赴现场开展异常核实工作。内蒙古自治区地震局专门下发通知，要求阿拉善盟、乌海市、巴彦淖尔市、鄂尔多斯市地震局、地震台站进入震情短临跟踪工作状态，并对震情值班、监测和异常排查工作、启动短波电台和地震应急备震提出具体要求，特别要求阿拉善盟与内蒙古自治区地震局建立热线，实行零报告制度。"八一井"对超限异常进行人工测量，巴彦浩特对历史资料进行全面总结清理，开展了为期3个月、具有实战性的短临跟踪工作。

6月12日，呼和浩特市地震局牵头在鄂尔多斯市东胜区举行4盟市地震联防工作会议。7月8—12日，包头—呼和浩特—晋冀蒙三省交界区地震联防会议在乌兰察布市召开。8月10日，内蒙古自治区西部地震联防工作会议在乌海市举行。通过一系列联防会议的召开，形成了跨区域大联防和区域内小联防的整体联防网络，内蒙古自治区地震联防体系日趋完善。

10月18—20日，内蒙古自治区地震局在呼和浩特市召开2011年度内蒙古自治区地震趋势会商会。会议组织与会专家和分析预报人员对2011年度内蒙古自治区地震趋势判定、短临预报工作思路及重点监视区强化跟踪措施进行认真的讨论，确定了临河—蒙宁交界地区、蒙晋冀交界地区2个地震重点监视区和牙克石—扎兰屯地区1个值得注意的地区以及辽蒙交界地区、兴安盟与呼伦贝尔交界地区2个需要关注的地区。

2. 台网运行管理

商谈东胜地震台、集宁地震台的干扰破坏事宜。

在2009年度全国地震监测预报工作质量全国统评工作中，呼和浩特地震台获资料分析第三名、乌加河地震台获资料分析第三名、包头地震台获洞体第三名、信息管理第三名。

3. 台网建设

2010年完成海拉尔地震台受到严重干扰后的拆迁以及科普教育基地兴建工作。完成清水河地震台观测室整体搬迁工作。

完成西山咀地震台站优化改造项目工程，绩效考评报告顺利通过中国地震局监测预报司验收。包头地震台优化改造项目主体工程全面完工。按照内蒙古自治区地震局总体安排部署，已申报乌海市地震台站作为2011年重点地震台站优化改造项目。

陆态网络项目完成仪器安装调试并进入试运行阶段。2010年初在天津市进行的陆态网络项目档案验收工作中，乌加河等6个基准站陆态网络建设项目通过了由中国地震局组织的一级监理，各部委监理专家认为内蒙古自治区地震局项目建设规范、档案完整，土建工程全部到达优良。

按照中国地震局要求，4—7月项目实施组对内蒙古自治区17个GNSS基准站进行线路接入和设备安装工作，通过与气象局、测绘局、教育部、总参测绘局、中科院等单位有效沟通、精心组织、合理安排，按时完成了内蒙古自治区设备安装和网络联调工作。

"内蒙古自治区地震预测预警"项目是内蒙古自治区发改委首次下达的地震监测系统项目，"数字化地下流体观测网络建设"作为其子项目，内蒙古自治区地震局在方案设计、设备购置和基础建设等方面严格监督管理，完成呼和浩特、包头、赤峰台的钻井工作，土建工作接近尾声，架设了数据接收服务器，包头观测井完成设备安装工作并进入试运行阶段。

按照中国地震局背景场探测项目管理组统一部署要求，全面完成背景场探测项目土地预审和项目初步设计工作，为背景场项目2011年进入土建实施阶段奠定坚实基础。

（内蒙古自治区地震局）

辽宁省

1. 震情

2010年，辽宁省辽蒙交界地区被划为全国地震重点危险区。渤海海峡地区被列为辽宁省地震值得注意地区。2010年省内发生4级以上地震1次，即2010年5月17日渤海4.0级地震。根据辽宁省及大华北地区面临的震情形势，制定了《辽宁省地震局2010年震情强化工作方案》。确定前兆重点跟踪测项和突发重大异常情况及突发震情的应对措施。对重点危险区所涉及的沈阳、锦州、阜新、朝阳、铁岭、盘锦地区，落实布置危险区异常跟踪工作，尤其是沈阳地区增上多项水位、水温、电磁波等短临跟踪手段。同时对危险区中长期趋势异常进行密切跟踪，捕捉短期、短临信息，开展短期、短临预测研究。

2. 台网运行管理

继续加大地震监测管理力度，积极主动进行科学化管理的探索和改革。一是继续贯彻执行《辽宁省地震监测预报工作质量奖惩办法》，促进各监测台站竞争意识及自身管理制度不断完善和管理意识的创新。二是继续完善前兆测项分级分类管理，加大对重点观测台项的支持力度。向一类台站和一类测项重点倾斜，对一类测项工作台套增加3000~5000元不等的运行经费支持，改变以往观测运行经费一刀切的做法，激发了台站自觉加强监测运行管理的积极性。三是规范各单位在监测运行中的职责分工。规范台站（包括地方台站）、监测中心、维修中心的职责任务，明确仪器运行、仪器维护、仪器标定、数据收集、预处理等环节的工作分工，杜绝相互推诿、扯皮现象。四是完成《地震观测资料评比办法及管理细则汇编》，汇编涵盖了测震、地下流体、形变、电磁四大学科和信息网络、前兆台网运行等26项内容，确保观测工作有章可循。五是建立辽宁省地震监测基础信息数据库，数据库管理平台包括台站信息的录入、归档、查询、图形绘制等功能，实现地震台站全部观测测项基础数据的微机管理模式，为全面掌握全省地震监测系统基本信息提供服务，为全省地震仪器设备运行状态实行网络化管理模式创造基本条件。在全国地震台网运行经常性项目试验考评中，荣获全国第三名。2010年，114个测项参加全国地震监测质量评比全部获得优秀，其中13个测项获得全国前三名。2010年共派出监测骨干50余人次参加各学科组织的业务和管理培训。

3. 台网建设

按照中国大陆构造环境监测网络项目2010年度任务和计划，完成网络测试，沈阳、金州、大连3个地震台投入试运行。在全国重点地震台站优化改造项目中，对海城地震台的台站优化改造项目进行调整；完成丹东市宽甸地震台优化改造项目实施方案；完成对重点地震监测台站和无人值守站点观测环境优化改造调研工作。辽宁省地震仪器维修中心完成辽宁省地震台站防雷系统改造工程。

协调组织完成本溪地震台台沟地下流体观测站、岫岩地震台水化观测、昌图县地震局北山地震监测站、宽甸地震局的观测环境保护工作。

（辽宁省地震局）

吉林省

1. 震情

扎实做好震情监视与地震观测质量工作。1月份组织开展吉林省地震观测资料质量评比及成果验收工作。4月份组织吉林省台站参加全国观测资料质量评比工作，共有7个观测项目获得国家评比奖励，延边台测震观测获全国综合评比第一名，单项评比第一名和第三名，榆树台地电场观测获得国家单项评比第二名，双阳地震台形变综合观测、长春地磁台、通化台钻孔应变观测获得国家单项评比第二名。重新修订《吉林省地震速报信息报送管理规定》，进一步规范吉林省地震信息的报送工作流程。10月份在长春召开2011年度吉林省地震趋势会商会。

2. 台网运行管理

加强地震台网管理。落实中国地震局《地震监测台网运行经常性项目管理办法》，完成吉林省2009年度地震监测工作考评和2010年度地震监测任务书编制工作，推进吉林省地震监测经常性项目标准化管理。组织完成吉林省地震测震台网仪器检测与评估工作。

3. 台网建设

长春地磁台成功申报国际地磁爱丁堡节点（NTERMAGNET），成为国际地磁观测数据日交换台站。5月完成吉林省地震观测背景场项目拟建台站土地的审批工作。7月完成中国大陆构造环境监测网络（GNSS）项目中长白山GPS基准站的设备安装并投入试运行。9月通化地震台完成国家重点台站优化改造工程，投资75万元。吉林省安广地震台受新建长—白高速公路干扰事宜得到解决，地震台站观测环境保护工作日趋严峻。

（吉林省地震局）

黑龙江省

1. 震情

年度监测预报工作概述。2010年黑龙江省地震监测预报相关各部门，结合具体情况，合理分工。由黑龙江省地震监测中心负责黑龙江区域测震、前兆、强震台网和应急、信息中心运行和维护，由省地震分析预报与火山研究中心负责黑龙江省地震分析预报工作，由各有人值守专业台站完成各自地震监测设备维护和资料产出，各学科质量管理组负责监测资料的质量监控和技术支持。

2. 台网运行管理

运行情况概况。2010年"十五"测震软件业务运行评价系统中统计台网运行率为96.47%；台网每月统计台站数据完整性平均值为95.64%。按规定进行地震速报，2010年共速报地震10个。

黑龙江区域地震前兆台网每日定时对区域台网仪器设备、软件系统、数据产出等运行状况进行实时或准实时监控，每日产出前一天区域台网观测仪器运行监控日报并按时入库。对区域台网仪器设备实施统一管理，专人负责，认真填写区域台网台站观测仪器基础信息表。区域中心定期对观测台站进行巡检，每年不少于2次，对观测台站仪器设备更换、维修等及时进行现场处理，保证数据连续。

规章制度建立健全情况。根据中国地震局要求，制定《黑龙江省测震台网日常运行奖惩制度》《黑龙江省测震台网运行管理办法细则》《黑龙江省地震速报技术细则》《测震台网值班评比办法和评分细则》《黑龙江区域地震前兆台网运行管理办法》《黑龙江区域地震前兆台网管理实施细则》《前兆台网工作职责与工作内容》等规章制度，对台网日常工作实行量化考核。

培训情况。各单位坚持组织人员日常学习，积极组织人员参加"十一五"项目初步设计培训班、全国测震台网系统实用技术培训班、全国测震台网统一编目培训班、全国地震台网系统运行培训班，东部省份青年分析预报培训班等培训，努力提高职工工作能力。

观测环境保护。组织国内专家对北安—五大连池电气化铁路对德都台观测的影响进行论证，积极与黑河市政府沟通，落实台站搬迁经费。依法阻止牡丹江市公交公司在牡丹江台附近建设停车场。积极与绥化市沟通，对绥化市高速公路建设工程对绥化台观测的影响进行论证。

7月5日，针对2009年某工程有限公司施工导致绥化地震台地电阻率仪供电电缆挖断、供电中断的违法行为，绥化市地震局向绥化市中级人民法院申请强制执行。9月1日，绥化市中级人民法院已强制执行。

资料和科研成果。测震资料均按照国家局要求进行处理及上报，编辑出版《地震目录报告》12期、编辑整理《黑龙江省测震台网运行月报》12期、上报中国地震局信息网络评比相关月报资料12期。监测并提交数据库省内及周边地区地震372个、爆破6061个、矿震564个，处理触发事件约5000余次，对事件进行分类整理，下载存储近震、爆破、矿震事件数据，共备份光盘730张、硬盘6块、事件CD盘24张、台网值班工作日志6本。

黑龙江区域地震前兆台网区共产出26个台站（点）、92套仪器、289个测项分量的观测数据，计算加工数据测项分量数112个，大致产出数据量约为50GB。

3. 台网建设

技术系统和观测环境升级改造。先后对碾子山台IPU、依兰台数据采集器、七台河台、抚远台地震计进行更换，对牡丹江、鹤岗、依兰、五大连池、德都5个台前兆服务器进行更换。

4. 监测预报基础和应用研究工作

开展监测预报方面科研项目10余项，其中中国地震局行业科研专项项目1项，星火计划项目2项，黑龙江省科技攻关项目2项。

（黑龙江省地震局）

上海市

1. 震情

世博会震情保障工作取得圆满成功。世博会期间，对台站运转状态和前兆观测情况实行零报告制度，在坚持周月会商制度的同时，每周增加2次加密会商。为配合做好世博会地震安保工作，完成地震监测前兆台网"九五"及模拟观测系统整体并入"十五"系统的升级改造以及佘山地震基准台"九五"前兆设备的并网工作。形成长三角地区地震监测预报信息共享机制，定期召开苏浙沪世博会联动保障视频震情会商会，加强震情形势研判。

2. 台网运行管理

运行情况概况。测震台网2010年出台维修和抢修约55次，前兆台网约65次，确保台网各台站设备的正常运行。测震台网处理地震事件约253次，发布短信地震信息约300条，其中，速报地震29次；转发EQIM速报地震167次（国内地震42次，国外地震125次）；2010年向EQIM发布上海及邻近地区速报地震4次。前兆台网完成365份监控日报、12份前兆台网月报以及1份年报。

规章制度建立健全情况。修订《上海市地震局测震台网运行管理办法》，出台《上海市地震局前兆台网运行管理办法》和《上海市地震局异常落实和震情会商工作规定》，并将中国地震局和上海市地震局历年监测预报类规章制度共21项汇编成册，进一步健全监测预报规章制度体系。

培训情况。组织2台2中心12批26人次赴全国各地参加中国地震局监测预报司组织的四大学科业务知识和岗位技能培训，包括测震台网的实用化技术培训、前兆台网的运行管理培训、各类前兆观测的技术培训、各类仪器的维修维护技术以及分析预报人员培训。

观测环境保护。竹园地震观测台供电电缆损坏，致使仪器被击毁，无法正常运行，对监测工作造成严重影响，11月已获区域维修中心调拨并安装一套JDF-1地震计，现场运行情况良好。

资料和科研成果。2009年度全国地震观测资料质量评比中，年度会商报告获三类局第二名，佘山台钻孔应变台单项评比获全国第一名，地壳形变学科综合评比获全国第三名。其他参评项目均获得优秀。

3. 台网建设

积极推进"十一五"重点项目实施。综合深井地震观测系统项目建设进展顺利。项目实施方案（代施工设计）通过专家论证，完成施工和施工监理的招投标，确定施工监理单位、投资监理和财务监理单位，并与泰德公司签订了施工合同。6月29日，综合深井项目长江农场台开工；中国地震背景场探测项目前期工作（上海部分）有序开展，已完成项目初步设计，方案已获批复。

4. 监测预报基础和应用研究工作

作为配合世博地震安保工作开展的两个任务性项目，"开展自动速报的实用性研究"和

"上海及邻区区域网格化地震趋势快速判定系统研制"工作取得阶段性成效，进一步完善后的地震自动速报系统通过验收，区域网格化趋势快速判定系统完成研制并正式运行，在世博会地震安保工作，特别是7月如东近海地区两次地震影响上海市的应急处置工作中发挥了重要作用。

（上海市地震局）

江苏省

1. 震情

年度监测预报工作概述。2010年初制定《江苏省地震局2010年度震情监视和短临跟踪工作方案》，召开2010年度江苏省属地震台长会议，制定并印发江苏省属台站2010年度目标任务。圆满完成世博会震情保障工作，完善监测预报管理体制和会商机制，完成江苏省地震监测台站加密及应急系统扩建监测预报部分的组织实施工作，配合中国地震局完成监测经常性项目的实施工作，参加全国观测资料评比的50多个台项全部获优，获得14个前三名，超出预定目标的350%，创造了江苏省地震局参评历史上的最高记录。承办全国形变学科和区域前兆台网评比会议，举办全省监测岗位人员培训班并加强宏观观测网建设及人员培训。制定并印发《江苏省地震局地震信息网络管理规定》和《江苏省地震局IP地址规范使用规定》。完成溧阳台、盐城台和海安新台场外工程建设，射阳台基础设施项目因地方政府履行协议规定条款不充分而暂未启动；南通台监测用房建设项目在作进一步论证，以提交测项论证报告；完成常熟台环境改造工程，并与新西兰澳克兰大学签订东海地球物理观测站仪器设备订购合同。

年度地震趋势会商情况及判定意见。10月，江苏省地震局组织省地震预报研究中心、省地震监测中心、省地震工程研究院以及省辖市地震局和省属地震台在南京召开年度地震趋势会商会，经过认真研究和充分讨论，并提请江苏省地震预报评审委员会评审通过，形成2010年度江苏及邻区地震趋势预测意见。

2. 台网运行管理

运行情况概况。根据国家台网中心"十五测震软件业务运行评价系统"网站发布的数据及各台站归档后的台站卷数据文件统计，江苏省测震台网2010年全年运行率为95.65%，各台站的数据实时运行率和数据完整性基本一致。区域地震前兆台网仪器平均运行率为99.84%，观测资料平均连续率为99.69%，完整率为99.39%，年产出数据量6484MB。

规章制度建立健全情况。制定和完善了《江苏区域地震前兆台网运行值班制度》《江苏区域地震前兆观测台站运行值班制度》《江苏区域地震前兆台网观测系统与技术系统管理与维护制度》《江苏区域地震前兆台网数据管理与服务制度》《江苏区域地震前兆台网数据产品产出制度》《江苏区域地震前兆台网登记与备案制度》《江苏区域地震前兆台网资料归档制度》。

培训情况。江苏省地震局分别于5月、8月相继举办两期台站人员地震业务培训班，对江苏省地震台站、监测预报人员，重点对近年来进入地震系统工作的青年人共计150余人进行集中培训。先后组织国内外专家来江苏省地震局作学术报告10余次，地震监测中心、预报中心各自组织学术研讨会多次。此外，还组织2004年以来进入地震系统工作的人员，分批次下基层地震台站锻炼，熟悉地震监测业务。

观测环境保护。持续做好宿迁台、新沂台、无锡台、无锡地震科技培训中心等观测环境保护工作。

资料和科研成果。江苏省测震台网中心数据的产出基于JOPENS技术系统。JOPENS系统承担着所属台站的数据流接收、地震事件速报、地震快报、正式报编目、月报生成、标定文件及运行日志等数据波形资料的应用、服务和存储等项任务。江苏省测震台网中心配备有长达90天的在线波形缓存服务器和数据库管理的数据存储管理系统，定期产出江苏测震台网观测报告，每天定时归档连续波形数据、事件波形数据、标定波形数据以及各类日志文件等数据资料，定时采用光盘介质（DVD）刻录方式和大硬盘存储两种方式长期保存数据资料，每月刻录（4.7G/DVD）光盘约40张，归档在江苏测震台网中心。2010年度江苏省区域地震前兆台网共产出各类报告17份，其中前兆工作汇报3份，前兆技术管理方面报告2份，前兆观测技术研究报告3份，异常落实报告4份，课题结题报告2份，试运行报告3份。

3. 台网建设

台网布局调整（台点调整）。2010年，已接入江苏省测震台网中心流服务器的台站数共73个。其中邻省台站31个，江苏省市局台网台站4个。2010年，区域地震前兆台网在运行的台站共计30个，观测仪器共计88套。

技术系统和观测环境升级改造。完成常熟地震台观测环境优化改造项目和海安地震台新址建设，盐城台场外工程建设已完成，并于8月1日搬迁到新址观测。溧阳老台因受城市建设干扰自7月15日停止观测，启用新台观测。

4. 监测预报基础和应用研究工作

2010年，江苏省地震局开展了基于数字地震记录和地球物理场观测资料，从震源机制、GPS资料、流动水准、重力场以及前兆整体趋势变化等方面加强区域应力场背景研究；基于区域动力学背景，根据地震期幕划分规律和区域地震活动特征，强化太阳黑子、地球自转加速度以及全球和全国强震等外部因素对江苏地区地震活动的影响分析。重点分析典型地震活动图像（条带、空区、震群、平静和增强等）及其预测意义以及通过加强对各类地球物理场观测资料变化的异常性质判定来逐步梳理和建立预报指标体系。开展对地震电磁信息数据采集服务器的硬件架构设计、江苏地区地电场变化特征与差异性分析、大华北地区应力场在汶川地震时的变化研究、基于ARM9地震电磁信息数据服务器的设计与实现、江苏05井、06井水温的中短期地震异常典型特征研究、地电场日变幅与地电暴分析、基于磁通门秒值数据的地震ULF磁场可靠信息提取研究、江苏省地震台站管理工作思考等方面。

（江苏省地震局）

浙江省

1. 震情

2010年10月11—13日,"浙江省2011年度地震趋势会商会"在杭州召开,会议对2011年度浙江省及邻区地震趋势进行了研判,形成《浙江省2011年度地震趋势预测意见》。

2. 台网运行管理

根据中国地震局台网运行相关规定,2010年浙江省地震局重点开展台网运行管理制度的修订和制定工作,做到以制度管人管事、确保责任到人。浙江省各类地震台网2010年保持稳定运行,其中测震29个固定台站运行率为99.05%,7个珊溪水库流动台运行率为94.33%;2010年前兆台网台站仪器除个别因遭雷击停记外,未出现长时间断记事件,仪器运行率、数据连续率、完整率在96%以上;信息网络主干信道2010年运行率96%以上,指挥系统每天定时触发地震,排除故障10余次。

按照牢固树立"震情第一"的要求,浙江省地震局进一步加强地震速报和预报管理,深入开展地震速报练兵与考核,圆满完成上海世博会、广州亚运会期间的震情保障工作。2010年共落实地震宏观异常1次,成功完成地震速报5次,组织召开各类地震趋势会商会62次。浙江省观测资料质量继续稳步提升,在全国地震监测资料质量评比中,参评的项目较2009年大幅增加,优秀档次排名有所上升,其中湖州地震台获地壳形变学科洞体应变台评比第3名;宁波地震台获地下流体学科水氡观测第2名。

3. 台网建设

2010年浙江省地震基础设施建设持续推进。中国大陆构造环境监测网络温州基准站土建工作完成,并完成GNSS观测仪和重力仪安装,开始试运行。杭州地磁台地磁观测项目迁建工程完成方案设计、建设环境评估、地质灾害调研及设计单位招标等工作。截至年底,浙江省114个台站("十一五"期间应建台站总数)已完成土建工作78个,在建26个,56个台站已完成仪器安装,其中27个完成考核运行。

2010年防震减灾"十一五"重点项目建设进入全面冲刺阶段,测震、强震、烈度速报、地壳形变GNSS项目、科普基地、农村民居安全示范工程、浙北城市群应急指挥系统等各项工作总体进度达到80%左右。工程复杂、任务特殊的东极岛、南麂岛、大陈岛等海岛项目和"陆态网络"温州基准站项目也分别进入主体工程建设或投入试运行阶段,中国地震局地震背景场浙江省地震局子项目完成了所有台站的勘选和土地预审工作。其中,南麂岛项目作为温州市科技局"十大项目"向社会公开承诺,已完成相关审批程序和土地平整工作。而工作难度极大的杭州地磁台搬迁工作也积极推进,在兰溪顺利完成土地预审等工作,已进入土地征用阶段。完成国家地震社会服务工程项目震害防御信息服务项目调查表填写,组成项目的管理机构。

4. 监测预报基础和应用研究工作

2010年,浙江省地震局负责执行的科研项目3项:浙江海域地震监测台网组网技术和海啸数值模型研究;浙北地区地壳三维速度结构研究;浙江省地震应急指挥联动系统数据交换关键技术研究。获得各级各科研项目6项，其中浙江省科技计划项目1项、地震科技星火计划1、中国地震局"三结合"课题2项、中国地震局监测预报司定向任务课题2项。浙江省地震局科技委首次设立局级科研基金，立项通过8个科研项目，为年轻科技人员搭建科研平台。通过验收项目4项，其中省级科技项目2项、中国地震局"三结合"课题2项，通过验收的省级科技项目为"基于浙江省情的地震灾害损失盲估技术方法研究"和"浙江省区域强地面运动参数关系及应用研究"。

（浙江省地震局）

安徽省

1. 震情

年度监测预报工作概述。2010年安徽省监测预报工作始终坚持以震情为中心，优化地震监测台网布局，强化震情监视和短临跟踪工作，全面推进"一场一带一站"建设，多方并举夯实地震监测基础，加强管理促进地震"监测、预报、科研、实验"相结合，监测预报各项工作扎实开展，成效显著。一是蒙城地球物理国家野外科学观测研究站建设完成，投入运行，12月23日顺利挂牌；二是大别山地震监测预报实验场一期工程顺利完成，各项建设和科研项目全面展开；三是郯庐断裂带综合研究室建设初具规模；四是安徽省地震监测台网正常运行，在全国地震观测资料评比中，继续保持领先地位；2010年，安徽省参加全国评比的监测预报项目共有57项，其中19项进入前三名，比2009年度增加5项；五是重点实施了合肥地震台优化改造项目；六是全力支持青海玉树7.1级地震抗震救灾工作，安徽省地震局流动测量队参与玉树地震监测和科学考察工作；七是强化科研合作交流，激发创新思维，先后组织安徽省地震局青年与中国地震局青年专家学术交流论坛和地震台站全员培训，与中国科技大学、南京大学、安徽省气象局及中国地震局直属科研单位开展多种形式的科研合作，2010年安徽省地震局科研人员承担和参与的科研项目大幅提高。八是深入论证，积极谋划，完成安徽省地震监测预报"十二五"规划编制工作。

年度地震趋势会商会情况及判定意见。组织召开安徽省2010年度地震趋势会商会，山西省地震局领导，安徽省17个市地震局、安徽省地震局机关等相关人员参加会议。会议邀请中国科学技术大学的专家参加会商。

2. 台网运行管理

运行情况概况。安徽省地震台网包括数字测震台网、前兆台网及流动地磁、重力、水准观测网。一是安徽省数字测震台网由1个测震台网部、24个数字地震台站组成，接收周边省份19个台站波形数据，实时波形数据的台站数量达43个。地震台站年平均运行率达97.54%。全省绝大部分地区地震的监测能力可达到2.0级，局部地区可达到0.5~1.0级。二是安徽区域地震前兆台网由1个区域前兆台网中心和40个台站组成，数字和模拟观测技术系统并存，44个测项，各类前兆观测仪器共计102套（不含备用仪器15套），262个测项分量。平均运行率达99.88%、平均连续率为99.69%、平均完整率为99.62%，年产出数据量30GB。三是流动地磁、重力、跨断层水准观测。2010年度，承担大华北南部七省共105个地磁三分量和秦岭—大别山断块流动重力监测网中62个测点观测任务，完成128个重力测段和4期108个测点的流动地磁场总强度测量，6期8个跨断层水准场地的常规流动监测任务。实施霍山地区70测点、郯庐断裂带中南段3条重磁联合剖面观测。参与大别山地震监测预报实验场磁通门台阵项目观测与研究。青海玉树地震后，根据中国地震局的统一部署，参与地震灾区现场流动监测工作。

规章制度建立健全情况。2010年安徽省地震台网修订和完善了《安徽测震台网运行管理制度》《安徽区域地震前兆台网运行管理办法》《安徽区域地震前兆台网观测系统与技术系统管理与维护制度》及各学科评比细则等18项规章制度。

培训情况。2010年安徽省地震台网技术人员参与全国地震监测技术各类培训和省际交流20次，重点组织为期1个月的全省地震台站全员培训。5月30日—7月7日，在庐江台举办了2期地震台站工作人员全员培训班。

观测环境保护。2010年安徽省依法开展地震台站观测环境保护工作，妥善处理了蚌埠、肥东、合肥、泾县地震台观测环境保护工作。2010年蚌埠市将在地震台附近修建高架桥，将对台站观测环境造成干扰，安徽省地震局相关业务部门积极和地方开发区管委会沟通，拟对台站部分测项实施抗干扰措施，并达成解决协议。

资料和科研成果。2010年度发生附近安徽省区速报地震2个，地震编目498个，地震观测数据归档按照"连续波形、事件波形、标定波形"3个类别进行分类，其中产出连续波数据879.4GB、地震事件波形数据3052MB、地震计标定数据波形375.4MB。安徽省地震台网共有49个观测项目参加全国评比，其中有12项进入全国观测资料评比前三名。安徽省地震监测台网技术人员在2010年共承担安徽省地震局合同制课题5项，重点基金课题一项，发表文18篇，获得安徽省地震局防震减灾成果三等奖1项。

3. 台网建设

台网布局调整。合肥地震台10月18日正式开工建设。截至2010年底，该台观测及办公用房完成主体工程施工，台站监测楼内综合改造及布线工程已完成设计，台站院内环境整治、围墙拆建、大门改造已全面启动。

技术系统和观测环境升级改造。2010年度安徽区域台网观测、运行、技术管理、产品产出等方面的技术改进和创新成果显著。主要是更换了金寨等6个地震台的地震计和部分数据采集器；完成"九五"及模拟观测系统并入"十五"观测系统技术研究、台站避雷系统改造等项目建设，共增加观测项目2项（蒙城野外站电磁扰动项目，滁州市地震局钻孔应变项目），进一步优化了台网布局。

4. 监测预报基础和应用研究工作

2010年，安徽省地震局投入专项经费来支持6项安徽省地震科研重点基金项目、49项地震科研合同制项目，共支持经费9.97万元。承担中国地震局震情跟踪合同制定专项工作任务5项、"三结合"课题3项、地震应急青年课题1项，安徽省经信委项目1项，与中国地震台网中心、中国地震局地震预测研究所等单位开展4项合作研究工作。全年科研项目经费达181.6万元。

"安徽省地震监测预报工作连续12年先进的成功实践与技术创新"等10项科研、管理及应用研究成果获安徽省地震局防震减灾优秀成果奖，并获安徽省科学技术奖二等奖1项。

（安徽省地震局）

福建省

1. 震情

年度监测预报工作概述。2010年，福建省地震局广大干部职工牢固树立震情第一的观念，着力加强地震监测基础设施建设，改革创新地震会商制度，加强现代化台站建设，强化地震短临跟踪，不断提升地震速报水平和地震会商水平，监测预报工作迈上新台阶。

年度趋势会商会情况及判定意见。10月12—14日，福建省2011年度地震趋势会商会在福州召开，与会专家就福建省2011年度地震趋势作专题报告，并就闽台地震活动近期出现的态势进行广泛而深入的研讨，提出2011年度闽台地区地震趋势意见。

2. 台网运行管理

运行情况。2010年，测震台网平均实时运行率为97.86%，平均数据完整率为99.39%，全年处理报警事件510个，速报地震44个，发送速报地震信息75条，分析地震事件5228个，编报地震1073个。

前兆台网仪器平均运行率为97.10%，数据连续率为97.27%，数据完整率为95.70%，2010年产出模拟和人工观测数据5MB，"九五"数字化观测数据520MB，"十五"数字化观测数据10.6GB。

强震动观测台网全年共记录到28次地震事件，共获取483条加速度波形记录，完成3份烈度速报报告，完成1302台次台站仪器远程通信检查。

规章制度建立健全情况。加强福建省地震监测手段管理，要求各地震台站认真做好地震监测工作，严格执行技术规范，保证提供连续、可靠、及时的观测数据。先后转发了中国地震局《关于修订印发〈区域地震前兆台网运行管理技术要求（试行）〉的通知》等文件，制定了《福建省地震局电磁学科观测资料质量评比办法》等文件，进一步规范了地震监测台网运行管理、加强了学科质量建设。

培训情况。继续稳步推进台站职工的业务培训工作，举办多期地震学科专业培训班，台站参加培训50余人次；派出参加中国地震局系统专业培训学习10余人次。

观测环境保护。依据《地震监测管理条例》认真做好地震台站监测环境保护工作，重点解决了平潭地震台土地遗留问题，就永安地震台土地的保护工作与永安市政府达成协议。

3. 台网建设

福建省防震减灾二期工程台站建设已基本全面完成，福州地震台有关前兆观测项目已进入试运行。根据中国地震局的统一部署，及时完成背景场项目，完成平潭地震台测震子台的征地手续工作。

继续加强福建省地震宏观观测网建设工作，在现有的省级宏观观测网的基础上，应地震形势变化的需要，动态性地在地震重点监视防御区和值得注意的地区增建19个宏观测报点，使福建省地震宏观观测网测报点个数达97个，并同时加强各级地震宏观点的建设。

漳州地震台、莆田地震台、南平地震台已通过综合验收；永安地震台新办公楼已完成主体工程建设，正在进行内部装修，永安地磁台建设已全面完成；平潭地震台主楼及旧楼改造工程和室外附属工程建设已完成，已通过当地建设管理部门的验收，正在进行工程验收等收尾工作；泉州地震台正在开展搬迁重建的新台选址工作；长汀地震台建设方案已通过论证，正开展施工招投标工作；东山地震台由于规划原因，正在与当地有关部门进行沟通协调。

4. 监测预报基础和应用研究工作

加强科技项目管理工作，积极协助科技人员申报国家和省级各类科技项目。2010年度福建省地震局科技人员在各类学术刊物上发表论文40余篇。安排省局科研基金8万元，开展结合地震监测预报实用型课题研究，在课题评审中注重对青年科技人员的倾斜支持，鼓励年轻人勇挑重担，对16个申请项目予以资助，充分调动广大科技人员的积极性，形成了良好的科技创新氛围。

通过实践，面波成像科研项目成果已投入使用，已在福建省地震局地震预报中发挥了重要作用，成为地震预报的一种新手段。地震烈度速报项目在福建省区域测试实用的基础上，按中国地震局要求承担首都圈和川滇地区地震烈度速报任务，发挥了良好的社会效益。

由福建省地震局局长、博士生导师金星博士负责的国家科技支撑计划项目"地震预警与烈度速报系统的研究与示范应用"已正式启动，获得重大进展。

（福建省地震局）

江西省

1. 震情

2010年，江西省地震系统高度重视震情监视和跟踪研判工作。除了坚持日常的周、月会商外，尤其强化了青海玉树7.1级地震、上海世博会等重要时段的震情监视与跟踪工作，多次召开紧急会商会，对江西省的震情形势进行跟踪分析。妥善处理了5月19日安福县有感地震，深入震区开展现场调查工作，及时发布震情信息，有效维护了社会稳定。及时平息了抚州地震谣传事件，受到江西省人民政府领导的批示肯定。

2. 台网运行管理

扎实推进南昌中心地震台和修水地震台环境改造。坚持监测预报目标考核，年初对监测中心、预报中心、南昌中心地震台、九江地震局和会昌地震台逐一下达了年度监测预报工作目标，目标包括台网和技术系统运行率、人员培训、科研课题研究等内容。启动江西省地震局新世纪优秀人才工程，大力推进专业人才队伍建设。首批选拔7名新世纪优秀人才培养对象。通过组织防震减灾优秀成果奖评审、地震速报竞赛、送科技下台站等活动，营造比学赶超的浓厚氛围。克服洪涝灾害影响，测震、前兆台网和信息网络运行率均保持在97%以上。

3. 台网建设

2010年11月10日，江西省防震减灾应急指挥中心及台网加密与扩建工程在南昌高新技术开发区开工建设。江西省防震减灾应急指挥中心及台网加密与扩建工程包括1个地震应急指挥室和地震应急响应联动中心、地震分析预报中心、地震信息网络和数据中心、防震减灾工程研究中心、数字地震台网中心、震害预测与评估中心、地震科普宣传教育展览馆8个子项目。同时建设地震应急指挥、地震信息网络、监测台网和分析预报4个技术系统。项目建成后，将进一步完善江西地震监测台网，提升全省防震减灾基础能力和地震科技创新能力，提高地震监测预报、震害防御和应急救援水平。

4. 监测预报基础和应用研究工作

抓好地震科技创新政策环境建设，相继出台《新世纪优秀人才培养方案》和《江西省地震局科研项目管理办法》。2010年承担3个协作科研课题、2个"三结合"课题（《相同测点不同仪器的地倾斜观测之对比研究》和《九江区域地震活动性研究》）、6个新世纪人才课题及10个青年基金课题研究任务。连续3年开展"送科技下台站"活动，取得良好效果。依托新成立的测震、前兆、强震、信息学科组开展一系列科技活动，同时，采取走出去和请进来的方式，不断扩大科研人员视野，全年送出去参加各类培训班和访问学者10人次，邀请专家讲课4次。开展新世纪优秀人才课题及青年基金课题的建设工作，解决监测预报、震害防御及应急救援工作体系中急需的科技问题。2010年，江西省地震局科技人员在各类刊物上共发表5篇学术论文。

（江西省地震局）

山东省

1. 震情

年度监测预报工作概述。制定实施年度震情短临跟踪工作方案，组织开展东西两个震情跟踪区以及重点地区强化监测专题研究，强化青海玉树地震后的监测预报工作。认真开展年、半年、月、周和临时会商，按计划完成流动观测任务，及时落实各类异常，较好把握了重点地区和特殊时段的地震形势，准确判定多次显著性地震事件的震后趋势。召开全省地震台站管理工作会议，部署加强地震台站管理的各项工作。制定《市局和地震台站监测工作自检制度》《山东省地震观测资料评比标准》和《山东省地震局异常核实工作程序》等管理制度，促进各项工作的规范化。按照测震、电磁、形变、地下流体和信息5个学科的管理职能，成立5个省级学科技术管理组，制定各学科观测资料评比细则，分别开展专题研讨和技术培训，提高观测资料质量。

2. 台网运行管理

山东省测震台网测定天然地震、爆破、矿震等事件近800次，向中国地震台网中心速报地震8次，向山东省人民政府发送震情快报10期。认真做好地震台网的维修维护，完成6个台站的防雷系统改造，保证了各类台网和信息网络系统的稳定可靠运行。派员参加测震及前兆观测等各类技术培训。加强地震监测设施和地震观测环境保护，妥善解决了多起地震观测环境保护事件。依靠台网产出各类资料和科研项目数量明显增加，科研成果产出效果显著。在全国地震观测资料评比中，山东省获得21项全国前三名。

3. 台网建设

各地新建成一批地震台站（点），嘉祥、大山、马陵山、安丘、烟台、牛岚、苍山等地震台站实施了优化改造，滨州市新建成市级地震台网中心，龙口等一批县（市）新建成地震监测中心，山东省地震台网的监控能力进一步提高。山东省地震监测中心台项目土地征用、建筑设计等前期工作顺利完成。

4. 监测预报基础和应用研究工作

山东省地震局科技委完成换届，修订了工作章程。新修订了科研项目和科技成果管理办法，加大了对科研成果的奖励力度。积极支持科技人员多渠道申报科研项目，山东省地震局下达各类科研项目57项，获得山东省自然基金等外部科研项目8项，2个项目获中国地震局星火计划支持，山东省地震局被批准为国家自然科学基金依托单位。"山东地壳运动GPS观测网络"获2009年度山东省科学技术进步二等奖。中国地震背景场探测、中国大陆构造环境监测网络、东半球空间环境地基综合监测子午链、首都圈地震电离层前兆监测试验网等工程涉及山东的工作进展顺利。实施水库地震监测项目，对收集到的水库区域资料进行汇总和验收，掌握全省大型水库区域的综合性地震地质资料。加强科技交流合作，邀请外部专家到山东省地震局讲课10余人次。继续做好荣成台的中韩合作观测项目，组织科技交流活动。山东省地震局对口援建的北川地震台正式投入运行。

（山东省地震局）

河南省

1. 震情

年度监测预报工作概述。2010年，河南省防震抗震指挥部召开会议，研究部署全省防震减灾工作，落实震情短临跟踪工作措施。制定震情跟踪方案，与跟踪区各省辖市地震局签订了《震情短临跟踪目标责任书》，对台站观测、数据传输、异常核实等诸环节的工作，进行全面认真地检查，召开跟踪区震情短临跟踪工作会议，传达了中国地震局的重要文件，布置了监测、短临跟踪工作。

河南省周口市太康县4.7级地震后，河南省地震局向河南省各市地震局、地震台印发《河南省地震局关于加强监测预报工作的紧急通知》，要求做好震情值班，强化资料分析处理和会商，加强异常落实工作，保障地震监测台网运行正常，有情况及时上报，全力做好应急期间地震监测预报工作。

年度地震趋势会商会情况及判定意见。2010年10月14—16日，河南省2011年地震趋势会商会在郑州召开。期间，与会代表对2009年度存在的异常情况进行认真追踪、分析和研讨，并对新出现的异常进行认真分析与落实。在分析地震大形势的基础上，对河南省及邻省地区尤其是豫鲁冀交界及邻区的地震活动趋势进行了重点研究，形成河南省2011年度地震趋势预测意见。

2. 台网运行管理

运行情况概况。河南省测震台网目前共有数字化台站23个，其中国家台3个，分别为洛阳台、信阳台、南阳台，区域台20个，分别为商城台、浚县台、卢氏台、周口台、大安台、驻马店台、林州台、安阳台、濮阳台、清丰台、焦作台、济源台、延津台、商丘台、航海台、尖山台、平顶山台、许昌台、薄壁台、范县台。模拟台站1个，为鹤壁台。2010年数字化测震台网的运行率为98.85%。

河南省前兆台网由1个区域中心，27个前兆台组成（9个省级专业台和19个地方台点），其中14个为有人值守台、13个为无人值守台。观测方法包括模拟、数字和人工，涉及电磁、形变和地下流体3个前兆学科，各类前兆观测仪器共计72套，测项分量数165个。2010年数据报送率平均值为100%，数据入库率为100%，观测资料的连续率为98.29%，完整率达97.63%，预处理完成率达100%。仪器平均运行率为99.76%。

规章制度建立健全情况。结合河南省实际，河南省地震局制定了《河南省地震速报实施细则》《地震速报流程》《河南区域地震前兆台网运行管理办法》《河南区域地震前兆台网管理实施细则》，出台了《地震台值班制度》《前兆台网工作职责与工作内容》《前兆台网值班制度》。对观测数据汇集、数据预处理及检查、数据入库检查、工作日志填写、观测日志填写及检查、仪器运行与维护、系统监控、数据库和数据文件备份等环节提出具体的工作要求。

3. 台网建设

台网布局调整（台点调整）。一是认真抓好南阳台优化改造工作，向中国地震局上报南阳台优化改造项目实施方案并通过批复，完成加固、修缮南阳台现有房屋及附属设施、拆除镇平子台危房，新建办公及配套用房、南阳台及镇平子台的供电供水及排水系统改造、围墙大门改造维修、院内绿化、道路硬化和环境整治、镇平子台修筑摆房道路等工程并通过验收。二是陕县台优化改造项目，受到新规划设计的运城至三门峡西高速铁路影响，河南省地震局与运城三门峡快速铁路建设指挥部及铁道部天津第三勘测设计院的代表进行磋商和谈判，双方均表示今后要保持密切联系与合作，争取共赢，完成国家下达的铁路建设项目和陕县地震台优化改造项目。10月8日运三快铁建设指挥部正式通知河南省地震局可先勘选迁台用地。三是完成卢氏地震台优化改造项目并通过局验收。四是完成"中国陆态网济源GNSS基准站"项目的土建档案归档、仪器采购、安装、网络接入和试运行工作。

技术系统和观测环境升级改造。完成南阳台、卢氏台优化改造项目并通过验收，各项工程质量符合设计要求，达到优化改造的预期目标和目的。按中国地震局监测预报司的进度要求，完成"中国陆态网济源GNSS基准站"项目的土建档案归档、仪器采购、安装、网络接入和试运行工作。

（河南省地震局）

湖北省

1. 震情

2010年度湖北省数字地震台网运行情况良好，圆满完成地震监测任务。湖北省地震局始终坚持和强化"震情第一"观念，狠抓地震速报质量，及时为政府和社会提供震情信息。速报地震11次，均通过数字测震台网在10分钟内报出地震三要素并发出应急群呼和信息群呼，地震速报工作准确、及时。

严格执行周会商、月会商、年会商、节假日加密会商、地震发生后紧急会商等震情会商制度，及时提出地震趋势判断意见。召开月会商12次、周会商52次、地震应急会商14次、地震紧急会商2次、年中地震趋势会商1次，华东片区半年趋势会商1次，湖北省2011年度地震趋势会商1次，华东片区2011年度地震趋势会商1次，豫鲁皖交界震情会商1次。

关注三峡库区有感地震活动，重视长江三峡地区地震分析预报工作。共分析处理三峡遥测地震台网记录地震事件3154条，精确定位982个地震事件，速报三峡重点监视区内$M1.8$以上地震9次。根据有关地震活动情况，及时派出队伍架设数字测震仪，在巴东、秭归库段现场组网进行跟踪加密监测，有效开展地震观测与应急工作，及时向三峡总公司和国家有关部门报送震情。加强运行管理，确保三峡监测系统全面、正常、可靠运行。

2. 台网运行管理

对台站观测资料质量、监测环境、财务管理、仪器维护与管理、绿化等方面工作进行综合考核、评比，加大台站管理与奖惩力度，促进台站工作质量提高。组织开展地震速报岗位练兵等活动，以提高台站和台网的地震速报质量。定期对台站进行检查并以《台站观测资料质量月检查通报》的形式在网上公布。

测震台网。按照中国地震局下发的《测震台网运行管理细则》《省级地震台网系统运行评比标准》《省级地震台网编目评比标准》《省级地震台网速报评比标准》等要求进行管理，台网系统总体运行率达到99.9%。规范湖北测震台网日常运行管理，对台网内部人员做了明确分工，使台网运行、编目、速报、应急等工作有章可循，台网运行保持良好状态。定期对值班人员的地震速报工作熟练程度进行检查、考核。引进自动地震速报实时处理软件，并在地震速报工作中予以应用，取得良好效果，确保地震速报的快速和准确。

加强对武汉、恩施强震台的监督管理工作，主动联系南水北调中线水源有限公司，商讨关于丹江口水库大坝强震台站的重新安装和管理、新建强震台的协调管理等工作；协助中国地震局震害防御司在武汉组织召开了"全国强震动观测发展研讨会"。

前兆台网。2010年前兆台网运行率为99.3%。根据台网运行实际情况，针对前兆观测工作中存在的问题，要求台站依据《地震前兆台网运行管理办法（试行）》《区域地震前兆台网中心运行管理技术要求》和《关于加强湖北省地震前兆台网运行管理工作的通知》，进一步完善"台站运行值班制度"，明确值班责任，从观测数据采集、资料预处理、数据入库和检查、值班日志填写、仪器运行与维护、系统监控等环节提出具体的工作要求，把前兆台网运行管理工作落到实处，保证前兆观测系统连续、正常、有序运行。进一步完善

"台站技术系统管理与维护制度",建立"故障处置、报告与记录制度",包括仪器设备和软件系统管理、巡查、维护、更新等工作内容,保障台网技术系统正常运转。

3. 台网建设

一是完成武汉地震台(武大)和丹江地震台改造及装修工程;二是完成黄石地震台优化改造及宜昌地震台环境改造;三是新建丹江地震台摆房和HBCORS观测墩,启动丹江地震台环境改造工程;四是完成郧县、黄梅、宜昌地震台围墙维修工作;五是完成宜昌GPS观测站连续站改造工作,新建观测房、接通了通信线路及供电线路;六是完成黄梅地震台与宜昌地震台的防雷改造工作。

4. 监测预报基础和应用研究工作

2010年投入100多万元,支持定点形变观测非潮汐异常识别方法研究、麻城台洞体应变观测资料长系列调和分析与观测质量提高的探讨、异构分步式地震数据共享系统的研究、黄梅地震台形变观测资料的干扰因素分析、获取测震数据流的软件研制、地震监测系统机柜结构的抗震分析及参数优化研究、三峡水库蓄水后等效应力场的数值模拟与胡家坪$M_S4.1$地震研究、三峡库首区水库诱发地震与滑坡关系研究、前兆数据自动采集与加密入库系统研制等20多项监测预报基础和应用研究项目。

(湖北省地震局)

湖南省

1. 震情

2010年,湖南地震监测预报工作以震情应急为重点,着力在健全完善相关管理制度、加强台站和台网运行管理、推进重点项目建设和台站改造、做好日常分析会商和震情跟踪研究等方面下功夫,地震监测基础能力得到加强。分别于6月、11月召开湖南省年中和2011年度地震趋势会商会,针对湖南省华容和永顺地震等活动特点,依据观测资料对地震趋势进行分析研究,得出地震趋势判定意见。

2. 台网运行管理

认真执行《地震台网运行经常性项目管理办法》,加强台网运行管理,湖南省测震、前兆各学科观测系统运行稳定,产出资料连续可靠,地震速报率达到100%;修订完善《湖南省地震局震情会商制度》《全省地震观测资料归档保存细则》《全省地震观测仪器维修管理暂行规定》《湖南省地震监测预报工作质量管理办法》等制度,严格制度管理,严密规范台网运行管理;举办一期全省地震前兆数字观测和数据预处理技术训班,按中国地震局要求承担一期国家台站观测技术培训任务,分批安排业务人员参加全国相关业务培训。积极保护地震观测环境,妥善解决新宁地震台站因洞(口)新(宁)高速公路新宁连接线修建干扰、郴州地震台因市委院内整体规划影响地震台站正常观测等问题,最大限度地保证正常地震观测,同时有力支持了重点项目建设;监测系统运行维护项目总体执行情况良好,监测系统仪器运行率达到99%以上,各测震台站波形连续率和前兆数据连续率达到98%。

对 2010 年 26 个 $M_L2.0$ 以上地震按要求进行速报，准确及时测定地震参数，地震目录、波形和前兆观测资料通过在线和离线方式为分析研究用户提供服务。

3. 台网建设

完成张家界地震台、邵阳地震台优化改造项目和韶山井观测条件改造，对津市、吉首地震台地震计进行维修并重新安装。完成中国地震背景场探测项目湖南境内台站的初步设计，建成陆态网络项目洪江连续重力站、麻阳 GNSS 基准站并成功接入省地震信息网络；继续承担东江水库诱发地震监测项目，进一步推进水库数字地震观测台站建设。

4. 监测预报基础和应用研究工作

开展湖南省地震构造研究和湖南省有感地震报告汇编工作，收集整理大量资料，基本形成初稿待正式出版；湖南省地震局科技人员撰写的《三向应变结构与地震孕育发生共同物理机制的研究》论文在中国科技核心期刊《前沿科学》2010 年第 2 期发表，《科技日报》重点论文推介专版介绍了这一研究成果；《湘东地区断裂活动性及潜在震源划分研究》《湖南典型矿震震例分析与研究》等论文获湖南省第十三届自然科学优秀学术论文；正式启动《湖南省地震志》编撰工作，湖南省地震学会完成换届工作。

（湖南省地震局）

广东省

1. 震情

2010 年，制定《地震重点危险区震情跟踪工作方案》，加强粤闽两省监测预报合作联动，组织召开危险区协调工作会议，共同做好粤闽交界及附近海域地震重点危险区震情监视跟踪工作。

坚持综合分析预报。提交各类震情研究报告 90 多份，召开会商会 53 次、临时紧急会商会 3 次。对增城出现群蛇等异常进行现场落实。多次派出专家参加中国地震局的震情会商。组织年中、年度会商会，承办 3 次片区联席会商会。

10 月 18 日召开 2011 年度广东省地震趋势会商会。会议提出广东省 2011 年度地震趋势判定意见。

2. 台网运行管理

广东省遥测地震台网平均运行率为 95.40%，强震台网运行率为 98%；记录处理地震事件 2642 个，产出新参数目录 21 条，速报辖区地震 4 次，无一错报、漏报和迟报；广东省测震台网、强震台网、国家自动速报备份中心 3 大观测系统运行产出正常。前兆台网仪器的平均运行率为 96.53%，连续率为 96.89%，完整率为 95.1%，年产出数据量约为 2000M。制定《华南片区地震台网仪器维修中心管理实施细则》，召开华南片区地震仪器维修中心工作暨地震监测技术交流会议。继续推进湛江地震台测震项目搬迁项目的台址勘选、组织论证和实施方案编写。

在 2009 年度全国地震观测资料评比中，广东省台网地震编目获第二名，测震台网综合和单项评比获第三名，强震动观测运行维护获第二名，肇庆台地磁观测获第二名，韶关台地磁观测获第三名，分析预报工作年度会商报告获第三名。

3. 台网建设

2010年，广东省防震减灾"十一五"重点项目中的测震、强震、地壳运动观测项目均完成80%的建设任务，前兆项目完成50%的工作量。完成水库地震监测与预测研究项目。新丰江水库地震监测预报试验场建设项目进行基础施工；完成阳江市海洋地震观测基地、广州市石榴岗地震海啸预警中心的立项。

完成"十一五"项目（含背景场项目）9个测震台站勘选和工程设计方案，部分台站已完成全部的工程建设。新丰江水库地震监测预报综合试验中心工程完成图纸送审、工程预算、工程招投标等工作。南海地震海啸预警系统建设项目进入建设阶段，阳江台阵10个子台已完成钻井工程。完成46个强震台建设，20个强震台站的仪器安装。建成粤东烈度速报台网。完成国家陆态网络广东省韶关基准站建设、完成广州台GPS项目的建设。完成汕头、新丰江和信宜地震台避雷系统的改造；完成广东地震前兆观测背景场探测项目台址勘选；完成广东地震前兆台网观测效能评估；佛山地震前兆观测项目投入使用；完成"阳江地磁场深井观测网"地磁仪器的安装，进入试验运行。

广州市新建花都文岗和南沙二中两个测震台站，南沙二中台新增地倾斜、地应变、孔隙压以及地温等观测项目，完成3个数字化采集数据的群测骨干点建设。深圳市完成20个深井地震台站建设的招标，完成10个观测井的钻探。佛山地震台单台数字测震及地下流体观测项目投入使用，"佛山市数字遥测地震台网"完成招投标。韶关曲江、乐昌、南雄3个市级数字地震遥测台投入使用，并纳入省地震台网统一管理；新增乳源、始兴、曲江、仁化等6个地震前兆宏观现象异常观测点；新增1585名防震减灾助理员。中山东凤中学地下流体数字地震前兆观测项目投入使用。汕尾市完成陆丰、陆河两个GPS基准站的土建、装修工程。"十一五"期间，"汕尾市地震数字前兆台网技术研究及建设""地下流体观测在地震数字前兆监测技术中的运用""汕尾市强震台观测技术研究及建设""强震脉动和波速观测及调试运作技术研究"科技项目通过验收。江门市完成台山市地下流体观测站改造；完成台山市GPS观测点基建；建成恩平市水位、水质宏观观测点。阳江市完成"阳江市深井地震前兆观测网"市区子台和阳西子台建设；完成"阳江市强震台网"市区台和阳西台建设，完成高新区台和阳东台基建；完成"阳江市地磁场深井观测网"市区子台仪器调测安装。湛江市完成数字遥测地震台网升级改造，地震监测台站由原来5个增加到8个，其中新增1个深井监测台。

4. 监测预报基础和应用研究工作

地震行业基金"地震目录新参数及其在地震预报中的应用"和"地震自动速报技术"课题结题；完成"广东地区地震的持续时间特征分析"等多项台站"三结合"基金课题。研发的GL－3B新型数字地震台站配电单元荣获中国地震局2009年度强震动观测技术革新奖；完成珠江黄埔大桥、虎门大桥、佛开高速九江大桥强震动监测与报警项目建设任务。"广东省地震紧急信息服务平台建设及其产业化运用""地震预警与自动速报技术研发""粤港澳地区地壳三维结构成像及精定位研究"取得阶段性的成果。参与中国地震局软件的用户权限认证系统和台站参数同步系统之JOPENS客户端的研发任务。获得中国地震局

2010年度震情跟踪专项3个项目的经费资助。完成"四川汶川特大地震发震与成灾机理的科学考察和研究以及广东的对策"专题"东南沿海地震带地震活动趋势研究"。完成"卫星热红外遥感资料在地震预测中的应用研究"。主持国家"十一五"科技支撑计划"水库地震监测与预测技术研究"子专题"水库地震序列基本统计特征研究";参与国家"十一五"科技支撑计划"水库地震监测与预测技术研究"子专题"我国水库诱发地震与区域构造的关系"。广东省地震应急课题"广东省地震危险区域人口经济分布的综合分析"通过专家组评审。

组建广州亚运会主赛场地区的地震烈度速报台网,在国内首次实现局部地区地震烈度速报试验。研发烈度速报软件,实现快速(准实时)烈度速报和图文并茂的实时服务。建立省、市和亚组委三方地震速报信息共享系统。

(广东省地震局)

广西壮族自治区

1. 震情

年度监测预报工作概述。靖西2.5级、陆川3.0级、河池2.8级、凌云凤山3级震群、靖西3.4级、灵山3.5级、贵州罗甸与广西天峨交界4.4级地震发生后,广西壮族自治区地震局立即成立调查组,前往震区开展工作,在前兆异常区附近架设流动台,实地开展地震监测工作,经过详细勘察后形成调查报告并将其上报自治区人民政府。广西壮族自治区地震局科学稳妥应对河池2.8级陷落地震及"5·19"地震谣传事件,特别是有效应对凌云与凤山3级震群和贵州罗甸与广西天峨交界4.4级地震,实现一次较为成功的地震中短期预测实践。完成凌云凤山3级震群趋势判定工作,较好跟踪和把握了9月18日贵州罗甸与广西天峨交界4.4级地震发生和发展过程,该地震中短期预测成为一次较为成功的实践案例。

年度地震趋势会商会情况及判定意见。广西壮族自治区地震局组织2010年度广西壮族自治区及邻区地震趋势会商会和专题会商会,密切跟踪震情并组织实施元旦等重大节日震情跟踪保障方案。

2. 台网运行管理

运行情况概况。2010年,广西壮族自治区地震局各类监测仪器总体现状是故障率较高,前兆仪器不太稳定,强震仪器仍不能实现实时传输数据。通过勤排查、早准备、快响应,保证台网运行顺利,通过对台站仪器的巡查及通信线路检查等手段,提高台网运转率。据统计,全年各台网平均运行率超过95%。

规章制度建立健全情况。完善科技管理领导小组及职责,成立科技管理专家委员会,制定并印发相关管理制度。

培训情况。派员参加第4期地震台站测震岗位考核培训、中国地震背景场项目地下流体场址勘选技术指南培训、电磁地震预测方法培训等11个培训班。

观测环境保护。河池地震台环境干扰问题,通过与当地政府3次协调沟通,发函或电话协商等，于 7 月 16 日与河池市签署搬迁协议书，完成新址勘选和定界，并开展征地工作。

资料和科研成果。2010 年度地震趋势会商报告评比中形变学科和南宁遥测地震台分别荣获一等奖；在 2011 年度广西及邻区地震趋势会商会上，形变学科组、南宁遥测地震台和测震学科组提交的报告分获二等奖和三等奖。"广西数字测震台网关键技术研究与应用"项目通过科技成果鉴定。

3. 台网建设

签订岩滩水库地震监测预测系统项目、龙滩水电站数字地震台网运行管理、龙滩水电站水库强震动台网监控系统技术升级改造服务 3 份合同，同时签订钦州、北海、防城港、崇左、桂林、陆川、百色地市县地震局虚拟测震台网 7 个建设合同。

4. 监测预报基础和应用研究工作

2010 年共编发国外、国内、区内《震情》110 期，同比增多 46 期。完成广西简明地震信息手册和 14 个地市震后趋势判定模板。开展"大厂矿区地震监测台网龙滩水库加密观测及水库精定位技术研究""龙滩水库地震监测台网二期建设工程"和"十一五"国家科技支撑计划重点项目"水库地震监测与预测技术研究"及中国地震背景场探测项目广西分项等重点项目。

（广西壮族自治区地震局）

海南省

1. 震情

2010 年海南省地震局以震情为中心，加强地震监测，强化震情跟踪，认真落实异常调查，努力提高地震监测预报水平，较好地把握海南岛及邻区年度地震活动趋势和最高震级水平，圆满完成春节、"五一"劳动节、国庆节、博鳌亚洲论坛、海南欢乐节等特殊时期的震情保障工作，全年共落实异常 7 起，完成各类会商 50 次。

2. 台网运行管理

2010 年海南省台网由固定观测台网和流动观测点网组成。固定观测台网由前兆台网、数字测震台网、强震动观测台网和火山监测台网组成。其中，前兆台网共有国家台站 2 个，区域台站 2 个，市县台站 5 个；数字测震台网共有 3 个国家台、17 个区域台；强震动观测台网有 13 个子台；火山监测台网由 5 个观测子台（观测手段包括测震、地磁、体应变、地下流体等）和台网中心组成。流动观测点网主要由 GPS 形变观测点及重力观测点组成。台网运行率为：前兆台网 95%；测震台网 93%；强震动观测 89%；火山监测台网 97%。2010 年海南省地震局完成部分台网传输线路由旧办公楼到新办公楼的搬迁工作。

为确保台网的正常运行，制定《海南测震台网运行管理实施细则》《海南地震前兆台网运行管理实施细则》《测震台站维护规程》等一系列规章制度。

2010 年观测环境基本稳定，除三亚流体观测台观测质量遭到周围房地产开发的影响及万宁、青山岭、七星岭、五指山台交流电缆和七星岭避雷地网遭破坏外,未发生较大影响的观测环境被破坏事件。10月国庆期间,海南遭受了百年一遇的特大暴雨袭击,监测设施受到不同程度的破坏。其中,澄迈、三江台观测室进水,水位达60~80厘米,地震计、供电线路和设备损坏严重。

2010年海南区域地震前兆观测台产出数据总量约为16GB;测震观测台产出数据总量约为950GB;主要流动重力观测数据及流动GPS观测数据产出总量约为200MB。地震上网共405次,编写地震月报目录共64份。全省共27个台项的观测资料参加全国评比均获优秀,其中海口地震台地热(浅井)观测资料在全国评比中获第三名,海口地震台和琼海水位观测资料在全国评比中获第三名。

3. 台网建设

完成海南省背景场探测工程项目环评等前期工作。完成国家背景场探测项目初步设计概算等工作。完成子午工程、陆态网络工程基建工作。完成测震流动观测台网和强震动烈度速报网立项工作。

4. 监测预报基础和应用研究工作

海南省地震局支持技术人员申报和承担中国地震局及海南省科研课题。2010年获得中国地震局"星火计划"项目1项,完成中国地震局"三结合"课题1项,与中国地震局研究所合作完成科研课题2项;自筹资金资助7项科研课题;评审海南省地震局防震减灾优秀成果奖4项;获海南省科技进步奖二等奖2项;公开发表学术论文9篇。

(海南省地震局)

重庆市

1. 震情

牢固树立"震情第一"的观念,坚持把震情监视跟踪作为重中之重来抓,坚持月会商、周会商、节假日会商和特殊时段会商制度,出现异常做到及时追踪和落实。逢重大节日,特别是新中国成立六十周年和三峡水库蓄水期间,组织制定周密工作方案,对监测预报系统进行全面细致检查。狠抓日常地震监测预报工作,夯实管理基础,提高监测队伍整体水平。通过开展形式多样的学术交流、内部培训、重大项目实施以及研究课题,促进监测队伍整体水平提高。

2. 台网运行管理

2010年出台《质量评比考核办法》《UPS电源管理办法》等管理制度。台网运行情况良好,其中,测震台网系统总体运行率大于99.5%,资料完整率为100%;向中国地震台网中心EQIM速报地震10个,向重庆市委、市政府发送震情值班信息46期,编目地震事件680个。前兆台网观测仪器数据平均汇集率为100%,报送率为100%,在网运行观测仪器平均运行率为99.65%;观测数据平均连续率为99.47%,完整率为98.75%。监测预报工作质量在全国统评中,重庆测震台网运行、编目和地震速报获得优秀,前兆台网系统运行获得全国第二名。在全国预报评比中，地震分析预报综合评比在三类局取得第二名，日常分析预报取得全国第二名的历史最好成绩。

3. 台网建设

逐步推进地震监测预报系统升级和观测资料共享，开展石柱黄水应用级备份中心站建设。推进短信群发平台升级改造工作，将重庆市地震台网中心普通企业版短信群发平台升级为地震信息发布系统短信平台（基于 MAS 的移动信息化业务）。推进 GPS 资料应用共享，与重庆市气象局建立资料沟通共享渠道，提升重庆市防震减灾能力。

（重庆市地震局）

四川省

1. 震情

年度监测预报工作概述。2010 年，四川省地震监测预报工作坚持以震情为中心，积极推进震情会商机制改革创新，不断强化地震台网运行管理和监测质量监控，加快地震烈度速报能力建设，努力提升地震速报和前兆观测成果的应用服务水平，大力推进人才队伍建设，地震监测预报各项工作取得长足进步。

坚持执行观测质量目标责任制和月评制度，成立测震、电磁、形变、流体、信息 5 个学科技术管理组，加强观测质量行政和技术管理。完成四川省地震台站（网）备案工作，开展测震、前兆台网监测效能评估。发挥西南片区地震仪器维修中心作用，确保台站仪器故障快速修复。受理建设工程地震监测环境审批 201 项，协调处理姑咱、泸州、雅安、川主寺等多起地震台站影响事件。召开地震监测工作总结及观测资料统评会议，对全省 215 个测项和 7 个遥测地震台网的观测质量进行综合考评。全省地震监测台站运转正常，完成 354 个流动点野外观测工作，包括形变监测场地 23 个、流动重力 180 个、地磁测点 61 个、GPS 区域站 90 个。丰富地震监测台网产出，为预测预报、科研及防震减灾其他领域提供科学数据；扩大地震自动速报服务范围，提高全系统应急响应速度。强化震情监视跟踪，及时传达贯彻全国 2010 年度地震趋势会商会精神，成立震情强化跟踪领导小组及技术实施组、专家组，制定《震情跟踪工作方案》及《实施计划任务》。会同云南省地震部门制定《川滇协作区震情跟踪工作方案》，落实川滇协作区震情跟踪工作任务。完成 12 个井泉观测数据加密报送、49 个宏观观测点观测和异常上报工作；完成鲜水河、安宁河—则木河断裂带及附近 21 个跨断层短水准、短基线场地 5 期加密观测，6 个 DSJ 蠕变观测台观测资料加密收取；应用卫星远红外资料跟踪分析重点监视防御区异常变化；对西昌、美姑、宜宾、内江、泸州站及鲜水河—安宁河断裂带 6 个 GPS 站连续观测站观测资料进行了解算和分析。落实宏微观异常 76 起，核实了洪雅地下响动现象；会同省国土部门对成都、宜宾等地"天坑"、北川"山体冒烟"现象进行调查，提交了调查报告。

年度会商会情况及判定意见。推进会商机制改革，编写《震情会商机制试点改革方案（送审稿）》。坚持震情会商制度，共计会商 81 次，包括年度会商 2 次、周会商 53 次、月会商12次，紧急加密会商14次，密切监视全省震情趋势发展变化，较好地把握全省地震趋势。

2. 台网运行管理

运行情况概况。保证四川省台网169个固定台站、88个市县台站、477个群测群防点、24个水库专用地震监测台监测仪器的正常运转；完成354个流动点的野外观测工作。全省监测质量在全国评比中获得前三名13项，优秀率为100%；2010年所有前兆测项的平均运行率为94.63%，完成并报送12期月报、1期年报；完成70份仪器观测异常核实报告；测震台网全网平均连续率为98.82%，台网中心软硬件系统运行正常，运行率达99.99%；顺利完成地震速报及地震编目工作；完成汶川地震余震序列的分析处理；完成汶川、自贡、遂宁、玉树和犍为地震流动观测任务。跨断层流动场地水准、基线观测：年度施测6周期，共21处场地；流动重力观测两周期；流动地磁观测一周期；跨断层流动场地水准、基线强化跟踪加密观测6周期和蠕变动态数据加密收取；等等。

规章制度建立健全情况。为进一步规范地震前兆台站运行管理，依据中国地震局《地震前兆台网运行管理办法（试行）》和四川省地震局《四川地震前兆台网运行管理细则（试行）》，按照中国地震局《区域地震前兆台网运行管理技术要求》，结合四川省实际，制定《四川地震前兆台站运行质量评比实施细则（试行）》。组织编写《攀西地区地震预警与烈度速报试验区工作方案》及"十二五"监测规划。

培训情况。2010年，四川省地震局举办地震地下流体台网运行管理细则、地震分析预报、西部形变台站倾斜和应变观测技术等培训，提高监测预报人员业务水平。

地震监测设施与观测环境保护2010年度共接收建设工程地震监测环境审批件195件，均及时予以批复。处理或正在处理如姑咱地震台、泸州地震台、雅安地震台、川主寺地震台等多起地震监测环境影响事件。

3. 台网建设

台网布局调整。四川数字测震台网2010年通过汶川地震恢复重建后，除完成对受损的4个台站进行恢复加固外，还新建天全、宝兴、安岳、盐亭、苍溪、旺苍、红原、九寨沟8个测震台。

2010年四川省前兆台网在运行仪器共153套，包括姑咱台模拟石英摆倾斜仪SQ70、西昌模拟地磁记录仪CB3和质子旋进式磁力仪G866、成都台模拟地电仪ZD8B、江油台模拟磁秤仪CR2－69、甘孜台"十五"人工观测水汞仪SD－3B、松潘台"十五"石英水平摆SQ。

流动测量2010年新建映秀、乔窝水准监测场地并投入运行。

在"十五"期间建设的四川GPS观测网络基础上，在"5·12"汶川地震灾后重建中对原有的GPS台站进行了改造，新建12个GNSS台站，同时由四川赛思特公司投资建设12个川东GNSS台站。已经建成36个GNSS台站共同构成四川GPS地壳运动监测系统，完全实现高精度的GPS数据自动化处理，保证了数据处理的效率和质量。

技术系统和观测环境升级改造。四川省地震监测系统和监测设施维修加固前兆项目：①完成安县应变孔、石棉地震台川02井观测房、茂县地震台形变及环境综合改造工程、北川地震台流体观测井钻孔建设。完成32台套专业仪器设备的采购。②测震项目：完成中江、江油、壤塘台、安岳、旺苍、苍溪、盐亭、天全、九寨、红原、小金、宝兴12个测震台土建与仪器安装调试。流动测震观测台阵已完成50套地震计采购，50套数采已完成竞争性谈判。完成台网中心升级改造。③GNSS观测网络建设：完成关键设备的采购；完成中心机房管理软件（GPSNet）的升级工作；完成GNSS台站的土建工作与设备安装调试。完成12个GNSS基准站的改造工作。④超低频振动台系统工程项目：按计划生产振动台设备，待崇州地震台建设时进行系统安装调试。中国大陆构造环境监测网络项目（四川省地震局任务）全部完成，进入试运行。背景场项目按照进度要求，完成土地预审和初设工作。子午工程项目进展顺利，完成全部建设任务和仪器安装调试，进入试运行。完成九龙地震台、昭觉地震台改造。

4. 监测预报基础和应用研究工作

2010年度产生的观测数据已投入地震预报和科研工作使用。完成全省测震、前兆台网监测效能评估，并形成台网监测效能评估报告上报中国地震局监测预报司。年内先后派出技术骨干4次参加国家重点项目"地震烈度速报与早期预警系统"主题报告的编写。在科研工作中，完成地震新参数目录及其在地震预报中的应用课题。承担中国地震科学台阵探测南北地震带南段60个台站的观测任务。

（四川省地震局）

贵州省

1. 震情

重点监视防御区研究取得重要成果。对贵州省地震趋势会商会进行改革，完成了贵州2010年年中和2011年年度地震趋势研究，提出了贵州省地震重点监视防御区（2010—2020年），为贵州省震情跟踪和区域御防协作提供了科学依据。

2. 台网建设

地震监测台站运行率达到国家标准。对威宁等5个地震监测台站以及光照数字地震遥测台网、乌江地震监测台网监测工作进行了检查和指导。对黎平等5个地震监测台的仪器进行了检查维修，保证了台站实时运行率达到90%以上。

加强台站建设和宏观异常调查。推进国家地震背景场观测项目晴隆地震台等5个地震台进行勘察、建设工作，完成贵阳台、盘县台及邻省边界线附近地震台站数据共享工作，地震监测能力得到较大提高。遇有异常情况，及时核实，加强短临跟踪和预测预报研究工作。规范地震监测台网中心工作，建立健全了地震监测规章制度。

（贵州省地震局）

云南省

1. 震情

震情跟踪及群测群防。2010年，云南省地震局成立震情跟踪工作领导小组，下设震情分析、监测、信息、流动观测、应急、宣传等工作组，组织开展震情跟踪工作，同时还成立3个重点地区震情跟踪工作组，制定跟踪预测技术方案，有针对性地开展重点危险区跟踪预测工作。为确保震情跟踪工作落到实处，2010年云南省地震局共下发30余份关于加强震情跟踪监视方面的文件，对云南省震情跟踪工作进行指导。

云南省地震局党组召开2次专题会议，研究部署2010年度震情跟踪工作，召开5次震情跟踪工作领导小组会议，贯彻落实上级决策部署，对做好震情跟踪工作进行安排。

制定《云南省2010年度震情跟踪工作方案》《云南省强震强化监视与跟踪工作方案》等，对2010年度云南省震情跟踪工作进行安排部署，全面开展震情跟踪预测和研究工作。

落实震情跟踪工作责任制，云南省地震局震情跟踪工作领导小组组长、局长皇甫岗与云南省16个州、市地震局（防震减灾局）局长和云南省地震局监测预报单位负责人签定《云南省2010年度震情跟踪工作责任书》，明确各单位震情跟踪工作责任和任务。部分州、市地震局（防震减灾局）又与下属县级地震部门和科室签定责任书。10月，云南省地震局组织对各单位落实完成2010年度震情跟踪工作责任制情况进行考评，评出完成"好"以上的单位10个，其余为"较好"。

2010年共召开震情会商会64次，向中国地震局和云南省委、省政府上报《震情反映》8期。收到各州、市、县（市、区）地震部门和地震台站上报的宏观异常41项，及时派出164人次的工作组到现场核实，云南省地震局领导也多次带队到有关州市县进行震情跟踪和应急工作检查。

2. 台网运行管理

2010年，云南省地震台网共速报地震事件1949次，产出速报目录6890条，发出地震短信9.5万余人次。测震台网运行率平均为97.86%，前兆台网运行率为98.86%，地震信息行业网络运行连通率大于99%。云南省166项观测项目参加全国地震监测质量评比，有30项获得前三名，连续7年居全国第一，其余项目均获优秀奖。派出30余人次赴现场完成6个国家测震台和10多个区域测震台的电源供电、记录数据丢包、噪声干扰、地震计故障、数据采集、防雷系统、地震计漂移、环境干扰等问题的检测检修工作，完成每月的应急测震设备检测、供电电瓶充放电维护等工作，完成数采、地震计、电源返回厂家（代理商）维修处理等工作。维修前兆观测仪器设备148套，其中"十五"仪器83套，"九五"仪器65套，约200天人次。及时排查和处理火山地震台网故障，野外巡台处理故障61台次，分析处理了2068个地震事件，共完成观测报告10期，每期刻录DVD光盘两份，包括地震连续记录、地震事件记录、地震报告、运行率统计结果和值班记录日志等，纸质地震目录两份。完成腾冲火山台网观测质量检查和观测资料质量检查评比工作。为小湾台网中心安装备用UPS电源，解决UPS电源已连续工作五年的问题。完成景洪水库台网、糯扎渡水库台网和小湾水库台网数据传输故障、供电不稳、防雷设施、数据采集等问题的维护和维修工作共计29次，分析处理地震14493个。糯扎渡水库台网共分析处理地震5007个。

加强制度建设，制定《云南省地震震情跟踪工作检查制度》，按月登记各单位每月上报的震情跟踪工作文件材料和工作情况，建立震情跟踪工作日常检查反馈制度。要求各州市地震部门和局属有关单位制定《应对不同震级地震的地震趋势判定工作程序》《地震谣传和震时地震信息保障制度》《紧急会商制度》《重大异常处置制度》等各种突发震情应对处置制度，及时认真做好突发事件的应对准备，确保在各种震情突发事件发生后，能够及时有效地配合当地人民政府做好稳定社会秩序的工作。

举办云南省地震预报方法和技术培训班和云南省测氡培训班。

开展云南省地震监测工作检查。9月9—20日，由云南省地震局监测预报处、省地震监测中心、省地震预报研究中心等部门和单位领导以及专业技术人员组成三个地震监测工作检查工作组，对部分州、市、县（市、区）及45个地震台站的地震监测工作进行全面检查。

加强地震观测环境保护，进一步贯彻实施《地震监测管理规定》，对云南省地震监测台站观测环境保护工作领导小组进行调整，成立云南省地震局地震监测台站观测环境保护工作组。经多次与地方政府和相关部门沟通协商，妥善解决了腾冲地震台、贵阳地磁台、元谋地震台、嵩明地电、弥渡地震台等观测环境保护问题。

3. 台网建设

组织六大学科组分学科对云南省地震前兆监测台站进行清理评估，科学界定台站属性，推进地震监测台网分级分类管理。

加强观测仪器的比对观测。将黑龙潭地震台CTS－2F地震计与BBV60地震计、STS－2地震计进行性能对比观测，将通海遥测子台CTS－2F、BBV60地震计与KS2000地震计进行性能对比观测，完成通海遥测子台及个旧国家台地震计对比观测工作。为保障水库台网运行率，将景洪的小勐养子台、糯扎渡的弯手寨、干坝、新城、麻栗坪子台的供电方式由商业交流供电方式改造为太阳能供电方式。

2010年，云南省列入全国重点地震监测台站优化改造项目的地震台站为通海地磁台、元谋地震台、曲江水化站。

4. 监测预报基础和应用研究工作

结合地震跟踪和预测预报工作，组织开展"云南强震活动与板缘动力学机制研究""云南地区强震预测预报指标体系研究""震后趋势判断及强余震预测技术方法研究"等研究工作。

成立云南省地震局中国地震背景场探测项目实施工作领导小组及办公室，召开7个州市、12个县级地震部门负责人参加的中国地震背景场探测项目建设用地预审工作会议，对相关工作进行安排部署，组织完成11个台站土地预审工作。

（云南省地震局）

陕西省

1. 震情

制定并组织实施2010年度震情跟踪工作方案和强化地震监视与跟踪工作方案，向陕西省人民政府上报2010年地震趋势预测意见。年内落实各类地震异常34次，组织完成省内鄂尔多斯周缘前兆异常调查核实。承办鄂尔多斯周缘地区地震趋势讨论会，13个单位100余名领导和专家参加会议，形成对鄂尔多斯周缘地区的地震趋势意见。完成黄帝陵清明祭祖、西洽会、"两会"、国庆等重要时段的震情保障工作。成立陕西省地震局地震监测预报学科组，区分测震、地壳形变、地下流体、电磁、流动测量等9个学科，加强地震观测资料质量和台网运行管理。

2. 台网运行管理

2010年共监测地震事件3295次，速报44次。监测综合管理在全国量化考评中取得第二名，乾陵台地倾斜、地电阻率、地磁秒采样、电磁学科综合评比、周至台水位、强震动观测记录获得全国统评第二名，周至台气氡、省级测震台网陕西台网综合评比、陕西台网编目、强震动观测运行维护、地震应急基础数据库获得全国统评第三名。

开展宝鸡磻溪地电台、彬县测震台、周至地震台和榆林井克梁测震遥测台的观测环境保护工作。

3. 台网建设

（1）完成汶川地震灾后恢复重建项目地震监测系统建设项目土建工程验收，验收测震台站15个，GPS站点17个，信息、前兆、强震台站（点）40个。新签9份建设任务责任书，其中测震项目1份、强震项目2份、前兆项目2份、GPS项目4份。

（2）完成陆态网项目3个台站的建设任务，并投入试运行。

（3）制定了"九五"模拟前兆观测系统升级改造并入"十五"数字地震观测系统的实施方案。

（4）结合区域中心台设置构想，编写了陕西省地震监测中心台设置方案。积极推进市级虚拟台网中心建设，7个设区市虚拟台网中心投入运行。

（5）完成宝鸡地震台优化改造，以及项目执行情况和绩效考评。

（陕西省地震局）

甘肃省

1. 震情

年度监测预报概述。地震预测预报以2010年度地震重点危险区为重点，开展不间断的震情监视与分析研判，同时承担危险区协作区牵头工作，建立背景数字图库，开展中强地震活动规律、前兆异常、小震震源机制深入分析，对已有判据、地震加速矩释放现象跟踪研究。特别是4月14日青海玉树7.1级地震后，甘肃省地震局高度关注玉树地震对甘肃省的影响，密切监视甘东南地区震情发展变化，开展震情分析、短临跟踪工作。南北地震带北段大震危险性强化监视取得显著进展，建立不同构造单元的强震发震构造模式；建立区域活动构造运动学和动力学模型；分析确定中强以上地震记载的大体完整时间；研究确定强震前显著平静异常特征；初步提出数字化观测资料评价的思路标准和方法；建立一定定性定量指标判据；研究确定未来强震发生地点的孕震背景及动力学特征。2010年对省内发生的3起显著地震事件作出了较准确的震后趋势判定；对"5月21日前后兰州市将发生较大地震"的传言，及时在甘肃地震信息网发布了《兰州市近日发生破坏性地震的可能性不大》的公告，该公告经"中国·甘肃"政府网转载，为社会稳定和政府决策提供了依据。

年度地震趋势会商会情况及判定意见。2010年甘肃地震趋势会商会通过充分论证，系统预测了甘肃及边邻地区中强以上地震的危险性和强震发生的可能性，确定了2010年度甘肃省地震重点危险区，提出可能发生地震的震级。

2. 台网运行管理

台网运行概况。2010年度甘肃省测震台网运行率达到94%以上，共速报国内外地震70个，编目省内外地震2973个，及时向中国地震局台网中心、各市州地震局提供观测资料800份；前兆台网运行率达到99.72%，数据完整率达到98.9%以上；强震台网运行率达到92%；信息网络运行率达到99%以上；满足了信息发布、地震速报、地震目录和前兆资料的查询。4月14日，青海玉树7.1级地震发生后，甘肃省地震局派出流动观测小组携带6台ETNA强震流动仪，在地震现场开展大震现场流动观测。截至10月16日，共获取数字强震动记录71个，圆满完成流动观测任务。继续维护2008年5月汶川地震后在碧口、玉垒、石坊和九寨架设的4个流动测震台的观测，通过GPRS无线信道将地震数据实时传送到甘肃省测震台网中心，并上传中国地震台网中心，为汶川地震余震观测精确定位、地震趋势判断发挥了重要作用，11月，将4个流动测震台撤回；针对2009年10月在酒泉市肃北县和玉门市昌马乡架设的2个加密观测流动台，于2010年3月将玉门市昌马乡台调整到阿克塞，通过GPRS无线信道传送到甘肃省测震台网中心。

培训情况。参加中国地震局举办的各种技术骨干业务培训104人次；参加甘肃省地震局举办的监测预报培训120人次；4人参加了"第三届西部青年分析预报人员科技论坛"学术交流活动；1人作为中国地震局交流访问学者进行3个月的学习和培训；1人参加全国电磁学科培训。

观测环境保护。完成310个台站（点）、379个测项的观测环境保护备案基础材料的整理、汇总。

资料和科研成果。在2010年全国地震观测资料评比中，甘肃省地震局共获得前三名27台项，其中第一名5台项，第二名12台项，第三名10台项。推荐"甘肃地震应急指挥技术系统建设与应用""兰州观象台地震观测成果及应用研究（2004—2008）""甘肃数字地震观测网络前兆台网建设与应用""断层地震破裂运动的科里奥利力效应研究及对强余震的预报应用"等项目，申报中国地震局防震减灾优秀成果奖。

3. 台网建设

台网布局调整。完成莫高窟地震监测台阵台址初步勘选工作；在阿克塞和宕昌县架设2

个流动观测仪器。"中国大陆构造环境监测网络建设"项目,由甘肃省地震局负责建设的嘉峪关、古浪、景泰、静宁、清水、武都、岷县、玛曲8个基准站设备安装和由外部委承建的陇西、平凉等10个基准站通信系统于7月8日全部完工,18个基准站分别于8月、9月进入试运行。"中国地震背景场探测工程",由甘肃省地震局承担的项目工程,完成初步设计、土地预审等工作。

技术系统和观测环境升级改造。2010年对地震观测系统134台(套)仪器进行更新改造;高质量完成合作和兰州十里店地震台站的环境优化改造,极大地改善两个地震台站基础设施、观测环境和观测技术条件;对武都、天水地震台站进行地电观测技术改造;重新架设受气象灾害损坏的金佛寺、渭源台测震供电线路。

4. 监测预报基础和应用研究工作

开展地震矩加速释放模型、小震震源机制解、库仑破裂应力触发作用、地震活动异常增强和异常平静等方法应用研究;加强"十五"数字化测震资料和小震精定位、b值空间扫描、基于Cap方法的小震震源机制解应用研究;开展数字化前兆观测资料的清理,确定可用、基本能用、不能用的台项和测项。

(甘肃省地震局)

青海省

1. 震情

2010年青海省地震局制定《2010年度青海省震情跟踪工作方案》《南北地震带强震强化监视跟踪工作方案》,确定年度短临跟踪工作目标,并成立震情跟踪工作领导小组和震情跟踪工作组,同时对各种震情形势和前兆异常情况的对策措施和处理流程作了明确规定。

开展现场异常落实26次,电话异常落实123余次,宏观异常落实3次。组织召开周、月会商及紧急(临时)会商169次,编写周和临时会商意见157期,月会商12期。除对玉树地震序列进行会商外,还对大柴旦、曲麻莱等地区的显著地震异常进行了紧急会商。

2. 台网运行管理

2010年测震台网完成地震编目5480条,大震速报137次,编写《青海省测震台网地震观测报告》12期、《青海省测震台网运行月报》12期,产出连续波形文件数据约1100GB,事件波形文件数据约25.6GB,刻录DVD数据光盘约680张。同时编写《青海省测震台网运行年报》《青海省测震台网监测效能自评估报告》《青海省各州(地、市)数字地震台网建设工程设计》《黄河上游梯级水电站地震台网标定报告》《黄河台网通信方式改造可研报告》等技术报告26份,约20万字。

青海测震台网整体运行率达到99.3%,测震台站平均实时波形连续率为95.61%,各项指标均符合中国地震局测震台网运行规范要求。前兆台网完成18个台63套仪器161个测项分量的37000余条观测数据、编写监控日报243份、观测月报9份、年报1份;强震台网共处理地震事件59个127条记录,观测记录单2份、年报1份、远程通信检查表640份、现场检查表 40 份。

在中国地震局全国统评中，青海省地震局 2010 年度趋势会商报告获得三类单位第二名。

3. 台网建设

2010 年完成测震台网中心及所有台站软硬件系统日常维护、检修、升级、系统标定、日常标定等工作，全年维修、维护台网中心及 30 个野外台站仪器设备 67 次共计 86 台套。

（青海省地震局）

宁夏回族自治区

1. 震情

年度监测预报工作概述。制定下发《宁夏回族自治区 2010 年度震情监视跟踪方案》，围绕年度重点危险区加强监测预报各项工作，采取切实有效措施，加强台站管理和重点项目推进。4 月 14 日，青海玉树发生地震后，宁夏回族自治区地震局迅速完成地震参数分析、测定和地震速报工作；进行紧急会商，研判该地震对宁夏回族自治区造成的影响。协办了"中国地震局电磁学科工作会议""中国地震局西部片区测震仪器维修技术研讨会"。

年度震情跟踪与判定。2010 年 6 月，宁夏回族自治区地震局在银川召开"宁夏回族自治区 2010 年中地震趋势会商会"。高效处置 6 月 22 日永宁县 4.5 级地震事件，保障了 2010 年宁洽会暨中阿经贸论坛等重大活动时段的地震安全。按时进行周、月、年中、年度等常规会商，同时按照有关规定参加西北片区年中、全国年中、年度地震趋势会商会以及鄂尔多斯周缘地区地震趋势讨论会等。2010 年内还召开紧急会商 9 次。

2. 台网运行管理

圆满完成 2010 年度自治区地震观测系统维护、观测工作质量管理、震情值班、地震速报、灾情速报、地震观测数据收发和信息系统维护、软件应用和地震台站综合治理、地震应急系统维护保障等工作任务。完成地震前兆台网运行状态的监控和维护、地震前兆数据收集、整理和存储工作。依法开展胜利乡流体井、牛首山测震台观测环境保护工作。

在 2010 年地震监测预报工作质量全国统评中，宁夏回族自治区地震局分析预报综合评比在二类局中获得第二名，日常分析预报取得第三名，2010 年度地震趋势研究报告取得二类局第三名，强震动观测运行维护获得第一名，强震动观测记录获得第二名，海原郑旗台气氡获第二名，银川台大震速报、海原台钻孔倾斜、石嘴山地电阻率、中卫倪滩台水位、宁夏回族自治区地震局网络运行、中卫台站节点综合均获得第三名。

3. 台网建设

对红羊流体台、石嘴山地震台等进行全面或部分改造；完成陆态网宁夏回族自治区项目建设并投入试运行；完成中国地震背景场探测项目初步设计、建设用地预审等工作；实施"贺兰山东麓断裂 1∶5 万条带状地质填图、石嘴山市活断层探测数据库建设"任务和"石嘴山市活断层一期探测与断层活动性初步鉴定"项目。

4. 监测预报基础和应用研究工作

成功申报自治区科技攻关项目1项、青年自然基金项目1项；申报中国地震局2011年度震情跟踪定向工作任务7项，批复4项。通过设置小型科研项目，鼓励监测预测人员积极参与课题研究，撰写科研文章，努力培养高素质的一线业务骨干，发表地震科研论文13篇。承担的"中国大陆7、8级大地震中长期危险性预测"等8项课题进展顺利。

（宁夏回族自治区地震局）

新疆维吾尔自治区

1. 震情

年度监测预报工作概述。2010年新疆维吾尔自治区地震局制定短临跟踪工作方案、加强宏观观测管理工作，编制《2010年度新疆维吾尔自治区地震局地震短临跟踪工作方案》，印发各地州市地震局、专业台站和局相关部门。明确2010年度地震短临跟踪工作具体措施、跟踪区组成单位、责任以及具体跟踪项目，努力做到任务明确，责任明确。

地震趋势会商。2010年11月10—12日在乌鲁木齐召开新疆维吾尔自治区2011年度地震趋势会商会。各地、州、市地震局（办）、地震台站及新疆维吾尔自治区地震局有关部门共50余名代表参加了会议。会议讨论形成2011年度全区地震趋势预测意见，并组织地震预报意见评审委员会对预测意见进行评审。

2. 台网运行管理

运行情况。2010年正式参评的地震观测资料共221台项，评比为优秀的173项，占78.2%，较2009年度增加13个百分点。2009年度在全国地震观测资料评比中取得长足进步，共获得前三名20项，较2009年度增加9项。

培训情况。安排重要台站业务骨干赴新疆维吾尔自治区地震局访问学习，派出监测预报专家前往重点台站指导监测预报研究工作。根据震情形势的发展，上半年预报中心专家前往阿克苏中心台指导台站监测预报工作，台站及地方地震局业务骨干人员6人次来局学习交流访问，派出2人次前往中国地震局地震预测研究所等单位开展新技术和新方法的学习。

3. 台网建设

新增部分前兆观测项目，并对台站的前兆手段进行维护和数字化升级改造。4月，南疆震情跟踪工作组在和田地震台架设地磁波观测仪一套；6月20日—7月1日，前往南天山一线开展仪器维护和架设工作，先后完成巴州地震局轮台阳霞的CZB井下摆仪器架设，阿图什哈拉峻、喀什马场、栏杆乡以及乌恰的井下摆仪器维护；6月28日—7月5日完成哈拉峻、马场、乌恰井下摆数据的传输改造和数据库规范化等工作；8月23—31日前往石场、木垒、巴里坤三地架设数字化石英水平摆；10月下旬赴库车开展井下摆倾斜仪以及康村分量式钻孔应变的数字化改造工作。对呼图壁跨断层仪器故障进行维护，同时前往呼图壁21井（达拉拜）对因泥石流侵袭而损毁的井房及观测设施进行现场评估；8月开展精河地震台前兆观测数字化项目改造工作。

完成31个陆态网络连续观测基准站的仪器架设安装工作，并实现与中国地震局工程中心、台网中心的联网调试，顺利进入试运行阶段。为改善台站观测办公条件，提升单位在当地形象和影响力，富蕴地震台实施了台站优改项目。

（新疆维吾尔自治区地震局）

中国地震局地球物理勘探中心

1. 震情

年度监测工作概述。2010年，完成华北强震强化监视跟踪2期复测和地震重力测网中的内蒙古测网、山西测网和冀鲁豫测网2期复测及陕西关中测网和宁夏测网1期复测工作。完成1月24日河津市4.8级地震应急复测和10月24日河南省太康4.7级地震应急测网复测各1期。

测量重力测点896个、重力测段977段，总计110个闭合环；新建测点或改造测点12个；全年共计总行程约10万千米，安全无事故，圆满完成2010年的监测任务。物探中心获"2010年地震监测预报工作质量——相对重力联测"一等奖。

在野外观测中，对变化较大的测点、测段在现场立即进行异常核实，对即将被破坏的测点选建了新点，并进行了新老测点之间的联测，确保流动重力观测资料的连续性。

年度地震趋势会商会情况及判定意见。野外观测小组和室内工作小组及时将每期重力观测数据进行整理与计算，根据重力资料对各测区地震趋势进行分析研究、会商讨论。2010年在APnet网上共发布会商结论17次，其中月会商12次、地震应急会商5次，开展年中、年度地震趋势会商，并参加河南省地震局、重力学科组和中国地震局的年中、年度会商会。

2. 台网运行管理

运行情况概况。896个测点均正常观测，包括4个被杂物覆盖的测点和12个即将被破坏的测点。

规章制度建立健全情况。健全了重力观测资料及预报意见保密制度。

培训情况。3人次参加了中国地震局监测预报司举办的重力数据新软件使用、地震地质、地震台站形变和流体监测等培训班。

资料和科研成果。2010年重力观测资料与处理结果及时与中国地震台网中心、中国地震局地震预测研究所、中国地震局重力学科组、宁夏回族自治区地震局、内蒙古自治区地震局、陕西省地震局、山西省地震局、山东省地震局、河北省地震局和河南省地震局等兄弟单位共享。

3. 台网建设

台网布局调整（台点调整）。对12个新建测点与老点进行了四程联测。新建4个临时点，分别为洛阳、凉城、灵石和交口站点。

4. 监测预报基础和应用研究工作

震情跟踪任务"流动重力资料统一处理与非构造扰动因素分析""冀鲁豫地区流动重力异常分析与地震关系探讨"顺利完成，研究成果应用到了2011年度地震趋势会商，提高了地震预测的科学性。通过与湖北省地震局重力室、中国地震局第二监测中心重力室交流学习，进一步加强重力观测技术及其数据处理方法的研究。提交年中、年度地震趋势研究报告各1份；在核心期刊上发表文章1篇。

（中国地震局地球物理勘探中心）

中国地震局第一监测中心

1. 震情

年度监测预报工作概述。2010年，中国地震局第一监测中心按照中国地震局震情跟踪工作部署，制定周密监测实施方案保障各项工作顺利开展，共完成18个项目的监测任务或阶段性年度任务。完成区域精密水准测量6927千米，新建水准点255个，GPS观测405个测点，重力观测177个测段，踏勘、新建和补埋279个测点。玉树7.1级地震后，成立10个监测小组赶赴玉树开展科考工作，在青海玉树地区、四川西部和甘肃南部，共完成GPS 70个站点的观测，圆满完成科考任务，为震情分析研判提供了可靠监测数据。

年度震情跟踪与判定。1月24日山西省运城发生4.8级地震后，中国地震局第一监测中心加强资料的分析与处理，分析预报专家赴山西实地落实形变资料异常情况，对异常进行分析判断，持续加强震后监测数据的分析处理。对唐山地震台短水准全年观测和数据分析处理并上报。完成各类地震应急会商、临时会商、重要的会议与节假日会商，召开年中、年度趋势会商各1次，年度会商汇总给出全国地震危险区会商意见，重点标出华北地震危险区的会商意见。

2. 监测预报基础和应用研究工作

2010年中国地震局第一监测中心科研课题结题6项，在研课题10个项目，其中地震局系统课题6个，外系统课题4个。监测、科研成果获奖5项，其中，"区域精密水准观测资料"获中国地震局系统评比二等奖和三等奖，"长江三峡工程诱发地震监测系统——三峡垂直形变监测"项目与"2006—2008年天津市地面沉降监测一等水准测量"项目分别获天津市测绘学会测绘项目评比一等奖和二等奖，玉树震区科考GPS工作组被授予"天津市工人先锋号"称号。

中国地震局第一监测中心与地震系统内外各单位广泛开展合作交流，派员参加国外和国内学术交流会14人次，派出科技骨干学习交流12人次，专家讲学或学术交流8人次，内部学术交流会10次。2010年中心科技人员共发表论文14篇。

（中国地震局第一监测中心）

中国地震局第二监测中心

常规地震监测。完成区域精密水准测量670.7千米。完成跨断层场地水准测量136处次、跨断层场地红外测距54条边。

中国综合地球物理场观测——青藏高原东缘地区项目监测。完成精密水准测量2741.9千米；踏勘水准路线3791.4千米（911座水准标石），选建水准点152座；完成重力监测汶川8.0级地震地壳形变场时空演化特征研究的55个重力测点；完成青藏高原东缘地区重力场变化加密监测研究的195个测点观测；完成重力测网建设133个重力测点踏勘，选建23个重力测点；完成跨断层综合观测场地2处，共计21个综合点的GPS观测和南北带55个GPS区域站观测；完成陆态网33个基准站的水准联测和陕西17个GNSS基准站的水准联测。

华北震情跟踪工作。完成华北地区潍坊、郯城2处跨断裂综合剖面20个GPS点的观测；完成"十五"三网点26个GPS区域站观测；完成首都圈93个GPS区域站观测任务；跨断层剖面南口、包头两处水准测量共112千米。

其他监测工作。完成山西跨断裂综合场地地震应急观测水准观测120千米，GPS观测20个点；完成华北地区蔚县、山阴、介休及临汾等地40个跨断裂场地的重力观测。

（中国地震局第二监测中心）

台站风貌

灵丘地震台

灵丘地震台隶属山西省地震局，为省级一类台，始建于1970年，是山西省首批专业地震台站之一，也是晋北地区重要的地震观测台站之一，承担监视山西北部地区地震活动及地球物理量观测任务。

灵丘地震台位于山西省灵丘县东河南镇韩淤地村，距东河南镇3千米。台站东400米处是原灵丘县化肥厂，现为雄安新区配件厂，西边300米处是已建成的唐河水库坝基，向南50米是北跃渠，再向南150米是唐河河道，北边紧靠山坡，距大灵公路5千米。

台站观测室坐北朝南，观测山洞位于观测室后，洞口建有缓冲室。初建时，在观测室后建有22米深山洞。2009年台站环境改造时，对原有山洞进行了改造，将山洞加长至46米，基岩完整。分别放置石英摆倾斜仪、地震计和电磁波观测仪器。

灵丘地震台地处灵丘盆地西南角，出露地层主要为太古界五台群黑云母闪长片麻岩。基岩构造以小型褶皱为主，伴随发生的断裂多为正断层，方向主要是北东和北西两组。台站附近多泉水出露，属地表裂隙下降泉。该盆地为中更新世形成的小型断陷盆地，曾发生1626年灵丘7级地震。

灵丘地震台原为山西省地震局监测处直管的科级台站，于2008年交由大同中心地震台管理，截至2010年底，有工作人员2名，其中中级职称1人、初级职称1人，担负着日常震情值班、震情跟踪、信息报送、仪器运行维护维修及科普宣传工作。台站另有环境维护等后勤职工1人，退休职工1人。

建台以来，灵丘台先后进行过短周期地震观测、宽频带地震观测、JB型金属水平摆倾斜观测、垂直摆石英倾斜观测、低频电磁扰动观测、氡浓度观测以及GNSS基准站。

灵丘地震台在历年的山西省和全国观测质量评比中获得较好成绩。其中在全国观测质量评比中获得优秀第二名2次，山西省评比获得优秀前三名10次。1983年，被山西省地震局授予"文明台站"称号。

（中国地震台网中心）

荣成地震台

荣成地震台是国家Ⅱ类台，建于1971年8月，属于山东省地震区域台站，是山东省首批专业地震台站之一，迄今已有近50年的历史。目前台站主要承担山东省区域前兆台网、中韩合作观测数字台、中国大陆构造环境监测网络核心基准站和监视胶东半岛及黄海海域地震区域地震活动的任务。

荣成地震台位于山东荣成市北大街，是山东省最东端的地震监测台站。荣成地震台有两个台址，最早的台址位于荣成市东北郊青山顶，后由于开山采石多，干扰严重，于1984年12月搬迁至荣成市北郊（北大街60号），目前台站位于荣成市城乡接合部，海拔42米，台站代码RCH。

现台址的基岩属于鲁东断块区内胶北块隆，基岩地层主要为太古－元古界胶东群鲁家夼组、孔格庄组、王官庄组黑云变粒岩、黑云斜长片麻岩、斜长角闪岩等，覆盖层为全新统砂砾层、亚黏土、亚砂土及淤泥层等，地质构造属胶东地质的一部分，地层组成主要为太古界变质岩；地震构造上，荣成地震台位于蓬莱—威海地震构造带东南端，海西头—俚岛断裂的西偏南约15千米；邻近地区的小震基本上沿海西头—俚岛断裂东侧分布，陆域地震相对较少。荣成台岩石完整，是一个良好的地震观测地质环境，对监测胶东半岛及黄海海域的地震活动十分理想。

荣成地震台为正科级单位，共有在职人员3人，其中2人具备本科学历，1人具备大专学历；中级职称1人、助工2人。担负着日常震情值班、地震速报、震情跟踪、前兆数据采集预处理与上报、信息报送、前兆台网仪器运行维护维修等任务。同时，台站还有退休职工2人。

建台以来，荣成地震台先后采用过测震、强震、体应变、钻孔倾斜、气象三要素、中国大陆构造环境监测网络荣成GNSS核心基准站、分量应变等观测手段。1999年11月，进行数字化技术改造；2001年3月，设立中韩合作台网测震仪；2007年5月，开通台站信息节点，安装运行了前兆服务器；2007年11月，陆续承担了周边无人值守台站的仪器运维和数据管理工作；2012年，正式运行荣成陆态网络GNSS核心基准站。

（中国地震台网中心）

姑咱水化综合台

姑咱水化综合台位于四川省康定县北东方向的姑咱镇，海拔高程为1410米，地处鲜水河断裂带的东南端，紧临鲜水河、龙门山和安宁河三大断裂构造带的交会部位，属隆起与沉降的交界地区，构造复杂、断裂纵横交错。

台站所在康定地区构造运动十分强烈，岩石破碎，地下水发育充分，有一系列泉点出露，姑咱水化综合台所观测的泉点均属此类泉点，经改造而成的观测泉点，分步在台站四周，最远的距台40千米，最近的约2千米。

姑咱水化综合台建于1970年10月，是国家水化Ⅰ类台站，隶属四川省地震局康定地震中心站。1970年10月—1982年3月，主要从事姑咱水氡观测站的建设，包括姑咱海子的改造、水氡观测室的修建及观测条件的充实和完善等；1982年4月—1985年，主要从事姑咱水化综合台的基本建设和水化实验室的筹备以及各项目仪器的安装、调试试测工作；

1986年1月后，水质、气体正式投入观测；2006年6月后，数字化气氡投入观测，2016年11月痕量汞自动观测仪投入观测。

姑咱水化综合台为科级单位，在职人员4人，均为本科以上学历，其中高级工程师1人，工程师3人，担负着日常观测、震情会商、震情跟踪、信息报送、仪器运行维护维修等工作。另外台站还有取水人员1人。

姑咱水化综合台现有观测手段5种（水质、水氡、气体、气氡、气汞），观测泉点3个（姑咱海子、二道桥、龙头沟）。地震监控区域主要包括四川西部及川藏、川青、川滇地区。建台48年以来，先后经历了甘孜州及邻区5.0以上地震十余次。

姑咱水化综合台多次在全国和全省的评比中收获荣誉。从2000年开始，在全国地震观测质量评比中获得前三名18项；在全省地震监测预报质量评比中获前三名31项；完成中国地震局台站"三结合"课题3项；利用台上资料在国内科技发表科技论文7篇。

（中国地震台网中心）

洱源地震台

洱源地震台是国家基本台，建于1980年，是云南首批专业地震台站之一，迄今已有40年的历史。目前台站主要承担云南地震监测分析和监视云南区域地震活动。

洱源地震台位于云南省大理州洱源县县城边后山，海拔2070米，地处红河断裂、金沙江断裂和剑川—丽江断裂等多条断裂交会处，具有十分重要的区位特点和构造特征，是理想的地震监测点。

洱源地震台台址的台基为前奥陶纪变质岩，位于较为僻静的半山坡上，机械振动干扰源少，地震仪放大倍数可达50000倍以上。但是台址岩层节理发育，较为破碎，对形变观测带来一定的影响。

洱源地震台有在职人员7人，本科5人、大专2人，高级职称1人、中级职称2人、初级职称2人、高级工2人，担负着日常震情值班、地震速报、前兆监测、震情跟踪、信息报送、仪器运行维护维修、观测环境保护、科普教育宣传等任务。

洱源地震台1981年开始架设地震仪，1984年5月定为全国测震基本台，1986年开始水位观测，1987年开始水氡观测，1988年开始二氧化碳总量的观测，1991年开始地温（水温）及水汞观测，2004年开始水质观测，2006年进行"十五"数字化改造，新增形变观测、地电场观测项目，开展了水温、水位数字化改造升级。

洱源地震台多次在全国和全省的评比中收获荣誉。在全国地震监测预报质量评比中获得前三名40项（次）。在全省观测资料质量评比中获得前三名100余项（次）。获中国地震局优秀成果三等奖1项和云南省地震局防震减灾优秀成果奖一、二、三等奖共9项，获2008年云南省地震局预报效能评比个人第一名1次，完成科研课题4项，行业专项课题1项，2009年被中国人力资源和社会保障部、中国地震局联合授予"地震系统优秀集体"荣誉称号。

（中国地震台网中心）

西安基准地震台

西安基准地震台为国家基准地震台，始建于1953年，是新中国成立后首批建立的地震台之一，也是陕西省境内第一个地震台。现有测震、形变、强震三种观测手段，共有各类观测仪器12台套。其中测震为国家基准台，现有国产甚宽频带数字地震仪1套，中美合作CDSN数字地震仪2套。形变为国家基本台，现有垂直摆倾斜仪、水管倾斜仪、伸缩仪、潮汐重力仪、钻孔体应变仪和气象三要素仪，主要承担地震监测预报、国际测震资料交换、地震科学实验、地震科普宣传、地震应急、国际禁止核试验侦测等任务。

西安基准地震台位于西安市长安区子午街道办事处王庄村，海拔630米，其前身是中国科学院地球物理研究所建在西北大学校园内的测震台，1966年，西安基准地震台从西北大学迁至现址。目前台站占地面积2700平方米，建筑面积约1200多平方米。1972年，陕西省地震队在西安市翠华路植物园建设了地磁、地电和地下流体综合观测台，于1975年投入观测，并划归西安基准地震台管理。2001年，由于观测环境严重恶化，该台终止观测业务。

西安基准地震台在地质构造上处于控制渭河断陷盆地南侧边界的秦岭北缘断裂的南盘，地壳厚度约40千米，台基为震旦纪片麻状花岗岩。

西安基准地震台为陕西省地震局下属正处级事业单位，有在职人员13人，均为本科以上学历，其中硕士学历6人、高级工程师3人、工程师8人，全台职工平均年龄约38岁。

西安基准地震台建台初期主要观测手段为测震观测，先后架设了多种国内外先进的地震观测仪器，特别是在1995年架设了中美合作的CDSN数字记录地震仪，标志着该台成为陕西省第一个进入数字化记录的地震台站。1971年，台站先后增加了形变、流体等观测手段。1972年在翠华路观测站增加了地磁、地电和水位3种观测手段。2001年，翠华路观测站由于受城市建设影响，观测环境遭到严重干扰和破坏，水动态、地电、地磁观测相继停测。"十五"时期，通过陕西省数字地震观测网络项目改造，将石英摆倾斜仪换成垂直摆倾斜仪、增加了洞体伸缩仪、PET相对重力仪，2016年，又将垂直摆倾斜仪升级为宽频带垂直摆倾斜仪。

西安基准地震台多次在陕西省及全国数据观测质量评比中取得良好成绩。其中获得第二名1次，第三名28次。另外西安基准地震台荣获陕西省地震局科技成果二等奖1次，三等奖2次，多次获陕西省地震局文明台站等荣誉称号，被中华全国总工会、陕西省总工会授予"模范职工小家"荣誉称号，多人次被陕西省地震局机关党委评为优秀共产党员。

（中国地震台网中心）

地震灾害预防

2010年地震灾害预防工作综述

一、积极投入重大地震灾害抗震救灾和恢复重建

4月14日青海玉树7.1级地震发生后，相关省局和直属单位迅速行动，发挥行业优势和特长，投入应急处置和抗震救灾；及时编印出版和调运大量宣传材料开展应急宣传；开展强震动流动观测和数据处理；提供发震构造基础信息，开展震害调查和分析，为抗震救灾、灾区环境承载能力评估、恢复重建规划编制提供基础资料和依据，也为研究中国重大工程防灾对策和灾后恢复重建提供了宝贵的资料；同时组织编制了《中国地震动参数区划图》第2号修改单，经批准后作为灾区恢复重建规划和工程抗震设防的依据。汶川地震恢复重建工作进展顺利，中央投资重建任务四川省完成52%、甘肃省完成77%、陕西省完成96%，地震灾区防御地震灾害的能力得到了有效地恢复和加强。

二、规范建设工程抗震设防要求和地震安全性评价监管

国家和省两级全年共办理3000余项重大建设工程的抗震设防要求行政许可，参与23个城市的总体规划审查、15项大型水电工程的抗震设计专项审查。各地积极推进将抗震设防要求纳入基本建设管理程序，开展优质服务窗口建设，加强了电子审批系统建设，细化了抗震设防管理规程，促进了规范行使行政处罚自由裁量权。海南、河北等省开展抗震设防要求全过程监管探索取得积极进展；山东、陕西等省在地方法规修订中，对建设工程抗震设防要求的监管作出更为细化的规定。完成了地震安全性评价注册工程师制度实施过渡期转轨和从业单位资质清理，注册一级地震安全性评价工程师308人，认定甲级资质28个、乙级资质25个，地震安全性评价执业和市场准入管理进一步规范化；中国地震局与国家发展和改革委员会联合修订了《地震安全性评价收费管理办法》，各地相继启动了本级行政管理办法制定和修订工作；扎实推进新一代地震动参数区划图编制，已经上报了相关国家标准的修订计划和草案；《核电厂抗震设计规范》等标准修订工作也顺利推进。

三、推动地震安全农居工程和中小学校舍安全工程实施

各地多措并举，将地震安全农居建设和新农村建设、灾后恢复重建、移民建镇、农村危房改造等工作进一步融合，部分省份安排专项经费开展地震安全农居工程建设，建设技

术服务网络，开展工匠培训。召开了全国现场交流会和多次地方研讨会，推介和交流先进经验，研讨新形势下农居工程持续深入开展的对策。全年各地新建示范村点6000多个，新增地震安全民居约70万户。工程实施以来，累计建设示范村点2万多个，惠及农户约600万户。在校安办统筹协调下，各级地震部门主动参与校安工程各环节工作，指导开展校舍安全排查鉴定和抗震设防要求确定，对工程实施进行定期现场督查，圆满完成校安工程各项任务。

四、加大市县防震减灾工作指导支持力度

各地深入贯彻落实全国防震减灾工作会议和全国地震局长会暨党风廉政建设会议精神，研究制定震害防御方面任务分解和落实方案，广西、甘肃、浙江、山西等多个省份积极探索防震减灾工作纳入地方政府责任目标考核体系，拓宽了现有管理体制下推进市县防震减灾工作的有效途径。中国地震局重新调整充实了市县防震减灾工作指导委员会，召开了委员会全体会议，制定印发了《中国地震局关于加强市县防震减灾工作的指导意见》，提出了27项重点任务。省市地震部门进一步加强基层基础工作，保持了市县地震机构基本稳定，山东、陕西、江西、广东等地抓住机遇，市县地震工作机构得到了加强和规范。认真组织"中心城市""东部十省市"和"西部论坛"三大交流平台和全国市县评比和示范社区评比，四川等省积极创建防震减灾综合能力建设试点县。

五、拓展防震减灾科普宣传教育工作新格局

各级地震部门在防灾减灾日等重要时段，精心组织开展了以"关注建筑安全，远离地震灾害"为主题的系列大规模科普宣传活动。仅在防灾减灾日宣传活动中，各地组织上街宣传1500余场，布设展板10000多块，发放科普图书、音像资料、宣传折页200万余份，接受群众咨询几百万人次，数以千万计群众从中获益；建立了120多人组成的科普宣传工作人才库，12个省级地震局成立了宣教中心。各地深化了与教育、科技、广电、新闻出版、文物、民族事务等部门的合作，《防震减灾知识科学普及系列丛书》、动画片、电子游戏、多媒体光盘等一批高质量的产品投入社会；年内新认定国家防震减灾科普教育基地7个，累计已达58个。

六、夯实防震减灾预防科技基础

推进地震重点监视防御区和主要活动构造带活动断层填图等重点项目实施，全年完成22条、约1200千米活动断层填图和约1500千米地球物理探测剖面等大量野外工作，产出的基础数据已规范入库，部分成果进入出版环节。各地城市活断层探测工作逐步展开，江苏、四川、河南等地50余个城市积极开展活动断层探测、地震小区划、震害预测，各项成果已经逐步在城市规划和建设中得到应用；广东等地开展了全省范围的建（构）筑物抗震性能普查工作；福建省完成了三维地震探测研究一期工作并取得初步成果；配合保监会、

国土资源部分别开展了城乡居民住宅地震保险调研和地质灾害防治工作；强震动观测台网运行维护管理得到加强，运行质量不断提高。

七、2010年活动断层探测与填图

"中国地震活断层探察"项目总体计划是：用5年时间，完成中国大陆破坏性地震多发地区和主要活动构造带地震多发地段的华北地震构造区、南北地震构造带和天山地震构造带44条主要活动断层条带状填图、重点部位深浅构造关系探测、1:25万活动断层分布图和全国范围的活动断层分布图，建立区域地震构造模型；建设相关活动断层探测与调查基础数据库和信息数据共享系统。

2010年1月21日，中国地震局震害防御司在京组织召开"中国地震活断层探察——华北构造区"项目启动会议，明确了项目要求、项目实施计划安排和管理责任，中国地震局党组成员、副局长刘玉辰出席会议并讲话，强调要紧紧贯彻会议精神，切实提高做好地震基础探测工作认识，牢牢把握防震减灾事业发展的难得机遇，要求牵头单位、各协作单位和项目负责人要加强管理、明确责任，高质量完成好项目任务。会后，震害防御司组织相关专家，进一步研究、落实各专题工作计划、方案，并积极配合科学技术司、发展与财务司，做好项目任务内容、考核指标审核，与项目牵头单位地质所签订任务书。

2010年4月，在郑州市召开工作会议，完成分项目任务书签订工作，并举办GIS、活动断层填图标准、卫星数据的地貌信息等相关业务培训。

2010年7月2日，中国地震局对项目开展年度中期检查，各专题负责人和技术业务骨干近60人参会，各专题负责人分别汇报了进展、工作量、成果、经费使用情况、执行中遇到的问题、下半年的工作安排等，并对大同市口泉断裂活断层探槽、河北张家口怀安—万全盆地北缘断裂野外现场工作进行检查、指导。

2010年7月21日，中国地震局党组成员、副局长刘玉辰带队奔赴河北省沧州市，对"1200千米深地震反射和折射联合探测剖面"专题野外实施情况进行工作检查。检查组听取项目负责单位以及专题承担单位对项目实施情况汇报，并实地考察野外施工现场。

2010年10月12日，中国地震局震害防御司会同科技司、发展与财务司对"中国地震活断层探察——华北构造区"项目进展情况开展阶段检查，听取项目负责单位以及专题承担单位对项目实施情况的汇报，肯定了项目负责单位和专题承担单位的工作成效，并对项目承担单位和项目进一步做好实施工作提出明确要求；会议还对"十五"城市活断层工作成果进行交流，研讨活断层填图标准和地震构造模型建立等工作。

完成大量野外地质工作，并逐步形成成果。对华北构造区12条活动断层进行地质填图以及跨华北构造区深地震与电磁联合探测剖面长度1200千米野外数据采集工作；进一步完善活断层数据库模板、城市活断层区域活动构造图和活断层分布图制图模板、数据库检测软件，扩充拓扑关系检查。

（中国地震局震害防御司）

2010年全国市县防震减灾工作综述

一、召开市县防震减灾指导委员会会议

2010年8月30日，中国地震局市县防震减灾指导委员会会议在北京召开。会议听取市县防震减灾指导委员会办公室关于市县防震减灾工作的汇报，委员会各成员紧紧围绕强化市县防震减灾工作，探讨了下一步的工作措施和建议。

中国地震局党组书记、局长陈建民出席会议并讲话。讲话分3个方面：一是近几年市县防震减灾工作进展显著；二是进一步增强宗旨观念，更加强调全国一盘棋思想；三是下一步重点措施要落到实处。

陈建民局长客观分析了当前防震减灾工作面临的新形势；高度评价近些年市县防震减灾工作取得的新成绩，特别是在汶川、玉树等几次特大地震中市县地震部门发挥的重要作用；认真总结了取得的新经验。讲话强调，市县防灾减灾工作是发挥政府职能、强化社会管理和公共服务的重要基础，全局上下必须牢固树立全国"一盘棋"的思想，将市县防震减灾工作能力提升作为重要的发展战略来考虑。中国地震局要进一步加大指导和支持力度，指导各地把《中华人民共和国防震减灾法》中的要求落到实处。关注各省市的新做法、好经验，继续深化试点，逐步推广，推进国家、省、市县数据共享平台建设。

二、印发《中国地震局关于加强市县防震减灾工作的指导意见》

印发《中国地震局关于加强市县防震减灾工作的指导意见》，意见分为7个方面共27条：一是加强防震减灾法制建设；二是进一步提高地震监测能力；三是进一步提高建设工程抗震设防能力；四是进一步提高地震应急救援能力；五是进一步推进防震减灾工作深入基层；六是广泛深入开展防震减灾宣传教育；七是加强对市县防震减灾工作的指导和支持。

三、全国市县地震部门加强交流与合作，多次研讨防震减灾工作

6月24日，第24届全国中心城市防震减灾工作联席会议在杭州召开。会议由杭州市地震局主办，长春、沈阳、大连、济南、青岛、西安、武汉、南京、杭州、宁波、广州、厦门、深圳、成都、哈尔滨等中心城市地震局参加会议。中国地震局党组成员、副局长刘玉辰出席研讨会并讲话。10月23日，第六届西部论坛在重庆举行，中国地震局党组成员、副局长赵和平出席论坛并讲话。

四、召开全国地震安全农居工作现场研讨会

11月11日，全国地震安全农居工作现场研讨会在湖北鄂州市召开。中国地震局党组成

员、副局长刘玉辰出席会议并讲话，对近年来农居工作进展给予充分肯定，对下一步工作提出明确要求，并重点强调了新形势下开展农居工程的重要意义。

会议安排省局作经验交流发言和小组讨论，组织对鄂州市地震安全农居建设情况进行考察，达到了学习、交流、促进的目的。会议认为，下一步推进农居工程的重点措施在于5个方面：一是推进建立完善长效机制；二是推进工程纳入"十二五"规划；三是推进工程与相关工作整合；四是推进技术服务更加科学到位；五是推进宣传引导。

（中国地震局震害防御司）

各省、自治区、直辖市地震灾害预防工作

北京市

1. 抗震设防要求管理

2010年，北京市地震局对拟列入北京市200多个重点建设项目、区县258个申请纳入绿色审批通道的项目、50个重点村城市化建设工程项目地震安全情况进行排查，对52个项目出具了抗震设防要求审查意见，对16份安评报告进行评审和批复。

根据北京市委市政府《关于全面深入推进北京市校舍安全工程》的工作部署，北京市地震局负责对全市地震断裂带周边学校进行排查评估工作，对2303所中小学校、幼儿园地处地震断裂带分布情况及危险程度开展了详细排查和现场工作。

完成中冶建筑研究总院有限公司、北京赛斯米克地震科技发展中心、北京市勘察设计研究院有限公司、北京勘察技术工程有限公司等6个单位的资质重新认定；完成中国地震灾害防御中心等13个单位地震安全性评价工程师注册工作，其中，一级82个、二级40个。

完成《首都地震安全示范区昌平六个示范村建筑物地震安全性能评估报告》和《西城区金融街丰汇园社区建设地震安全性能评估报告》的编写。

2. 防震减灾法制建设

2010年，北京市"十一五"防震减灾重点项目"市防震减灾中心大楼建设"进展顺利，10月底实现结构封顶。完成《北京市"十二五"期间防震减灾发展规划》前期调研和初步编制工作，北京市政府将防震减灾工作纳入北京市"十二五"时期专项发展规划行列。各区县也将防震减灾纳入专项规划，保障防震减灾事业可持续发展。启动《北京市实施〈中华人民共和国防震减灾法〉办法》修订工作，并推进纳入市政府立法计划。

3. 活动断层探测工作

2010年，完成怀柔庙城学校、桃山小学校址断裂调查工作，进行怀柔区活断层探测，开展了顺义区二十里长山断裂探测前期工作。

4. 首都地震安全示范社区建设

2010年，北京市地震局大力推广地震安全社区和安全学校建设，与北京市科委联合开展"首都地震安全示范社区"建设试点工作，全市新建示范学校、社区20余个。

5. 防震减灾社会宣传教育工作

北京市地震局利用国家"5·12"防灾减灾日、北京科技周和"7·28"唐山大地震纪念日等特殊时段，积极开展防震减灾社会宣传教育活动，在海淀台、延庆台等地震台站举办开放日，出版《防震减灾实用知识手册》，推出《吉祥宝贝斗震魔》等防震减灾动画片新产品，共发放22种宣传品，提高了科普宣传普及率。

为提高北京市科普工作者业务能力，北京市地震局与北京市科委共同举办防震减灾科普培训班，参与北京市民防局组织的北京市防灾知识竞赛活动，发挥了北京市地震局在科普宣传工作中的作用。

6. 区县防震减灾工作

在2010年度北京市区县防震减灾工作综合评比中，海淀区地震局荣获综合评比一等奖，昌平区地震局荣获综合评比二等奖，朝阳、丰台区地震局荣获综合评比三等奖；平谷区地震局获得社会动员工作先进奖；通州区地震局获得震害防御工作先进奖；东城区地震局获得科普宣传工作先进奖。

（北京市地震局）

天津市

1. 抗震设防要求管理

天津市地震局全面修订抗震设防要求中行政许可事项的办事指南和办事索引。在对行政许可事项的依据、程序、申报要件、时限等进行全面分析后，结合实际情况，进一步减少审批材料，压缩审批时限，提高审批效率。地震部门2010年共办理"地震安全性评价结果审定和抗震设防要求确定"许可事项47件，全部按时办结，申请人评议满意率达100%。

2. 地震安全性评价管理

组织开展安评工程师资格考试与注册及安评单位资质重新认定工作。天津市地震局、天津市人力资源和社会保障局共同组织完成天津市地震安全性评价二级工程师资格考试和二级安评工程师执业注册工作，全市共有18人取得执业资格。组织业务人员参加全国一级地震安全性评价工程师考试工作，制定相应奖励政策，邀请有关专家举办培训班3次。组织全市安评单位资质重新认定，按照相关文件要求和申报程序，对安评单位的申报材料进行初审，并将初审材料上报中国地震局。经审核，全市安评资质单位为2个，其中天津市地震灾害防御中心为甲级，中国地震局第一监测中心为乙级。积极推进地震安全性评价工作，2010年，完成地震安全性评价项目40多项。推动和平区和宁河县地震小区划工作。

3. 活动断层探测工作

完成"天津市滨海新区隐伏断层探测与活动性评价"项目，项目成果已应用到滨海新区的最新规划中。近海隐伏活动断层探测与地震危险性评价项目按计划实施推进。

4. 防震减灾社会宣传教育工作

加强防震减灾宣传管理，天津市地震局、市委宣传部联合印发2010年度宣传工作计划。在"5·12"防灾减灾日、"7·28"防震减灾知识宣传周、"天津市第二十四届科技活动周"等时段，在全市范围内组织各区县开展大型防震减灾社会宣传教育活动，通过布放展牌、发放防震减灾"明白纸"、专家现场咨询、多媒体视频播放等形式，广泛开展防震减灾宣传教育，数万名群众参与活动。在全市范围内推进防震减灾知识"进社区、进学校、进企业、进机关、进农村"活动，举办专题讲座20余场，举办"防震减灾科普一日营"活动。与市委党校合作，通过组织参观、座谈及专题报告会等形式推动防震减灾知识进党校。充分发挥新闻媒体作用，在天津市电台、电视台以及北方网、《今晚报》等主流宣传媒体开展防震减灾宣传。联合天津市文化广播影视局，在广播电台开设"防震减灾知识在线课堂"固定专栏，每周播发1期，累计播发28期。积极与天津市文化广播影视局、天津市气象局等单位沟通联系，推动在天津市自然博物馆新馆建设防震减灾科普教育馆，在滨海新区气象主体公园建设防震减灾科普设施。

5. 其他工作

推动和平区防震减灾示范区建设，加强示范区建设领导，成立领导小组，召开防震减灾示范区建设启动大会，落实任务分解，制定2010年度工作计划，落实和平区地震小区划工作经费。积极推进宁河小区划工作，完成协议签署，开展基础工作。

推进中小学校舍安全工程。组织天津市地震灾害防御中心对天津市位于断层附近的中小学校舍断层错动影响问题进行分析研究，提交初步分析意见。按照天津市校舍安全领导小组办公室要求，对红桥区、蓟县的校舍安全工程进行督察，编写督察报告。

（天津市地震局）

河北省

1. 抗震设防要求管理

2010年河北省共有近300个重大工程开展地震安全性评价，河北省地震行政服务中心共办理重大建设项目的行政许可手续60个。河北省出具了近千个房地产项目招、拍、挂前期地震安全性评价意见，近400个项目开展施工图联合审查，近200个项目开展竣工联合验收。编制发放《河北省农村民居地震安全工程指导手册》《农村民居地震安全知识挂图》各2000册（套），《河北省农村民居地震安全工程指导手册》光盘编制工作基本完成。推动2000个地震安全民居示范村的建设工作，累计共建设抗震民居26579套，建筑面积达360万平方米；下发《关于推进农村民居地震安全工程的通知》。配合河北省校安办明确河北省中小学校舍安全工程三年实施重点，为省校安办提供全省Ⅶ度以上地震高烈度区和地震重点危险区区域范围。协助制定《河北省中小学校舍安全工程质量验收实施细则（试行）》和《河北省中小学校舍安全工程质量监督实施细则（试行）》。

2. 地震安全性评价管理

印发《河北省二级地震安全性评价工程师注册管理办法》和《关于进一步加强河北省房地产项目地震安全性评价报告评审工作的意见的函》。组织完成河北省二级地震安全性评价工程师考试工作，共有33名技术人员报名参加考试。协助中国地震局完成河北省境内一级地震安全性评价工程初次注册，完成河北省部分二级地震安全性评价工程师注册工作。

3. 震害预测工作

深入贯彻落实国务院〔2010〕18号文件和河北省人民政府〔2010〕114号文件精神，印发《关于推进全省城镇震害预测和地震小区划工作指导意见》，对地震小区划和震害预测工作提出了明确要求，邯郸、石家庄着手进行谋划，唐山部分县区已完成该项工作。

4. 活动断层探测工作

完成《保定市控制性浅层地震勘探》《保定市控制性地脉动探测》《承德市控制性浅层地震勘探》《承德市标准钻孔与跨断层钻孔联合剖面探测》《张家口市控制性浅层地震勘探》《唐山市跨断层联合钻孔剖面探测及断层活动性鉴定》《唐山市控制性钻孔探测及目标区第四系标准剖面建立》《唐山市目标区活动断层分布图（1:5万）及其说明书》《唐山市区域地震构造图（1:25万）及其说明书》等28项专题成果验收工作。组织完成《河北省城市活断层探测与地震危险性评价项目（邯郸市项目)》总验收。

5. 防震减灾社会宣传教育工作

在"5·12""7·28"和国际减灾日3个重点时段，开展形式多样、内容丰富的宣传活动，共同向社会发放图书、画册、报纸、折页、光盘等3万余份，各类讲座培训人数4000余人。编制完成《河北省防震减灾宣传专项规划（2011—2015)》，2010年，河北省地震局宣教中心荣获由中宣部、科技部、中国科协联合授予的"全国科普工作先进集体"荣誉称号。河北省地震局《赵州桥与地震》声像片被中国地震局选送参加由新闻出版署组织的作品评比。

6. 其他工作

印发《河北省防震减灾科普示范学校管理办法》《河北省地震安全示范社区管理办法》《河北省防震减灾科普教育基地管理办法》等办法，制定《河北省地震群测群防"三网一员"网络地震灾情速报规定》，明确河北省"三网一员"网络地震灾情速报原则、速报内容、速报方法、速报工作程序及时间要求等。

（河北省地震局）

山西省

1. 抗震设防要求管理

根据政府目标责任书要求，2010年山西省11个市将抗震设防要求管理纳入基本建设管理程序或行政审批事项，并加大管理和执法力度。

加大对学校、医院等人群密集场所的抗震设防管理，配合各级政府做好中小学校舍安全工程的抗震设防要求审批和技术服务工作。利用中国地震动参数区划图、震害预测和地震安全性评价等地震科技成果，加强对校舍选址、场地地震安全性评估的指导和监督检查等。2010年山西省、市、县三级地震部门共对190余所学校和医院进行抗震设防要求审批，提供其他技术服务32项。

加强建设工程抗震设防监管和服务，2010年山西省、市、县三级地震部门审批建设工程抗震设防要求2940项。

2. 农村民居抗震性能普查

在2009年完成山西省地震重点监测防御区21个县农村民居抗震性能普查的基础上，

2010年山西省财政厅再批复专款用于农村民居抗震性能普查工作。2010年8月,山西省地震局组织11个市级地震部门分管领导、47个县(市、区)地震部门负责人和技术员进行农村民居抗震性能普查培训。2010年底,山西省47个县(市、区)基本完成普查工作,并开展数据汇总统计工作。

3. 活动断层探测工作

2010年,继续实施临汾市活断层探测和长治市晋获断裂(长治段)活断层探测工作立项及招标工作。

临汾市活断层探测一期工作完成1:25万区域地震构造图编制及说明书编写;1:5万目标区主要断层分布图编制及说明书编写;控制性浅层地震勘探;目标区三维速度结构、区域中小震精确定位与应力—应变环境分析;罗云山山前断裂地震地质调查及探槽开挖(开挖探槽2个);标准性钻孔勘探、地球物理测井及样品测试共6个分项的分析工作及报告编写。对二期深部探测开展前期方案论证。

2010年,长治市政府批复资金用于晋获断裂带(长治段)活断层探测,项目招标工作已完成,中标单位为山西省地震工程勘察研究院。

4. 防震减灾社会宣传教育工作

2010年,山西省防震减灾宣传工作得到了各级政府的高度重视,山西省委常委、常务副省长李小鹏专门听取宣传周活动方案汇报。

"5·12"防灾减灾日宣传活动以社区和学校为重点,推动防震减灾知识宣传"六进"活动深入开展。"7·28"防震减灾宣传周以"普及防震知识,提高减灾意识"为主题,宣传形式包括媒体宣传、知识讲座、悬挂横幅、网络宣传、广场集中宣传等。共散发各类宣传品近500万份,其中,宣传挂图5万套,各类书籍、小册子200余万册,宣传单(页)500余万张,展出展板3000余块,光盘5000盘。山西省地震局与省委宣传部联合印制发放5万套《防震减灾宣传挂图》;联合山西电视台制作防震减灾知识宣传专访;在山西省地震信息网开设"5·12""7·28"防震减灾专栏;将7月28日定为开放日,太原基准地震台、山西省地震局监测信息中心、应急指挥中心对社会公众开放,接待7个单位和部分群众参观240余人次;安排山西省级新闻媒体对地震专家进行访谈,促进广大媒体了解防震减灾工作、更加支持防震减灾工作;向社会邮寄20余万份宣传折页;在山西省防震减灾领导小组成员单位开展观看一部电影、举办一场讲座、开展一次演练"三个一"活动。先后在太原市市直机关、太原市中心医院、太原市桃园南路社区、文庙办事处、中影国际影城、山姆士超市、临汾市电业局、祁县实验小学等单位组织开展地震应急演练等。

5. 其他工作

2010年,山西省地震局对全省防震减灾科普示范学校进行统一考核,共有50所学校通过省级防震减灾科普示范学校认定,并统一挂牌为省级防震减灾科普示范学校。

启动防震减灾示范社区创建活动,山西省地震局印发《关于开展创建地震安全示范社区工作的通知》,并制定工作标准和工作任务。各市扎实推进创建工作,2010年山西省共创建防震减灾示范社区131个,开展社区宣传活动820次、应急演练136次。

(山西省地震局)

内蒙古自治区

1. 抗震设防要求管理

配合教育厅等有关部门继续做好中小学校舍安全工程。规范农牧区建房抗震管理，与建设厅、民政局、文明办、农牧厅等单位加强联系，为文明村建设等民居工程提供抗震设防依据，调查内蒙古自治区农村、牧区民居建设投入和规模，推进地震农居安全示范区建设工作。

与内蒙古自治区发展和改革委员会联合转发《国家发展改革委、中国地震局关于印发〈国家地震安全性评价收费管理办法〉的通知》，并提出内蒙古自治区地震安全性评价收费执行的具体要求。

与内蒙古自治区人事厅联合开展二级地震安全性评价工程师考试工作。在全国率先提出二级地震安全性评价工程师职业资格考试成绩滚动管理方法。

2. 地震安全性评价管理

2010年全年审批建设工程场地地震安全性评价报告150个，其中，国家地震安评委评审安评Ⅱ级工作报告2个，内蒙古自治区地震安评委评审148个项目，评审安评Ⅱ级工作报告53个、Ⅲ级工作报告8个、Ⅳ级工作报告87个。

组织一级地震安全性评价工程师考试报名工作。内蒙古自治区有7人取得一级地震安全性评价工程师资质证。

根据中国地震局《关于做好地震安全性评价工程师注册和单位资质重新认定工作的通知》要求，完成申报甲级资质单位审查工作，并将审查通过单位的材料报送中国地震局。内蒙古自治区有1个单位取得甲级资质、1个单位取得乙级资质。持续推进二级地震安全性评价工程师注册和丙级单位资质重新认定工作。

3. 活动断层探测工作

包头市和乌海市将活动断层探测和危险性评价纳入"十二五"规划，年内已经立项并着手实施。

4. 防震减灾社会宣传教育工作

针对2010年4月上旬、中旬出现在内蒙古自治区中西部地区的地震谣言，内蒙古自治区地震局在广播电视、电台和报纸等主流媒体开展一系列识别地震谣言的宣传报道。

4月20日，内蒙古自治区地震局包东健局长做客"中国内蒙古"网在线回答网友提问，通过互动交流、防震减灾政策解读、地震科普知识讲解等方式进行防震减灾宣传。

内蒙古自治区党委宣传部、自治区政府办公厅、自治区地震局、自治区公安厅和移动、联通等联合，在网络监控和信息传播方面制定措施，初步建立起防止地震谣言协调联动机制。

4月15日，内蒙古自治区地震局与内蒙古经济生活频道《百姓热线》栏目组合作，邀请社区群众30人在呼和浩特防震减灾科普教育基地制作防震减灾专题宣传片。以呼和浩特防震减灾科普教育基地为背景，带领社区群众系统参观了地震科普展厅、地震监测山洞和数据处理中心，使社区群众系统地学习了地震科普知识，了解了地震监测台站的工作。

2010年5—7月，内蒙古自治区地震局及各盟市地震局积极开展全国防灾减灾日、"7·28"唐山大地震纪念日主题宣传系列活动，在各盟市举办中小学校应急疏散演练、防震减灾科普宣传进社区等科普宣传活动，并在相关报纸刊登防震减灾知识专版。

继续完善呼和浩特防震减灾科普教育基地建设，充实内容和必要设施，加强科普基地的维护和管理。完成赤峰市科普教育基地土建工程和布展等。加强对盟市科普教育基地的指导，给予必要的技术支持。

5. 其他工作

在全国市县防震减灾工作综合评比中，赤峰市地震局获得三等奖，巴彦淖尔市、乌兰察布市获得优秀奖，乌兰察布市获得社会动员单项奖，呼和浩特市玉泉区科技局地震办、通辽市霍林郭勒科技局地震办、赤峰市林西县地震局、兴安盟扎赉特旗地震局、巴彦淖尔市乌拉特前旗地震办获得全国县级防震减灾工作先进单位称号。

2010年11月11日，与内蒙古自治区教育厅、科技厅、科协联合印发《内蒙古自治区防震减灾科普示范学校管理办法（试行）》和《内蒙古自治区防震减灾科普示范学校评比标准（试行）》。评审、认定呼和浩特市实验中学、呼和浩特市第二中学等8所中小学为2010年度"内蒙古自治区防震减灾科普示范学校"。

印发《关于加强防震减灾"三网一员"建设工作的通知》，进一步规范盟市"三网一员"人员队伍管理，统计更新了内蒙古自治区"三网一员"人员名单。

内蒙古自治区防震减灾工作领导小组办公室制定《内蒙古自治区防震减灾工作综合评比办法》。

在现行《内蒙古自治区防震减灾条例》的基础上，起草完成《内蒙古自治区防震减灾条例》修订初稿。内蒙古自治区地震局和内蒙古自治区人大教科文卫委员会、政府法制办组成联合调研组，分两次赴吉林省、陕西省、四川省、云南省和区内的兴安盟、赤峰市等地进行立法调研。

（内蒙古自治区地震局）

辽宁省

1. 抗震设防要求监管

下发《关于进一步加强我省地震安全性评价资质单位和行政许可审批管理的通知》进一步规范地震行政许可审批程序，以保障地震安全性评价工作有序开展。2010年对67项建设工程地震安全性评价项目进行评审，并确定抗震设防要求和行政许可。

2. 地震安全性评价管理

2010年3月，为辽宁省14名取得二级安评师资格人员颁发证书；2010年6月，组织全省二级地震安全性评价工程师资格考试，有7名安评从业人员获得资格证书；2010年9月，经中国地震局认定，辽宁省现有地震安评甲级资质单位一个，乙级资质单位两个，共注册一级地震安全性评价工程师 12 人；为规范全省二级地震安全性评价工程师注册管理工作，制定《辽宁省二级地震安全性评价工程师注册实施办法》，并对丙级安评资质单位进行重新认定。

3. 市县防震减灾工作

制定《辽宁省地震群测群防管理暂行规定》，并在辽宁省增设 30 个地震宏观观测网（点）。在全国市县防震减灾工作综合评比中，沈阳市、盘锦市获全国市级防震减灾工作先进单位；铁岭昌图县、盘锦兴隆台区地震局被评为全国县级防震减灾工作先进单位；经专家评审沈阳市实验学校被评为国家防震减灾科普教育基地，沈阳市皇姑区新乐街道北陵社区被评为省级防灾减灾示范区。

4. 防震减灾社会宣传教育工作

与辽宁省教育厅联合下发《关于在全省中小学开展省级防震减灾科普示范学校创建活动的通知》，明确创建省级科普示范学校的量化标准和有关要求。2010 年 5 月 12 日在《辽宁日报》刊登《居安思危，努力做好我省防震减灾工作》专题文章。依据 2010 年全省防震减灾宣传教育工作意见，印刷 10 万册《居民防震知识手册》，制作 1000 余套《数字地震科普馆》光盘发放到各市县地震部门，共同推进防震减灾知识宣传活动。各市利用防灾减灾宣传周、"5·12"防灾减灾日等重点时段，采取多种形式开展宣传活动。辽宁省地震系统共展出宣传板 400 余块，发放防震减灾知识宣传品 11 万余册、宣传单 20 余万份以上，民众参加活动达 20 万人次以上。

（辽宁省地震局）

吉林省

1. 抗震设防要求管理

调整吉林省地震安全性评定委员会组成人员，吸收吉林省发展和改革委员会和交通、城乡建设、水利及科研机构的多名专家组成吉林省地震安全性评定委员会。积极参加吉林省中小学校舍安全工程实施工作，为吉林省校安办提供吉林省重点监视防御区和Ⅶ度以上县区范围及校舍抗震加固设防要求等工作。

2. 地震安全性评价管理

2010 年共有 25 项重大工程依法开展地震安全性评价工作，地震安全性评价报告质量有所提高。开展 2010 年度二级地震安全性评价工程师考试工作，完成吉林省一级地震安全性评价工程师注册和吉林省工程地震研究中心甲级资质初审工作。与吉林省人事厅共同发放二级地震安全性评价工程师资格证书，完成吉林省二级地震安全性评价工程师注册，对白城、松原两市的丙级资质进行重新认定，并印发二级注册证书，刻制二级地震安全性评价工程师注册专用章。吉林省地震安全性评价管理工作从上岗证管理制度顺利过渡到注册证管理制度。

3. 防震减灾社会宣传教育工作

围绕吉林省地震局年初制定的《2010 年防震减灾宣传计划》，在动员市、县开展防震减灾宣传教育工作的基础上，联合吉林省民政厅等单位开展"5·12"防灾减灾日宣传活动。活动期间，举行各种规模的广场宣传63次，开展地震演练55次，地震知识专题讲座21次，通过电视广播宣传10余次，发表文章及防震减灾知识连载30多篇，发放各类宣传材料近10余万份。

4. 其他工作

《吉林省工程场地地震安全性评价管理办法》修订工作取得阶段性成果，修订稿已征得相关单位同意。吉林省人大法工委和教科文卫委员会对《吉林省防震减灾条例》修订稿进行了审查。举行省级防震减灾示范学校授牌仪式对建成的长春市二十七中学等8所省级防震减灾科普示范学校进行授牌。结合吉林省泥草房改造工程推进农村民居地震安全工程实施，开展对农民工泥瓦匠农村民居抗震技能培训工作。与有关部门一起承办全国强震台网资料评比会议和全国防震减灾科普宣传交流研讨会议。在全国防震减灾评比中，松原市地震局获得全国评比二等奖，长春市地震局获得全国评比优秀奖和地震监测预报单项奖。长春市宽城区地震局、前郭县地震局、延吉市科技局被评为全国县级防震减灾工作先进单位。

（吉林省地震局）

黑龙江省

1. 抗震设防要求管理

2010年度黑龙江省地震局共监督管理地震安评项目165项，跟踪开展哈尔滨轨道交通哈西联络线等重大工程地震安全性评价工作的现场检查工作。开展建设工程地震安全性评价结果审定及抗震设防要求确定173项。黑龙江省抗震设防监督管理站对尼尔基、莲花水库的水库地震监测台网建设进行监督。

4月1—2日，举办黑龙江省农村民居地震安全技术培训班，全省市、县共97名农村民居地震安全技术骨干参加培训学习。

2010年度黑龙江省农村居民地震安全工程暨农村民草房改造共22万户，基本符合抗震设防标准。

2. 地震安全性评价管理

2010年开展建设工程地震安全性评价结果审定及抗震设防要求确定173项。

9—10月，黑龙江省地震局对承担地震安全性评价工作单位及个人资质进行检查：重新审查认定黑龙江省地震工程研究院甲级资质，牡丹江市安建工程地震技术服务站、鸡西市安防地震研究中心及七台河市泰安地震工程技术有限公司丙级资质；吊销2家丙级资质单位的资质；审查核准省内一级、二级地震安全性评价工程师注册；8月与黑龙江省人事考试中心共同组织省内人员参加2010年度二级地震安全性评价工程师考试；10月，对黑龙江省地震安全性评定委员会进行调整。

3. 活动断层探测工作

2010年11月，完成哈尔滨市城市活断层探测与地震危险性评价（二期）中标准孔、跨断层钻探（4种地球物理手段）与断层活动性分析、地震活断层的浅层地震详勘两项野外专题工作，均通过验收。开展地质、地球化学、地球物理资料综合分析，编写项目报告、编制成果图件等工作。

4. 防震减灾社会宣传教育工作

2010年4月25—30日，按照《2010年全省防震减灾宣传计划》，黑龙江省各地开展形式多样的宣传活动。4月29日黑龙江省地震局和哈尔滨市地震局在革新广场开展新修订《中华人民共和国防震减灾法》实施一周年宣传活动。各市（地）地震局通过设置宣传站等方式开展宣传活动，同时邀请新闻媒体参与，扩大宣传范围。各市（地）政府领导通过电视讲话、刊登署名文章等方式宣传防震减灾工作重要性。

5月12日，黑龙江省减灾委员会以"减灾从社区做起"为主题，在哈尔滨市防洪纪念塔广场举办防灾减灾日宣传活动。黑龙江省副省长孙永波、哈尔滨市副市长王莉、黑龙江省地震局副局长张莹和有关部门负责人参加宣传纪念活动。

5月6—12日，为配合做好"防灾减灾日"宣传活动，黑龙江省地震局多位专家分别在省内知名媒体做专家访谈节目。鹤岗市开展"减灾从社区做起"为主题的宣传活动；佳木斯市地震局深入学校开展防震减灾宣传教育；鸡西市举行"5·12"防灾减灾日地震应急演练活动，全市208所中小学校20多万师生参加演练活动；五常市举办"地震科普知识进校园，安全意识传万家"宣传活动；哈尔滨市道外区在正阳南小学校开展地震应急演练，600余名师生参加了演练。

5月21日，黑龙江省地震局局长孙建中、副局长张莹带领专家参加黑龙江省科技周活动并向科技馆赠送地震科普图书。

7月28日，黑龙江省地震局和哈尔滨市地震局在索菲亚教堂广场开展"7·28"唐山大地震纪念日宣传活动。

2010年度黑龙江省新增53所防震减灾科普示范学校。分别在木兰县建国中心小学开展主题班会和应急演练；在双城第3小学开展班会活动并进行宣讲；在哈尔滨市第3中学开展启动仪式培训；在阿城车站小学开展主题班会活动。哈尔滨市组织车站路小学、钱塘小学、49中学、木兰建国小学开展应急演练，为进一步提高防震减灾意识和应急反应能力提供示范。

5. 其他工作

2010年，黑龙江省人民政府将《黑龙江省防震减灾条例》修订工作列入立法计划预备项目。7月，经黑龙江省地震局局务会议讨论通过，将《黑龙江省防震减灾条例（草案）》上报黑龙江省人民政府。

（黑龙江省地震局）

上海市

1. 地震安全性评价管理

（1）建设工程地震安全性评价结果审定及抗震设防要求确定。2010年，先后完成上海迪士尼项目轨道交通配套工程和上海轨道交通5号线南延伸工程（东川路站—平庄公路站）2项工程安评结果审定及抗震设防要求确定工作。此外，还完成上海松江老城区公共交通配套工程安评的预审工作，并报送中国地震局审定。

(2) 地震安全性评价（以下简称"安评"）单位资质管理情况。2010年，根据中国地震局要求，对上海市安评单位的资质进行重新认定。共收到并受理安评资质认定申请3件，其中，乙级资质认定申请2件，丙级资质认定申请1件。针对乙级资质的申请，上海市地震局对申报材料进行了认真初审，并在审核通过后统一上报中国地震局，最终获得审批通过。针对丙级资质的申请，经过对该公司提交资料的严格审查，并结合该公司的业务实绩，上海市地震局作出了延续其丙级安评资质两年的行政许可，并在向社会公示后及时发布了认定公告。

(3) 地震安全性评价人员执业资格管理情况。上海市地震局、上海市人力资源和社会保障局为2名通过地震安评工程师资格考试人员下发了上海市二级安评工程师职业资格证书。

2010年，上海市地震局收到一级注册申请6人、二级注册申请11人。根据《一级地震安全性评价工程师注册实施办法》规定，上海市地震局对申请一级注册资格核准人员的材料进行初审，并在审核通过后统一上报中国地震局，最终获得批准。同时，上海市地震局参照一级注册资格核准流程，开展了本市二级安评工程师注册资格核准工作。经过严格审查，上海市地震局作出了准许王炜等11名本市二级安评工程师注册的行政许可，并在向社会公示后及时发布了认定公告。

2. 防震减灾社会宣传教育工作

(1) 贯彻落实《上海市实施〈中华人民共和国防震减灾法〉办法》。《上海市实施〈中华人民共和国防震减灾法〉办法》于2010年1月1日正式施行，为贯彻落实好这部法规，上海市地震局与上海市建交委联合制定了与之相配套的《关于超限高层建筑布点地震强震动监测设施的若干意见》和《关于超限高层建筑需要开展地震安全性评价项目的确定办法》，并印制5000份发给各区县地震工作部门，向区县做好宣传解读工作，以利于更好地依法履职，落实好各项法定职责。

(2) 围绕世博会地震安保，开展防震减灾宣传教育。上海市将2010年防震减灾宣传同世博会安保工作相结合，在年初就明确将地震宣传工作重点放在科普上。各区县地震办携手区县科委和民防办，积极扩大防震减灾的宣传面并丰富宣传形式。在"5·12"防灾减灾日和"7·28"唐山大地震纪念日利用IPTV宣传平台，在开机导视中滚动播出一周的宣传片，收视群体超过4000万人次。针对2010年国内外发生的显著地震，上海市地震局逐步形成了新闻发言人、职能部门负责人和专家"三位一体"的新闻应对格局。2010年面向区县共开展科普讲座8场，受众数在10000人次以上。结合科普"六进"活动，探索性地开展科普活动进企业特别是大型知名企业活动，联系可口可乐公司等国内外企业开展防震减灾科普宣传，受到一致好评。

(3) 办好上海市中学生防震减灾知识竞赛。2010年，上海市、区县地震工作部门联合市、区县教育部门在全市举行第16届上海市中学生防震减灾知识竞赛区县预赛和上海市决赛。本次竞赛着重检验中学生对地震突发情况的应对及家庭自救互救知识的掌握情况，在参赛学校和学生中营造了良好的防灾减灾知识和技巧学习氛围。

（4）推动示范学校和科普示范基地建设。印发《上海市防震减灾科普示范学校认定与管理暂行办法》，组织召开上海市防震减灾特色学校交流会议。截至2010年底，上海市共建成科普示范学校25所，覆盖全市18个区县，涵盖小学、初中、高中各个阶段。

上海地震科普馆坚持全年无假日开放制度。2010年共接待参观者35000余人次，接待上海市二期课改学生参观3000余人次。科普馆共举办地震科普讲座8场。对场馆内容进行更新，增加了2008年汶川地震和2010年青海玉树地震的有关内容。上海地震科普馆于2010年被松江区命名为未成年人社会实践基地。

（上海市地震局）

江苏省

1. 抗震设防要求管理

2010年就贯彻落实《江苏省人民政府关于进一步加强防震减灾工作的意见》提出具体要求，强化对学校、医院等人员密集场所建设工程抗震设防要求确定的审批。市县地震部门继续通过政府行政审批中心窗口，加强建设工程抗震设防要求监管。4月1日起，江苏省地震局行政审批事项全部实行网上公开运行，行政审批各个环节在江苏省人民政府相关部门和监察部门的全程监控下有序运行。

派出相关专家参加江苏省校安办技术指导组工作，配合江苏省教育厅、建设厅等部门做好校舍安全普查鉴定加固和新建校舍抗震设防要求监管。对在校舍场址安全排查中发现的问题，给出明确指导意见。以文件形式向各乡镇下发抗震设防要求，供各地在校舍鉴定排查、抗震加固和新建迁建时使用。截至2010年底，江苏省建成农村民居地震安全工程示范村（点）200多个，农村民居地震安全示范工程建设取得明显成效。

2. 地震安全性评价管理

严格实施建设工程地震安全性评价报告结果的审定及抗震设防要求确定行政许可制度。实行安评报告专家主审制，规范地震安全性评价报告评审程序，组织职能部门及安评专家到有关资质单位进行业务指导，严把报告质量关。2010年共完成地震安全性评价项目技术审查291项，在江苏省地震局网站分批公告安评报告结果审定情况。

组织开展江苏省2010年度二级地震安全性评价工程师考试工作。2010年江苏省共有62人申报二级地震安全性评价工程师资格，15人合格。按要求上报19名一级地震安全性评价工程师的注册申请，并完成江苏省地震工程研究院甲级资质、无锡市地震工程检测中心乙级资质重新认定初审。

3. 震害预测工作

做好强震动台网建设运维。在全国2009年度强震动观测工作评比中，江苏省参评资料荣获强震动观测运行维护第三名。省内外发生的几次有感地震均获得记录。制定出台《江苏省强震动观测评比办法（试行）》。4月首次开展江苏省强震动观测资料评比，对2007—2009年度强震动观测资料进行评比对50个参评单位进行逐项打分，评出2007—2009年度江苏省强震动观测运行维护奖、观测记录奖。

4. 活动断层探测工作

根据《江苏省人民政府关于进一步加强防震减灾工作的意见》要求，组织开展13个省辖市城市地震活断层探测和危险性评价。江苏省地震局积极协调有关市政府、地震局、活断层项目实施组和监理组，推进项目实施。2010年，徐州、苏州两市活断层探测项目按计划顺利开展，并完成阶段性工作；南通市活断层项目完成招标，后续工作有序实施；宿迁市启动活断层探测立项工作；盐城市震害预测项目进入招标准备环节。

5. 防震减灾社会宣传教育工作

2010年江苏省地震局继续与教育、科协等部门合作，结合江苏省中小学校舍安全工程的实施，进一步巩固防震减灾科普示范学校创建成果，提高建设质量。截至2010年底，全省命名省级防震减灾科普教育基地40个，省级防震减灾科普示范学校152所，基本涵盖了13个市106个行政区域。12月与江苏省教育厅、省科协联合开展防震减灾科普示范学校考核与命名工作。

印发《2010年江苏省防震减灾宣传工作要点》，确定2020年宣传主题为"关注建筑安全，远离地震灾害"。制作发行《皮皮历震记》《应对震害 有备无患》DVD影视片，及英汉双语动漫绘本《愉快的假期》《皮皮历震记》等4部防震减灾科普作品，向中央党校、地震系统、省级机关、社区、科普基地和示范学校等赠送数千套。其中动画片《皮皮历震记》获第十四届北京科技声像作品"银河奖"二等奖。资助并指导泗阳县地震局创作编印江苏省第一本漫画形式的地震科普读物《地震三字经》。"5·12"防灾减灾日系列宣传活动期间，江苏省地震局领导和专家做客"中国江苏"网站，举行"关注公共安全，加强防震减灾"专题在线访谈。全省各地普遍开展了防震减灾知识"进学校、进企业、进社区、进农村、进机关"活动。在江苏防震减灾网开辟"5·12"防灾减灾日专题网页，对江苏省各地防灾减灾日活动进展情况进行报道。在2010年全国科技活动周暨江苏省（南京市）第二十二届科普宣传周活动中，江苏省地震局设置展台，布置科普展板和两套地震观测仪器，开展现场科普咨询活动，发放1000余份宣传折页，赠送科普书籍500余册和科教片200份。活动期间江苏省各级地震部门开展了科普进社区、进学校、进农村系列活动，通过印发宣传资料、制作标语板报、进村入户等宣教形式，广泛宣传防震减灾法律法规知识和防灾减灾科普知识。指导组织学校、社区开展应急演练和教育培训。推动地震台站、台网中心、防震减灾科普基地和具备开放条件的防震减灾科普示范学校适时向社会开放。举办地震科普夏令营，有14名在校学生参加了活动。

6. 其他工作

开展地震安全示范社区建设试点工作。5月对各市地震局提出在江苏省开展地震安全示范社区建设工作要求，并组织相关人员到山东东营考察学习地震安全示范社区和避难场所建设经验。印发《江苏省地震安全示范社区创建工作实施意见》，对创建地震安全示范社区的工作标准、工作任务、申报与认定程序以及时间安排等都作出具体规定。年底前根据各地报送情况，组织考核认定。

（江苏省地震局）

浙江省

1. 抗震设防要求管理

抗震设防要求管理工作向纵深发展，重大建设工程和生命线工程的地震安全性评价工作得到全面加强，为相关建设工程提供了科学合理的抗震设防要求。省、市、县三级地震部门积极参与校舍安全工程；积极推进农村民居地震安全工程，建成示范点2个，并初步建成了"省级农村民居地震安全服务中心网站"。浙江省校舍安全工程实施情况检查配合工作顺利进行，农村民居地震安全示范工程继续推进。

2. 地震安全性评价管理

各级地震部门以防震减灾"平安市县"考核为抓手，以建立健全防震减灾行政许可制度为突破口，重大工程地震安全性评价和抗震设防要求的监管与审批工作继续向纵深发展。特别是温州永嘉县人民政府制定《永嘉县地震安全性评价管理办法》，湖州长兴县人民政府办公室印发《关于工程建设项目地震安全性评价管理工作纳入审批程序的实施意见》，重大建设工程和生命线工程的地震安全性评价工作在县级层面得到持续加强。全年开展地震安全性评价项目达到115项，远超上年水平。

3. 防震减灾社会宣传教育工作

"5·12"防灾减灾日期间，浙江省各级地震部门积极开展各类宣传活动。浙江省地震局举办"浙江省防灾减灾知识有奖问答""抗震防灾、节能减排"进社区和大型广场咨询宣传系列活动；杭州市地震局以"防灾从社区做起"为主题，开展防震减灾应急疏散演练、社区民居防震抗震知识竞赛等活动；宁波、温州、湖州、嘉兴、绍兴、舟山、台州、衢州、丽水等市通过向市民发放宣传图册、发送科普知识短信等方式，强化特殊时段宣传，将防震减灾知识送进社区、工厂、乡村、机关和学校，有效地提高了社会公众的防震减灾意识。

4. 其他工作

浙江省地震局积极贯彻《中华人民共和国防震减灾法》，努力推进防震减灾法制建设，制定出台《浙江省地震行政处罚裁量权实施意见（试行）》和《浙江省地震行政处罚裁量标准（试行）》，规范全省地震行政执法行为。《浙江省防震减灾"十二五"规划》被列为浙江省"十二五"规划的专项规划，有关编制工作取得阶段性进展。截至2010年底，已完成初稿编写，进入征求意见阶段。浙江省各市、县（市、区）地震部门也积极行动，根据要求编制本级防震减灾专项规划。

（浙江省地震局）

安徽省

1. 抗震设防要求管理

继续推进市县抗震设防要求管理工作，安徽省已有15个市级地震部门进入当地政务服务中心，开展建设工程抗震设防要求核定。2010年，共核定近1万项建设工程抗震设防要求，对200余项重大建设工程开展了地震安全性评价工作。积极推进城市地震安全示范社区建设，下发《地震安全示范社区管理办法》。进一步推进农村民居地震安全工程建设，启动皖东北地区农村民居抗震设防专项调研，印制下发《安徽省农村建房防震知识挂图》，新建37个农村民居地震安全工程示范点，全省已累计建成99个点，惠及38000多农户。

2. 地震安全性评价管理

为规范安徽省地震安全性评价市场秩序，加强对省外资质单位在皖开展地震安全性评价工作的管理，制定《省外资质单位开展地震安全性评价工作管理办法（暂行）》。召开专题会议，提出进一步提高工作效率和服务质量，对政府投资的公共工程、民生工程以及学校、医院等社会公益性工程，主动减免地震安评技术服务收费，支持全省经济建设。完成局二级机构——安徽省地震工程研究院甲级地震安全性评价资质的认定和7名一级地震安全性评价工程师注册等工作。会同安徽省人事厅组织完成省二级地震安全性评价工程师资格考试，起草管理办法，颁发了二级地震安全性评价工程师资格证。

3. 防震减灾社会宣传教育工作

与安徽省科协、教育厅联合推进防震减灾科普教育基地和科普示范学校建设，安徽省已建成国家级防震减灾科普教育基地4个，省级防震减灾科普教育基地5个、科普示范学校13所，市级科普教育基地9个、科普示范学校69所。利用《中华人民共和国防震减灾法》颁布实施纪念日、"5·12"防灾减灾日、"7·28"唐山大地震纪念日、国际减灾日、法制宣传日等时段，集中开展防震减灾知识宣传教育。据统计，全省各级地震部门先后发放宣传材料200余万份，开展各种讲座100余场次，播放地震科普宣传声像作品400余场次，50多家省、市级新闻媒体进行了专题采访和报道，扩大了宣传面和受众面。

4. 防震减灾法制建设

大力推进《安徽省防震减灾条例》修订工作，多次征求有关部门和市地震局意见，经反复讨论形成较为成熟的送审稿呈报安徽省人民政府。加强与省人大、省人民政府法制办沟通，召开省人大法工委、教科文卫委、省人民政府法制办三方负责人参加的立法论证会。省人大、省人民政府法制办将《安徽省防震减灾条例》修订工作列入2011年立法调研类计划。省政务服务中心地震窗口对防震减灾行政职权进行了再梳理，编制行政职权流程图，坚持做到防震减灾行政服务审批公开、透明，群众满意度达到百分之百，窗口工作人员被评为第三季度优秀。年初，下达全省防震减灾依法行政和行政执法工作任务，并组织评比。组织安徽省地震局干部职工参加"五五"普法测试，按照中国地震局要求，开展"五五"普法工作检查并上报了工作总结，"五五"普法工作得到省直机关法制宣传教育工作领导小组肯定。

5. 市县防震减灾工作

坚持安徽省地震系统一盘棋的发展思路，进一步加大对市县级地震主管部门的支持力度，全年累计投入资金和设备等达100余万元。较好地支持了市县防震减灾工作的协调发展。滁州市地震应急指挥中心大楼、铜陵市地震信息中心建设进展顺利，亳州市地震（人防）局落实1500余万元应急指挥中心（地震监测中心）建设资金；蚌埠市地震局向市政府申请专项经费175万元，用于地震指挥中心改造和地震台站建设；滁州、阜阳、淮北等市监测预报工作经费投入累计近 300 万元;合肥、黄山、宿州、铜陵、安庆等市地震局获得政府专项经费超过 125 万元。

市县防震减灾工作在全国综合评比中获得综合评比一等奖 1 个,优秀奖 2 个,单项奖 2 个,创新奖 1 个,获评县级防震减灾工作先进单位 4 个,是安徽省参加全国市县防震减灾工作综合评比以来取得的最好成绩。

6. 中小学校舍安全工程

按照安徽省统一部署,认真履行校舍安全工程领导小组成员单位职责,组成 20 余人的现场工作组,分别赴合肥、滁州、宿州、蚌埠等Ⅶ度及以上高烈度区的 30 多个市县,开展区域地震地质和历史地震影响调查,其成果直接用于指导校舍安全工程建设。分 5 批 10 余次赴 100 余所中小学校舍加固改造施工现场,先后 6 次对包干地区亳州市"三县一区"60 余所学校校安工程的建设进行现场检查督导,并落实省校安办有关工作要求,在确保质量的前提下,加快工程建设进度。亳州市"三县一区"校舍安全工程建设等工作,多次受到省校安办和省人民政府通报表扬。其中,亳州市涡阳县在全国校安工程调度会议上做典型发言。2010 年底参加了全省校舍安全工程纳入省人民政府民生工程考核。安徽省地震局积极参与校安工程建设指导、督查等工作,受到安徽省人民政府和全国校安办的充分肯定。

(安徽省地震局)

福建省

1. 抗震设防要求管理

福建省市县地震部门以进入当地行政服务中心为契机,推进建立抗震设防管理工作机制,落实工程建设抗震设防要求。福建省农居地震安全工程建设取得新进展,福州市地震局在连江县召开农村农居地震安全示范点建设验收现场会,总结建设经验,并于 2010 年 11 月对福州市 7 个农居地震安全示范点建设进行了验收。协助教育部门实施中小学校舍安全工程,推进地震安全示范学校建设,与省教育厅联合对厦门校安工程进行督查。

2. 地震安全性评价管理

重点加强对福建省高速公路重要单体工程地震安全性管理的落实,并将交通、能源等 13 个行业的地震安全性评价工作列为福建省项目投资网上联审前置审批事项,2010 年完成地震安全性评价项目 126 项。组织福建省地震安全性评价二级安评师考试,对全省二级地震安全性评价工程师进行重新审查认证并注册,发放二级地震安全性评价资格证书。开展地震安全性评价资质单位认证和注册工作,完成全省甲级、乙级地震安全性评价资质单位的重新审核认证工作。

3. 震害预测工作

组织开展福建及台湾海峡地壳结构地震测深探测工作,从 2010 年起与中国地震局地球物理勘探中心合作,计划用 5 年的时间,分期实施开展"福建及其近海地区地震构造人工地震爆破观测",通过主动源地震测深方法,探测福建地区的地壳及上部地幔构造,以及主要断裂带的深部构造背景，建立闽台地区地壳结构三维模型和地震活动地球动力学模型。在 2010 年 9 月实施了第一期爆破观测基础上，建立纵剖面方向的福建二维地壳结构模型，北东向的非纵剖面建立了一维地壳结构模型，同时对闽台地区三维地壳结构模型进行初步研究。

4. 防震减灾宣传教育工作

组织部署福建省防震减灾宣传活动，在防灾减灾日、科技人才活动周、"7·28"唐山大地震纪念日、福建省防震减灾宣传周、全国科普日等重要时段，以四川汶川地震和青海玉树地震为素材，开展多层次、全方位的防震减灾科普宣传教育活动。与高校、省直单位联合举办活动，推进科普宣传进社区、进机关、进企业，取得了良好的宣传实效。对原"三网一员"手册进行修订完善，新编《地震群测群防工作手册》，为福建省群测群防工作和"三网一员"培训提供教材。开展福建省数字地震科普馆建设，完成数字地震科普馆总体设计、技术方案、外景拍摄工作及部分内容的制作。

做好地震谣传处置工作。2010 年 3 月开始，网上出现"8 月 13 日漳州要发生大地震"的谣言，并在随后逐渐演变成为厦门、泉州、莆田、南平、福州等地要发生大地震的谣言，导致福建省沿海地区尤其是泉州地区出现了外来务工人员听信谣传而辞职返乡情况。地震谣传出现以后，福建省地震部门通过网络监控、现场调查、科普宣传、公开辟谣等措施，及时平息谣言，并与公安部门配合打击造谣者，维护了全省社会安定和生活生产秩序。

（福建省地震局）

江西省

1. 抗震设防要求管理

江西省 25 个地震重点监视防御县将抗震设防要求纳入基本建设管理程序，从源头上杜绝新建、改建、扩建项目不设防的状况。完善地震安评报告实行预审制等 7 项措施，规范审批和服务事项，编制《防震减灾行政执法手册》，完成网上审批设备和系统的安装调试工作，并组织专门培训。实施南昌西客站、九江八里湖大桥等重大项目的地震安全性评价行政许可，水利、交通、电力等重要基础设施抗震设防能力得到提高。

2. 市县防震减灾机构建设

江西省编办印发《关于市、县（市、区）地震工作机构有关问题的通知》，对设立市县防震减灾机构进行了明确要求："南昌市、九江市、吉安市、赣州市、宜春市、上饶市、抚州市单独设置防震减灾工作机构，为市政府直属事业单位；37 个地震重点监测防御区所在的县（市、区）和峡江县、吉水县单独设置防震减灾工作机构，为政府直属事业单位；其他市、县（市、区）是否单独设置防震减灾工作机构由当地党委政府决定，但应明确机构承担相关职责。"市县机构建设取得突破性进展，新成立的市县机构坚持高起点、快起步，各项工作开局良好。

3. 农村民居地震安全工程

统筹城乡防震减灾工作，积极推进农村民居地震安全工程，将农村民居地震安全工程建设成效，纳入江西省地震系统年度考评的重点指标。设计图纸近600套。推行农村工匠免费培训、财政贴息贷款、免费安全鉴定等措施，调动农民建安全房的积极性，在赣州、九江、上饶等地建成553个农村民居地震安全示范点，惠及农户29782户。其中，2010年新增示范点204个，惠及11706户。

积极配合教育、建设等部门，共同推进农村中小学校舍安全和危房改造工程。

4. 防震减灾政策研究和法规建设

根据《中华人民共和国防震减灾法》和2009年《江西省防震减灾条例》立法质量评价活动成果，积极推进《江西省防震减灾条例》修订工作。江西省人民政府将《江西省防震减灾条例》修订列入2010年立法工作计划的地方性法规确保项目。10月9日，省政府吴新雄省长主持召开第41次江西省人民政府常务会议，审议通过《江西省防震减灾条例（修正案草案）》，并按程序提交江西省人大常委会审议。10月，江西省人民政府印发《江西省人民政府关于进一步做好防震减灾工作的意见》，南昌、赣州、宜春等地也先后出台了关于加强防震减灾工作的相关规定。

5. 防震减灾宣传教育工作

积极推进防震减灾知识"进机关、进企业、进社区、进农村、进学校"，江西省已建成2个国家级、4个省级防震减灾科普教育基地和110多所防震减灾科普示范学校。赣州、九江等地将防震减灾知识宣传教育纳入领导干部双休日讲座、党校培训、公务员任职培训等内容。与各大新闻媒体、各通信运营商建立应急信息发布专用渠道，防震减灾信息发布更加准确、便捷、有效。5月12日，江西省地震局联合江西省教育厅在全省中小学组织开展地震应急救援演练。2010年8月，江西省地震局联合科技厅承办地震科普体验展览。制作《家庭防震减灾手册》和《关注建筑安全，远离地震灾害》科教片等公共产品。

（江西省地震局）

山东省

1. 抗震设防要求管理

山东省地震局成为山东省城镇体系规划编制工作领导小组成员单位，对鲁南城镇带规划等提出了防震减灾建议。召开座谈会，调研建筑、交通、铁路、电力等行业设计单位使用抗震设防要求的情况配合教育部门，为中小学校舍安全工程提供技术服务。全面推进第二批12处省级示范工程建设，完成试点地区农村民居建筑抗震性能调查与数据库建设项目。在临沂、滨州、淄博、德州等市举办农村民居建筑工匠抗震施工培训班，共有农居建筑工匠、乡镇建设管理人员、地震部门人员600余人参加培训。举办全省农村民居建筑抗震施工知识竞赛，各市通过选拔，推出17个代表队，经过3轮预赛和1轮决赛，决出一、二、三等奖和优秀奖，取得很好的宣传效果。会同山东省住建厅在全省组织开展农村民居建筑抗震设计优秀方案竞赛活动，收到参赛方案44件；组成评审专家组，评选出优秀方案18套分别获得一、二、三等奖。组织开展2009年度全国市县防震减灾工作综合评比推荐申报工作，济南地震局获得全国综合评比一等奖（列第一名）；诸城等7个县（市、区）地震局被评为全国县级防震减灾工作先进单位；山东省地震局被评为全国震害防御工作先进单位。

2. 地震安全性评价管理

加强地震安全性评价和抗震设防要求管理，青岛地铁2号线等546个重大项目通过地震安评，科学确定了抗震设防要求。印发《关于进一步规范和加强地震安全性评价工作有关事项的通知》等3个文件，召开全省地震安评从业单位座谈会，对质量、技术、管理方面的突出问题进行规范。举办安评执业人员业务培训班，组织山东省二级地震安全性评价工程师考试，全省有8人通过一级安评师考试、21人通过二级安评师考试，安评执业人员的业务素质进一步提高。开展地震安全性评价工程师注册和单位资质重新认定工作，完成初审上报。先后2批下达城市地震小区划项目13个，共计投入资金525万元。菏泽、东明、章丘等23个城区的地震小区划工作完成或开工。

3. 防震减灾宣传教育工作

5月7—13日，山东省地震局会同山东省减灾委在泉城广场举办防灾减灾大型图片展，各级地震部门采取多种形式强化宣传教育，全省中小学校普遍开展了地震应急疏散演练等主题教育活动。邀请20多家新闻单位参加媒体开放日活动，集中宣传防震减灾知识。拓宽宣传教育渠道，在省委党校、省行政学院举办防震减灾专题讲座，《农村民居建筑抗震知识》录像片进入农民党员干部现代远程教育网，通信部门发送防震减灾公益宣传短信2000余万条。

召开全省防震减灾科普宣教工作会议，评选推广优秀宣教课件，表彰防震减灾科普宣教优秀辅导员，认定第四批省级地震科普示范学校。加强防震减灾科普基地建设，日照市防震减灾教育基地、滨州碣石山地震与火山博物馆等一批地震科普场所建成启用，认定首批13处省级防震减灾科普宣教基地和第二批43个省级地震安全示范社区。继续推进12322防震减灾公益服务热线建设，全省人工服务平台达到95个，其中县（市、区）开通数量达到77个。

4. 防震减灾法制建设

《山东省防震减灾条例》于9月29日完成修订，并于12月1日正式施行。山东省防震减灾工作领导小组印发文件部署学习贯彻工作，领导小组办公室印发文件，明确了各级政府和部门落实《山东省防震减灾条例》的法定职责，山东省地震局与山东省人民政府法制办联合下发文件对宣贯工作作出具体部署，召开省市地震局学习宣传贯彻《山东省防震减灾条例》视频会议，举办县（市、区）地震部门负责人参加的《山东省防震减灾条例》学习培训班。《山东省地震监测台网管理办法》被列为山东省人民政府2011年立法计划，调研、起草工作进展顺利。加强执法指导和监督检查，举办地震行政执法人员培训班。

（山东省地震局）

河南省

1. 抗震设防要求管理

（1）强化抗震设防审批监管。2010年，河南省各省辖市深入研究《中华人民共和国防震减灾法》对抗震设防要求管理的新要求，总结监管经验，继续推进抗震设防要求纳入基本建设管理程序和审批流程，积极探索抗震设防要求执行情况监督检查工作机制，探索建立多部门联合执法检查的长效机制。已有14个省辖市将抗震设防要求纳入基本建设管理程序，进驻市行政审批大厅或设立行政服务中心。2010年，河南省各级发改委、规划部门立项核准备案的工程，经地震部门进行抗震设防要求审批的有714项。

（2）强化农村民居抗震设防监管。2010年，河南省新增农居工程示范点87个，新增示范户425户。河南省农村民居示范点达182个，示范户28244户。地震安全农居工程在前几年试点的基础上深入推广。充分利用阳光工程培训，将农村建筑工匠防震抗震技术培训纳入培训计划，2010年接受培训5844人次。

（3）切实推进校安工程。2010年，河南省地震局编印《河南省校舍安全工程文件汇编》，并按照省校安办要求，于1—5月，3次组织有关专家，先后赴焦作、南阳、平顶山等市开展监督检查工作。8月11—13日，在焦作召开全省地震系统推进中小学校舍安全工程现场工作会，进一步推动河南省地震部门在校安工程中发挥更大作用。

2. 地震安全性评价管理

（1）加强安评工作现场工作检查。2010年，河南省地震局组织专家深入施工现场，对"郑州至民权高速公路开封至民权段高速公路""开封新区热电厂""中烟新建厂房"等项目开展工作检查，向安评资质单位提出施工建议，确保安评工作质量。同时，严把报告评审程序，从申请、受理评审方式、评审结果等环节加以严格规范，退回安评报告2份，评审不通过2份，切实提高了评审质量。

（2）完成安评师考试、注册、培训和安评资质单位清理、许可工作。河南省地震局与省人力资源和社会保障厅联合印发《关于2010年河南省二级地震安全性评价工程师考试报名的通知》。6月26日、27日在郑州组织全省统一考试，有6名人员取得了二级安评师资格。印发《河南省二级地震安全性评价工程师注册实施办法》，完成对15名一级安评师的初审和38名二级安评师的注册工作，制作发放了二级安评师注册证书和执业印章。按照中国地震局和行政许可法的要求，11月，完成1个甲级资质清理初审和1个乙级、3个丙级资质清理工作。12月对新受理的4个丙级资质单位进行评估。

3. 震害预测工作

河南省地震局积极开展地震应急基础数据库收集工作，积极协调系统外力量，收集到全省境内学校（高、中、小学校及学前教育）、医院、加油站、气站、汽车站、火车站、供电站（营业所）、工厂、企业、事业单位、培训机构、水库、道路（县道、乡道）经纬度信息以及各地市提供的建筑物、救灾物资储备等数据，并对数据真实性进行审核，为提高灾害快速评估和指挥辅助决策水平奠定基础。

4. 活动断层探测工作

截至2010年底，河南省内开展过活动断层探测的省辖市包括许昌市、驻马店市、安阳市、郑州市。南阳市、新乡市等向市政府申请开展活动断层探测工作。

5. 防震减灾宣传教育工作

2010年初印发《2010年河南省防震减灾宣传教育工作要点》，对河南省防震减灾宣传教育工作，包括防灾减灾日活动、示范学校和科普基地创建、党校培训和新闻宣传等工作提出明确要求和指导意见。积极参加郑州市举办的"防灾减灾日"启动仪式和科普宣传活动。现场通过专家咨询、新旧地震仪器展示与讲解、地震知识展板、发放《中原减灾报》等宣传形式向社会公众广泛宣传防震减灾科普知识；5月12日，组织人员先后分赴许昌、驻马店、商丘等市检查和指导科普宣传工作。继续办好《中原减灾报》，通过组织编发"关注玉树地震，做好防震减灾""'张衡杯'中小学生征文活动"等专版，进一步发挥其传统媒体的优势，取得了很好的传播效果。充分发挥网络媒体方便、快捷的优势，及时在河南地震信息网刊发河南省地震局及市县防震减灾工作信息、更新首页图片新闻。2010年共刊发稿件约283条。其中地震科普栏目46篇，图片新闻约40张，市县动态197篇，有效地提高了河南省防震减灾工作社会显示度。修订了科普示范学校申报管理办法，2010年，共验收通过35所省级防震减灾科普示范学校和2个科普教育基地。2010年，河南省有11个省辖市把防震减灾知识进党校纳入常态化，有效提高了各地领导干部的防震减灾意识。

6. 其他工作

一是扎实推进《河南省防震减灾条例》立法工作。2010年，河南省人大常委会把《河南省防震减灾条例》列为2010年度内提请省人大常委会审议项目。

二是调研探索"将防震减灾工作纳入政府目标考核体系"。2010年8月，在焦作市组织召开"全省将防震减灾工作纳入政府目标考核工作交流座谈会"。新乡市地震局、南阳市地震局等介绍了将防震减灾工作纳入政府目标考核体系的经验。与会代表就将防震减灾工作纳入政府目标考核的意义、推进该项工作存在的问题及可行性等进行交流座谈。9月，撰写《关于将防震减灾工作纳入政府目标考核体系的思考》，被中国地震局《政策研究》采纳刊登。12月，中国地震局震害防御司调研组专程到河南省新乡市、安阳市开展专项调研。

（河南省地震局）

湖北省

1. 政策法规体系建设

完成《湖北省实施〈中华人民共和国防震减灾法〉办法（修订草稿）》的起草工作，修订工作纳入湖北省人大常委会的立法计划，完成向社会和向有关厅局征求意见工作；制定并经湖北省人民政府法制办印发《湖北省地震行政处罚自由裁量权指导标准》《湖北省地震行政处罚自由裁量权指导标准（试行）》，对各类防震减灾违法行为的具体情况和处罚幅度进行规范。

2. 抗震设防要求管理

组织湖北省地震安全性评定委员会对湖北省行政区域内60余项新建、扩建、改建工程的地震安全性评价结果进行审定并出具批复意见。指导黄冈、荆门、荆州、鄂州等地震部门对多项重大工程的抗震设防按要求进行监管。其中，咸宁、嘉鱼等市县出台了政府文件，将地震安全评价和抗震设防要求管理纳入基本建设管理程序；武汉市完成一般工民建工程抗震设防行政审批225项、黄冈市完成361项、十堰市完成80余项。组织完成2010年度二级地震安全性评价工程师资格考试，完成湖北省1个甲级地震安全性评价资质的初审工作和2个丙级地震安全性评价单位资质的重新认定工作。

3. 校舍安全工程指导与检查

联合湖北省校安办开展对十堰市、房县、竹山、竹溪、建始、巴东县中小学校舍安全工程实施进展情况进行检查与调研，承担对房县、建始、巴东县校安工程的分片包干督查工作，与各市县地震部门配合完成所有中小学校舍的场址排查工作。

4. 农村民居地震安全工程

结合湖北省水库移民、新农村建设、移民腾田、移民开发、城乡一体化等建设项目，组织推广实施农村民居地震安全工程。2010年通过湖北省级财政向宜昌、十堰、黄冈等11个市的47个县拨付农村民居地震安全工程专项经费共计200万元，并赴十堰、宜昌、荆门、黄冈、孝感等市检查农居工程开展情况，确保示范农居达到基本抗震设防要求。

承办中国地震局在鄂州召开的全国抗震民居现场研讨会，与湖北省住房和城乡建设厅联合发布《湖北省农村民居地震安全工程示范村认定办法（试行）》，编印了湖北省各市县地震安全农居建设总结汇编，制作一套农村民居地震安全工程建设宣传挂图，免费发放到各市县，用于农村建筑工匠培训和指导农民建设抗震农居。指导浠水等县组织编印《浠水县地震安全农居设计参考图集》。指导各市县地震部门组织工匠培训100余次，培训超3000人次。

5. 防震减灾社会宣传教育工作

组织湖北省地震系统开展"5·12"防灾减灾日、全国普法日、全省科技周、全省科普日期间的宣传活动；在青海玉树地震后，组织编制多套防震减灾科普知识宣传资料和挂图，提供给市县地震局（办）使用；深入武汉钢铁集团公司、水果湖小学等企业、学校、社区开展多次防震减灾科普宣传活动；加强对武汉地震科普馆、黄冈李四光纪念馆等防震减灾科普教育基地的指导工作；制作武汉市居民防地震避险（防空袭疏散）告知卡172万份，并免费发放给群众。

6. 其他工作

高度重视市县防震减灾责任主体落实工作，指导随州、荆门、襄樊等市制定工作职责。针对地震系统机构轮换，人员业务素质不一的现状，分别于5月和8月召开"湖北省地震系统法规与执法工作培训暨市县地震部门现状发展研讨会"和"湖北省市县防震减灾工作研讨会"，组织市县地震部门工作人员赴重庆等地开展经验交流。

（湖北省地震局）

湖南省

1. 抗震设防要求管理

组织地震动区划课题组对美国地震区划进行考察，完成第五代全国地震区划图（湖南幅）预编制任务；强化抗震设防要求管理，湖南省14个市州、42个县抗震设防要求审批进入政务中心，依法审批 2200 余项建设工程；继续推进农村民居防震保安示范工程建设，新增示范点 21 个、示范户 2510 户；组织地震专家配合省校安办对有关市县进行校舍安全工程检查，重点对岳阳市岳阳楼区等市县中小学校舍的地震安全进行督察并提出指导性意见。

2. **地震安全性评价管理**

组织湖南省地震安全性评价从业人员参加国家一级地震安全性评价工程师考试，通过 2 人；在省内组织第二次二级地震安全性评价工程师考试；湖南省有地震安全性评价乙级资质和丙级资质单位各一家、一级安评师 6 人（其中在湖南注册 3 人）、二级安评师 27 人（其中在湖南注册 9 人）。组织修订《湖南省重大建设工程和可能发生严重次生灾害建设工程地震安全性评价管理办法》，继续实施地震安全性评价管理目标责任制，依法对长沙市轨道交通 1 号线、娄邵铁路、华电湖南湘潭核电等 135 项重大建设工程场地进行地震安全性评价，并根据评价结果确定审批抗震设防要求。

3. **防震减灾社会宣传教育工作**

重视防震减灾宣传阵地建设，湖南省共建各级科普示范学校 95 所，13 个市州共建各级科普教育基地 47 个。利用《中华人民共和国防震减灾法》施行一周年、全国第二个防灾减灾日、第十个科技活动周、"7·28"唐山大地震纪念日等时段以及青海玉树地震引发社会民众深度关注这一契机，运用报纸、电视、互联网、手机等宣传工具，采取媒体报道、街头宣传、开放防震减灾科普示范基地、举办防震减灾知识竞赛、举办防震减灾科普讲座等宣传形式，开展全省性的防震减灾宣传教育活动，进一步增强社会民众的防震减灾意识。湖南省地震局被省委宣传部、省科技厅评为科技活动周先进单位。

4. **其他工作**

成立市县防震减灾工作指导委员会，加强对市县防震减灾工作的协调指导；株洲、岳阳两市地震工作机构完成规范设置后，湖南省市州地震工作机构已全部规范，县级地震工作机构新增 15 个（累计达 87 个）。

（湖南省地震局）

广东省

1. **抗震设防要求管理**

积极推进地震小区划和震害预测项目成果在一般工程建设项目中的运用，印发《关于推广使用地震小区划和震害预测项目成果的通知》；参与揭阳、珠海、云浮等 10 个城市总体规划及区域发展规划的修订和评审工作。联合省住房和城乡建设厅通过实施地震安全农居示范工程建设，积极探索和推进农村建房抗震设防要求管理模式。指导和协助广州、佛山、韶关等市开展校舍场址安全排查及校舍鉴定和加固工作。对揭阳市中小学校舍安全工程规划制定情况进行专项督查。年内依法审批地震安全性评价报告 375 项，送中国地震局审批项目 10 项，办理地震科技服务咨询项目 137 项。

2. **地震安全性评价管理**

印发《关于进一步完善地震安全性评价工作管理的通知》和《二级地震安全性评价工

程师注册实施办法》，对进一步做好地震科技服务咨询和行政许可审批工作、地震安全性评价市场管理，地震安全性评价报告审查，现场检查及原始资料抽查、安评资质单位内部质量管理责任制度建设及二级地震安全性评价工程师注册等方面提出明确要求。

2010年6月26—27日，举办广东省2010年度二级地震安全性评价工程师资格考试。其中7人取得二级地震安全性评价资格。审批通过李运贵等8名二级地震安全性评价工程师的注册申请。经中国地震局审查批准，姜慧等11人注册为一级地震安全性评价工程师，广东省工程防震研究院和广东省地震工程勘测中心获地震安全性评价乙级资质。1人通过国家一级地震安全性评价工程师资格考试。

广东省522个建设项目工程场地开展地震安全性评价工作。

3. 震害预测工作

深圳市震害预测项目（二期）通过立项审批。广东省地震局应邀派出有关专家协助编制江苏盐城市市区震害预测项目设计方案。

4. 活动断层探测工作

2010年4月29日，"东莞市石龙—厚街、南坑—虎门断裂探测与地震危险性评价"项目浅层地震横波反射探测、浅层地震纵波反射探测和断层活动性调查3个专题通过验收，评审通过2010年度专题实施方案。

5. 防震减灾社会宣传教育工作

广东省地震科普馆年内参观人数达2万余人次，发放宣传资料2万余册。防震减灾公益服务热线12322咨询量达3万余次。联合省科协举办2010年防灾减灾宣传周科普宣传进社区活动。组织并指导广东省各地开展"5·12"防灾减灾日、防灾减灾宣传周宣传活动和《中华人民共和国防震减灾法》宣传贯彻活动，派出专家赴各地讲授防震减灾及应急避震知识数十场次，派出专家对韶关、清远、梅州、佛山、汕尾、肇庆、中山等地开展地震科普及农居地震安全技术专项讲座，指导广东省各地开展上百次地震应急演练，增强公众的防震减灾意识和应急自救互救能力。

6. 防震减灾法制建设

《广东省防震减灾条例》修订工作取得阶段性进展：2010年形成《广东省防震减灾条例（送审稿）》并报请广东省人民政府审议。完成《广东省防震减灾条例（修订稿）》向社会公开征集意见的程序。全国人大教科文卫委员会调研组就《中华人民共和国防震减灾法》实施情况来广东调研，充分肯定广东省防震减灾工作。认真抓好《中华人民共和国防震减灾法》宣传贯彻工作，通过开辟网站宣传专栏、举办专题讲座、开展网络有奖知识竞赛等方式掀起学法的热潮，推进新法的贯彻落实。

7. 其他工作

广东省防震减灾工作考核指标纳入《广东省创建宜居城乡工作绩效考核办法（试行）》。2010年11月5—6日，第十一届粤闽赣交界区地震联防协作会在河源市召开，会议表决同意湖南省郴州市加入联防区，讨论制定粤闽赣湘4省7市区域地震联防协作预案。

（广东省地震局）

广西壮族自治区

1. 抗震设防要求管理

在自治区政务服务中心地震行政审批窗口,对292个重大建设工程和可能发生严重次生灾害的建设工程进行"重大建设工程和可能发生严重次生灾害的建设工程地震安全性评价结果的审定"行政许可。根据《广西壮族自治区人民政府关于印发行政审批项目清理结果的通知》,全区地震系统行使的7项行政审批项目得以保留,其中行政许可4项、非行政许可3项。与抗震设防要求的管理相关的行政审批项目有5项,分别是"重大建设工程和可能发生严重次生灾害的建设工程地震安全性评价结果的审定""建设工程地震安全性评价资质认定""地震安全性评价人员执业资格核准""建设工程抗震设防要求的确定"和"区外地震安评资质单位来我区开展安评业务的备案"。依法将一般建设工程纳入基本建设管理程序,并由市县地震部门进驻当地政务服务中心,对一般建设工程行使"建设工程抗震设防要求的确定"行政许可,确保一般建设工程达到国家强制性要求。2010年,各市地震部门批复行政许可1011项,各县(市、区)地震部门批复行政许可2018项。全区20000余户农村民居达到当地抗震设防要求。与自治区教育厅联合下发《关于开展校区活动断裂排查工作的通知》,向百色市地震局和平果县地震局下发《关于做好中小学校舍安全工程有关工作的通知》,组成检查组赴平果县检查当地开展中小学校舍安全工程情况。

2. 地震安全性评价管理

在自治区政务服务中心地震行政审批窗口,依法行使"建设工程地震安全性评价资质认定"和"地震安全性评价人员执业资格核准"行政许可,不断加强对从业单位地震安全性评价资质和从业人员执业资格管理。加强建设工程地震安全性评价结果评审,不断提高地震安全性评价报告评审质量。

3. 活动断层探测工作

对7个建设工程场地进行断裂活动性鉴定,分别是玉铁铁路博白立交特大桥工程场地及附近活动断裂专题研究、中国石油广西销售分公司南宁—柳州成品油管道工程断裂专题研究、田林县可能位于活动断裂校舍勘查鉴定、平果县可能位于活动断裂校舍勘查鉴定、田阳县可能位于活动断裂校舍勘查鉴定、马山至平果高速公路那厘右江特大桥和南宁市城市轨道交通1号线一期工程线路调整段工程场地地震工程地质条件勘测。

4. 防震减灾社会宣传教育工作

在第二个全国防灾减灾日之际,由广西壮族自治区地震局主办,南宁市地震局、南宁市青秀区街道办事处、南宁市青秀区民族宫社区3家单位协办,在南宁市新梦之岛门口举行"广西防震减灾系列科普图书发行仪式暨防震减灾宣传进社区活动",正式向社会推出由广西壮族自治区地震局组织编写,并具有自主知识产权和广西民族特色元素的《社区居民读本》《青年读本》《中小学生读本》《农民读本》4本防震减灾系列科普图书。4月底,广西壮族自治区地震局与教育厅联合下发《关于在我区各级防震减灾示范学校开展地震应急演练的通知》,以"常备不懈、警钟长鸣、有效减轻地震伤亡"为演练主题。汶川地震两周年纪念日当天,全区各级防震减灾科普示范学校全体师生及有条件开展演练的其他学校进行地震应急演练，参与师生以百万计，有效地提高了广大师生防震减灾意识和自救互救技能，充分发挥了防震减灾示范学校的示范作用，营造了全社会共同关心和参与防震减灾工作的良好氛围。广西科技活动周期间，自治区地震局会同梧州市、岑溪市、藤县、苍梧县地震局开展防震减灾知识巡展活动，历时4天，共计发放防震减灾知识宣传资料40000份，发放知识竞赛奖品近1700份，15000多名干部、群众和学生参观展览。

（广西壮族自治区地震局）

海南省

1. 抗震设防要求管理

加强建设工程抗震设防要求管理。组织编制全省抗震设防要求全程监管技术系统可研报告，该报告已通过海南省工业与信息化厅评审。依法依规做好地震行政审批工作，依法对重大工程、生命线工程和可能发生严重次生灾害工程抗震设防要求进行管理，严把建设工程抗震设防关，2010年共依法审批建设工程17项，平均办结时间3天，较承诺时间平均提前6天办结，提前办结率100%，群众满意率100%，投诉率为零。积极参与海南省城市规划修编评审工作，参加评审《海口市历史文化名城保护规划》《海南省房地产业发展战略和中长期规划》等7项规划，强化城市规划建设地震安全，为海南省经济建设和城镇规划提供服务。

与海南省教育厅、住建厅联合开展海南省中小学校舍安全工程建设，对校舍等人员密集场所进行检查、核查和督察等工作，做好校舍安全工程技术指导和服务，提高校舍建设工程的抗震设防要求。

农村民居抗震设防管理。积极促进海南省农村民居地震安全工作，组织召开海南省农居工程现场会议，研究部署和推广实施农村民居地震安全工程。完成农居工程技术服务网站验收，严格按照程序实行网上申报审批，审核市县农居工程示范户2218户。加强农居技术服务体系建设，为市县、乡镇农居工程技术服务中心配备专用设备，改善工作条件、提高服务效率。

加强农居工程宣传、培训、指导和服务工作。组织举办工匠等各类培训班16期，培训1800人次；组织专家在海南省开展农居抗震设防情况抽查，开展农居工程专项检查19次；编印农居工程宣传资料2.5万册、宣传单3万份，编发农居工程简报3期，制作宣传展板18套。农村民居地震安全工程建设成效卓著。

加强重大项目监管力度，配合海南省审计厅完成海南省农居地震安全工程的跟踪审计。坚持实事求是、全面客观的原则，配合海南省财政厅定性、定量做好农村民居地震安全工程阶段性绩效考核和评估。海南省地震局震害防御与法规处在海南省少数民族地区茅草房改造工作中贡献突出，在海南省第五次民族团结进步表彰暨民族团结进步创建活动经验交流大会上被省人民政府授予"海南省民族团结进步模范集体"荣誉称号。

2. 地震安全性评价管理

认真履行海南省安评委办公室的工作职责。积极拓展地震科技服务于经济建设和社会发展的领域，做好海南省重大建设项目地震安全性评价等基础工作。2010年海南省安评委完成海口美兰国际机场二期扩建工程、海南省红岭灌区工程、乐东县九龙大道通海工程、洋浦成品油保税库区工程、海西快速铁路动参数区划等28项重大项目的地震安全性评价工作，确保海南省建设项目按抗震设防要求科学设防，取得了较好的社会效益。

规范海南省地震安全性评价收费管理。依据国家发展和改革委员会及中国地震局文件要求，积极与海南省物价局沟通协调，组织调研，起草完成海南省地震安全性评价收费管理办法及收费标准。

对地震安全性执业资格进行认证和考核。组织完成海南省一级地震安全性评价工程师注册和安评单位的资质认定工作并积极推进海南省二级地震安全性评价工程师的认定和考核工作。

3. 防震减灾宣传教育工作

以海南省科技活动月、全国防灾减灾宣传周为契机，与海南省委宣传部、海口市政府、海口市委宣传部联合举办纪念汶川特大地震两周年暨玉树抗震救灾宣传活动。通过各种途径和渠道，推进防震减灾宣传教育工作进机关、学校、社区、农村、企业和军营等。2010年，海南省共举办防震减灾知识讲座11场次，防震减灾知识展览20次，建立示范学校21所、示范村37个、示范社区28个，发挥了科普教育基地和示范点的宣传示范作用，取得良好的宣传效果。

（海南省地震局）

重庆市

1. 抗震设防要求管理

指导各区县（自治县）人民政府，制定抗震设防一票否决和保障新建住房抗震设防率100%的具体措施，推动城乡抗震设防贯彻落实，农村民居防震保安工作和中小学校舍安全工程稳步推进。2010年，重庆市建成巴渝新居53170户，完成改造农村危旧房119134户；校舍安全工程累计开工项目2725个、面积353万平方米，分别占三年规划的54%、65%；竣工项目2027个、面积252万平方米，分别占三年规划的40%、46%。重庆市在全国率先建立中小学校舍安全工程市级信息管理系统，成为完成全国网络数据录入和审核的15个省份之一，学校基本数据录入和审核完成率名列全国第三。

2. 地震安全性评价管理

启动《重庆市建设工程场地地震安全性评价管理规定》修订工作。2010年共有38个重大工程项目进行地震安全性评价。

3. 活动断层探测工作

完成彭水县城保家拓展区和荣昌县城地震小区划工作，重庆市都市区活断层探测与地震危险性评价工作将于 2011 年全部完成。

4. 防震减灾宣传教育工作

按照重庆市政府统一部署，各级各部门加强协作配合，在全市范围内开展防震减灾知识进社区、进校园、进乡村活动。3—5 月，重庆市地震局派专家为重庆市人力社保局举办 5 期"突发事件应急管理与媒体应对舆情处理培训班"进行防震减灾专题讲座，培训学员近千人，覆盖重庆市各区县（自治县）人民政府、市级有关部门、乡镇街道、企事业单位、各级党校、各类学校和医院等机构中负责应急和安全工作的干部。通过第六届西部防震减灾论坛、《重庆市防震减灾条例》新闻发布会、12322 防震减灾服务热线以及重庆市地震局门户网站改版等平台，进一步拓宽防震减灾信息交流与合作渠道。

5. 其他工作

推动配套地方性法规、政府规章修订工作。7 月，重庆市人大对《重庆市防震减灾条例（草案）》进行第一次审议，9 月通过二审。新修订的《重庆市防震减灾条例》于 2011 年 1 月 1 日起正式施行。7 月，重庆市政府办公厅出台《关于印发重庆市防震减灾工作目标考核办法的通知》，按照市政府防震减灾工作的总体要求和工作目标，对各区县（自治县）人民政府在防震减灾工作方面的组织领导、规范管理、工作效果等实行考核。按照文件要求，各区县（自治县）出台了相应的目标考核办法，防震减灾工作的组织领导得到显著增强。

（重庆市地震局）

四川省

1. 抗震设防要求管理

四川省第十一届人民代表大会常务委员会第十七次会议于 2010 年 7 月 24 日审议通过了《四川省人民代表大会常务委员会关于加强农村村民住宅抗震设防管理的决定》，将"全面加快推进农村民居地震安全工程"精神落到实处，为加强全省农村抗震设防能力提高提供了坚实的法律基础。2010 年办理重大建设工程抗震设防要求审定行政审批事项共计 209 项，均对抗震设防要求进行了专门审查，符合法定要求，未有违法违纪情形发生。市县防震减灾部门以贯彻省人大常委会决定为契机，加强农居抗震设防管理与技术服务，四川省通过灾后重建、农牧新村、城乡统筹、移民搬迁、社会主义新农村等工程建成抗震农居近 300 万户。

2. 地震安全性评价管理

审查建设项目规划、工程抗震设防专题研究、特定场址地震安全性评估等 90 项。与省人力资源部门联合印发《四川省二级地震安全性评价工程师制度暂行办法》及《资格考试实施办法》，组织完成四川省二级地震安全性评价工程师资格考试工作。

3. 震害预测工作

积极参与四川省"8·13"特大山洪、泥石流地质灾害灾后重建工作，协调中国地震局专家开展重建地区环境再评估工作，组织技术人员较好完成映秀、清平、虹口（龙池）等乡镇场址地震安全性评估工作。

4. 活动断层探测工作

四川省龙门山断裂带的活断层项目研究取得初步成效，约 20 位台湾学者和 30 位大陆学者分别就相关的 8 个子专题研究成果进行交流与研讨。四川省地震局与台湾陈文山教授等及中国地震局地质研究所等相关单位合作，开展海峡两岸重点合作项目"汶川地震三维发震构造、现今运动状态和区域活动断层发震危险性综合评价"。海峡两岸地震科学家年内分 6 批次到四川省龙门山断裂带开展野外工作，分别进行了汶川地震发震断层花岗岩体、砂岩的采样考察，龙门山断裂带南段断层上盘隆升时代、速率的求算工作，以及在龙门山中央断裂及前山断裂带测量断错地貌及年代样品采集、阶地编年等工作。

5. 防震减灾社会宣传教育工作

汶川特大地震两周年主题宣传活动周期间，四川省统一行动，悬挂标语横幅 4000 多条，发放资料 400 多万份，设立街头宣传点 700 多处，播放电视专题节目和录像 3 万余场次，图片展览 1500 多场次，举办科普讲座 1000 余场（次），组织指导各行各业举行应急演练 300 余次，征集纪念文章 30 余篇。与省科技馆联合举办大型《地震科普体验展览》，并在杭州、大连等城市巡展，受众约 8 万人。建成防震减灾科普示范学校 325 所、科普示范社区 17 个。联合四川日报社坚持地震月报制度。四川防震减灾信息网改进震情信息发布方式，2010 年刊发省局工作动态、市州工作动态、震情信息近 1000 条。启动《四川防震减灾信息》月刊编纂工作，及时通报全省防震减灾工作重大信息。

（四川省地震局）

贵州省

1. 抗震设防要求管理

根据《中华人民共和国防震减灾法》规定，对行政审批事项、行政执法事项进行清理，完善防震减灾行政审批程序，依法开展防震减灾行政审批和行政执法工作。对国家天文台 500m 口径球面射电望远镜项目、成贵线贵州鸭池河大桥项目等 20 余个重大建设工程抗震设防要求确定行政审批相关工作，地震科技深度融入经济建设。

2. 积极开展以评促优工作

贵州省地震局召开了全省市县防震减灾工作综合评比会议，评出 2010 年度全省市县防震减灾工作各奖项。罗甸县、遵义市、德江县分别获得 2010 年度全省市县防震减灾综合评比一、二、三等奖，毕节地区、六盘水市、安顺市等 7 家单位获评优秀。会议对在 2009 年度全国市（地）防震减灾工作综合评比获奖单位毕节地区、罗甸县、玉屏县以及 2010 年度全省防震减灾工作综合评比获奖单位进行了颁奖。

3. 推进地震安全工程实施

针对贵州省首批农村民居地震安全示范工程建设情况，向各地（州、市）地震工作主管部门和工程所在地政府通报情况，为进一步开展该项工作做了良好的铺垫。贵州省地震局联合省住建厅积极推进农村民居地震安全工程，积极配合开展全省中小学校舍安全工程，协助贵州省教育厅对全省校舍安全工程方案进行调整，以贵阳市和4个Ⅶ度地区为重点推进中小学校舍安全工作。

（贵州省地震局）

云南省

1. 抗震设防要求管理

召开地震安全性评价管理工作会议，对安评工作出现的一些问题和不足提出整改要求，规范地震安全性评价管理工作。2010年依法审批276项建设工程，分别对金沙江中游送电广东金官直流输电、向家坝水电站横江大桥、牛栏江小岩头水电站、昭通市彝良至牛街二级公路、国道213线南岸金沙江大桥、泸水县瓦姑水库等重大工程依法开展工程场地地震安全性评价工作。

组织开展百日督查活动。将普查与督促检查相结合，对一批严重违法违规行为实施行政处罚，关停了一批违规在建工程。举办12期抗震设防国家规范宣传贯彻培训班，先后培训人员达6400人次。中小学校D级危房改造成效明显。640万平方米D级危房"五年任务，三年完成"的排危目标任务全面实现。积极推进钢结构校舍试点、在抗震设防烈度Ⅵ~Ⅱ度以上地区校舍优先采用隔震技术。农村民居地震安全工程顺利实施。整合民房恢复重建、易地扶贫搬迁、小集镇建设、旅游产业发展、社会主义新农村建设等各类资金，把握建设重点，突出地域特色，严格质量管理，加快推进农村民居地震安全工程建设。截至2010年底，共完成85.5万余户民居加固和重建。

举办云南省地震系统震害防御管理工作研讨会暨震害防御管理工作培训班，云南省16个州、市地震局（防震减灾局）震害防御科长及云南省地震局震害防御处共40余人参加会议。

2. 地震安全性评价管理

制定《云南省地震局二级安评工程师注册实施办法》，组织二级安评工程师注册工作，对33名二级持证人员的注册申请和4家丙级资质单位上报材料进行审批，对符合注册条件的25名二级安评工程师给予注册，对符合条件的3家丙级资质单位给予重新认定。

组织符合条件的人员参加全国一级安评工程师考试，并安排统一集中学习和考前培训，云南省地震局有6人通过一级安评工程师考试。开展云南省一级安评工程师注册和甲、乙级资质单位认定的初审工作，对11名一级安评工程师、一家甲级单位、一家乙级单位的上报材料进行初审，11名一级安评工程师获得注册、一家甲级单位和一家乙级单位获得认定。

3. 防震减灾宣传教育工作

"十一五"期间,云南省地震局加大防震减灾科普知识宣传力度,组织编制 11 类 23 小类 1013 万册(套)防震减灾常识读本、挂图、动画、展板、画册、折页等防震减灾科普资料。其中,印刷《地震知识 100 问》100 万本、《防震避震常识》读本 600 万册,《宾馆酒店防震避震常识卡片》40 万张、《防震避震常识科普挂图》110 万套、《地震应急自救互救手册》140 万册、《云南省地震局汶川 8.0 级地震应急大行动》1 万册、《地震灾后注意事项》5 万份、《防震避震常识》动画光碟 25000 张、防震减灾科普展板 1366 块;先后购买《应对地震灾害——公众自救互救常识》《蟾童Ⅰ、Ⅱ》《笨笨狗 PK 巨能魔》《地震来了怎么办》等光碟各 2.5 万套和《防震减灾基础知识问答》读本 2 万册,分发到云南省 16 个州市中小学校、幼儿园、村庄、行政机关和人员密集场所。

委托大理州地震局编辑制作《云南省中小学校应急演练手册》,指导中小学校规范、科学地开展地震应急演练工作。委托丽江、德宏、楚雄、红河、砚山等州、市、县地震部门制作了纳西族、傣族、彝族、哈尼族、壮族等少数民族语言的防震减灾科普宣传资料。

会同云南省教育厅在云南省中小学校开展创建省级防震减灾科普示范学校活动,通过对各州市推荐的防震减灾科普示范学校进行严格评比,确定 27 所中小学校为云南省防震减灾科普示范学校,并举行了挂牌仪式。

将防震减灾科普讲座纳入云南省委党校、省直机关党校领导干部培训教学课程,向领导干部普及防震减灾知识,提高领导干部面对地震灾害的应急指挥决策能力。

加强昆明基准地震台、滇西地震预报实验场 2 个国家级科普教育基地建设,滇西地震预报实验场 2010 年接待参观学习近 2 万人。

组织由专家和领导组成的防震减灾科普知识宣讲团,开展"防震减灾科普大篷车"宣传活动,先后到昭通、曲靖、红河、保山、大理、丽江和玉溪等州、市的 22 个县(市、区)开展防震减灾科普知识巡回宣传活动,数十万人受益。

4. 防震减灾法制建设

召开《云南省防震减灾条例》修订工作会议 12 次,向云南省属 42 个相关部门和单位、16 个州市地震局(防震减灾局)征求意见,多次进行修改。经云南省人民政府授权,在云南防震减灾网上发布《云南省防震减灾条例》修订立法听证会公告,以云南省人民政府名义召开《云南省防震减灾条例》修订立法听证会。

由云南省人民政府法制办公室、省地震局组织,邀请省人大教科文卫工作委员会到大理州调研。

建立行政处罚自由裁量权基准制度,制定《云南省地震行政处罚自由裁量权实施办法》和《云南省地震行政处罚自由裁量权执行标准(试行)》,就地震行政处罚自由裁量权的阶次、处罚标准作出具体细化,规范云南省地震行政处罚裁量权的行使。

5. 其他工作

昆明防震减灾技术试验基地建设项目是云南地震安全工程——大震应对与处置能力强化建设项目的分项目,包括以昆明基准地震台、云南区域地震台网中心、云南工程台网中心为主体的地震监测系统,以高原山地、训练、培训为主体的应急救援系统,以民居地震安全工程技术服务为主体的震灾预防技术系统，防震减灾科普教育示范工程，国家川滇地震预报实验场南部实验基地等。2010年11月22日，昆明防震减灾技术试验基地破土动工，已完成水泵房结构施工，挡土墙约1200立方米，综合业务楼、实验楼人工挖孔桩、基础承台、地梁垫层等工程。

（云南省地震局）

陕西省

1. 抗震设防要求管理

加强建设工程抗震设防要求备案管理，统一陕西省一般建设工程抗震设防要求备案审查文本格式，明确了备案内容。陕西省各市县强化一般建设工程抗震设防要求备案管理，西安市、宝鸡市将抗震设防要求纳入行政审批程序，汉中市、宝鸡市、渭南市、安康市健全了管理制度和流程，延安市、商洛市以及汉中市的略阳、宁强等将抗震设防要求纳入基建管理程序，全省共有1010项一般建设工程进行了抗震设防要求备案。全省大中城市开展了城中村抗震设防要求检查。陕西省地震局、省发改委、省住房与城乡建设厅等联合对渭南市、西安市城中村抗震设防要求进行抽查。召开"全省甲、乙级地震安全性评价资质单位负责人研讨会"。完成陕西省二级地震安全性评价工程师的考试、注册工作，清理了丙级地震安全性评价机构资质。审定72项重大建设工程的地震安全性评价结果。省地震局、省安监局联合加强对汉中市校舍安全工程的督查。

2. 地震安全农居和地震安全社区建设

继续推进农村民居地震安全示范工程建设，陕西省新建地震安全示范点69个。陕西省政协人口资源环境委员、省地震局就农村民居抗震设防问题进行专项调研，向省委、省政府上报调研报告。2010年新建地震安全社区16个，西安、宝鸡等市地震安全社区创建工作通过检查，正式命名4个省级地震安全示范社区。

3. 防震减灾社会宣传教育工作

在陕西省首个防震减灾宣传活动周、"科技之春"宣传月、"7·28"唐山大地震纪念日等重要时段，开展各类宣传活动560余场次，发放宣传品86万份，展出展板近1000板次，受众达到215万人。2010年全省防震减灾宣传活动周暨"防灾减灾日"活动期间，开展"2010年全省防震减灾宣传活动周启动暨高陵县防震减灾科普馆开馆仪式""陕西省'防灾减灾日'主题宣传暨志愿者宣传队下基层、进社区活动启动仪式""陕西省地震灾害救援志愿者服务总队成立暨授旗仪式"等40多项重点活动。陕西省地震局与省委党校、行政学院、机关工委等部门合作，举办防震减灾知识讲座16场，4000余人次接受了培训。12322公益热线接受群众咨询15000余次。

4. 科普示范学校和科普教育基地创建

防震减灾科普示范学校和科普教育基地创建工作继续开展，陕西省地震局、省教育厅和省科协共同命名了第二批"陕西省防震减灾科普示范学校"10所，新增县级科普示范学校 56 所，市级科普学校 22 所，新建防震减灾科普教育基地 14 个。

在全国市县防震减灾工作综合评比中，西安市地震局荣获综合评比一等奖，宝鸡市地震局获得优秀奖和地震灾害防御单项奖，咸阳市地震局获得优秀奖。高陵、金台、兴平、宁强、韩城、吴起 6 区县地震工作部门被评为全国县级防震减灾工作先进单位。

5. 其他工作

陕西省"十一五"防震减灾重点项目西安、宝鸡、咸阳地震小区划项目完成法人验收，宝鸡、西安、咸阳、渭南应急避难场所建设项目通过验收，咸阳地震活断层探测项目顺利实施。汶川地震灾后恢复重建项目完成宝鸡、汉中市活断层探测项目野外勘测任务。实施安塞科学发展项目，包括地震小区划、地震信息节点、防震减灾科普基地。提出了杨凌示范区地震小区划项目的实施方案和经费预算。

（陕西省地震局）

甘肃省

1. 抗震设防要求管理

甘肃省地震局指导市县地震部门加强抗震设防要求管理，14 个市州地震局（金昌市防震减灾管理局）将抗震设防要求管理纳入基本建设管理程序，进入当地政务行政审批中心，2010 年共审批包括一般工程在内的抗震设防要求 1089 项。

甘肃省地震局编制《甘肃省抗震安全农居工程活动断裂分布图（1∶50 万）》《村镇活动断层避让表》和《甘肃省抗震安全农居工程抗震设防要求地震动参数区划图（1∶50 万）》，甘肃省政府人民政府办公厅以规范性文件形式下发执行；甘肃省地震局与金昌市防震减灾管理局编印《农居地震安全指要》《农居地震安全技术指南》共 4 万册下发至各市州地震部门作为农村工匠培训教材；甘肃省地震局与庆阳、平凉、临夏、天水、酒泉等市（州）地震局部门联合组织举办各类农居建设工匠及骨干培训班 212 期，印发各类地震安全农居建设宣传材料 53 万册（份），甘肃省地震局派出专家在平凉、庆阳市举办了为期 15 天的农村民居技术培训，共 3000 人参加了培训；甘肃省市州地震部门"农居地震安全技术服务中心"开工建设。2010 年甘肃省新增农居地震安全示范村（点）226 个，示范户 32594 户。

2. 地震安全性评价管理

加强重大建设工程地震安全性评价监督管理，甘肃省地震局举办了 1 期地震安全性评价技术培训班，共 270 人；甘肃省地震局与甘肃省人力资源和社会保障厅共同组织了 2010 年度二级地震安全性评价工程师考试，全省共 10 人取得二级地震安全性评价工程师资格；甘肃省地震局向中国地震局报送了一级地震安全性评价工程师注册和资质单位重新认定工作有关材料，甘肃省地震工程研究院取得了地震安全性评价甲级资质重新认定资格；甘肃省地震局印发《甘肃省二级地震安全性评价工程师注册实施办法》《甘肃省二级地震安全性评价工程师注册和丙级地震安全性评价单位资质重新认定通知》，组织开展了全省二级地震安全性评价工程师注册和丙级地震安全性评价单位资质进行认定工作,对兰州市地震工程评价所和金昌市地震安全性评价所丙级资质进行检查审核并延续更换证件。本年度对53项重点项目的地震安全性评价报告进行了审查、评审,确定科学合理的抗震设防要求。

3. 震害预测工作

甘肃省地震局对震害预测数据库实行动态管理,指导各市州地震部门继续推进城市震害预测工作。其中,平凉、酒泉、临夏、白银等市州地震部门更新了数据库,完成本地区震害预测数据报告。甘肃省震害预测数据库不断完善,为地震应急和震后政府应急决策提供了重要依据。

4. 活动断层探测工作

甘肃省地震局组织科研人员对舟曲活动断层进行精确探测、考察和研究工作,编制《舟曲及甘南地区活动断层分布图》《舟曲及甘南地区抗震设防要求区划图》,为舟曲特大山洪泥石流灾后恢复重建规划编制提供了避让依据。

5. 防震减灾宣传教育工作

甘肃省各级地震部门坚持法制宣传与防震减灾科普教育相结合,依托主流媒体、地震信息网、科普教育基地,坚持不懈开展防震减灾法制与知识宣传。2010年,甘肃省地震系统共展出展板930块、发放宣传资料70万份、发行《地震知识》16万份、悬挂横幅300条、播放录音1000余小时。通过宣传,社会公众防震减灾意识、自救互救能力明显提高。

(甘肃省地震局)

青海省

1. 抗震设防要求管理

2010年,青海省地震局强化社会管理和行业管理积极配合全省保障性住房和校舍安全工程建设,推进青海省农居地震安保和校安工作。会同青海省民政厅对海北藏族自治州所属门源、祁连、刚察、海晏4县10个乡(镇)30余个村的农村危房改造工程进行了检查和调研。积极开展执法检查,果洛藏族自治州地震局对州属新改扩建工程抗震设防进行了执法检查,海东行署地震局对化隆回族自治县3个乡在建农居进行检查,并对检查中发现的问题提出整改建议,确保农居建设的质量,为农村困难群众危房改造工程的顺利实施提供有力保障。黄南藏族自治州地震局与州建设局联手在同仁县进行执法检查,提高县建设局及各建设工程项目法人对抗震设防工作的认识。随着玉树藏族自治州、海西州格尔木市抗震设防要求进入审批大厅,青海省抗震设防要求的监管工作进一步加强。

2. 地震安全性评价管理

为做好地震安全性评价管理工作,确保建设工程地震安全性评审工作健康有序开展,更好发挥地震安全评审委员会在地震安全性评价管理和评审中的作用,青海省地震局对安评委委员进行了调整改选。完成一级、二级地震安评师考试、注册、执业等管理工作,制定《青海省安评报告评审办法》,重新修订《青海省地震安全性评价收费标准》。同时,组织完成了青海省兴海县尕曲水电站工程场地地震安全性评价报告等 22 项安评项目的评审工作，完成地震安评、地基检测、地质灾害评估等项目 30 余项。

3. 防震减灾宣传教育工作

2010 年，根据中国地震局统一安排，青海省地震局向各州（地、市）、县地震部门转发了中国地震局《2010 年防震减灾宣传工作要点》，明确基层防震减灾宣传工作的思路。组织开展《中华人民共和国防震减灾法》学习宣传和贯彻落实工作，推进青海省行政执法、法制监督等各项工作依法开展。妥善解决西宁台监测环境保护问题。利用"5·12"防灾减灾日、"7·28"唐山大地震纪念日、"4·26"共和地震纪念日，各州（地、市）地震部门和各地震台站开展了丰富多彩，形式多样的防震减灾法制和科普知识宣传教育工作。5 月，青海省地震局会同北京师范大学共同举办"西宁·成都"两地互动的《汶川·玉树经验与挑战》视频讨论会，在全社会引起较大反响，取得良好效果。

4. 其他工作

2010 年完成《青海省地震安全性评价收费办法》修订工作；《青海省地震安全性评价管理条例》修订、调研工作已结束，调研报告已呈报青海省人大常委会；《青海省防震减灾条例》已进入立法程序。

（青海省地震局）

宁夏回族自治区

1. 抗震设防要求管理

参与校舍改造、农民新居和危房危窑改造工程。年内，审批一般工业与民用建筑项目近千项，审批重大建设工程地震安全性评价项目 70 余项。完成二级地震安全性评价工程师考试；对自治区开展地震安全性评价工作的单位进行资质认定。

2. 活动断层探测

同心县、红寺堡区、利通区、青铜峡市、中宁县、海原县、原州区等地开展了地震活断层避让范围内农村危房安全隐患排查工作，初步掌握了危房分布范围和居住人数等基本数据。

3. 防震减灾宣传教育工作

启动"全民灾害防御知识普及公益活动"，对自治区逾万名群众开展了防震减灾知识宣传。固原地震台被认定为第六批"自治区科普教育基地"。推进海原地震博物馆建设，开展海原地震 90 周年纪念活动。12 月 15—16 日，海原地震博物馆开馆仪式暨海原大地震 90 周年学术研讨会举行，中国地震局党组成员、副局长阴朝民，自治区副主席李锐出席，邓起东院士等专家就海原大地震对防震减灾工作的启示进行了交流研讨。编制《防震减灾应急预案及演练指南》《地震应急演练操作指南》等，"5·12"期间举行地震应急演练，开展防震减灾知识"进机关、进学校、进企业、进社区、进农村、进清真寺、进家庭"活动。自治区接受防震减灾知识宣传教育的群众达 520 余万人。对"三网一员"进行调整、完善，举办"三网一员"和重点工矿生产企业负责人防震减灾知识培训班,制定了规章制度,健全了人员档案。

(宁夏回族自治区地震局)

新疆维吾尔自治区

1. 农居工程进展情况

2010年,自治区将民居抗震与改善农牧民生产生活条件、新农村建设相结合,将抗震安居工程更名为"富民安居工程",强化建房必须达到抗震设防的要求,全年完成抗震农居15.7万户,截至2010年,全区累计完成抗震民居242.7万户(农村185.7万),基本实现户均一套抗震安居房的目标。

2. 重要建(构)筑物防震减灾安全工程

自治区多次召开会议研究部署相关工作,组成联合检查组深入各地进行督导检查,适时通报相关问题,截至2010年9月,全区校安工程开工3370个,总计385万平方米。

按照自治区党委、政府的安排部署,有序推进医院、卫生院、疾控中心、幼儿园(托儿所)、儿童福利和老年福利机构等重要建(构)筑物的抗震防灾安全工程及防震减灾安全工程建设。

3. 抗震设防要求管理

深入贯彻实施《新疆维吾尔自治区实施〈地震安全性评价管理条例〉若干规定》,全面依法加强建设工程抗震设防管理与监督,一般工业与民用建筑必须依据地震区划图或者地震小区划结果确定抗震设防要求,重大建设工程、生命线工程和可能发生严重次生灾害的建设工程必须依法进行地震安全性评价,并依据评价结果审定抗震设防要求。截至2010年10月,自治区累计审定70余项地震安全性评价报告,年度国家级重点建设工程项目无一遗漏。

4. 防震减灾宣传教育工作

充分发挥地震科普基地的作用。做好科普教育基地的更新、维护、管理工作,将其作为宣传《中华人民共和国防震减灾法》、防震减灾知识的有效阵地,全区各地州市接待参观人员超过2万人次。做好"5·12"防灾减灾日和"7·28"唐山大地震纪念日的宣传工作。开展"防灾减灾、保平安、促和谐"等主题宣传活动,面向机关干部、学校师生、企事业单位开展地震知识讲座100余场、发放各种宣传材料近20万份,发送短信10万多条。利用自治区"富民安居工程""重要建构筑物抗震防灾工程"进行宣传教育,在自治区广播电视、电台、报刊每周播出相关内容。针对区内外地震谣传事件,展开正面宣传,迅速平息新疆阿勒泰地区地震谣传事件。2010年进行地震应急演练20余场,涉及50余万人,乌鲁木齐市共有300多所学校43万名师生参加了地震应急疏散演练。

5. 防震减灾工作培训

　　自治区和各地州市地震局开展《中华人民共和国防震减灾法》、地震科普知识、地震应急救援等培训，涉及地、县、乡各级领导及建设、教育、卫生等系统、乡镇助理员、测报员等，人员达1万余人。

（新疆维吾尔自治区地震局）

地震灾害应急救援

2010年地震灾害应急救援工作综述

一、现场应急工作

2010年，在应对国内地震灾害事件中，中国地震局和各省（区、市）地震局共派出22批、400多人次，对4级左右有感地震和5级以上破坏性地震开展了震情趋势判断、地震现场监测、灾害调查评估、社会稳定等应急工作，有效稳定了群众情绪，安定了社会秩序。其中，国家地震现场应急工作队出动1次160人，处置青海玉树7.1级地震。地震发生后，中国地震局和有关省地震局立即启动地震应急Ⅰ级响应，西北地震应急救援协作联动机制迅速启动。中国地震局及时安排直属单位和相关省局技术人员驰援青海玉树灾区，在现场组成国家地震现场应急工作队，高效、有序、出色地完成了各项地震现场应急工作任务。

二、应急救援体系建设

1. 组织领导

2010年1月，国务院召开了全国防震减灾工作会议，6月，印发了《国务院关于进一步加强防震减灾工作的意见》。为推进各地各有关部门对会议和文件的贯彻落实，中国地震局会同国务院有关部委开展了书面调研和实地检查，形成调研报告并上报国务院。与此同时，中国地震局开展《破坏性地震应急条例》修订工作，已将修订后的《地震应急救援管理条例》上报国务院法制办，还针对当前防震减灾的迫切需求，研究制定了加强地震监测预报、地震科技工作、市县防震减灾工作3个重要指导性文件。

2. 预案建设

充分汲取汶川、玉树等重特大地震灾害经验，中国地震局组织开展了《国家地震应急预案》修订工作，目前已上报国务院待审批，修订《中国地震局机关地震应急工作规程》，加强对地方地震应急预案修订工作的指导。截至2010年12月，全国各级各类地震应急预案约30万件，31个省（区、市）、333个市（地、州、盟）、90%以上的县（市、区、旗）、近2万个乡镇（街道）政府编制了预案，15万多个学校、医院、商场、影剧院等人口密集场所，6万多个居民委员会和村民委员会编制了地震应急预案。应急演练日趋常态化，地震部门会同各级政府、相关部门开展了桌面演练、实战演练、专项演练、综合演练、分区演练等，有效提升了政府部门的应急指挥能力、社会公众的防震减灾意识、抢险救灾队伍的技战术水平。

3. 应急保障

强化应急联动机制建设。中国地震局与军队、武警、公安、安监等部门建立了协调联动工作机制，与中科院、总参、中国移动、中国联通等部门建立了重大地震灾害应急遥感合作机制和资源信息共享机制。全国6个应急协作联动区结合各自特点，推进协作联动合作、应急救援演练等工作，中南区签署了中南5省（区）政府地震应急协作联动协议，将地震应急协作联动工作推向政府层面。

强化应急服务保障能力建设。推进地震应急指挥系统规范化运行工作，完善指挥系统图表制作规程，提升指挥系统服务抗震救灾能力，在玉树7.1级地震抗震救灾工作中，向国务院抗震救灾总指挥部及抢险救灾组各成员单位及时提供灾害区域图件及背景资料，为抗震救灾决策提供了可靠的依据。总结青海玉树7.1级地震应急处置经验，完善工作模式，提高服务能力，建立遥感资源网络，快速提供专题信息和图件。

强化地震应急准备能力建设。开展地震重点区风险评估与应急对策研究，制定应急处置方案、推进应急避难场所建设和生命线系统、次生灾害源隐患调查，强化应急救援队伍技术和技能培训，为应对地震灾害事件做好准备工作。

三、应急队伍建设

截至2010年，全国已组建1支国家救援队、31个省（区、市）35支省级救援队、1000多支市县救援队。国家地震救援队完成了扩编后的人员编成工作，中央财政支持的装备购置费和运行维护费已经到位，正会同军队、武警开展装备采购配置的实施工作，目前项目招标与合同签订工作已基本完成。国务院正式批准了加强武装警察部队抗灾救灾力量方案；国家发展和改革委员会正式批复了国家陆地搜寻与救护基地和国家应急管理培训体验式教学基地项目，核准项目总投资分别为5212万元和1888万元。

编制国家地震救援队救援行动规程。对2批国家地震救援队和武警部队1批指挥人员及2批抢险救援骨干进行培训。组织开展了不同形式和规模的培训和演练活动。中国地震局会同武警总部共同研究制定了加强武警部队抗灾救灾力量建设方案，依托32个工化中队在每个省（区、市）均建立了一支68人的救援队伍。对山东、甘肃等多支救援队进行培训。起草了《国家地震灾害紧急救援队救援行动装备与后勤保障管理暂行办法》。编制完成《国家地震灾害紧急救援队救援行动装备与后勤保障工作手册》。

玉树地震后，为贯彻落实中国地震局领导关于地震灾害调查评估工作重心前移的重要指示精神，对地震灾害调查评估工作进行了梳理，并就当前地震灾害调查评估工作所面临的形势和下一步需要改进的工作进行了深入细致的研讨，制定相关工作细则和时间表。完成了《2006—2010年灾害地震灾评报告》的汇编和出版工作。召开中国地震局地震现场工作队队长联席会议办公室会议，研究讨论近年来现场工作队的工作和主要存在的问题。同时，完善轮换值班制度，做好应急值守工作。

四、应急基础研究情况

2010年度地震应急基础研究和项目建设主要包括"十一五"科技支撑课题、地震行业专项研究、地震应急专项任务和技术改造等。

开展"十一五"科技支撑课题"应急灾情识别与评估决策技术研究"结题、总结与验收工作，已完成子专题、专题和课题的财务验收和项目验收。

地震行业专项研究进展顺利，2007年度和部分2008年度的行业专项已经完成研究任务，正在进行结题工作，准备验收。

2010年度地震应急专项任务和技术改造任务主要是指挥系统本地化、参数模型本地化、数据库及数据产出本地化和系统运行模式流程化等四个方面，按照项目任务书的要求，均已完成相应工作，部分成果已应用到地震应急指挥技术系统运行中，初步建立地震应急指挥模式和快速发布产品体系，改进和完善技术系统各项功能，提高地震应急指挥系统工作实效。

2010年完成全国12322公益服务短信息平台的部署工作。

2010年度地震应急青年课题中期检查，22个重点支持课题任务执行情况良好，按照考核目标完成研究任务。

（中国地震局震害防御司）

各省、自治区、直辖市地震应急救援工作

北京市

1. 地震应急预案修订

2010年，北京市地震局积极开展地震应急预案的编修工作，完成《北京市地震应急预案（2010年修订征求意见稿）》，向北京市地震应急指挥部各成员单位征求意见后进入北京市专项应急预案的审定批准和印发程序。

2. 首都圈地震应急协作联动建设

1月19日，北京市地震局与北京市应急办共同举办首都圈地区地震应急协作联动工作研讨会，就如何进一步加强首都圈地震应急协作联动工作，推动政府之间、各系统各部门之间应急协作联动机制的建设进行深入探讨，为北京市开展首都圈应急协作联动机制建设，进行首都圈地震应急协作联动试点工作奠定基础。

4月26—27日，北京市地震局联合天津市、河北省地震局及中国地震台网中心、中国地震应急搜救中心等单位召开"2010年首都圈地区地震应急准备工作会议"，初步议定建立应急工作交流会商机制、应急处置联动机制等10项工作机制，形成对首都圈政府地震应急联动机制建设的工作建议。

3. 应急救援队伍建设

2010年，在北京市委、市政府和北京市应急委的领导下，北京市公安局消防局组建北京市综合应急救援队，并加挂北京市地震灾害应急救援队的牌子。

截至2010年底，北京市地震应急志愿者队伍达426支，总人数为19552人，北京市地震局制定了《北京市地震应急志愿者队伍建设工作实施方案》。

4. 地震应急演练

8月9日，北京市地震局组织开展北京市地震系统应急演练。演练模拟当日8点50分北京市密云县发生5.8级地震后地震部门的应急响应过程。北京市地震局、密云县地震局、顺义区地震局、平谷区地震局80余人参加演练。通过演练，进一步提高北京市地震系统应急工作能力，加强震后市地震局与区县地震局、局属部门间的协调配合。

8月10日，北京市地震局参加2010年度全国地震应急指挥系统演练。收到中国地震台网中心发出的演练开始命令后，北京市地震局按照演练脚本迅速启动应急预案，有关应急人员及时到岗，迅速开启地震损失快速评估系统，与中国地震台网中心、区县地震局进行视频连线。在规定的时间内，完成演练总方案中所规定的地震触发、应急响应、联动响应、应急协同、灾害评估、信息交换、拟定政府救灾辅助决策建议等环节的相关工作。

（北京市地震局）

天津市

1. 应急指挥技术系统建设

加强应急指挥技术系统的管理和维护，制定《天津市地震局加强地震应急指挥系统服务保障能力实施方案》，推进区、县地震应急基础数据库建设。组织并参加地震应急指挥技术系统分项演练4次。加强12322防震减灾服务热线的管理，建立12322防震减灾服务热线专家库，接听咨询电话7200多次。

2. 地震应急救援准备

修订《天津市地震局实施〈地震灾情速报工作规定〉细则》，加强灾情速报的时效性与准确性。按照"横向到边、纵向到底"的工作要求，积极推进地震应急预案体系建设，制定地震应急预案备案制度，16个区县政府和30个委、办、局完成预案报备工作。召开地震应急预案修编交流工作会议，强化对乡镇、街道、企业、学校等基层地震应急预案修编工作的指导。开展地震应急实战模拟演练，成功演练地震速报、烈度速度、震情信息上报、紧急震情会商、地震灾害损失快速评估、现场灾害调查、网络舆情监测、社会舆情汇集和应急指挥部会议等十余项科目。推进区县开展地震应急演练，协助宁河县政府组织开展"宁河县重大地震灾害应急桌面推演演练"。

3. 应急救援队伍建设

加强天津市抗震救灾指挥部办公室建设，建立健全日常工作制度。加强救援队伍工作体系建设，建立健全市地震灾害紧急救援队的联席会议制度，编制训练演练制度和出队方案。制定《地震现场工作管理规定实施细则》，及时调整补充地震现场工作队成员。组织现场应急工作队队员前往国家地震紧急救援训练基地和蓟县山区进行参观学习和体能训练。

4. 地震应急救援行动

3月6日唐山市滦县4.2级地震和4月9日唐山丰南4.1级地震均造成天津市大范围有感。地震发生后，天津市地震局立即启动应急预案，第一时间上报震情信息，派出地震现场工作队赴震区进行灾害调查和宣传，召开紧急震情会商会，开展地震信息网络的监控和维护，回复社会各界关切，努力做好社会稳定工作。4月中旬，华北大部分地区出现地震谣传，天津市地震局立即启动预案，紧急召开会议进行部署，联系各区县政府以及天津市委宣传部、市公安局等单位，发布正面消息，正确引导社会舆论，仅用一天半的时间就迅速平息地震谣传，有力维护社会秩序。山西河津4.8级地震、青海玉树7.1级地震发生后，天津市地震局迅速启动应急机制，做好随时赶赴现场支援的准备。

（天津市地震局）

河北省

1. 应急指挥技术系统建设

（1）省级地震应急指挥技术系统建设。通过收集和处理河北省及周边地区历史地震数据，对烈度衰减模型进行本地化处理，有效提高等震线长短轴半径计算结果的精准度，经历史地震验证与实际情况接近，提高灾害评估与辅助决策的准确性；做好指挥技术系统日常运维工作；进一步完善应急指挥技术系统制度建设，制定工作制度17项。

（2）市级地震应急指挥技术系统建设。重点推进廊坊、唐山、秦皇岛、保定、石家庄、沧州和衡水7个市级地震应急指挥技术系统升级工作。6月，举办市局地震应急指挥技术系统升级培训班，正式启动项目实施；10月27日召开项目实施检查会。

（3）地震应急基础数据库建设。更新12类62944条地震应急基础数据信息。

2. 地震应急救援准备

（1）修订《河北省地震局应急工作流程》。在总结唐山4.2级地震应急处置基础上，修订《河北省地震局应急工作流程》。

（2）实施《人民防空工程兼作地震应急避难场所技术标准》。由河北省地震局与河北省人民防空办公室联合编制的《人民防空工程兼作地震应急避难场所技术标准》，7月20日通过评审，10月8日经河北省住建厅组织审查批准为河北省工程建设标准，编号DB 13（J）/T 111—2010，2011年1月1日起施行。

（3）做好12322防震减灾公益服务热线工作。在河北省及周边地区发生地震事件时，及时调整12322热线转入24小时人工值班，回应社会关切；建立12322运行平台数据检索库，向中国地震局报送《关于12322建设开通一年以来的分析报告》。

（4）推进河北省"中日合作地震应急救援能力强化计划"（JICA）项目执行。以河北省地震局、河北省人民政府应急办、河北省民政厅等有关单位组成的JICA项目小组通过审查，正式开展项目实施。5月16—26日派出河北省地震局1名人员赴日本参加项目首期研修班，5月28—30日派员参加项目启动仪式。

3. 应急救援队伍建设

（1）组建河北省第二支地震灾害紧急救援队。全力配合河北省非战争军事行动能力建设军地试点工作领导小组开展地震灾害紧急救援队建设工作，组建由现役、预备役和民兵200人组成的河北省第二支地震灾害紧急救援队。6月18日，河北省地震局局长周清良率队参加河北省军地联合应急行动演练，协调完成演练合练和静态展示专用救援器材借用工作。为河北省地震灾害紧急救援队进行视觉识别系统设计制作。

（2）举办省地震灾害紧急救援队培训班。4月28日，组织举办河北省地震灾害紧急救援队医疗培训班，取得良好效果。

（3）举办河北省地震现场工作培训班。11月20—21日，举办地震现场工作培训班，河北省地震系统90余人参训。

（4）开展志愿者培训工作。9月9日，河北省地震局与团省委共同主办河北省防震减灾志愿者骨干培训班,河北省人民政府应急办主任李琛出席开班仪式并讲话,来自石家庄团市委、各团县(市、区)委负责同志和各县(市、区)防震减灾志愿者骨干100余人参训。

4. 地震应急救援行动

(1)唐山滦县4.2级地震应急处置。3月6日唐山市滦县发生3.1级、4.2级两次地震。震后,河北省地震局立即组织召开应急会议,震后40分钟派出由河北省地震局副局长王钟山带队的现场工作队赴震中开展现场调查工作。通过多种方式实时了解震情、灾情和现场情况,及时报送中国地震局应急救援司,做好震情研判、舆情引导、应急值班等各项工作。

(2)山西阳曲4.6级地震应急处置。6月5日山西阳曲发生4.6级地震,河北石家庄、保定等地有震感。震后,河北省地震局局长周清良主持召开应急会议部署相关工作。充分利用新闻媒体和网络发布有关震情,及时消除群众恐慌情绪,有效控制地震谣传蔓延。此外,河北省地震局对7月30日河北易县3.2级、3.0级地震,1月24日山西河津市、万荣县交界4.8级地震事件开展积极有效的应对处置。

(河北省地震局)

山西省

1. 应急指挥技术系统建设

加强地震应急中心管理工作,核定岗位工作职责,完善应急指挥技术系统功能,印发《山西省地震应急基础数据库报送与管理办法》,建立应急基础数据收集、补充与完善的长效工作机制。每月开展一次应急指挥中心和现场技术系统演练,每个季度与周边省份共同进行联动演练。8月,山西省地震应急中心参加中国地震局应急救援司组织的"全国地震应急指挥中心年度演练",现场技术系统实现演练现场与中国地震局、山西省地震局应急指挥大厅的音视频互通。

加强市级地震应急指挥技术系统建设。山西省11个市均建成地震应急指挥中心,完善系统功能,做到编制、人员和任务落到实处,为有效应对地震灾害事件奠定基础。

加强地震应急基础数据库建设。2010年,山西省11个市级人民政府、119个县级人民政府和省直各部门基本完成2006—2009年各类地震应急基础数据的收集、汇总和上报工作,各类地震应急基础数据得到补充和更新。

2010年,山西省地震应急中心获得中国地震局授予的省级地震应急指挥中心"先进集体二等奖",并荣获指挥中心一等奖、数据库三等奖、现场工作系统二等奖。

2. 地震应急救援准备

重新修订《山西省地震应急预案》。在组织机构、工作机制、应急响应、应急保障4个方面进行完善,补充地震谣传事件的应急处置内容;将防震减灾领导组成员单位增加至59个,并增加8个成员单位的副总指挥;省抗震救灾指挥部9个工作组分别制定各组地震应急行动方案,健全组内各成员单位间的协同应对机制。截至2010年底,山西省11个市级人民政府、119个县级人民政府、268个市（县）直部门、90%的乡（镇）、70%的国有大中型企业均编制地震应急预案，基本形成横向到边、纵向到底的应急预案体系。

开展地震应急专项检查。2010年开展2次地震应急专项检查。1月，山西省人民政府应急办会同省防震减灾领导组办公室组成地震应急预案检查组，对山西省57个防震减灾领导组成员单位、11个市级人民政府和省抗震救灾指挥部9个工作组的地震应急预案落实情况进行专项检查。7月，山西省人民政府应急办和山西省地震局组成专项检查组，对山西省11个市、11个县、22个市直部门的地震应急避险场所建设进行检查，掌握预案落实的实际情况。

开展地震应急演练。2010年，山西省组织了多次各级各类地震应急演练。其中，山西省抗震救灾指挥部演练1次、救援队实兵拉练1次、市级指挥部演练2次（朔州市、大同市）、县级演练12次。山西省90%的中小学校均举办地震应急避险和疏散演练。各市地震局组织大型超市、影剧院等人员密集场所进行地震应急与避险逃生演练。部分省防震减灾领导组成员单位开展抢险救援演练。

推进地震应急避难场所建设。截至2010年底，山西省共设立应急避险场所1235处，共计3317万平方米，储备应急物资3649万吨、3497万件（套）。

3. 应急救援队伍建设

加强地震应急救援队伍的管理。山西省人民政府先后印发《山西省应对地震灾害应急救援队伍管理办法》和《山西省地震灾害紧急救援队管理办法》，进一步健全地震专业救援队伍调用和协同联动工作机制。2010年，山西省有省级地震灾害紧急救援队伍2支共320人，市级地震灾害救援队伍10支共1030人，县级地震灾害救援队伍80支共7402人。

为增强地震救援队伍的专业理论知识和救援技能，2010年对两支省级救援队进行5次业务培训。在7月12—23日选送32名骨干队员到国家地震搜救训练基地，参加为期15天的全国省级地震灾害紧急救援队第六期技术骨干培训。

地震现场工作队建设。山西省地震系统有省级地震现场工作队1支共60人，市级地震现场工作队11支共93人，县级地震现场工作队90支共276人。各级地震现场工作队均按照应急预案规定的应急职责和任务自行组建。

7月27日，模拟山西省内发生6.8级地震灾害事件，开展山西省抗震救灾指挥部地震应急桌面推演和救援一队、二队实兵拉练活动，演练共设置应急响应、桌面推演、实兵拉练和总结讲评4个科目，检验山西省抗震救灾指挥部指挥决策能力和两支省级专业救援队伍的快速响应与紧急集结能力。

4. 应急救援条件保障建设

随着山西省人民政府投入力度的不断加大，各级地震灾害紧急救援队的装备数量由少到多，质量不断提高、功能逐步配套完善。截至2010年底，省级地震灾害紧急救援一队、二队共配备破拆、顶升、个人防护、应急通信、应急车辆5大类4000余套救援装备、设备和器材。山西省地震系统各级地震现场工作队配备笔记本电脑、传真机、打印机、通信设备等办公设施，为工作队员配置应急包、冬夏季应急服、照明手电、睡袋、防潮垫、应急手册等应急用品。

（山西省地震局）

内蒙古自治区

1. 地震应急救援准备

（1）地震应急准备方案。制定内蒙古自治区地震局"大震应急方案"（包括地震模拟演习）实施细则，对各部门的工作流程和主要职责进行细致、明确的划分。制订《内蒙古自治区地震应急联动工作实施方案》，按照区域划分原则，将全区划分为东北、华北、西北3个协作联动区开展应急联动工作。结合内蒙古自治区地域特点和震情形势，坚持"抓中间、带两头"的工作方针，建立以"呼—包—鄂金三角"为中心，东西部为两端的协作区框架，进一步完善和健全震情跟踪、应急协作工作方案。

（2）地震应急演练。8月11日，内蒙古自治区地震局在呼和浩特市和林格尔县进行模拟远程地震事件应急拉练演习，进行科学考察、震害快速评估和指挥中心应急通信等科目的演练。

9月14日，内蒙古自治区举行"蒙西—2010"大型地震应急演练。演练以巴彦淖尔市临河区发生6.5级地震为背景，演练"地震监视、路桥抢修、维护社会治安、人员抢救、医疗救护、卫生防疫、应急疏散、通信抢修、新闻报道、灾民安置、电力抢修、供气抢修、供水抢修、铁路抢修、次生灾害救援"15个内容。内蒙古自治区防震减灾工作领导小组成员单位负责人，各盟市分管防震减灾工作的盟市长、秘书长和18个专业分队1000余人参加演练。

2. 应急救援队伍建设

7月20—21日，内蒙古自治区政府举办全区地震应急预案培训班，对内蒙古自治区防震减灾领导小组成员单位负责人、各盟市政府秘书长、应急办主任进行培训。12月，武警内蒙古自治区总队选派6名骨干参加武警部队依托国家地震紧急救援训练基地组织的抢险救援干部骨干培训。

3. 应急救援条件保障建设

加强武警内蒙古自治区总队抢险救援力量建设，建立基本救援力量和专业救援力量。根据内蒙古自治区地域特点，将基本救援力量划分为3个战区指挥调度兵力，已配备各类救援装备100余种。

（内蒙古自治区地震局）

辽宁省

1. 地震应急救援准备

（1）地震应急预案修订。对辽宁省级地震应急预案进行修订和完善，在科学总结汶川地震应急救援工作的基础上，对预案中地震事件进行重新分级，采取不同响应级别，进一步强化各成员单位职责，突出政府在应急救援中的主导地位。对部分市级地震应急预案进行修订和完善。例如，鞍山、朝阳、阜新等市地震局相应对市级各类地震应急预案进行修订；沈阳市地震局启动大中型企事业单位地震应急预案编制试点工作。

（2）地震应急演练。6月23日在辽宁举办东北三局一所地震应急区域协作联动演练。演练采取无脚本演练方式，分为室内指挥中心应急反应和现场应急模拟。室内演练地震选择在辽西的朝阳市发生6级地震，迅速启动一级地震响应，进行快速评估；现场地震选择在大连地区的4个镇，地震触发后，各现场工作队立即赶往现场开展工作，并按现场工作技术规范填写相关的调查表，由专家进行点评。

配合辽宁省人民政府、省军区共同组织完成由辽宁省多个部门参加的辽宁省自然灾害联合演练，3次组织现场工作队到辽宁海城参加地震现场演练，完成现场地震监测、现场救援指导等科目，派出科技人员、管理人员20余人参加此项工作。

各市、县级地震部门与有关部门密切协作，在地震安全示范区、示范社区、示范学校和应急避难场所等举办不同类别的地震应急疏散演练。

按照中国地震局现场应急工作技术系统运维要求，实行对集成箱式现场工作系统的重点设备每月通电检查1次，每月自行组织演习1次；每3个月对集成箱式现场工作系统的所有设备进行全面检查，并配合地震应急指挥技术系统联动演练进行地震现场系统的接入；每半年参加全国范围的地震应急联动演练。

（3）应急避难场所建设。2010年，辽宁省建成地震避难场所33处。

2. 应急救援队伍建设

2010年，辽宁省各种专业与非专业救援力量5万余人，14个地级市均成立地震专家组、应急协调组等。在开展辽宁省地震应急救援力量统计调查工作中，14个地级市共储备地震应急一级装备和应急物资千余套。

（辽宁省地震局）

吉林省

1. 地震应急救援准备

（1）地震应急预案体系建设。2010年12月，举办吉林省地震应急预案管理培训班。吉林省9个市（州）地震局、长白山管委会国土资源局、吉林省公安消防总队、吉林省武警总队医院、吉林省专业地震台站等单位领导及相关工作人员80余人参加培训。

（2）地震应急演练。模拟在长春市附近发生6.0级破坏性地震为背景，完成《吉林省暨长春市地震应急演练方案》《演练脚本》《演练组织领导机构》《演练任务分解方案》等方面的编制工作，完成商请长春市政府落实演练队伍、武警吉林省总队落实演练场地、民政厅落实演练设施等方面协调工作；6月，吉林省地震局派出7人队伍，携带海事卫星电话、GPS定位仪、灾害评估设备等地震应急现场装备，分乘2台越野车在规定的时间和地点到辽宁省沈阳市，参加东北片区地震无脚本应急联动演练；8月，按照全国应急指挥技术系统应急演练要求，应急处、监测中心等部门精心组织、密切配合，圆满完成演练任务；组织指导"四平市抗震救灾军地联合行动演练""长春市朝阳区地震应急综合演练""永吉县中学生应急演练""长春87中应急演练"等十余次大型演练活动。

（3）应急避难场所建设。5月12日，长春公园地震应急避难场所揭牌仪式在长春公园举行。长春市政府表示，将进一步推进地震应急避难场所建设，力争用5~10年在全市形成布局合理、便于疏散、容纳充足的城市地震应急避难场所。

2. 应急救援队伍建设

（1）地震现场应急工作队伍建设和管理情况。5月调整吉林省地震局地震应急领导小组及地震应急现场工作队员，进一步明确现场第一梯队的工作任务。投资近20万元补充购置现场办公、通信、评估等工作组仪器设备。

（2）地震灾害紧急救援队伍建设和管理情况。积极沟通协调吉林省人民政府应急办、吉林省财政厅、吉林省消防总队、吉林省武警总队等单位，完成组队方案及队伍管理制度，2月，吉林省人民政府正式批复同意组建省地震灾害应急救援总队，吉林省地震局就队伍建设等事宜多次向分管省领导汇报工作，吉林省人民政府召集各相关单位召开4次协调会议，专题部署队伍组建事宜。5月12日，吉林省地震灾害应急救援总队揭牌授旗仪式在长春举行。

（吉林省地震局）

黑龙江省

1. 应急指挥技术系统建设

（1）省级地震应急指挥技术系统建设。开展地震应急指挥中心日常运维管理工作，模拟触发地震，调试系统运行工作并做好记录，向中国地震局备案。

（2）市级地震应急指挥技术系统建设。开展地震应急中心建设的日常维护工作。定期进行设备检查维护。

（3）地震应急基础数据库建设。完成1:50000电子地图的县级公路更新和拼接工作，完成人口、经济、机场等数据更新，以及地震灾情速报员收集及数据库录入工作，共更新维护记录3万余条。

2. 地震应急救援准备

（1）各级各类地震应急预案修编情况。2010年4月，重新修订《黑龙江省地震应急预案》。黑龙江省13个市（地）政府、黑龙江省抗震救灾指挥部各成员单位修订本级政府、本部门地震应急预案。截至2010年底，黑龙江省13个市（地）完成本级政府地震应急预案会签工作。黑龙江省抗震救灾指挥部成员单位修订本部门地震应急预案36件。

黑龙江省地震局与黑龙江省人民政府应急办联合编写《黑龙江省地震灾害应急预案操作手册》。修订和完善了《黑龙江省地震局地震应急预案》，编写地震应急预案组织机构表和地震应急工作流程图和局内职工地震应急工作职责。

（2）地震应急演练落实情况。黑龙江省地震局、黑龙江省人民政府应急管理办公室联合举行"黑龙江省地震应急预案指挥系统模拟实战演练"。6月黑龙江省地震局组织人员参加在辽宁省举行的东北三省一所地震应急联动演练。9月黑龙江省地震局在佳木斯市举行黑龙江省中部片区地震应急联动演练暨培训，来自黑龙江省中部片区6个市地震局、6个地震台近50人参加。

（3）应急救援科普宣传教育情况。利用"5·12"防灾减灾日、"7·28"唐山大地震纪念日等防震减灾宣传日，大力宣传应急避险、自救互救等常识。11月1日在黑龙江省人民政府应急管理办公室组织的《中华人民共和国突发事件应对法》宣传月活动中，黑龙江省地震局首席专家孟宪森研究员进行防震减灾科普知识讲座。

（4）地震灾情速报网络建设和管理情况。地震灾情速报网络建设初步完成，下一步将完善。

（5）应急避难场所建设。2010年黑龙江省新建应急避难场所56处，其中哈尔滨市20处，齐齐哈尔市11处，大庆市8处，伊春市4处，七台河市9处，黑河市3处，阿城市1处。

（6）乡村、社区应急工作开展情况。2010年大庆市成立以企业、街道和社区为日常管理单位的地震应急救援志愿者小分队，共建立地震应急救援小分队64支，涉及大庆市134个社区和3个中省直大企业，并建立《大庆市地震应急救援志愿者信息数据库》。

3. 应急救援队伍建设

（1）各级地震救援机构建设情况。黑龙江省抗震救灾指挥部成员单位由原来的28家调整扩大为51家。黑龙江省13个市（地）地震局均明确相应地震应急救援机构和人员。

（2）各级地震现场应急工作队伍建设和管理情况。黑龙江省地震局地震现场工作队由监测预报组、灾评与科考组、综合组等地震和结构专家、工作人员组成。各市（地）地震局地震现场工作队震时由地震应急工作人员组成。

（3）各级地震灾害紧急救援队伍建设和管理情况。完成黑龙江省地震灾害紧急救援队救援器材运输车辆上装制作工作。4月16日，黑龙江省东宁县成立县级地震灾害紧急救援队。

（4）青年志愿者队伍建设和管理情况。5月12日，绥化市成立黑龙江省第十支市级志愿者队伍。

4. 应急救援条件保障建设

（1）地震现场应急装备建设情况。黑龙江省地震局为黑龙江省军区提供抗震救灾装备器材的种类、型号等基础信息，编制购置装备采取经费预算。《黑龙江省地震局地震应急物资管理办法》正式印发。

（2）救援物资及装备建设情况。黑龙江省地震局向黑龙江省财政申请68.2万元专项经费用于采购地震现场工作必备的仪器、设备、装备。

5. 地震应急救援行动

3月10日18时54分在双鸭山市友谊县发生4.2级地震。此次地震无人员伤亡和财产损失报告。黑龙江省地震局共发布震情反映5期，地震应急简报3期，情况报告1份。

（黑龙江省地震局）

上海市

1. 地震应急救援准备

（1）各级各类地震应急预案修编情况。编制完成《上海市地震局世博地震应急总体预案》和局属各部门分预案。总体预案采用纵横应急联动的形式，包含华东地震应急联动协作区的世博应急联动预案、上海市级应急部门的应急联动预案，以及与区县地震办的应急联动预案。指导编制世博园区所在区（卢湾区、黄浦区、浦东新区）地震办的应急预案，利用华东协作区的应急资源进一步为世博提供地震安全保障。实现与上海市应急办、上海市应急联动中心和区县地震办的信息共享，并受世博局委托，完成《上海世博园区地震应急预案》的编制。

（2）地震应急演练落实情况。根据上海市地震局世博地震应急总体预案，先后组织开展综合桌面演练、现场工作队专项演练、有感地震处置实战演练、华东协作区联动演练和上海市、区县两级联动演练，全面检验世博地震安保工作的归口管理、应对流程和各岗位职责的到位等情况，并对演练中暴露出来的问题进行梳理，进一步增强全员应急、流程管理的理念。

参加2010上海市应急救援演练，顺利完成现场监测、数据传输、技术集成等任务。

2. 应急救援队伍建设

（1）各级地震现场应急工作队伍建设和管理情况。上海市地震局地震现场工作队目前有注册队员21人，以上海市地震灾害防御中心为依托单位，行使日常管理工作。

（2）各级地震灾害紧急救援队伍建设和管理情况。根据上海市政府的要求，上海市成立市、区县两级综合性应急救援队伍。因此，上海市地震灾害紧急救援队自动取消，地震灾害救援由上海市综合救援队负责。

（上海市地震局）

江苏省

1. 应急指挥体系建设

2010年11月，江苏省地震局制定《江苏省地震应急指挥技术系统服务保障实施方案》，成立江苏省地震应急指挥技术系统服务保障领导小组，负责组织、协调江苏省的地震应急指挥技术系统服务保障工作。2010年应急指挥技术系统运行正常，按照相关规定进行日常运行与维护工作，每周检查设备，每月开展指挥中心和现场技术系统演练，全年演练24次。参加中国地震局组织的2009年度技术系统评比，连云港市地震局获市级应急指挥系统先进奖。

积极开展市级地震应急指挥技术系统建设。指导镇江、南通、徐州、苏州、无锡、泰州、扬州等市地震局应急指挥技术平台建设工作。实施大中城市快速反应决策系统和基础地理信息系统安装工作。积极推广使用地震应急预案管理信息系统。完成对江苏省区域级应急基础数据库中人口、经济、地震目录、地震台网等部分数据的更新工作。

2. 地震应急救援准备

截至2010年底，江苏省共编制地震应急预案13000多件，大部分县级地震应急预案进行编制或修订，部分县（市）深入到乡镇一级，如连云港、徐州、南通等市的所有行政村全部编制地震应急专项预案。"省—市—县—乡（镇）—村"五级及相关部门的地震应急预案体系基本健全。12月，完成省、市、县三级地震应急预案汇总统计工作，并上报中国地震局。

5月29日—6月2日，江苏省国防动员委员会信息动员办公室联合江苏省地震局、省测绘局、省无线电管理局、省消防总队等单位及驻苏部队部分应急通信保障力量举办代号为"信联—2010"的抗震救灾应急信息保障军地联合演练。3月31日，江苏省地震局参加2010年度华东地震应急联动协作区暨上海世博会地震安全保障应急演练。无锡、扬州、徐州、南京、宿迁、淮安、连云港、南通等市地震局组织不同规模、不同形式的地震应急演练。地震应急疏散演练成为江苏省中小学一项常规工作。

2010年通过12322热线电话接受市民电话咨询共52354次，其中对外提供人工服务2468次。

截至2010年底，苏州、盐城、连云港、镇江、无锡、南通、扬州和淮安等市共建成70个地震应急避难场所，部分县（市）建成Ⅰ类地震应急避难场所。

3. 应急救援队伍建设

依托南京军区12集团军工兵团，成立第二支专业地震灾害紧急救援队。江苏省人民政府为该队配备价值231万元的抗震救灾装备，包括抗震救灾车辆2部、专业器材6大类138件（套）。

江苏省各地依托消防部门组建市、县二级综合救援队。南京市成立"南京建工集团地震灾害救援大队"，共有救援队员100人，下辖大型机械设备救援一分队、二分队和综合保障救援分队；盱眙县成立"盱眙县地震应急救援队"。在民兵预备役部队中建立起地震应急救援分队，并多次开展应急救援业务培训。为多个社区开展各种各样的地震应急志愿者培训，提升社区地震应急志愿者自救互救能力。健全江苏省地震应急救援志愿者的管理注册制度，形成社会共同参与的地震灾害应对网络，提升公众自救互救意识和能力。

4. 地震应急救援行动

上海世博会期间，有效处置7月9日和7月19日江苏省如东近海接连发生的3.7级和4.1级地震，安定民心，稳定社会，为保障世博会地震安全发挥重要作用。圆满完成4月14日玉树7.1级地震应急支援任务。

（江苏省地震局）

浙江省

1. 地震应急救援准备

浙江省各级地震部门牢固树立"宁可千日不震,不可一日不防"意识,全力做好地震应急准备。依据地震应急预案,成功组织开展各类地震应急演练10余次。浙江省地震局作为华东地震应急协作区年度轮值单位,坚持以"世博地震安全保障"为中心,以提升区域应急联动协作能力为目的,组织开展一系列应急协作演练和研讨会,圆满完成各项任务。2010年度华东地震应急联动协作区暨上海世博会地震安全保障应急演练在宁波奉化市成功举行,来自华东地区五省一市的地震局、应急办消防总队等部门共计120人参与或观摩演练。在浙江省人民政府的领导下,浙江省地震局接待日本静冈县危机管理监兼危机管理部的来访考察,加强交流合作,积极吸收国外危机管理先进经验,提高自身危机管理水平。

2. 地震应急救援行动

4月14日,青海玉树县7.1级地震发生后,浙江省地震局迅速作出反应主动向中国地震局请缨,要求参与抗震救灾。4月14日16时,经中国地震局应急救援司同意,由3人组成的浙江省地震局地震应急工作队携带装备从杭州出发奔赴灾区。4月15日16时,工作队向现场总指挥部报到后立即投入震后现场宏观考察工作。随后两天,工作队在海拔4044米(北纬33.07°,东经96.82°)处找到地震地表断裂带,并确定地表裂缝走向和长度,向指挥部报告。

(浙江省地震局)

安徽省

1. 应急指挥技术系统建设

全面实现与安徽省人民政府应急平台的互联互通,与安徽省人民政府视频会议系统、视频信号的联通以及音视频信息共享,与省直相关部门专项应急指挥平台的对接。完成3G移动应急平台关于现场音、视频的联通测试,并实现现场与指挥大厅间的音、视频双向传输。邀请全国应急指挥技术系统专家交流、培训1次、邀请安徽省人民政府应急办专家检查、指导1次。

完成"铜陵市地震应急指挥技术系统研制"项目所有支撑材料。定期对蚌埠市、铜陵市地震应急指挥分中心进行各两次巡检与维护,多次远程对蚌埠、铜陵、淮南、滁州等市地震应急指挥中心进行系统维护。编写铜陵市、亳州市、滁州市地震应急指挥技术系统建设方案。

完成合肥全要素数据的更新工作和应急数据库40余个属性表的空间化工作。对安徽省的建筑物照片进行大量补充,购买全省除淮南、阜阳、滁州、安庆、黄山5市以外的各市城区图，完成六安、巢湖、池州等市城区图的数字化及属性数据的录入工作。更新后的地震应急基础数据库大部分为2009年底数据，部分为2010年中最新数据。对蚌埠市、滁州市、铜陵市地震应急基础数据库进行更新、整理和入库工作。在2009年度全国省级应急指挥中心评比中获得先进集体三等奖、应急指挥中心优秀奖，地震应急基础数据库优秀奖，潘丹获先进个人称号。

2. **地震应急救援准备**

1月，修订并印发《安徽省地震局地震应急预案》，调整安徽省地震局现场指挥部和后方指挥部组成，增设各工作组牵头单位等内容。制定并于9月27日正式印发《安徽省地震现场工作管理规定实施细则》。

3月，组织安徽省直有关部门参加在宁波举行的2010年度华东地震应急联动协作区暨上海世博会地震安全保障应急演练。4月27日，组织开展安徽省地震局应急救援现场工作综合演练。5月12日，安徽省地震局协助滁州市地震局举行滁州市"5·12"地震应急救援队能力展示。6月，应安徽省军区邀请，安徽省地震局组织局现场工作队和救援队参加在合肥召开的华东国防动员委员会第十三次会议应急救援装备展示活动。8月，参加2010年度全国地震应急指挥中心演练。

在安徽省地震局机关大楼专门设立地震应急救援成果图片展。安排专家先后赴安徽省武警总队、省教育厅、省烟草公司以及企业、学校、街道等进行地震应急宣传讲座。

5月11日，安徽省地震局在滁州市组织召开安徽省地震应急避难场所地方标准宣传贯彻现场会。

3. **应急救援队伍建设**

修订《安徽省区域地震应急协作联动工作方案》，确定3个协作区2010年度轮值单位和协作区现场应急分队队长单位及其职责。10月24—25日，在芜湖市举行安徽省地震现场工作队骨干培训班，并组织地震现场工作管理规定实施细则集训考试。2010年，安徽省地震局与省预备役师共同建设安徽省地震应急救援训练基地，并于12月10日正式揭牌。该基地成为全国首批建成的省级地震应急救援训练基地。

4. **应急救援条件保障建设**

2010年重点采购包括生命探测仪和破拆、防化、动力、照明等共价值100万元的装备。成立安徽省地震局装备保障室，对安徽省地震局装备库和安徽省救援队消防特勤装备库的所有物资进行清点。及时安排安徽省地震应急救援训练基地装备调拨计划，并做好移交接工作。

5. **地震应急救援行动**

4月14日，玉树地震发生后，安徽省地震局立即组织安徽省地震灾害紧急救援队搜救分队、地震分队、急救医疗分队以最快速度集结待命。4月15日，接受安徽省电视台、安徽卫视联合采访，介绍安徽省就玉树抗震救灾所采取的各项措施和行动。10月中下旬，庐江和河南周口先后发生2.9级、4.7级地震，安徽省部分地区有感。安徽省地震局组织人员第一时间到岗，密切监视震情社情，妥善答复媒体和群众询问，有效维护社会稳定。

（安徽省地震局）

福建省

1. 应急指挥技术系统建设

为确保震后福建省级地震应急指挥技术系统迅速运转，福建省地震局建立地震应急指挥技术系统定期演练制度，每周开展一次地震应急模拟演练和现场卫星通信电话维保工作，同时启动全省地震视频会议系统，检测9个设区市地震局视频会议系统的音、视频设备。积极参与地震系统组织的应急演练及与相邻省局互动演练，取得良好的成效。继续完善地震应急基础数据库建设，实地采集福建省各乡镇房屋普查数据。

2. 地震应急救援准备

（1）做好各级各类地震应急预案修订工作。对《福建省地震系统地震应急预案》进行修订，将强有感地震震级由原来的7.0级调整为6.5级，进一步明确预案的启动、升级和终止程序。

（2）地震应急检查。对南平、三明、龙岩、漳州、莆田等重点危险区及有关市县的地震应急准备工作进行检查，并及时将查找出的问题反馈当地政府，提出明确整改要求，推动各地地震应急准备工作深入开展。

（3）地震应急演练。积极参与2010年度华东地震应急联动协作区暨上海世博会地震安全保障应急演练，以及闽粤两省地震演练，圆满完成演练任务，达到锻炼队伍、提高技能、协调配合的目的。

（4）应急避难场所建设情况。2010年，中共福建省委、福建省人民政府印发《关于印发抓紧落实事关群众利益十项实事工作方案的通知》，将地震应急避难场所建设列入福建省委、省政府事关群众利益十项实事的内容。按照福建省委、省政府的部署，福建省地震局制定《福建省地震应急避难场所建设方案》，要求各设区市在2010年底前完成所有地震应急疏散场所的挂牌工作。截至12月31日，福建省共有663处地震应急疏散场所完成挂牌工作。

3. 应急救援队伍建设

在现有一支福建省地震灾害紧急救援队的基础上，按福建省人民政府的要求，由福建省地震局负责牵头，依托武警福建省森林总队和福建省军区民兵预备役部队再组建2支省级地震灾害紧急救援队，连续5年每年下达不少于1000万元专项资金用于救援队装备配置以及日常工作开展和培训演练，该项工作正稳步推进中。目前福建省9个市区市和大部分县（市）建立专业的地震应急救援队伍，专业救援队员3737人，各级财政共投入资金11477.87万元。制定福建省地震灾害紧急救援队救援启动程序，明确各部门的工作职责、决策权限、操作流程，保证快速、合法地实施紧急启动。加强地震应急志愿者队伍建设，截至2010年12月，福建省建立地震志愿者救援队伍339支，11381人。

4. 应急救援条件保障建设

截至11月，福建省地震灾害紧急救援队二期装备工作共完成44个合同包招标任务，项目完成率为81%（总预算为3356.84万元），包括7类154种3631件（套）装备。其余尚未采购的移动器材维护检修车、大型救援装备车、急救手术车、检诊车等设备在 2011 年陆续采购。

5. 地震应急救援行动

（1）南平、三明等地泥石流、山体滑坡搜救工作。2010 年 6 月，福建省南平、三明等地多处发生山体滑坡、泥石流，导致建筑被掩埋、人员被埋压。按照福建省人民政府的安排，福建省地震局迅速协调福建省地震灾害紧急救援力量，赶赴南平、三明开展搜救工作，成功定位搜救出 19 名被埋人员遗体，搜救分队 3 人次记三等功。

（2）做好青海玉树地震应急准备工作。2010 年 4 月 14 日，青海省玉树藏族自治州玉树县发生 7.1 级地震后，福建省地震局第一时间召集相关单位做好随时赶赴灾区的准备工作，随时响应上级的号召。

（福建省地震局）

江西省

1. 应急指挥技术系统建设

立足抗震救灾决策需求，积极与相关部门沟通协调，落实应急状态下的队伍、资金、物资、交通、电力、通信等基础性保障机制，强化抗震救灾各环节的密切配合和有效衔接。加强与江西省人民政府应急办、消防部队的协作力度，深化"政府主导，地震、消防紧密合作"的大震救援机制。建立与市县政府在震情速报、灾情速报、宏观异常速报核查和应急信息发布方面的联动机制。

2. 地震应急救援准备

11 月 24—30 日，江西省地震局会同江西省人民政府应急办、省财政厅、省民政厅组成江西省地震应急工作检查组，先后赴赣州市及所辖安远县、寻乌县，九江市及所辖瑞昌市、九江县等地开展地震应急工作检查，听取当地政府地震应急管理和应急准备工作汇报，并深入政府部门、消防部队、企业、学校、社区、城市广场、救灾物资储备库、应急科教馆等地，就应急组织指挥体系建设、预案编修与演练、应急值守、地震救援力量建设、应急避难场所建设、应急物资储备与调拨、应急宣传等工作进行实地检查。

青海玉树地震发生后，江西省地震局立即召开现场工作队动员大会，省级救援队进入待命状态，开展局内地震应急演练。江西省地震局在 2010 年全国地震应急救援工作会议上被评为先进集体。

3. 应急救援队伍建设

会同江西省消防总队提请江西省人民政府办公厅印发《江西省地震灾害紧急救援队管理实施办法》，就队伍建制和职责、组织管理机制、启动程序和指挥机制、日常运行机制作出规定。强化地震部门对救援队的管理，明确救援队运行管理经费由江西省财政纳入预算安排，南昌、九江、赣州 3 个救援分队日常经费由当地市政府纳入财政预算安排。

各设区市依托当地消防支队组建综合性应急救援支队。赣州市寻乌县成立由 150 名退伍军人组成的应急救援队伍，南昌市东湖区等地组建防震减灾志愿者队伍。

（江西省地震局）

山东省

1. 应急指挥技术系统建设

印发县级地震监测与应急指挥中心建设指导意见，莱芜、德州、泰安等市新完成或开展地震应急指挥中心建设。8 月 10 日，参加全国地震应急指挥系统演练，做好山东演练会场的地震触发、应急响应、联动响应、应急协同和现场应急支撑等内容的演练任务。

2. 地震应急救援准备

重点推进基层地震应急预案建设。评选第二批 19 个地震应急预案管理示范县，编制实施《地震谣传应对专项预案》，修订《山东省地震局地震应急行动细则》，部署推进企业地震应急预案编制工作，山东省地震应急预案体系进一步健全。山东省人民政府转发省地震局等 4 部门制定的《关于加强全省中小学应急疏散演练工作的意见》，发布中小学校应急预案编制指南。

制定 2010 年度地震应急准备方案，出台地震灾情速报实施细则，完成山东省地震应急图件收集工作，6 月 18 日以栖霞 3.8 级地震为背景组织应急演练，8 月 10 日参加以山东省发生 7.0 地震为背景的 2010 年全国地震应急指挥系统演练。鲁西、鲁中、鲁东地震应急协作联动区分别开展灾害评估、后勤保障等应急演练。部署开展山东省地震应急工作检查，会同省应急办等部门实地检查济南、莱芜、日照等市的地震应急工作。

3. 应急救援队伍建设

山东省被中国地震局列为中日合作地震应急救援能力强化项目示范省份，9 名救援队业务骨干参加为期 20 天的中日合作地震救援培训，日本救援队教官赴山东进行指导培训。组织 40 余名地震、消防部门业务骨干参加首期救援技术培训班，70 余名技术人员参加地震现场工作培训班，与山东团省委联合举办地震救援志愿者服务队骨干培训班，提高地震应急救援人员的能力。

4. 应急救援条件保障建设

下发地震应急物资储备库建设、地震现场工作队伍装备配置、市县地震救援队装备配备标准等文件，济南、烟台等 5 个市地震局完成地震应急物资储备库建设和装备配置，山东省地震局救援队配备雷达生命探测仪，各级现场工作队配备一批专业装备。

5. 地震应急救援行动

青海玉树地震发生后，迅速派出山东省地震灾害紧急救援队，紧急部署震后应急工作措施，加强值班报告和舆情引导，指导菏泽等市迅速平息小范围地震谣传事件。1 月 15 日鄄城和河南范县交界 4.2 级、3 月 25 日 3.4 级、5 月 17 日渤海海峡 4.0 级等显著性地震事件发生后，积极稳妥地做好有关应急处置工作。加强与淄博市政府的沟通，指导和支持淄博市地震局有序应对博山系列矿震事件。

(山东省地震局)

河南省

1. **应急指挥技术系统建设**

(1) 省级地震应急指挥技术系统建设。河南省防震减灾指挥技术中心于2007年12月正式建成，成立后在地震应急指挥和演练工作中发挥很好的作用。

(2) 地震应急基础数据库建设。2010年进一步完善河南省地震应急基础数据库。

2. **地震应急救援准备**

(1) 各级各类地震应急预案修编情况。河南省18个省辖市已全部制定本级地震应急预案，其中部分省辖市修订本级地震应急预案。位于地震重点监视防御区的县（市、区）都制定本级政府《地震应急预案》。截至2010年底，《河南省地震应急预案》涉及的33个省直有关部门、单位已有28个制定了本单位的地震应急预案。

(2) 地震应急检查工作落实情况。11月23—25日，河南省地震局会同河南省人民政府应急办、省发展和改革委员会、省民政厅、省安监局分别对鹤壁、新乡、周口市的地震应急工作进行检查。

(3) 地震应急演练落实情况。河南省地震局每季度开展1次地震现场工作队及应急人员桌面演练，每半年开展1次实战演练。

(4) 应急救援科普宣教情况。通过《中原减灾报》、河南地震信息网和"防灾减灾日"等宣传应急救援科普知识，使应急管理科普宣教的影响力进一步增强。在乡村社区积极进行应急演练和防震减灾宣传工作。

(5) 地震灾情速报网络建设和管理情况。目前河南省已初步建立市、县、乡三级地震灾情速报网络，人数3500多人。位于地震重点监视防御区的濮阳、郑州、安阳等8个省辖市已建成市、县、乡、村四级速报网络，人数近10000人。

(6) 应急避难场所建设情况。截至2010年底，河南省已建成应急避难场所近50个。

3. **应急救援队伍建设**

(1) 各级地震救援机构建设情况。河南省18个省辖市均成立防震抗震指挥机构，部分县（市）也成立地震应急指挥机构。

(2) 各级地震现场应急工作队伍建设和管理情况。河南省地震局地震现场工作队现有应急队员40人，要求每个队员完善、熟记个人应急流程图。目前18个省辖市地震局全部成立地震现场工作队。

(3) 各级地震灾害紧急救援队伍建设和管理情况。2010年河南省开封、洛阳、安阳、鹤壁、新乡、焦作、濮阳等市依托市公安、消防部门建立综合应急救援队。

(4) 青年志愿者队伍建设和管理情况。5月，河南省地震局与团省委、省红十字会联合印发《河南省地震救援志愿者行动实施意见》，完成网上培训考试系统，并于11月投入使用。在安阳、濮阳建立195支志愿者队伍，有6000多名志愿者，在鹤壁、新乡、周口建立6支志愿者队伍。

4. **应急救援条件保障建设**

（1）地震现场应急装备建设情况。2010年河南省地震局下达经费计划10万元，购置笔记本电脑、照相机、摄像机、工作服等地震现场应急装备。

（2）救援物资及装备建设情况。河南省地震局与省卫生厅、省消防总队一起编制装备购置、救援演练及经费需求计划，报河南省人民政府。

5. **地震应急救援行动**

4月14日，青海省玉树发生7.1级地震，按照上级指令，河南省消防总队派出由省消防总队机关及9个消防支队108名特勤消防队员组成的应急救援队赶赴灾区抗震救灾。15日凌晨3时，应急救援队携带生命探测仪4台、海事卫星电话、液压破拆工具等32种3600余件（套）救灾物资设备，从新郑机场飞赴青海地震灾区。河南省地震局派出2名专家，全程为抢险救援提供专业技术支持。

10月24日，周口市太康县、扶沟县、西华县发生4.7级地震。河南省地震局立即启动地震应急预案，派出由副局长卢国合带领的地震现场工作队奔赴地震现场，架设流动地震台网、开展灾情评估等工作，经过近一周的紧张工作，地震应急工作圆满完成。

（河南省地震局）

湖北省

1. **应急指挥技术系统建设**

（1）开展地震应急指挥技术系统月演练12次，跨区域中南五省联动季度演练4次，参加全国地震应急指挥系统演练1次。

（2）完成湖北地震应急基础数据库元数据的更新，实现42大类72张表的数据更新、补充和关联。

（3）落实工作专班，负责12322防震减灾公益服务热线的运行与维护，2010年运行平稳、无故障，定期开展12322地震应急短信平台的测试工作。

2. **地震应急救援准备**

（1）做好地震应急管理工作。修订完善《湖北省地震局地震应急短信群呼管理规定》《湖北省地震灾情速报实施细则》《湖北省地震应急现场工作管理实施细则》等应急工作管理规定；根据湖北省人民政府应急办的要求，编写《湖北省应对重大地震灾害工作流程》和《实兵推演案例》；指导武汉市民防办和荆门市地震局开展应急预案的修订工作。

（2）抓好地震应急演练活动。10月9—10日，在三峡重点监视区宜昌市邓村开展2010年度湖北省地震局暨长江三峡175米试验性蓄水地震应急演练；10月29日，组织地震应急队伍携带多种应急装备器材，参加由湖北省人民政府在武汉市江夏区五里界中洲村开展的省级应急救援队伍拉动演练。

高度重视学校地震应急疏散演练活动，认真指导荆门市象山小学、神农架林区实验小学、宜都市高坝洲中学、黄冈市黄梅县第一小学、咸宁市崇阳县城关中学等10多家学校开展地震疏散演练。

（3）加强地震应急救援科普宣传。10月13日，应湖北省减灾委员会的邀请，派地震应急专家参加由湖北省民政厅组织的"第二十一个国际减灾日讨论会"，作《城市发展与防震减灾》主题发言。11月1日，联合湖北省红十字会、省安全生产监督管理局，参加由湖北省人民政府应急办主持的《中华人民共和国突发事件应对法》防灾应急知识宣传活动。11月11日，在湖北省图书馆报告厅为70余位武汉市民作《最大限度地减轻地震灾害损失》主题报告。

3. 应急救援队伍建设

（1）加强地震现场应急工作队伍建设。为高效有序地开展地震现场工作，扩大地震现场应急工作队伍。地震发生后，迅速派出年轻同志和经验丰富的老同志一同到现场开展地震应急工作，以增加年轻同志现场应急工作经验。根据现场应急工作需要，为现场工作队员增加配备应急装备。

（2）加强地震灾害紧急救援队伍建设。为推进湖北省地震灾害紧急救援专业队伍建设，学习多震地区应急救援机构或部门的先进工作经验，组织应急工作骨干前往云南省学习，考察云南省关于地震应急救援管理工作的先进经验，参观云南省地震局应急指挥大厅和地震灾害紧急救援队驻训基地。

4. 地震应急救援行动

组织协调开展应急处置工作21次，派出地震现场工作队4次，协助市县地震部门稳妥处置地震谣言4次。

（湖北省地震局）

湖南省

1. 应急指挥技术系统建设

加强湖南省地震应急指挥技术系统的运行维护和管理，按湖南省应急办要求开展应急指挥技术系统接入湖南省人民政府应急指挥平台等相关工作，组织参加全国地震应急指挥技术系统应急演练，按要求更新省地震应急基础数据库部分内容。湖南省地震应急指挥技术系统全年运转正常，成功接待多批来访领导，成为湖南省地震局对外宣传、展示形象的一个重要窗口，同时，还为湖南省地震局组织召开重要会议提供良好服务保障。

2. 地震应急救援准备

牵头开展中南五省区（湖南、湖北、广东、广西、海南）地震应急协作联动工作，完善中南五省区应急协作联动工作机制和应急预案，正式签订《中南五省区地震应急救援联动合作协议》；加强湖南省各级各类地震应急预案的动态管理，衡阳等市完成地震应急预案修订；在市、县地震部门推广应用地震应急预案管理信息系统。湖南省地震局组织地震现场工作队开展应急演练,大部分市、县地震部门开展形式多样、规模不一的地震应急演练,常德、衡阳、邵阳、郴州、益阳、怀化、湘潭等市均以中小学校为重点,组织地震自救互救演练;湖南省地震工作部门组织《湖南省实施〈突发事件应对法〉办法》宣传周系列宣传活动。出台《湖南省地震灾情速报实施细则》,对湖南省灾情速报网络进行重新摸底统计,进一步充实完善灾情速报队伍;积极开展湖南省12322防震减灾公益服务热线建设,与湖南联通公司签订开通合作协议,12322灾情速报信息平台已基本完善;有序推进应急避难场所建设,共规划或建成应急避难场所45处。

3. 应急救援队伍建设

湖南省地震局设立应急救援处;湖南省14个市州地震工作机构在完成规范设置中,均设立应急救援科室或明确相关工作人员。修订出台《地震现场工作细则》,组织现场应急工作人员开展学习培训和演练;湖南省地震灾害紧急救援队专业训练计划周密、组织有序、富有成效,部分市州、县地震部门也成立地震应急队伍并组织开展应急培训和演练。

4. 应急救援条件保障建设

湖南省地震局及时为地震现场工作队员补充个人应急装备,地震应急住宅已基本建成。

5. 地震应急救援行动

2010年湖南省发生多次有感地震事件,影响较大的有2月中旬的华容$M_L2.5$地震(因历史地震少,故社会敏感度高)、湘西永顺9月16日$M_L3.6$和10月8日$M_L4.1$地震(永顺$M_L4.1$地震有感范围近200平方千米,震感明显并伴有地声,震中由瓦片立式叠加而成的房屋屋脊倒塌,少量房屋出现水平裂缝,造成当地出现一定程度恐慌,学校停课、震中居民不敢入室休息就寝)。这些地震发生后,湖南省地震台网中心均在第一时间测定地震基本参数并发送信息,湖南省地震局第一时间派出现场工作组进行现场考察,在准确研判震情的同时,积极协同当地政府采取有效应对措施,迅速安定民心。

(湖南省地震局)

广东省

1. 应急指挥技术系统建设

完成地震应急通信指挥车改装工程,制定实施《加强广东地震应急指挥技术系统服务保障能力建设方案》。

2. 地震应急救援准备

广东省直各部门(单位)按照《广东省地震应急预案》完成地震应急分案修订工作;各市开展市级地震应急预案的修订工作。制定广州亚运地震应急专项预案;修订《广东省地震局地震应急预案》。制定并印发《2010年度广东省地震重点危险区应急准备工作方案》,成立地震重点危险区应急准备工作领导小组。2010年7月12—16日,对位于地震重点危险区的汕头、潮州和揭阳3市进行地震应急准备工作检查,检查内容包括组织机构建设、应急预案、救援队伍、避难场所和保障能力等方面的建设情况,还实地抽查应急避难场所、学校和社区的地震应急准备情况。8月9日,广东省地震局与湛江市人民政府在麻章联合举行湛江市地震应急救援综合演练。12月28日,揭阳市人民政府和广东省地震局联合举办的揭阳市地震应急救援演练活动在揭东县第一中学成功举行。同日,广东省地震局与福建省地震局在揭阳市联合举行2010年度粤闽地震应急现场联动演练。开展现场指挥协调、余震监测、震害调查与评估、应急通信和后勤保障等演练。参加中南五省地震应急演练及全国地震应急演练。

加强地震灾情速报网络建设和管理工作,印发《广东省地震灾情速报工作实施细则》。广州、深圳、中山等市编制地震应急避难场所建设规划。目前广东省已建成58个地震应急避难场所。

3. 应急救援队伍建设

广东省地震局参加粤港、粤澳应急管理联动机制专责小组第二次会议,开展地震应急管理科技研讨,交换日常地震观测资料,提供地震速报信息,完成粤港澳地震应急管理合作任务。组织广东省地震灾害紧急救援队骨干队员3批21人次参加"中日合作地震应急救援能力强化计划(JICA项目)"。举办广东省地震应急救援志愿者骨干培训班。广东省建成21支9000余人的地震应急志愿者队伍。

4. 应急救援条件保障建设

完成广东省地震灾害紧急救援队需补充地震救援器材和医疗器材的前期调研工作。

5. 地震应急救援行动

完成台湾6.7级地震、青海玉树7.1级地震、阳江3.1级地震、深圳2.8级地震应急工作。特别是玉树地震发生后,广东省地震局国家地震自动速报功能备份中心5分钟内完成地震速报,15分钟内通过地震短信息平台发布地震三要素信息;派出专家赴北京参加地震灾害应对工作,广东省地震灾害紧急救援队赴现场开展人员搜救。深圳2.8级地震发生后,快速、准确、全面发布地震信息,平息地震谣言,深圳市和广东省社会秩序快速恢复稳定。地震应急处置得到广东省委、省政府和中国地震局的高度肯定。

(广东省地震局)

广西壮族自治区

1. 应急指挥技术系统建设

2010年,建立移动式地震应急指挥系统,震时科学、高效地提供地震预评估与辅助决策意见,提升政府应急指挥快速反应的能力。桂林市地震局进一步加强数字地震观测指挥中心配套建设和管理工作,投入专项经费用于加强配套工程建设。

对广西壮族自治区抗震救灾指挥部地震应急基础数据库进行更新和补充。新增水电站103个,重大危险源164个,潜在地质灾害点13869个,通信基站37805个,矿权分布图(含重要矿山452座)等。收集地方政府联络数据、地方防震减灾工作领导小组联络数据、地震系统联系数据、灾情速报网络数据等,并按照所在行政区进行编码、整理、入库。柳州市地震局收集柳州市重大工程、可能发生严重次生灾害的建设工程，学校、医院等人员密集场所的建设工程等 55 个项目基础资料，完善柳州市数字地震应急指挥系统基础数据库。

2. 地震应急救援准备

（1）各级各类地震应急预案修编情况。2010 年，广西壮族自治区地震应急预案共有省级 1 项、省级部门 16 项、地市级 14 项、县（区）级 260 项。修订完善《广西壮族自治区地震应急预案》，制定有效应对凌云凤山 3 级震群，制定凤山 4 级、5 级、6 级地震和凌云、巴马 5 级破坏性地震应急处置预案。钦州、贵港、玉林、来宾 4 市推进市级地震应急预案修订，各相关部门参照《贵港市地震应急预案》，制定部门的地震应急预案。来宾市兴宾区、象州县制定地震应急指挥系统细化方案，玉林市、县两级政府及防震减灾工作领导小组成员单位，及重要生命线工程和可能产生重大次生灾害工程的单位（或主管部门）和重要目标的管理单位制订地震应急预案。

（2）地震应急演练落实情况。2010 年，广西壮族自治区地震局开展 7 次应急演练，联合玉林市政府、陆川县委县政府举行玉林市地震应急救援综合演练。柳州市组织 2 次地震应急演练，与融安县政府一起开展首次市县联合地震应急救援实战演练；贺州市组织开展地震多个部门参加的应急综合演练。

（3）应急救援科普宣传教育情况。"5·12" 防灾减灾日活动中，南宁、柳州、桂林、梧州、北海、来宾等多市组织、指导学校师生举行地震应急避险疏散演练。钦州市地震局联合教育局组织全市中小学学生统一参加的地震应急演练活动和地震知识竞赛。

（4）应急避难场所建设情况。2010 年，广西壮族自治区共有避难场所 36.6 万平方米，可容纳 20 万人。柳州市政府启动Ⅲ类应急避难场所建设，来宾市投资应急避难场所建设。钦州市政府确定 5 处城区地震应急避难场所；玉林市将 6 个广场和 3 个已建成的体育场馆确定为玉林城区地震应急避难场所。另外，钦州市灵山县、浦北县，玉林市博白县、北流市均明确所辖区域内地震应急场所地址。

3. 应急救援队伍建设

2010 年，广西壮族自治区地震局联合武警水电第一总队组建广西地震灾害紧急救援。柳州市成立综合应急救援支队。钦州市政府批准成立包括地震应急救援队在内以市消防支队为主体的紧急救援队。贵港市依托市公安消防支队，集市各有关部门和单位优势专业力量组建一支综合应急救援队伍。玉林市以消防支队为主体，整合各部门的应急救援力量，成立玉林市综合应急救援支队。救援队的成立使地震应急救援工作有了专门的力量。柳州市举办 2 期地震应急救援志愿者救护技能资格证培训班，共有 120 人获得应急救护资格证。

4. 应急救援条件保障建设

2010 年，柳州市地震局更新地震现场流动监测台系统，卫星电话、GPS 卫星导航仪、对讲机、车载电台等现场工作应急装备，出台《柳州市地震应急装备管理使用办法（试行）》。灵川县地震局、永福县地震局购置地震应急专用车。

5. 地震应急救援行动

2010 年，广西成功应对河池天峨 3.0 级地震、陆川 3.0 级地震、崇左 3.1 级地震、凌云凤山 3 级震群、贵州罗甸与广西天峨交界 4.4 级地震、百色右江 3.7 级地震、灵山横县交界 3.5 级地震等数十次有感地震事件及玉林陆川网络地震传言。广西壮族自治区地震局在震后派出现场工作组，开展流动地震监测，组织震情会商，编发《国内国际灾情快报》58 期，《震情简报》85 期。

（广西壮族自治区地震局）

海南省

1. 应急指挥技术系统建设

（1）省级应急指挥技术系统建设。2010 年，海南省地震局完成海南省防震减灾中心大楼应急指挥中心的建设。配备视频会议系统，建立完善指挥技术系统工作制度；更新经济、地震目录，活断层数据、速报网数据等；完善地震灾情快速分发系统平台，实现震情自动短信发布。实施海南省地震应急指挥管理技术系统项目建设。

（2）市县级应急指挥技术系统建设。建设海南省、市（县）联动的地震应急短波电台通信网。在海南省 18 个市县各配备 2 部地震应急短波电台，1 台为固定基站安装在市县地震局，1 台为移动车载电台，安装在市县的地震应急专用车。

（3）地震应急基础数据库建设。调整更新地震应急基础数据，收集海南省 18 个市县党委、政府领导及市县抗震救灾指挥部各成员、各乡镇防震减灾助理员、村群测群防联络员、应急志愿者的联系方式等基础数据，对原有数据进行更新和调整。

2. 地震应急救援准备

（1）加强地震应急预案管理及应急检查。海南省 18 个市（县）和省抗震救灾指挥部 35 个成员单位按照《海南省地震（火山）应急预案》的要求对预案进行及时的修订。指导市县开展专门地震应急工作检查，提出明确要求和具体措施。

（2）地震应急演练落实情况。认真落实应急演练工作。组织海南省地震现场工作队和市县救援队开展野外拉练，模拟地震突发场景实施远程紧急拉动、地震现场监测、后勤保障等训练，提高队伍的实战水平。同时还指导海口、三亚等市县多次开展专项地震应急演练，增强市县地震救援能力。

（3）应急救援科普宣传教育情况。按照"主动、慎重、科学、有效"的原则，认真做好地震应急救援的宣传教育工作。充分发挥新闻媒体宣传主导作用，利用海南省农居地震安全工程技术服务网等网站，加强地震应急避难和应急救助科普知识及技能的宣传；举办应急救助讲座 30 场次，让地震应急宣传教育工作进机关、学校、社区、农村、企业和军营。

（4）应急避难场所建设情况。按照国家地震应急避难场所建设的标准要求，选择澄迈、陵水等有条件的市县开展试点，并对已建的地震应急避难场所进行标准化设计整改。

3. 应急救援队伍建设

加强海南省地震与火山灾害紧急救援队与 18 个市县地震灾害紧急救援队的专业培训。与国家救援综合训练基地合作举办第九期（中日联合）省级救援队技术骨干培训班，选派

25名省与市县救援队的技术骨干参加培训,接受搜索与救援、地震现场医疗救护、热烟逃生、狭小空间搜索、绳索下降与保护、废墟破拆、顶撑救援等实战训练和地震综合救援演练,有效提高队伍的实战能力。与海南省红十字会合作,在海南省范围内举办系列地震应急现场卫生救护知识培训班。组织指导各级共青团委和有条件的社区、学校、企业和村庄组建志愿者队伍,海南省成立28支地震救助志愿者队伍,落实必要的应急设备和保障条件。

4. 应急救援条件保障建设

按照中国地震局印发的地震现场工作大纲的要求,对海南省地震现场工作队装备进行调整充实,更新部分技术装备和流动观测设备,拨付22万元专款购买体能训练设施22套。

(海南省地震局)

重庆市

1. 地震应急救援准备

(1)地震预案修编情况。启动重庆市级地震预案修订工作,充分吸纳汶川地震、玉树地震应急救援工作经验,结合重庆实际情况和地震现场应急成果,增强预案的科学性和可操作性。重庆市40个区县(自治县)实现预案全覆盖。

(2)应急避难场所建设情况。2010年完成市、区两级应急避难场所建设共90个,重庆市大部分乡镇、街道、社区均完成应急避难场所挂牌任务,同时制定疏散方案和基本生活保障预案。

(3)地震应急检查工作落实情况。在全国率先出台省级地震应急工作检查规章《重庆市地震应急工作检查办法》。

2. 应急救援队伍建设

重庆市组建包括地震在内的市综合应急救援总队和40个区县(自治县)应急救援分队。

3. 地震应急救援行动

组织开展潼南5级地震、荣昌4.2级和4.7级地震、玉树7.1级地震应急处置工作。针对2010年在北京市、山西省、河北省和内蒙古自治区等多省(区、市)出现的地震谣传事件,重庆市地震局采取多项预防措施,取得良好效果,全市未发生地震谣传事件。

(重庆市地震局)

四川省

1. 应急指挥技术系统建设

(1)省级地震应急指挥技术系统建设。四川省应急指挥中心正抓紧建设,同时以203

个应急指挥信息平台和灾害信息管理数据库为支撑，覆盖省市县乡四级的灾情信息网络和省市县三级综合减灾救灾应急管理指挥体系也在建设之中。省级突发公共卫生事件应急指挥平台基本建成，市级卫生应急指挥平台建设已经启动。全省灾情快速上报系统建设正积极推进，确定省市县乡四级灾害信息员近5万名。

（2）地震应急基础数据库建设。根据中国地震局震灾应急救援司"关于加强省级地震应急指挥系统服务保障能力的通知"的要求，下发《关于开展地震应急基础地图及统计资料收集的通知》，对21个市（州）防震减灾局（办）开展地震应急基础图件与统计资料的收集工作。

2. 地震应急救援准备

（1）各级各类地震应急预案修编情况。进一步细化《四川省地震局地震应急预案》，制定《四川省地震局机关及直属单位地震应急工作规程》《四川省地震局地震现场工作管理规定实施细则》《地震灾情速报工作实施办法（试行）》，进一步完善应急处置机制，明确部门应急职责和任务。要求地震重点危险区所在市州防震减灾部门要切实加强地震重点危险区地震应急准备工作方案的落实工作，制定专项应急预案，组织应急演练，加强灾情速报网络建设，完善人、财、物等应急准备保障，同时加强政府与部门协调，共同做好本地区地震应急准备工作。

阿坝州加强地震应急预案体系建设，完成《阿坝州地震应急预案》修订，督促和指导各县开展地震应急预案修订工作。理县和若尔盖县完成《地震应急预案》修订，由县人民政府印发实施。

甘孜州完善州、县、乡、村各级地震应急预案体系建设，完成《甘孜州地震应急体系建设方案》和《地震重点监视区应急工作方案》。

眉山市制定《眉山市防震减灾局地震应急预案》，推进地震应急工作科学高效、规范有序开展。

根据《攀枝花市人民政府办公室关于报送地震应急预案的通知》，攀枝花市防震减灾局再次对《攀枝花市防震减灾系统地震应急预案》进行修改完善，使其具有科学性和可操作性。截至2010年底，各县（区）人民政府、市级各部门、各企事业单位的应急预案已全部修订完成。

（2）地震应急检查工作落实情况。派出工作组对眉山、宜宾等地震重点危险区应急准备工作进行检查指导，同时对地处华蓥山断裂带的内江、广安、自贡等市进行地震应急准备工作检查。在进行检查的同时，还调查应急工作现状，并对其地震应急准备工作开展指导。地震重点危险区市、县防震减灾部门对本地区的重点部位、重点目标开展了不同形式的检查。

有关各市州也结合本地区实际，制定地震应急准备工作方案并认真加以落实。宜宾市政府印发《关于进一步做好地震应急准备工作的通知》，通过《关于应对我市发生6~7级地震应急准备工作的方案》；乐山市教育局印发《关于做好地震应急准备工作的通知》；凉山州、雅安市政府分别组织开展地震重点危险区应急准备工作检查。

汶川特大地震2周年主题宣传活动周期间，四川省地震系统组织指导各行各业举行逃生演练300多次，几百万人参加应急演练。

结合"5·12"防灾减灾日纪念活动和防震减灾宣传日等,开展防震减灾知识宣传活动,利用广播、报纸、网络、宣传品等形式,普及防震避震、应急避险、自救互救等知识,增强公众的防震减灾意识,提高公众的应急避险和自救互救能力。

推进灾情快速上报接收处理系统项目建设,尽快建成依靠多种通信技术和手段,覆盖省、市、县、乡4级的集灾情采集、汇集、归类、分析、处理、发布为一体的灾情接收处理系统。配备灾情速报员5600余人,开通12322防震减灾公益服务热线,完善防震减灾"三网一员"网络,建设覆盖20个市州和39个重灾县(市)中心城区的应急避灾系统。结合"三网一员"工作,进一步健全地震灾情速报网络,完善灾情速报制度,规范灾情速报程序,开展灾情速报业务培训。

四川省成立防震减灾科普示范社区17个,建成应急避难场所1029处,组建各类救灾队伍733支。

3. 应急救援队伍建设

(1) 四川省组建各类救灾队伍733支。2010年,四川省由四川省公安消防总队、省军区、省安监局分别牵头组建四川省综合应急救援总队、四川省各类灾害应急救援队、四川省安全生产救护总队。武警四川总队也计划成立省级抗灾救灾救援队伍。

5月,依托旌阳区城南街道办事处,组建200人的志愿者应急救援队;11月,德阳市政府依托公安消防为主要力量,组建300人的德阳市综合应急救援支队,各县(市、区)在社区相应组建8支志愿者应急救援队伍,全市防震减灾系统在学校、社区、公共场所、企业共举行地震应急疏散演练98次。

绵阳市组建785人的专业救援队伍、5000余人的兼职救援队伍及9万余人的志愿者队伍,并制定公共应急避难场所的相关管理办法,进一步提高城市综合应急救援能力。

8月,广元市组建广元市地震灾害紧急救援队,组成人员约80人。11月12日,广元市综合应急救援支队成立。县区政府组建地震灾害专业救援队9支,共255人,组建抢险救灾队伍46支;乡镇政府和街道办事处建立抢险救灾队伍114支,共1770人;居(村)民委员会地震抢险救灾队伍(社区地震救援志愿者队伍)969支,共9710人。应急救援力量进一步加强,救援能力显著提升。

11月9日,眉山市第一支正式的综合应急救援支队成立。此应急救援支队的成立进一步提高全市各类突发事件的应对处置能力,最大限度地降低灾害事故危害。

宜宾市政府投入经费824.17万元建设应急指挥系统和2支抢险救援队伍。经市政府第58次常务会通过,依托公安消防部队组建市综合应急救援队伍。

12月,由广安市防震减灾办牵头,公安、交通、民政、卫生等部门参与,组建成立广安市地震专业应急救援队伍。同时,按照"1+5+14"的模式,组建广安市综合应急救援队伍,全市基本形成纵横交错的应急救援队伍体系,应急救援能力明显增强。

(2) 各级地震现场应急工作队伍建设和管理情况。出台《地震现场工作管理规定实施细则》;起草《局机关和直属单位地震应急工作规程(试行)》。参与国家地震应急预案修订、《地震现场救援行动指南》标准调研、《地震应急救援管理条例》起草等工作。强化应急队伍建设,四川省地震灾害紧急救援队完成年度训练计划,明确出队要求,及时维修在玉树、舟曲抢险救援行动中损坏的设备,提高抢险救援实战能力。

4. 应急救援条件保障建设

(1) 地震现场应急装备建设情况。四川省地震局研究制定地震现场工作队装备购置方案，现购装备已基本到库，并启动现场工作人员个人装备购置工作，改善地震现场工作装备，提升地震现场工作水平。

(2) 救援物资及装备建设情况。四川省建立省救灾物资储备中心，负责储备、管理中央和省级救灾物资；成立省减灾中心，构建协调联动、信息共享、灾情评估、款物调拨等工作机制。组织实施四川省灾害应急救援物资储备体系、综合减灾救灾应急管理指挥体系等建设项目，推进通信、电力、运输等应急保障体系建设。

5. 地震应急救援行动

2010年1月31日，四川省与重庆市接壤地区（东经105.7°、北纬30.3°）发生5.0级地震。四川省地震局在第一时间启动地震应急预案，指派当地防震减灾工作部门前往震区调查了解震情灾情，组织召开震情紧急会商，开展震情灾情收集报送等工作，同时迅速派出由31人、9辆车组成的现场工作队赶赴震区，开展现场震情分析、流动地震台架设与监测、灾情调查、应急通信等工作，并积极协助当地政府开展抗震救灾工作。

4月14日，青海玉树7.1级地震发生后，四川省地震局立即启动《四川省地震局地震应急工作预案》Ⅲ级响应，召开应急处置紧急会议，派出12人组成的地震现场工作组，赶赴甘孜藏族自治州石渠县开展地震应急和灾害损失调查评估工作。

8月29日，云南省昭通市巧家县、四川省凉山州宁南县交界地区发生4.8级地震。四川省地震局立即启动Ⅲ级应急响应，派出4人地震现场工作组赴地震现场，一方面了解收集灾情，另一方面分3个调查小组赴宁南县受灾乡镇开展实地调查、核实，共抽样调查7个乡镇26个点，行程约1000千米。

9月10日月，重庆荣昌、四川隆昌、泸县交界发生4.7级地震，对四川省内江市、泸州市的部分地区造成一定影响。地震发生后，四川省地震局立即启动地震应急预案，派出地震现场工作组赶赴震区开展地震现场工作。据联合现场工作组调查核实，本次地震没有造成四川省人员伤亡，但对四川省内江市和泸州市9个乡镇房屋建筑造成一定的破坏。据隆昌县政府统计汇总，共转移安置受灾群众126人。

（四川省地震局）

贵州省

1. 应急指挥技术系统建设

2010年，贵州省地震局联合贵州省卫生厅、公安消防总队组建规模145人的地震灾害紧急救援队。贵阳、安顺等地纷纷成立综合应急救援队伍，为开展地震灾后紧急救援提供保障。

2. 地震应急救援准备

贵州省人民政府抗震救灾指挥部成立后，各市（州、地）、县（市、区、特区）先后成立了本级抗震救灾指挥部。贵州省地震局为加强地震应急指挥能力，加强了应急指挥系统的维护及应急基础数据库的更新工作，积极配合做好西南片区地震应急联动演练及全国年度地震应急指挥系统演练工作，指导各地区各部门开展地震应急预案修编及演练。

2010年，贵州省及周边地区先后发生地震，主要包括：1月17日，贵州省安顺市关岭布依族苗族自治县、镇宁布依族苗族自治县与黔西南布依族苗族自治州贞丰县交界处3.4级地震；9月18日，贵州省黔南布依族苗族自治州罗甸县、广西壮族自治区河池市天峨县交界4.4级地震；10月4日，贵州省安顺市镇宁布依族苗族自治县、黔西南布依族苗族自治州贞丰县交界4.2级地震。每次地震发生后，贵州省地震局均立即启动应急预案。一是组织应急工作队赶赴震中地区，开展灾害调查和指导当地政府抗震救灾，积极开展群众情绪安抚和地震科普知识宣传工作。二是及时就群众疏散转移、房屋鉴定、媒体宣传及危岩安全等向当地政府提出相关工作建议，切实采取措施保障人民生命财产安全。三是加强震情值班和宏观观测，密切注意各种前兆异常。四是协调媒体发布震情进展和震后地震趋势意见，有效引导媒体开展防震减灾新闻宣传，为安定民心，稳定社会，有效应对地震突发事件起到了良好的作用。

3. 地震应急救援行动

4月14日青海玉树7.1级地震发生后，贵州省地震局迅速组织地震应急救援工作队奔赴地震灾区，参加地震应急救援行动，开展地震地质考察，得到了青海省人民政府抗震救灾指挥部和中国地震局专家的高度赞扬。贵州省主流媒体报道了贵州应急救援队的这次应急救援工作。

（贵州省地震局）

云南省

1. 应急指挥技术系统建设

2010年，云南省地震局着力健全地震现场和后方指挥部通信协调机制，完成3G通信配套、亚星电话配套、中型通信车工作舱修补、移动存储更新、数码设备维修等系统配套和更新等工作，充分保障技术系统功能应用和开展。结合汶川地震和玉树地震经验教训，设计系列应急数据库建设技术方案和更新维护流程，根据最新的基础地理图、行政区划以及2010年云南省统计年鉴，实现48小类数据的更新、补充和关联，以及其余数据的检查，完成云南地震应急基础数据库元数据的更新。为满足云南省地震应急备震和地震联合演习等工作需要，强化云南地震应急能力，设计制作内容包括行政区划信息、人口信息、社会经济信息、自然地理概况、应急数据库信息、地震行业信息的云南地震应急综合图册。补充纸质应急商业图件。建立云南地震应急综合图册快速索引目录，将所有数据编码，便于检索。"云南地震应急指挥技术系统建设、应用与研究"项目被云南省人民政府评为科学技术进步三等奖，被云南省地震局评为防震减灾优秀成果一等奖。

在2010年全国现场应急指挥技术系统评比中，云南省地震局地震应急指挥中心获省级地震应急指挥中心考核评比先进集体一等奖、地震应急基础数据库评比单项一等奖、地震现场工作系统评比单项一等奖、地震应急指挥中心评比单项三等奖。

2. 地震应急救援准备

制定《云南省地震局地震应急工作流程》《2010年云南省地震局地震应急现场工作队出队方案》，启动《云南省地震应急预案》《云南省地震局地震应急预案》修订工作。

由云南省地震局、省发展和改革委员会、省民政厅、省安全生产监督管理局相关领导和专业技术人员组成的地震应急检查工作组，对昆明市东川区，昭通市昭阳区、巧家县，普洱市思茅区、宁洱县，大理州大理市、祥云县等州、市、县（市、区）进行地震应急救援工作检查。建立5000多名人员组成的地震灾情速报网络。按滇东联动区、滇西联动区、滇西南联动区，建立地震应急救援联动机制，实行轮作制度，开展地震救援联动工作。

3. 应急救援队伍建设

分系统组建民政、住建、卫生、国土资源、农业、安全监管、地震、红十字会、电力、通信等专业应急救援队伍，总人数超过4000人。完成对云南省地震灾害紧急救援队的扩编，队伍规模达1620人。

经云南省人民政府批准，召开云南省地震灾害紧急救援队联席会议成立大会，建立云南省地震灾害紧急救援队联席会议制度。举办云南省地震应急培训班和云南省地震灾害紧急救援队培训班。

4. 应急救援条件保障建设

建立《云南省地震局地震应急大震库管理制度》，更新补充地震应急设备器材；组建云南省地震行业无线短波通信网，加强云南省地震局地震现场工作队通信器材，配置亚星、海事卫星、移动125瓦大功率车载短波设备，实现点对点、集群电话，动、静态文件卫星传输；为保障云南省抗震救灾指挥部现场工作需求，配备充气、支架等200多平方米大型帐篷，配备相应的自动化办公设备，保障现场与后方的卫星通信指挥需求。

5. 地震应急救援行动

2月25日禄丰—元谋5.1级地震发生后，云南省地震局立即启动地震应急预案，成立前、后方指挥部，派出由省、州、县三级地震部门共49人组成的地震现场工作队，赶赴地震灾区开展应急救援工作，编报上网信息30份，震情简报3期，完成53个调查点、40多项生命线工程的震害调查，经云南省地震灾害损失评定委员会评定，将地震灾害损失评估报告及时上报中国地震局和云南省人民政府。

青海省玉树发生7.1级地震后，云南省地震局立即成立"青海玉树地震应急工作组"，通过行业专网、公众网络、专业网站和地震信息网搜集青海玉树地震应急进展情况，共搜集整理1000余条信息，连续编制《青海玉树7.1级地震情况反映》7期112份，每期当日报省委、省政府和中国地震局。云南省地震局玉树地震远程响应开辟支持决策、服务社会、有效减灾的新路。云南省地震局青海玉树地震应急工作组被中共中央、国务院、中央军委授予"全国抗震救灾英雄集体"荣誉称号。

举办青海玉树地震应急暨云南7级地震应急研讨会，分9个专题，全面研讨玉树地震云南省地震局应急处置过程，进行总结和反思，提升云南省7级地震的应对处置能力和水平。

（云南省地震局）

陕西省

1. 应急指挥技术系统建设

完成与甘肃、四川、河南、山西、内蒙古、宁夏等省（区）1∶50万地质图和1∶25万地形图的数据交换工作，完成已交换数据的1∶25万地形图的数据拼接工作，收集整理1970年以来全国小震目录及全国活动断裂图，进一步完善基础资料。完善地震应急专题图的快速生成技术，编写地震影响场快速生成模块部分程序，细化快速成图软件的功能模块，提高应急图件快速产出能力。

2. 地震应急救援准备

陕西省地震局会同陕西省人民政府有关部门完成了《陕西省地震应急预案》的修订。开展应急预案管理信息系统管理软件的培训。指导地震重点危险区的市县制定地震应急戒备方案，开展应急准备检查。陕西省地震局与省教育厅、省应急办联合印发学校地震应急疏散演练工作意见。陕西省各类学校共开展演练1380次，130万人次参与。西安、咸阳、宝鸡、渭南、汉中5个城市6个应急避难场所建设项目通过验收。以模拟宝鸡市陇县发生6.5级地震灾害为背景，开展陕西省地震灾害紧急救援队、省地震应急现场工作队联合拉动演练。

3. 应急救援队伍建设

陕西省地震灾害紧急救援队选派13名队员，省地震应急现场工作队选派2名队员，赴国家地震紧急救援训练基地接受历时40天的地震紧急救援能力强化培训。JICA项目4名救援技术教官对省地震灾害紧急救援队45名救援队员进行为期10天的救援技术专项业务强化培训与考核。完成省级地震灾害紧急救援队第二分队装备配备和一分队装备补充，并开展新增救援装备使用培训。陕西省地震局、团省委、省文明办共同制定《陕西省地震灾害救援志愿者队伍建设实施意见》，陕西省志愿者服务总队正式成立。全省新增各类地震应急志愿者队伍25支。

4. 地震应急救援行动

按照西北地区地震应急协作联动方案，陕西省地震灾害紧急救援队和省地震应急现场工作队赴青海参加玉树地震抗震救灾和灾害损失调查、科学考察等工作。妥善应对韩城—河津交界4.8级地震等5次显著地震事件。陕西省地震灾害紧急救援队参与陕西安康和甘肃舟曲泥石流灾害的救援工作。完成2010年地震灾情评估报告。

（陕西省地震局）

甘肃省

1. 应急指挥技术系统建设

（1）甘肃省级地震应急指挥技术系统建设。省级地震应急指挥中心视频会议系统于3

月开工建设,系统设置甘肃省地震局1个主会场,各市州、各中心地震台20个分会场,平时保证基础数据、图像的传输,震时为不同部门之间地震应急指挥联动提供技术支撑。

(2) 市级地震应急指挥技术系统建设。平凉市应急指挥中心完成应急指挥系统、防震减灾视频会议系统、地震信息节点功能用房的改造装修,安装防震减灾宣传教育及信息发布平台。

(3) 地震应急基础数据库建设。甘肃省地震局对地震应急基础数据库补充录入气象、经济、人口等数据;14个市州及部分县区地震部门补充经济、人口、学校、医院、房屋建筑、工业厂房、次生灾害源等数据。

2. 地震应急救援准备

(1) 各级各类地震应急预案修编情况。甘肃省各市州政府及相关部门、单位结合本地实际,制定或修订本级政府、本部门、本单位地震应急预案600件,并向当地地震部门进行备案,地震应急预案逐步向企业、学校、医院、社区、乡镇、宗教场所延伸。

(2) 地震应急检查工作落实情况。"元旦""五一""十一"节日期间,甘肃省地震局对各市州地震工作部门应急准备工作进行检查,落实相关措施。

(3) 地震应急演练落实情况。甘肃省14个市州、县区市政府和有关部门、单位组织本地区、本系统和学校、企业地震应急演练及地震紧急避险演练700场次,参加人数达到33万人,提高应急预案的可操作性和应对地震的灵活性。

(4) 应急避难场所建设情况。甘肃省地震局加大指导力度,推进应急避难场所建设,各市州、县区市地震部门积极争取政府支持,协调发展和改革委员会、建设局、民政局等部门在广场、绿地、公园、花园、体育场(馆)、学校操场新建应急避难场所65处,特别是平凉市完善了应急给排水、应急环卫等基本设施。

3. 应急救援队伍建设

(1) 各级地震救援机构建设情况。5月12日,甘肃省抗震救灾指挥部办公室在甘肃省地震局正式挂牌成立,由省发展和改革委员会、省教育厅、武警甘肃总队等25个单位联络员组成。

(2) 各级地震现场应急工作队伍建设和管理情况。甘肃省地震局组织开展地震现场应急工作队培训,对50名现场工作队员开展为期3天的软件培训和野外体能训练及卫星通信设备训练。

(3) 各级地震灾害紧急救援队伍建设和管理情况。甘肃省地震局积极协调市州政府,大力推进市县级地震灾害紧急救援队伍建设,甘南州政府组建甘南州地震灾害紧急救援队、玛曲县地震灾害紧急救援队,张掖市政府成立重大灾害应急救援队,酒泉市政府成立地震应急救援支队。

(4) 青年志愿者队伍建设和管理情况。甘肃省地震局因地制宜地推进社区地震应急救援志愿者队伍建设,兰州、平凉、张掖、临夏等市(州)及县区新组建地震应急救援志愿者队伍16支,基层单位救援救助能力明显提高。

4. 应急救援条件保障建设

(1) 地震现场应急装备建设情况。甘肃省地震局投资50万元为地震应急现场工作队重新配备服装、生活用具以及照相机、传真机、计算机等设备,新增摄像机、灶具、炊具、发电机等设备。

（2）救援物资及装备建设情况。甘肃省地震局会同甘肃省发展和改革委员会、财政等部门，合理利用灾后恢复重建项目资金，为汶川特大地震甘肃灾区市县地震部门配备39台应急车辆，大力提升基层单位灾情获取信息、实施救援的能力。

5. 地震应急救援行动

（1）地震现场应急工作情况。4月14日，青海玉树7.1级地震发生后，甘肃省地震局根据西北五省联动规定，派出9名地震现场工作队员，配合青海省地震局全力开展震害损失调查、评估工作。

（2）地震紧急救援工作情况。4月14日，青海玉树7.1级地震发生后，按照甘肃省委、省政府指示，由甘肃省地震局16名专家和武警总队170名官兵组成的甘肃省地震灾害紧急救援队当天赶赴灾区，克服高原缺氧、低温寒冷、颠簸劳累等困难，圆满完成救援任务。救援队的出色表现受到武警总部、中国地震局和青海省委、省政府的称赞。甘肃省人民政府对省地震灾害紧急救援队给予通报表彰，并组织英模报告会。8月7日，舟曲特大山洪泥石流灾害发生后，甘肃地震灾害紧急救援队立即奔赴灾区，与国家地震灾害紧急救援队、兰州军区、省军区、武警甘肃总队和公安消防队员一道实施抢险救援行动，解救被困人员，及时救治伤员，开展卫生防疫，排除堰塞湖险情，疏通白龙江河道，为确保灾区人心安定、民族团结和社会稳定作出突出贡献。

（甘肃省地震局）

青海省

1. 应急指挥技术系统建设

完善青海省地震应急基础数据库的建设，确立青海省防震减灾联动联席会议和甘青川地震联防会议制度。

2. 地震应急救援准备

印发《2010年度青海省地震重点防御区地震应急准备工作方案》，使地震应急工作得到进一步加强，各级地震应急预案的管理工作得到强化；与西北五省区6个单位和5支地震灾害救援队联合修订印发《西北区地震应急区域协作联动实施方案》，并与周边省局联合开展4次月联动演练，2次季度联动演练和1次全国联动演练，组织地震应急救援工作培训10余次。

8月4日，青海省地震局主持召开首届祁连山中西段地震重点监视防御区地震应急协作联动联席会议；9月17日，青海省、州、县地震局13人组成的地震现场应急工作人员参加在山西省地震局举办的地震应急培训班。

3. 应急救援条件保障建设

青海省地震局定期对应急工作人员在岗状态、应急物资的保管储备情况进行检查，确保应急队伍能够常备不懈，快速高效应地对突发地震事件。

4. 地震应急救援行动

4月14日，青海玉树发生7.1级强烈地震。8时，青海省地震局启动Ⅰ级应急响应，召集会议，安排部署抗震救灾、应急救援等各项工作。30分钟后，第一批现场工作队员8人赶赴地震现场。

10时，青海省委、省政府紧急启动《青海省自然灾害救助应急预案》，并实施Ⅰ级响应。省委、省政府成立了抗震救灾工作领导小组，负责指导抗震救灾工作。同时成立了青海省玉树抗震救灾指挥部，指挥部成员单位由省军区、省发改委、省民政厅、省地震局、武警青海总队及省各厅级单位组成。

4月15日，中国地震局地震应急指挥部决定成立中国地震局青海玉树7.1级地震现场联合指挥部，负责统一领导、指挥和协调地震现场应急处置、紧急救援以及西北地区地震应急协作联动工作，对青海省现场抗震救灾工作进行指导。现场联合指挥部下设紧急救援组、监测预报组、灾害损失评估组、科学考察组、秘书组、通信组、后勤保障组7个工作组，协同配合开展相关工作。

4月17日，青海省抗震救灾指挥部在玉树震区召开抗震救灾新闻发布会，青海省地震局就本次地震监测和灾害损失调查评估工作进展情况做了通报。20日，玉树抗震救灾指挥部召集会议，专题研究玉树地震灾区震后恢复重建工作。

在2010年全国地震应急救援工作交流会上，青海省地震局被评为"2009年度地震应急救援工作先进单位"。

2010年，青海省地震局有效地处置黄南藏族自治州、海南藏族自治州、海北藏族自治州和海西蒙古族、藏族自治州等地的地震谣言事件。

（青海省地震局）

宁夏回族自治区

1. 应急指挥技术系统建设

通过参加中国地震局应急指挥技术系统演练、"蒙西—2010"地震应急演练，检验宁夏回族自治区地震局地震应急指挥技术系统和跨区域地震应急联动响应机制。争取自治区财政支持，购置地震现场应急指挥车，开展车载技术系统集成、调试和人员培训，完善自治区级地震应急指挥体系。

2. 地震应急救援准备

宁夏回族自治区19个县（市、区）政府及437个组成部门修订预案，部分市县调整领导机构，进行地震应急动态管理，细化工作流程。各市县依托公安消防队伍挂牌成立综合应急大队，归口处置地震等突发灾害事件；部分市县在乡镇、社区组建地震应急志愿者民兵救援分队。健全救灾物资储备社会化运作机制，推进地震应急避难场所建设，5大市有4个建立大中城市地震应急反应系统。

3. 地震应急救援行动

4月14日，青海玉树发生7.1级地震后，宁夏回族自治区地震局完成地震参数分析、测定和地震速报工作；进行紧急会商，研判地震对宁夏回族自治区造成的影响；启动西北地区地震应急协作联动工作方案，派出地震现场工作队，赶赴地震灾区；履行自治区防震减灾领导小组办公室职能，全面做好区内地震应急统筹协调，加强地震信息交流、传递和发布，密切关注社会舆情，处置"4·15"手机短信地震谣言事件。宁夏回族自治区地震局现场工作队员完成青海省杂多、巴塘等地的灾害评估和科学考察等任务。

6月22日，宁夏永宁县发生4.5级地震。宁夏回族自治区地震局对永宁地震震害进行调查核实，向自治区党委、政府提出工作建议；加大宣传，及时向社会通报震情，耐心解答群众问题，引导、教育群众增强防震意识、保持正常秩序，及时消除恐慌，维护社会稳定。

（宁夏回族自治区地震局）

新疆维吾尔自治区

1. 应急指挥技术系统建设

新疆维吾尔自治区地震应急指挥系统完成数据库更新、日常维护以及大震应急工作。2010年8月，新疆维吾尔自治区地震局参加地震应急通信车与自治区应急平台的全疆拉动演练，在较短时间内向自治区政府传送高质量的地震现场图像信息。

自治区地震灾情短信速报平台启动15次4.0级以上地震短信息发送工作，全年累计发送地震短信息18000余条。

2. 地震应急救援准备

（1）地震应急准备方案。组织编制《2010年度新疆维吾尔自治区地震重点危险区应急准备工作方案》，要求各地州根据实际细化本地区的应急准备方案，做好应急准备工作。完成《2010年度新疆地震风险评估与对策研究工作报告》，对地震危险区可能造成的灾害损失和人员伤亡作出预测，提出有针对性的应急救援处置方案，为政府统筹规划地震应急救援工作提供更切合实际的指导建议。新疆维吾尔自治区地震局按照应急流程及时更新全疆灾情速报通讯录。各地州市不断修订完善本地区、本部门地震应急预案，明确各单位在地震应急工作中的职责和任务，细化地震应急工作流程。组织开展基层地震应急组织体系、地震应急预案、志愿者队伍、应急避难场所和应急救援知识宣传普及等应急准备情况的调查统计，并形成调查分析报告。

（2）地震应急工作检查落实。新疆维吾尔自治区地震局领导带领有关部门负责人组成应急工作检查组分别到伊犁州、博州、塔城地区和石河子市等北疆地区开展防震减灾调研检查工作，要求北疆地区地震部门密切跟踪震情，做好"三网一员"宏观测报，提高风险防范意识，做好各项地震应急准备工作。

（3）应急救援科普宣传教育。新疆维吾尔自治区地震局积极参加中国地震局、自治区人民政府举办的应急管理、地震现场及指挥技术系统等培训工作。2010年，新疆维吾尔自治区地震局先后举办如何应对新闻媒体、《地震烈度表》讲解、地震应急救援工作体系介绍、青海玉树 7.1 级地震等多个专题讲座。

（4）应急避难场所建设。巴音郭楞蒙古自治州部分县建立应急避难场所，阿克苏地区各县市共挂牌建立 30 处应急避难场所，和田地区分别在市区和各县共挂牌成立 11 处避难场所。

3. 应急救援队伍建设

组建克拉玛依地震应急救援分队。

4. 应急救援条件保障建设

2010 年，新疆维吾尔自治区地震紧急救援队先后开展 3 次较大规模实装满员地震救援科目训练。

新疆维吾尔自治区地震局出资 32 万元为新疆维吾尔自治区地震灾害紧急救援队补充更换部分救援装备，为和田地震灾害紧急救援分队配发 2 部卫星电话。

5. 地震应急救援行动

4 月 14 日青海玉树 7.1 级地震发生后，作为西北地震应急联动协作区成员单位，新疆维吾尔自治区地震局立即启动西北协作区地震应急响应，派出 6 名应急工作队员赶赴灾区，参加灾害调查、损失评估和震情趋势研判工作。

2010 年，新疆维吾尔自治区相继发生乌恰 5.1 级破坏性地震，中、塔、吉交界处 5.6 级地震，以及且末县、若羌县交界 5.0 级地震。新疆维吾尔自治区地震局在地震发生后第一时间启动地震应急预案，迅速向震区了解灾情，及时向自治区政府和中国地震局通报有关情况，并派出地震现场工作队完成地震现场灾害损失评估、科学考察等项工作。

（新疆维吾尔自治区地震局）

重要会议

2010年全国防震减灾工作会议

2010年1月15日，国务院在成都召开全国防震减灾工作会议。中共中央政治局委员、国务院副总理回良玉出席会议并作重要讲话。国务院防震减灾工作联席会议全体成员，中央有关部门负责同志，各省（区、市）负责同志及有关部门负责人，各计划单列市、新疆生产建设兵团负责同志参加会议。

会议指出，中国是世界上地震灾害最严重的国家之一，党中央、国务院对防震减灾工作始终高度重视，胡锦涛总书记、温家宝总理多次作出重要指示。我们要进一步深刻总结借鉴汶川特大地震抗震救灾的经验启示，认真贯彻落实党中央、国务院关于防震减灾工作的部署和要求，坚持以人为本、民生为重，切实强化监测预报、抗震设防、应急救援、宣传动员、灾后救助和恢复重建工作，全面提升地震灾害综合防范应对能力，为经济社会发展和人民安居乐业提供有力保障。

会议强调，近年来，在党中央、国务院的领导下，各地区、各有关部门密切配合，防震减灾工作取得了积极进展，地震监测能力不断提高，抗震设防基础得到强化，应急救援体系初步建成，防震减灾科技创新、法制建设、宣传教育等方面也取得了明显成效。特别是中国夺取了汶川特大地震抗震救灾的伟大胜利，灾后重建工作也取得了举世瞩目的伟大成就。但也要看到，中国防震减灾工作与经济社会发展水平、与人民群众的要求相比还存在诸多不适应，防震减灾基础还相当薄弱，防震减灾任务十分繁重艰巨。

会议强调，面对新的形势和任务，防震减灾工作不容有丝毫的松懈，必须更加注重强化基础、提升能力。在工作思路上，要坚持监测、预防、救援并举，突出重点，全面推进。在工作机制上，要坚持统一指挥，社会动员，充分发挥解放军、武警部队作用，依靠法律，多措并举。在政策保障上，要坚持依靠科技、教育、财政投入，强化物资储备、宣传教育、合作交流，做到政策健全，保障有力。

会议要求，当前和今后一段时期，防震减灾要重点做好8项工作：一是要积极探索实践，努力提升地震监测预报水平，大力推进全国地震监测台网建设；二是要强化基础工作，切实增强建设工程抗震设防能力，强化地震安全性评价；三是要加强协调配合，着力提高地震救援救助能力，完善救援队伍、物资储备、医疗防疫等体系；四是要加快抗震农居建设，切实改善农村抗震设防现状，重点在政策引导、科学规划、服务监管上下功夫；五是要推进科技创新，发挥地震科技支撑引领作用；六是要强化宣传教育，增强全社会的防震减灾意识和公众的避险自救互救能力；七是要勇于攻坚克难，全面完成汶川地震灾后恢复重建任务；八是要全面落实防震减灾责任制，切实加大防震减灾投入力度，依法强化监督检查工作。

会议听取了中国地震局专家的报告，四川省、云南省、山东省、甘肃省陇南市和教育部、中国地震局的相关人员在会上作了交流发言。会议期间，与会代表还实地考察了汶川地震灾区恢复重建工作。

（中国地震局办公室）

2010年全国地震局长会暨党风廉政建设工作会议

2010年全国地震局长会暨党风廉政建设工作会议于1月17—18日在四川成都召开。中国地震局党组书记、局长陈建民代表中国地震局党组作大会主报告，传达中央领导同志重要批示和全国防震减灾工作会议精神，回顾总结2009年防震减灾主要工作，强调地震系统广大干部职工要始终把最大限度减轻地震灾害损失作为防震减灾工作的根本宗旨，全力推进防震减灾社会管理、公共服务、基础能力向更深层次、更宽领域、更高水平发展，并对2010年防震减灾和党风廉政建设主要任务作出部署。中国地震局党组成员、副局长刘玉辰作会议总结，对学习贯彻会议精神提出明确要求。

会议由中国地震局党组成员、副局长刘玉辰主持。中国地震局党组成员、副局长赵和平、修济刚，中国地震局党组成员、中央纪委驻地震局纪检组长张友民出席会议，中央组织部等部门的同志参加并指导会议。出席会议的还有：各省（区、市）地震局主要负责人和纪检组长，中国地震局直属单位党政主要负责人和纪委书记，各副省级城市和新疆生产建设兵团地震局主要负责人，中国地震局机关各司室主要负责人、机关纪委书记，以及中国灾害防御协会和中国地震学会秘书长。

（中国地震局办公室）

2011年度全国地震趋势会商会

2011年度全国地震趋势会商会于2010年12月5—8日在北京召开。中国地震局党组书记、局长陈建民，中国地震局党组成员、副局长修济刚，党组成员、中央纪委驻中国地震局纪检组长张友民和党组成员、副局长阴朝民出席会议，中国地震局机关各部门领导，全国各省（区、市）地震局，计划单列市地震局，新疆生产建设兵团地震局，各直属单位的部分主要负责同志、主管领导、管理部门负责人，以及中国地震预报评审委员会部分成员共140余人参加了会议。

会议听取了中国地震局地震预测研究所江在森研究员、闻学泽研究员和中国地震台网中心刘杰研究员所作地震趋势汇总研究报告，部署了2011年度及未来一段时间地震监测预报工作安排，要求明确责任、加强领导，切实做好2011年度震情监视工作；要及时核实异常，全力确保观测系统可靠运行；要求强化南北地震带、华北等重点地区的强震跟踪，科学把握震情趋势；加强应急组织管理，提高突发震情应对能力；认真贯彻落实《中国地震局关于加强监测预报工作的意见》精神。

阴朝民副局长在开幕式上对开好本次会议提出了具体要求，要求充分认识中国当前震情形势的严峻性，科学把握震情趋势的发展；要进一步完善年度会商科学思路和会商机制，提高会商的科学水平。

会议部署了2011年度地震监测预报工作，要求明确责任，加强领导，切实做好2011年度震情监视工作；要及时核实异常，全力确保观测系统可靠运行。

会议指出，党中央、国务院对防震减灾工作给予了持续的高度关注，始终把防震减灾放在事关人命生命财产安全和经济社会发展全局的高度来看待和部署，支持力度和重视程度不断加大。2010年1月，国务院又召开了全国防震减灾工作会议，印发了《国务院关于进一步加强防震减灾工作的意见》，对做好当前和今后一个时期防震减灾工作作出了具体部署。

会议强调，当前我国面临的地震形势仍然复杂而严峻，防震减灾工作各项任务十分重要而艰巨，我们一定要高度警惕、强化措施，全力以赴做好震情跟踪和分析判定工作，周密部署监测预报各项工作。

会议要求，一是要进一步理顺工作机制，建立地震监测效能评价机制，科学规划布局台网，推进立体观测网络建设，加快新技术、新方法的研发和应用，建立地震监测预报科研实验相结合的工作机制，建立科学总结反思制度，完善会商机制和震情跟踪工作机制，建立开放合作的预测预报探索和管理机制，统筹推进地震监测预报工作；二是要认真贯彻落实《中国地震局关于加强地震监测预报工作的意见》精神，进一步统一思想，正确认识当前地震预报工作的重要性和紧迫性，明确各单位职责，挖掘内部潜力，增加队伍规模，加快青年科技人员培养，要求加大人才选拔的力度，保障地震预报事业可持续发展；三是加强组织领导，重视工作责任的落实，抓紧对《中国地震局关于加强地震监测预报工作的意见》分解落实，建立稳定持续增长的投入机制，加强地震监测预报发展条件保障。

（中国地震局办公室）

天津市2010年防震减灾工作会议

2010年3月30日，天津市召开全市防震减灾工作会议。会议传达贯彻全国防震减灾工作会议精神和回良玉副总理重要讲话精神，科学分析当前震情形势，全面总结和部署天津市防震减灾工作。天津市政府副市长王治平出席会议并做重要讲话，市政府副秘书长王志铭主持会议。天津市地震局党组书记、局长赵国敏在会上作题为《认真贯彻落实全国防震减灾工作会议精神，以科学发展观为统领，努力开创防震减灾事业新局面》的工作报告。天津市防震减灾工作领导小组成员、各区县人民政府负责同志和各区县地震工作部门负责人共100余人参加会议。

会议充分肯定了天津市防震减灾工作取得的成绩，全面客观分析了天津市防震减灾工作面临的形势,并强调做好全市防震减灾5个方面的工作。一是要高度重视防震减灾工作。认真履行防震减灾各项职责任务,把《中华人民共和国防震减灾法》《中华人民共和国防震减灾法》《天津市防震减灾条例》和《天津市地震应急预案》的要求落到实处。二是要抓好震情监视和预报工作。要加强区县地震机构建设和地震专业队伍的建设,明确专人、保障投入、落实责任,力争对可能发生的地震做到"察觉在前、行动在先"。三是要提高全民防震减灾意识。要充分发挥专家团队的优势作用,编制出一整套科普宣传材料,广泛开展宣传活动,提高社会公众的心理承受能力、应急避险能力和自救互救能力。四是要加强抗震设防管理。要扎实推进震害防御基础性工作,摸清地震活动断裂带,有针对性地开展地震安全性评价工作,确保重点工程、重点领域、重点项目达到抗震设防要求。五是要抓好地震应急救援能力建设。要全面贯彻落实《天津市地震应急预案》,强化协同配合,开展不同方式、不同层次、不同范围的演练,提高地震应急快速反应能力和救援实战能力,确保防大震、抗大灾。

(天津市地震局)

山西省2010年防震减灾工作会议

2010年4月18日,山西省防震减灾工作会议在太原召开。会议对2009年山西省防震减灾工作进行总结,对2010年的工作进行安排部署。山西省防震减灾领导组成员、防震减灾领导组成员单位联络员、各市地震局局长、各地震台长、省地震局副处级以上干部约170余人参加会议。会议邀请中国地震局台网中心主任张晓东作全国震情形势报告。山西省委常委、副省长李小鹏出席会议并代表山西省人民政府与各市人民政府签订2010年防震减灾工作目标责任书。

会议指出,防震减灾是重要的基础性的公益事业,做好防震减灾工作,是坚持科学发展观、实践立党为公、执政为民宗旨、推动和实现山西省"三个发展"的必然要求。会议要求,各级各有关部门要认真贯彻全国防震减灾工作会议精神,进一步加强组织领导,建立健全防震减灾领导机制;要继续做好地震监测预报工作,落实《山西省地震应急预案》,有效提升应急保障和指挥救援能力;要强化建筑物设防监管,严格开展建筑物普查鉴定及加固工作,全力推进实施中小学校舍安全等工程建设,切实提高建筑物抗震设防能力;要结合"5·12"防灾减灾日和"7·28"防震减灾宣传周,积极开展防震减灾知识宣传教育,不断提高公众防震减灾意识和综合素质。

(山西省地震局)

内蒙古自治区2010年防震减灾工作会议

2010年4月7日，内蒙古自治区在呼和浩特市召开内蒙古自治区防震减灾工作会议，贯彻落实2010年全国防震减灾工作会议精神和2010年自治区政府第4次常务会议精神，总结近几年内蒙古自治区防震减灾工作，安排部署当前和今后一个时期内蒙古自治区防震减灾工作任务。

内蒙古自治区各盟市分管防震减灾工作的盟市长、分管应急工作的秘书长、应急办主任，地震局、发展和改革委员会、民政局、建设厅、卫计委和教育局相关负责人和自治区防震减灾工作领导小组成员共160多人参加会议。

（内蒙古自治区地震局）

辽宁省2010年防震减灾工作会议

为贯彻落实2010年全国防震减灾工作会议精神，切实做好辽宁省当前和今后一个时期全省防震减灾工作，2010年3月4日，辽宁省在沈阳召开全省防震减灾工作会议。辽宁省委常委、常务副省长许卫国出席并讲话，辽宁省人民政府副秘书长郭富春主持并传达2010年全省防震减灾工作会议精神。

会上，辽宁省防震减灾工作领导小组副组长、省地震局党组书记、局长高常波作2009年全省防震减灾工作进展情况和2010年工作安排的报告；辽宁省地震预报研究中心主任、研究员焦明若通报2010年全国地震会商会精神和辽宁震情形势。会议对2009年度辽宁省地震系统防震减灾工作先进单位和先进个人进行表彰；辽宁省有关市政府主管地震工作领导、省防震减灾工作领导小组成员单位主要负责同志，各市地震局、建设部门、发展和改革委员会主要负责同志，各地震台、省地震局机关全体和局属各单位领导班子成员，共180余人参加会议。

（辽宁省地震局）

江苏省2010年防震减灾工作会议

2010年5月25—26日，江苏省人民政府在无锡召开全省防震减灾工作会议，江苏省副省长何权到会作重要讲话，省防震减灾工作联席会议成员、各市分管市长及地震局、发展和改革委员会、建设部门主要负责人近100人参加会议。会议总结和交流防震减灾工作经验，对贯彻落实《江苏省人民政府关于进一步加强防震减灾工作的意见》提出具体要求，并举行江苏省地震灾害紧急救援队二队授旗仪式。

（江苏省地震局）

安徽省2010年防震减灾工作会议

2010年3月3日，安徽省人民政府在合肥召开全省防震减灾工作会议，传达贯彻国务院副总理回良玉重要讲话和全国防震减灾工作会议精神，回顾总结近年来安徽省防震减灾工作经验，分析研究面临的形势和任务，安排部署当前和今后一个时期全省防震减灾工作。安徽省各市政府分管防震减灾工作的负责同志，地震局、发展和改革委员会、建设部门负责人，省防震减灾工作领导小组成员单位和省有关部门领导等参加会议。省人大和省政协相关委员会领导应邀出席会议。

会议充分肯定近年来安徽省防震减灾工作取得的成效，对安徽省防震减灾工作面临的形势进行科学的分析。强调要科学应对防震减灾事业发展的新挑战，要切实理清防震减灾事业发展的新思路，要善于把握防震减灾事业发展的新机遇。指出当前和今后一个时期，要抓住关键，突出重点，紧抓7个方面的工作：一是认真编制"十二五"防震减灾规划；二是强化震情监测预报；三是加强重大建设工程和城乡建筑物的抗震设防监管；四是扎实做好各项地震应急救援准备；五是大力推进地震科技创新；六是广泛深入开展防震减灾宣传教育；七是加强防震减灾执法工作。

会议要求各地各有关部门务必加强组织领导，加强协调配合，加大资金投入，加强队伍建设，加强工作督查，形成工作合力，共同抓好防震减灾各项工作。

（安徽省地震局）

福建省2010年防震减灾工作会议

2010年4月2日，福建省防震减灾工作会议在福州召开。福建省委常委、常务副省长张昌平出席会议并作重要讲话，福建省人民政府副秘书长张福寿主持会议。

会议对2005年以来在防震减灾工作中有突出贡献的5个集体和10位个人进行表彰。福建省地震局专家作全国和福建省震情形势报告，福建省地震局党组书记、局长金星作全省防震减灾工作报告，传达全国防震减灾工作会议概况并传达会议主要精神，回顾2005年以来福建省防震减灾主要工作进展及成就，并指出福建省防震减灾工作的目标任务。

会议强调，一是肯定成绩，正视问题。在肯定福建近年来防震减灾工作取得突出成绩的同时，指出地震监测预报水平、城市抗震设防、应急救援能力、民众防震减灾意识等方面还存在差距和不足，防震减灾任重道远。二是居安思危，常抓不懈。各地各部门要按照

《福建省人民政府关于进一步加强防震减灾工作的意见》要求，从监测预报、抗震设防、应急准备、宣传教育等方面，毫不松懈地推进防震减灾各项工作。三是加强领导，落实到位。各级政府要加强组织领导，确保责任到位、机制到位、保障到位。强调防震减灾工作业务性强，责任重大，任务艰巨，要以对人民生命财产高度负责的态度来对待，并希望与会单位再接再厉，把防震减灾的各项要求落到实处，共同把福建省防震减灾事业推向新的更高水平。

（福建省地震局）

江西省2010年防震减灾工作会议

2010年4月7日，江西省防震减灾工作会议在江西省九江市召开，传达全国防震减灾工作会议精神，回顾总结2004年以来江西省防震减灾工作，分析研究面临的形势和任务，安排部署下一步工作。江西省人民政府和中国地震局对这次会议非常重视，江西省省长吴新雄作重要批示，江西省副省长谢茹，中国地震局党组成员、副局长修济刚出席会议并讲话。江西省防震减灾工作领导小组成员，各设区市、地震重点监视防御区内县（市）政府分管防震减灾工作的领导和地震局、发展和改革委员会、城市建设主管部门负责人近300人参加会议。

会议充分肯定近年来江西省防震减灾工作进展与成绩，要求进一步增强做好防震减灾工作责任感和使命感，正确理解和把握新时期防震减灾工作的新思路、新要求和主要任务，全面提升江西省防震减灾社会管理、公共服务和基础能力。江西省副省长谢茹充分肯定了防震减灾工作为保障江西经济社会又好又快发展所作出的积极贡献，要求各地各部门加强领导，确保防震减灾各项工作取得实效。

会上，江西省教育厅、南昌市、九江市、赣州市和铜鼓县、寻乌县介绍工作经验。与会代表还考察2005年九江—瑞昌5.7级地震遗址、纪念馆、灾后重建点。

（江西省地震局）

山东省人民政府2010年常务会议

2010年3月22日，山东省省长姜大明主持召开山东省人民政府第67次常务会议，山东省地震局党组书记、局长晁洪太向会议作关于全国防震减灾工作会议精神和山东省贯彻意见的汇报。晁洪太重点汇报全国防震减灾工作会议精神，介绍山东省防震减灾工作有关情况，并就进一步加强全省防震减灾工作提出具体建议。与会领导充分肯定近年来山东省防震减灾工作取得的成绩，并对贯彻落实全国防震减灾工作会议精神提出要求。

会议决定：①尽快召开山东省防震减灾工作会议，贯彻全国会议精神，部署山东省防震减灾工作。②待国务院文件下发后，以山东省人民政府名义制定下发加强山东省防震减灾工作的贯彻文件；③抓紧编制山东省"十二五"防震减灾规划，由山东省人民政府印发实施；④加大防震减灾投入，建立健全以财政投入为主体的稳定增长投入机制；⑤将防震减灾工作纳入对市、县（市、区）政府的年度目标考核体系；⑥加强市级和地震重点监视防御区内的县（市）地震工作机构建设。

（山东省地震局）

山东省 2010 年防震减灾工作会议

2010 年 3 月 26 日，山东省防震减灾工作会议在济南召开。会议传达全国防震减灾工作会议精神，回顾总结近年来山东省防震减灾工作经验，表彰山东省地震群测群防工作先进集体和先进个人，全面部署山东省防震减灾工作。山东省副省长王随莲出席会议并讲话。山东省人民政府副秘书长马越男主持会议。

会议指出，做好防震减灾工作，提高监测预报水平，增强抗震防御能力，完善应急救援机制，提高全社会应对地震灾害能力，对更好地为公众提供社会公共服务、创造保障经济社会健康发展的安全稳定环境、保护人民群众生命财产安全都具有重要意义。

会议要求，要加强监测预报体系建设，提高地震预测预警能力；加强震灾防御体系建设，提高建设工程抗震能力；加强紧急救援体系建设，提高地震应急处置能力；加强宣传教育，提高公众防震减灾意识；加强调查研究，认真编制"十二五"防震减灾规划。

会议强调，防震减灾工作是各级政府、各有关部门和全社会的共同责任。必须加强组织领导，密切协调配合，强化监督检查，加大保障力度，把各项工作规划好、部署好、实施好。各级政府要把防震减灾作为保障经济社会协调发展的重要任务，列入议事日程，定期研究部署。建立与经济社会发展水平和防震减灾需求相适应的投入机制，不断加大经费投入。各有关部门要各司其职，通力协作，形成工作合力。要进一步完善监督检查工作制度，把防震减灾工作纳入政府年度目标考核体系，定期组织开展督促检查。

会议还讨论了《山东省人民政府关于进一步加强防震减灾工作的意见（稿）》。

山东省防震减灾工作领导小组成员，各市政府分管副市长以及地震局、发展和改革委员会和建设部门的负责人参加会议。济南市、青岛市、东营市、临沂市政府、山东省教育厅和山东省住房城乡建设厅代表作大会交流发言，介绍各自的防震减灾工作情况。

（山东省地震局）

河南省 2010 年防震减灾工作会议

2010 年 5 月 26 日，河南省人民政府在郑州召开 2010 年防震抗震指挥部扩大会议，会议贯彻落实全国防震减灾工作会议精神，总结回顾2009年防震减灾工作，分析通报河南省震情形势，研究部署2010年防震减灾工作。河南省副省长徐济超出席会议并讲话。会议充分肯定了2009年全省防震减灾工作取得的显著成绩，科学分析了当前河南省面临的形势和要求。会议指出，做好防震减灾工作责任重大，任务艰巨。要继续做好震情短临跟踪和应急准备工作，着力做好震害防御工作，切实做好防震减灾宣传教育，认真编制《河南省"十二五"防震减灾规划》，科学谋划防震减灾事业发展，筹备召开全省防震减灾工作会议，全面落实防震减灾工作责任制。

河南省人民政府应急管理办公室和省教育厅的领域应邀参加会议，29个省防震抗震指挥部成员单位的领导出席会议，18个省辖市地震部门负责人及省地震局有关部门（单位）负责同志列席会议。

（河南省地震局）

广东省2010年防震抗震救灾工作联席会议

2010年4月19日，广东省防震抗震救灾工作联席会议在广州召开。广东省副省长李容根出席会议并讲话。

会议传达全国防震减灾工作会议精神，通报全国全省的地震形势，总结近年来广东省防震减灾工作，部署2010年及今后一段时期防震减灾工作。

会议强调，要着力抓好4个方面工作：一是各有关部门要按省委的部署，做好青海玉树地震抗震救灾及支援工作；二是在加强社会管理上取得新进展；三是在提高基础能力上取得新进展；四是在拓展公共服务上取得新进展。

（广东省地震局）

广西壮族自治区2010年防震减灾工作会议

2010年4月16日，广西壮族自治区防震减灾工作电视会议在南宁召开。会上宣读了广西壮族自治区领导对会议的批示，柳州市、横县和自治区教育厅、民政厅、住房和城乡建设厅代表作典型发言，会议总结自治区防震减灾工作5年（2005—2009年）工作进展，表彰一批防震减灾工作先进个人。自治区14个设区市分管防震减灾工作的领导和25个自治区防震减灾工作领导小组成员单位的成员、联络员参加会议。广西壮族自治区人民政府副秘书长、自治区防震减灾工作领导小组副组长主持会议。

（广西壮族自治区地震局）

海南省2010年防震减灾工作会议

2010年5月14日,海南省人民政府在海口召开全省防震减灾工作会议。会议由海南省人民政府副秘书长倪健主持,副省长李国梁出席并讲话。海南省抗震救灾指挥部35个成员单位负责人和18个市县分管防震减灾工作负责人及地震局局长共80余人参加会议。

会议总结回顾5年来海南省防震减灾工作情况,部署海南省防震减灾工作任务。海南省地震局专家介绍海南岛及邻区地震趋势情况,省抗震救灾指挥部副指挥长、省地震局党组书记、局长牟光迅在会上通报5年来全省防震减灾工作情况。会议还讨论了《海南省人民政府关于进一步加强防震减灾工作的意见(征求意见稿)》。

会议充分肯定5年来海南省防震减灾工作取得的显著成绩,强调防震减灾工作是一项极其重要而艰巨的任务,关系到人民生命和财产安全,关系到经济社会可持续发展。海南省防震减灾工作必须服务于国家重大战略部署,打造海南安全少灾环境,支持和促进海南国际旅游岛建设发展。会议要求,各级政府、各级领导要以高度的政治责任感对待防震减灾工作,要认真贯彻全国防震减灾工作会议精神,在工作思路上坚持监测、预防、救援并举,在工作机制上坚持政府、部队、社会密切协作,在工作措施上坚持法律、行政、经济手段并用,在政策保障上坚持依靠科技、教育、财政投入,全力保护人民群众生命财产安全,为全省经济社会又好又快发展和海南国际旅游岛建设营造更加安全的发展环境。

(海南省地震局)

四川省2010年防震减灾工作会议

2010年4月16日,四川省人民政府在成都组织召开全省防震减灾工作会议。四川省防震减灾领导小组成员单位负责人,市(州)政府分管领导及防震减灾、发展和改革委员会、建设部门主要负责人,省人民政府法制办、省地震灾害紧急救援队负责人参加会议。四川省委宣传部、省委编办、省人大教科文卫委负责人应邀参加会议。四川省副省长张作哈出席会议并作重要讲话。四川省人民政府副秘书长王七章主持会议。

会议传达全国防震减灾工作会议精神,通报四川省地震形势和趋势,成都市政府、德阳市政府和省发改委分别作交流发言。会议还总结近年来四川省防震减灾工作,安排部署当前和今后一个时期全省防震减灾工作任务。

(四川省地震局)

四川省灾后恢复重建工作现场会

2010年5月5—8日，四川省委、省政府召开全省灾后恢复重建工作现场会。来自四川省21个市州和181个县区市的党政主要负责人，省直部门单位、部分大型企业的主要负责人等共650名代表参会。中国地震局发展与财务司副司长徐铁鞫、四川省地震局党组成员、副局长邓昌文分别代表中国地震局与四川省地震局参加。

这是在"5·12"汶川特大地震两周年之际，四川省灾后恢复重建进入决战决胜阶段关键时刻召开的一次重要会议。会议的主要任务是集中考察四川省灾后恢复重建取得的阶段性成果，总结交流灾后恢复重建工作经验，确保按时保质保量完成灾后恢复重建任务；研究部署灾区下一步重点工作，把灾后恢复重建工作重心有序转向加快发展、持续发展、不断增强发展后劲上来；大力弘扬伟大抗震救灾精神，推广灾区重建成功经验，推动全省经济社会发展。

会后，四川省委书记、省人大常委会主任刘奇葆，四川省委副书记、省长蒋巨峰，四川省政协主席陶武先等省领导，以及应邀出席会议的国务院汶川地震灾后恢复重建工作协调小组主要成员单位领导，成都军区、济南军区领导以及18个对口援建省市有关负责同志等，会同与会代表参观考察灾区的恢复重建情况。

（四川省地震局）

"5·12"汶川特大地震暨巨灾应对全国研讨会

2010年5月11日，由四川省人民政府与陕西省人民政府、甘肃省人民政府、国务院发展研究中心联合举办的"5·12"汶川特大地震暨巨灾应对全国研讨会在成都召开，四川省委副书记、省长蒋巨峰致辞。国家相关部委、各对口援建省市和四川省各重灾市州派代表参加。四川省地震局派员参加了此次会议。

此次研讨会邀请国务院应急管理专家组组长闪淳昌，中国地震局地质研究所名誉所长、中国科学院院士马宗晋，中国地震应急搜救中心总工程师曲国胜等知名专家出席。与会专家学者围绕"救灾与重建·创新与发展"展开研讨，总结抗震救灾和灾后恢复重建经验，为突发事件和巨灾应对提供借鉴。马宗晋、曲国胜等专家还就政府应急管理和救援体系建设等主题作专题发言。

（四川省地震局）

贵州省2010年防震减灾工作联席会议

2010年2月9日,贵州省防震减灾工作联席会议在贵阳召开,贵州省副省长孙国强出席会议并作重要讲话,中国地震台网中心副主任张晓东研究员作了中国大陆地震灾害与地震趋势报告。贵州省地震局作了贵州地震基本形势报告。遵义市、毕节市等代表作交流发言。

会议指出,要在思想上高度重视贵州防震减灾工作,要坚持一个根本,抓住两个关键,建好四个体系。一个根本就是以人为本,切实做好防震减灾工作,确保人民生命财产安全;两个关键是提高警惕、常备不懈,强化责任、狠抓落实。四个体系是宣传教育体系、抗震设防体系、监测预报体系、应急救援和综合减灾体系。

会议强调,要抓好8项工作。一是普及宣传教育;二是以科技支撑和引领防震减灾工作;三是统筹重点区和一般区;四是提高预测预报水平;五是强化抗震设防意识;六是搞好应急救援和保障体系建设;七是安排好减灾和重建;八是坚持依法防震减灾。

会议要求,做好防震减灾工作,必须加强领导,狠抓落实。一是要建立完善领导体系;二是起草好有关防震减灾文件;三是强化领导责任、落实工作机构;四是起草制定"十二五"防震减灾规划;五是加大投入;六是全省地震应急预案体系的建立;七是通力合作、落实责任。

贵州省人民政府抗震救灾指挥部成员单位主要领导和相关处室负责人、各市(州、地)政府分管领导及地震工作主管部门负责人参加了本次会议。本次会议还邀请省人大环境与资源保护委员会领导、省政协人口资源环境委员会领导参加。

(贵州省地震局)

云南省2010年防震减灾工作会议

2010年2月22日,云南省防震减灾工作会议在昆明召开。会议主要内容是传达全国防震减灾工作会议精神,贯彻落实全国防震减灾工作会议精神,总结云南省2005年以来防震减灾工作取得的成绩,部署安排当前和今后5年云南省防震减灾工作任务。云南省16个州、市人民政府分管防震减灾工作的副州(市)长和发展和改革委员会、住房和城乡建设局、民政局、地震局(防震减灾局)负责人,省抗震救灾指挥部39个成员单位负责人参加会议。

云南省地震预报研究中心负责人通报云南省震情形势,省住房和城乡建设厅通报了农村民居地震安全工程建设进展情况,省教育厅通报中小学校舍安全工程建设进展情况,省民政厅通报近5年来抗震救灾工作情况,省公安消防总队通报地震应急救援工作情况。

会议总结过去5年云南省防震减灾工作取得的成绩,特别是从2008年开始实施全面加强预防和处置地震灾害能力建设10项重大措施以来,云南省防震减灾工作取得的明显成效。会议要求,要科学把握防震减灾工作面临的形势,扎实抓好当前和今后5年的防震减灾工作,重点工作是取得一项突破、夯实两项基础、提高三项水平、完善三项体系、落实四项措施。

(云南省地震局)

陕西省 2010 年防震减灾工作会议

2010年5月25日,陕西省防震减灾工作会议在西安召开。陕西省副省长郑小明出席会议并讲话,陕西省人民政府副秘书长孟建国主持会议。陕西省防震减灾工作领导小组各成员单位负责同志及联络员,陕西省各设区市、杨凌示范区管委会分管防震减灾工作的副市长(副主任)和发展和改革委员会、地震局、建设部门负责同志,各县(区、市)分管防震减灾工作的副县长(副区长、副市长)和地震部门主要负责同志参加会议。会议还邀请陕西省委组织部、省人民政府新闻办、省人民政府法制办、中国地震局第二监测中心等单位相关负责同志参加。

陕西省地震局党组书记、局长胡斌作题为《贯彻全国防震减灾工作会议精神全面推进全省防震减灾事业科学发展》的主题报告,对近年来的防震减灾工作进行回顾,对下一步的工作任务进行部署。西安市人民政府、陕西省教育厅、陕西省公安消防总队、宁强县人民政府等单位就如何做好防震减灾工作进行了交流。

(陕西省地震局)

甘肃省 2010 年防震减灾工作会议

2010年3月22日,甘肃省防震减灾工作会议在兰州召开。会议由甘肃省人民政府省长助理夏红民主持,甘肃省副省长泽巴足出席会议并作重要讲话。甘肃省防震减灾工作领导小组成员单位及联络员,市州分管防震减灾工作副市(州)长及地震局、发展和改革委员会、建设部门、民政部门负责人共130人参加会议。

甘肃省地震局刘小凤研究员介绍2010年全国地震趋势会商结论和甘肃省地震形势。甘肃省防震减灾工作领导小组副组长、省地震局党组书记、局长王兰民作题为《团结协作,开拓创新,全面推进甘肃省防震减灾事业健康发展》的主题报告。报告全面总结甘肃省2004以来甘肃省防震减灾工作主要进展,客观分析防震减灾工作存在的问题,从科学编制"十二五"防震减灾专项规划,进一步提高地震监测预测能力,全面强化城乡建设抗震设防要求监管,进一步提升地震应急救援能力,进一步发挥地震科技创新支撑引领作用,进一步强化防震减灾科普知识宣传教育,全面完成汶川地震灾后恢复重建任务,进一步加强防震减灾工作组织领导等方面,安排部署今后5年的防震减灾工作。

陇南市人民政府以"强化责任意识、完善配套措施,全面推进农村民居地震安全工程建设",酒泉市人民政府以"加强领导、科学创新,全面推动酒泉防震减灾事业健康发展",甘肃省住房和城乡建设厅以"大力实施农村危旧房改造工程,不断强化建设工程抗震设防管理",甘肃省教育厅以"尽快消除校舍隐患、确保师生生命安全,全力做好教育系统防震减灾工作"为题,总结交流防震减灾工作典型经验。会议讨论审议了《甘肃省人民政府关于进一步加强防震减灾工作的意见》。

会议要求,防震减灾工作要立足于抗大震,防大灾,把最大限度减轻人员伤亡和财产损失作为防震减灾的根本宗旨,突出重点任务,强化项目建设,全面提高综合防御能力。会议还对全面做好监测预报工作,不断提升城乡防震抗震能力,进一步完善地震应急处置机制,充分发挥地震科技支撑引领作用,对"十二五"防震减灾专项规划重点工作任务进行了部署。

(甘肃省地震局)

宁夏回族自治区 2010 年防震减灾工作会议

2010 年 4 月 23 日,宁夏回族自治区防震减灾工作会议在宁夏银川召开。宁夏回族自治区副主席李锐出席会议并讲话。自治区市、县(区)人民政府分管领导,地震局、发改局、建设局、民政局局长,自治区防震减灾领导小组成员单位领导,以及受表彰的先进集体、先进个人代表共 260 多人参加会议。

会议传达全国防震减灾工作会议精神,总结自治区防震减灾工作,表彰先进,交流经验,部署任务。会议要求,要充分认识地震的危害性、震情的严峻性、防震减灾任务的艰巨性,始终绷紧防震减灾这根"弦",努力做到"三个至上""三个宁可",即:坚持人民至上、生命至上、安全至上;宁可信其有,不可信其无,宁可千日不震,不可一日不防,宁可做过,不可错过,扎扎实实做好防震减灾各项工作。要强化基础,做好震情监测预测工作;依法行政,抓好抗震设防管理;抓住关键,提高地震应急反应能力。通过强有力的工作措施,不断夯实防震减灾这座"堤"。要强化领导,形成齐抓共管工作合力;夯实基础,着力建设一支高素质工作队伍;政策倾斜,健全完善防震减灾经费保障机制;加大督查落实力度,形成全社会共同关心支持防震减灾工作良好氛围,切实筑牢防震减灾这张"网"。

会议指出,防震减灾功在当代、利泽千秋。抓好防震减灾工作,既是各级政府的重要责任,也是对各级领导干部执政能力的现实检验。一定要自觉肩负起这个重大责任,全面落实全国防震减灾工作会议精神,开拓进取,务实苦干,把防震减灾这件大事抓紧抓好,为推进宁夏回族自治区跨越式发展、实现全面建设小康社会宏伟目标作出新贡献。

(宁夏回族自治区地震局)

新疆维吾尔自治区 2010 年地震工作暨思想政治工作会议

2010 年 3 月 9—10 日，新疆维吾尔自治区地震局召开 2010 年新疆维吾尔自治区地震工作暨思想政治工作会议，新疆维吾尔自治区地震局党组书记、局长张云峰，党组成员、副局长寇大兵、吐尼亚孜·沙吾提、宋和平、王海涛出席会议。各地（州、市）地震局，有关县（市、区）地震局（办），新疆维吾尔自治区生产建设兵团地震局，新疆维吾尔自治区地震灾害紧急救援队，局各部门、各单位代表近 80 余人参加会议。

会议主要传达全国防震减灾工作会议、全国地震局长暨党风廉政建设工作会议精神，总结 2009 年新疆维吾尔自治区地震工作和 2007—2009 年思想政治工作，安排部署 2010 年地震工作和今后几年思想政治工作，表彰 2007—2009 年先进基层党组织、优秀共产党员、优秀党务工作者、优秀大中专毕业生、2009 年地震系统先进集体、先进个人等。

（新疆维吾尔自治区地震局）

科技进展与成果推广

本部分主要刊载获国家级、省部级、中国地震局局级科技成果奖项及通过中国地震局、省部级鉴定的项目；中国地震局授权发明专利及实用新型专利；重大科技项目及科技成果的推广及应用情况。

2010年地震科技工作综述

一、深入研究贯彻意见，做实做好"十二五"规划

出台《中国地震局关于进一步加强地震科技工作的意见》，紧密围绕意见精神，从思想认识、方向任务、重点领域、体制机制和组织管理等方面全方位推进地震科技工作。

坚持"大科学"思路，认真组织编制地震科技"十二五"规划。从需求分析、发展战略、重点领域及主要任务、重大科技工程和重点项目、政策保障措施等方面，明确了"十二五"期间地震科技发展目标和重点工作。在规划设计中，坚持以防震减灾任务需求为导向，强化科技对事业发展的支撑和引领作用，把提高科技工作贡献率放在首位；实行规划约束、资源配置、评价导向多手段并重，着力完善和落实地震科技布局；统筹考虑基础研究、应用研究、基础性工作、成果转化应用和社会服务的科技全方位管理，努力形成科学—技术—能力—服务—效益的科技成果转化链条。在规划编制过程中，多次征求了系统各单位、职能司室和专家的意见，广泛听取系统外甚至国外相关领域专家的意见，在此基础上，凝练了80多个涵盖不同领域和方向的科技项目库。同时还编制了防震减灾国际交流和合作的"十二五"规划。

二、努力发挥支撑引领，全面推进科技工作

在基础研究领域，以"活动地块边界带动力过程与强震预测"等3个"973"项目为龙头，夯实基础研究的"金字塔"。其中"活动地块边界带动力过程与强震预测"已通过课题验收，目前已发表122篇SCI检索论文，培养105名研究生。其中在 Nature：Geoscience 上发表的论文被列为 Nature 出版集团的亮点文章。

在应用研究领域，以"强震监测预报技术研究"等5个国家科技支撑计划项目和地震行业科研专项为重点，全力开展防震减灾能力急需的关键技术攻关研究。其中，"地震防御与应急救援技术研究"所属的4个课题通过验收，发表论文300余篇，向科技部推荐重大科技成果12项，部分成果已经应用到汶川、玉树抗震救灾和恢复重建。新立项的"地震预警与烈度速报系统的研究与示范应用"2010年开始实施，为正在立项的"地震烈度速报与预警系统"提供科学储备和技术支持。

经过8年多艰苦努力，电磁监测试验卫星被列入国防科工局"'十二五'民用航天发展规划首批启动项目。同时，高分专项工程和航天技术预研项目已经分别被纳入国防科工局的第一和第二批启动项目。2010年度行业专项获财政部批复，共批复项目12项，总经费6551万元。

在基础性工作方面，2009年"中国地震科学台阵探测——南北地震带南段"项目获得财政部批准，经费总额3749万元，标志着以活动构造探察、地球物理场综合观测、深部构

造探测为主要内容的全国地震基础性探查工作("喜马拉雅"计划)全面展开。

玉树地震科考方面,按照中国地震局党组部署,组建由198人组成的地震科学考察队,分成4个分队共18个小组,历时4个月,对玉树地震灾区从地震地质、地球物理、地壳形变和工程震害等方面进行了全面考察,获得了大量珍贵的第一手资料。

三、积极探索创新机制,强化管理重视效益

统筹资源配置,完善投入机制。研究设立"地震科技星火计划",为省、市地震部门和部分任务型直属单位解决紧迫的应用性、区域性科技问题,培养年轻科技人才打开了经费支持渠道,改变了长期以来基层地震工作部门没有中央财政地震科技投入的现状。年底启动后首批共支持23个单位30多个项目共470多万元。

改善科研项目管理机制,提高项目质量和效益。在立项阶段,结合"十二五"地震科技规划编制,严格项目遴选。在项目执行过程中,对2010年开始执行的科技支撑、喜马拉雅计划等重点项目采取成立项目办公室,制定实施细则,明确进度要求等措施。配合财政部开展科技支撑项目"水库地震监测与预测技术研究"绩效评估工作。对于执行不力的项目承担单位和负责人进行约谈。在科研项目验收过程中,规范专家组组成,加大系统外专家比例,强化问责制和信誉监督机制,将项目执行情况与后续项目申请挂钩。组织实施政策研究专项课题,着力推进建立符合地震系统实际、面向不同对象和科技活动类别的多元分类评价体系。

启动科技奖励制度改革。研究制定了《防震减灾科学技术奖励办法》及《〈防震减灾科学技术奖励办法〉实施细则》,奖励办法部分奖项首次面向全社会,着眼对全社会防震减灾科技工作的激励和引导;整合成果分类,首次设立青年科技人才奖,严格了评比标准。

启动了地震部门试验室建设的指导和评价管理,初步制定了《中国地震局局重点实验室管理办法》及《中国地震局局重点实验室评估规则》。

充分发挥科技委咨询评议作用。在新一届科技委组建过程中,首次吸纳8名地震系统外知名科学家,并邀请5名国际知名专家作为科技委外籍委员,更广泛听取专家决策意见,充分发挥科技委的智库作用。新一届科技委已对"国家地震烈度速报及预警工程"等进行咨询论证。

(中国地震局科技与国际合作司)

科技成果

2010年中国地震局防震减灾优秀成果奖获奖名单

序号	成果名称	主要完成人	主要完成单位	推荐单位	获奖等级
1	青藏高原东部及邻区地壳上地幔结构和变形特征研究	王椿镛 韩渭宾 吴建平 楼 海 常利军 李红谊 吕智勇 苏 伟 丁志峰 曹忠权 黄忠贤 姚志祥 尤惠川 戴仕贵 唐方头	中国地震局地球物理研究所 四川省地震局 西藏自治区地震局 中国地震局地壳应力研究所 中国地质大学（北京）	中国地震局地球物理研究所	1
2	云南省2006—2008年地震趋势研究	付 虹 秦嘉政 苏有锦 刘 翔 李永莉 张 立 邬成栋 刘丽芳 刘 强 王永安 钱晓东 赵小艳 王世芹 李树华 陈 燕	云南省地震局	云南省地震局	1
3	地震地电观测方法系列标准研究与编制	蔡晋安 席继楼 钱家栋 赵家骝 黄 伟 杜学彬 王兰炜 毛先进 马钦忠	中国地震局地震预测研究所 甘肃省地震局 中国地震局地壳应力研究所 云南省地震局 上海市地震局	中国地震局地震预测研究所	2
4	山西省"十五"地震前兆台网建设	薛振岳 李冬梅 郭中党 赵虎明 田 勇 闫计明 高振强 杨海祥 闫存清	山西省地震局	山西省地震局	2
5	陕西省地震应急指挥与信息服务系统建设	姬建中 段 锋 李瑞华 胡 斌 姬丁义 和朝霞 贾 宁 范增节 王彩云	陕西省地震局	陕西省地震局	2
6	2007—2009年新疆地震趋势研究	王 琼 李莹甄 龙海英 聂晓红 孙甲宁 高国英 王筱荣 温和平 李志海	新疆维吾尔自治区地震局	新疆维吾尔自治区地震局	2
7	地壳介质各向异性及参数的动态变化研究	高 原 克兰平 周蕙兰 梁 维 郑斯华 郝 平 吴 晶 石玉涛 太龄雪	中国地震局地震预测研究所 中国科学院研究生院	中国地震局地震预测研究所	2
8	青藏高原东北缘似三联点构造区地壳细结构和块体相互作用的研究	李松林 赵国泽 詹 艳 刘明军 赖晓玲 樊计昌 赵成斌 杨 健 宋金跃	中国地震局地球物理勘探中心 中国地震局地质研究所	中国地震局地球物理勘探中心	2
9	河北省数字地震观测网络项目信息分项	蒋春花 李永庆 王立军 冯录刚 丁瑞同 阎俊岗 王曰凤 姚小涛 刁建新	河北省地震局监测网络中心	河北省地震局	2

续表

序号	成果名称	主要完成人	主要完成单位	推荐单位	获奖等级
10	2004—2009年宜昌台洞体应变潮汐观测（SS-Y）	黄仲　袁曲　王慧　张辉　张传忠　付水清　蔡莉	湖北省地震局宜昌地震台	湖北省地震局	2
11	"十五"山东测震台网建设及其专业软件研制	刘希强　杨培根　石玉燕　孙庆文　曲均浩　蔡寅　周彦文　李铂　曲庆国	山东省地震台网中心	山东省地震局	2
12	宁波市活断层探测与地震危险性评价	周本刚　宋新初　杨晓平　叶建青　刘保金　赵冬　冉洪流　周新民　尹功明	中国地震局地质研究所 浙江省地震局 中国地震局地球物理勘探中心	中国地震局地质研究所	2
13	2006—2009年中国地震趋势研究和汶川地震跟踪	张永仙　刘杰　郭铁栓　牛安福　杨冬梅　蒋海昆　黄辅琼　朱自强　康春丽	中国地震台网中心	中国地震台网中心	2
14	流动卫星激光测距集成控制系统研究	郭唐永　王培源　李欣　邹彤　谭业春　夏界宁　周云耀　朱威　赵凤花	中国地震局地震研究所	湖北省地震局	2
15	中国地震局地震预测研究所2006—2008年地震趋势预测	江在森　张晶　马宏生　方颖　邵志刚　王晓青　王武星　武艳强　张艳梅	中国地震局地震预测研究所	中国地震局地震预测研究所	2
16	安徽省地震监测预报	姚大全　陈宇卫　张有林　刘东旺　凌学书　张毅　蒋春曦　赵建和　沈业龙	安徽省地震局	安徽省地震局	2
17	断层错动地面变形和破裂及其对埋地管线的影响	李小军　刘爱文　赵雷　侯春林　周国良　李亚琦　黄蓓　崔成臣　彭小波	中国地震局地球物理研究所 中国地震局工程力学研究所	中国地震局地球物理研究所	2
18	2006—2008年区域遥测地震台网观测（四川）	杜文康　钟思美　苏国君　戴仕贵　邓小华　张艺　苏金蓉　陈银　谌亮	四川省地震局	四川省地震局	2
19	甘肃地震应急指挥技术系统建设与应用	何少林　李佐唐　马尔曼　张苏平　高安泰　张守洁　马占虎　陈文凯　李英	甘肃省地震局	甘肃省地震局	2
20	云南地震应急指挥技术系统建设与应急响应	李永强　曹刻　赵恒　龚强　谷一山　王景来　郑世远　曹彦波　白仙富	云南省地震局	云南省地震局	2
21	地震现场震情分析与应急系列软件的研制及应用	武安绪　徐平　王林瑛　兰从欣　李志雄	北京市地震局 中国地震局地球物理研究所 中国地震局地震预测研究所	北京市地震局	3
22	SQ-70D型数字化石英水平摆倾斜仪研制及应用	卢海燕　桂志瑞　王宗平　蔡莉　张心南	中国地震灾害防御中心	中国地震灾害防御中心	3
23	数据挖掘在地震预报中的应用研究	王炜　吴耿锋　吴绍春　林命週　刘悦	上海市地震局 上海大学	上海市地震局	3

·258·

续表

序号	成果名称	主要完成人			主要完成单位	推荐单位	获奖等级
24	2006—2020年安徽省地震重点监视防御区判定研究	姚大全 吴华章	刘东旺 胡 诚	谢庆胜	安徽省地震局	安徽省地震局	3
25	地下结构地震反应分析方法及应用研究	刘如山 卢 滔	李小军 彭小波	邬玉斌	中国地震局工程力学研究所 中国地震局地球物理研究所	中国地震局工程力学研究所	3
26	天津市地震前兆台网建设及应用成果	董洪军 赵国敏	邵永新 王 伟	王建国	天津市地震局	天津市地震局	3
27	四川数字测震台网建设与应用	杜文康 谌 亮	戴仕贵 徐志勇	张 艺	四川省地震局	四川省地震局	3
28	福建省地震信息服务系统建设及系统集成	黄向荣 黄声明	郑黎辉 危福泉	黄宏生	福建省地震局信息网络与应急指挥中心	福建省地震局	3
29	山西地震应急指挥技术系统建设	赵文星 范雪芳	马朝晖 彭 浩	程紫燕	山西省地震局	山西省地震局	3
30	四川地震应急指挥技术系统	李谊瑞 范开红	陈维锋 吴碧春	范灵春	四川省地震局 四川赛思特科技有限责任公司	四川省地震局	3
31	新疆数字地震监测系统建设	段天山 史勇军	李 锰 王宝柱	杨又陵	新疆维吾尔自治区地震局	新疆维吾尔自治区地震局	3
32	河北省流动重力测量	史彦华 刘洪良	王顺昌 苏树朋	刘珀玲	河北省地震局流动测量队外业组	河北省地震局	3
33	2004—2008年攀枝花南山地震台倾斜潮汐形变综合（DSQ、SQ）观测	何 跃 蒲 宇	傅再云 李 明	张小东	四川省地震局	四川省地震局	3
34	洱源台水汞观测	李 庆 朱培耀	李燕池 严自华	訾成平	云南省地震局	云南省地震局	3
35	沈阳市（含抚顺）活断层探测与地震危险性评价	廖 旭 白 云	万 波 刘 哲	雷清清	辽宁省地震研究所	辽宁省地震局	3
36	上海市活断层探测与地震危险性评价	火恩杰 王 锋	章振铨 吕恒俭	姚保华	上海市地震灾害防御中心	上海市地震局	3
37	山西数字强震动台网建设及其观测数据应用	安卫平 高树义	徐 扬 周晓涛	杨占山	山西省地震局	山西省地震局	3
38	地震科普网站建设——话说地震	张周术 董晓光	徐桂华 黄宝忠	李松阳	中国地震灾害防御中心 中国地震学会	中国地震灾害防御中心	3

（中国地震局科技与国际合作司）

专利与技术转让

2010 年中国地震局专利与技术转让情况

序号	单位名称	专利名称	所有人	专利号
1	中国地震局地壳应力研究所	工作于高、低温的高灵敏度光纤光栅温度传感器的制作方法	李阔	200810105788.7
2	广东省地震局	一种测量岩石剪切波速的方法和系统	柴剑勇 刘昌谋 陈立军 许邵永 严兴	200910259842.8
3	中国地震局工程力学研究所	高度可调橡胶隔震支座	郭迅	ZL 2005 1 0010557.4
4	中国地震局工程力学研究所	生命线工程管线阀门智能地震安全控制系统	马树林 杨学山 孙志远	ZL 2006 1 0150976.2
5	中国地震局工程力学研究所	便携式倾角仪	高峰 宋丽红	ZL 2009 2 0099022.2
6	中国地震局工程力学研究所	地震应急求救手机	孙志远	ZL 2010 2 0202528.4
7	中国地震局工程力学研究所	峰值形变仪	郑志华 郭迅	ZL 2009 2 0099508.6
8	中国地震局工程力学研究所	燃气管网地震破坏阀隔离区搜索及优化恢复次序分析软件 V1.0	郭恩栋 余世舟	2010SR053369
9	中国地震灾害防御中心、中国地震应急搜救中心	一种地震现场灾害评估虚拟仿真培训系统	王东明 李永佳 张云昌	ZL 2010 1 0299943.0
10	中国地震局第一监测中心	水准仪夜视照明系统	韩勇 王太松 褚秋然 塔拉 刘洪林	ZL 2010 2 0302260.1

科技进展

地震监测设施建设标准体系与定额方法研究

项目来源：中国地震局

执行年限：2009—2011 年

依托单位及负责人：黑龙江省地震局　孙建中

主要成果：

本项目在清理和总结过去地震监测设施建设标准的基础上，提交《地震监测设施建设定额标准体系》；针对场址勘选、建筑工程、设备安装调试、监理等涉及地震专业需求的建设环节，提出《地震监测设施建设定额原则及方法》；选择测震领域的监测设施建设开展复核性和实用化研究，提交《测震设施专业工程量清单》和《测震设施工程建设定额》。本项研究拟为地震监测设施建设标准定额体系填补空白和奠定基础。

（黑龙江省地震局）

水平基准系统的数字化与自动化升级改造

项目来源：科技部科学仪器升级改造项目

执行年限：2007—2010 年

依托单位及负责人：中国地震局地震研究所　路杰

主要成果：

该项目将国内少数几个最高等级的水平准线系统之一进行了自动化数字化升级改造研究，将使得中国可以首次自动化获取一个高精度全数字化的水平基准。建立的水平准线可以作为国家最高水平基准使用，并进行量值传递与溯源，填补长期以来在该项领域中的空白，总体性能指标达到国际水平，推动了国家基准的进一步发展。

（湖北省地震局）

水库地震监测与预测技术研究

项目来源："十一五"国家科技支撑项目

执行年限：2008—2010 年

依托单位及负责人：广东省地震局

主要进展：

此次实验在新丰江库区实施，在新丰江水库及周边地区布设 61 个观测点、4 个主动震源点和 2 个人工爆破点，北东测线直线距离 227 千米，北西测线直线距离 220 千米。从测点勘选到现场试验结束历时 128 天，取得大量宝贵的观测数据，数据连续率达到 95%。

（广东省地震局）

P 波和 S 波接收函数研究青藏高原东北缘及东缘岩石圈厚度和上地幔间断面

项目来源：国家自然科学基金

执行年限：2010—2012 年

依托单位及负责人：甘肃省地震局　沈旭章

主要进展：

该项目分析了甘肃台网 2000—2006 年远震接收函数，研究了青藏高原东北缘地壳和上地幔速度结构。研究结果表明，研究区东部的 Moho 深度较深，波速比较高。河西走廊内部地壳较厚，波速比较低。研究区东部 410 千米间断面明显下沉。

（甘肃省地震局）

黄土地区复杂场地条件对地震动放大效应的影响机理研究

项目来源：国家自然科学基金

执行年限：2010—2012 年

依托单位及负责人：甘肃省地震局　吴志坚

主要进展：

研究了自 1900 年以来黄土地区有震害调查和震害描述的国内地震事件，震级多在 5 级以上，分析不同烈度区地震岩土灾害的分布信息，重点调查现今地震典型震例中不同烈度区岩土灾害特征与烈度异常规律。通过查阅相关地震目录和震害调查报告，重新确定地震事件发生的地貌形态，并对出现的地貌地形进行分类，进而统计出各类地形发生严重震害的比例，定性地描述地貌形态对震害分布的影响。

（甘肃省地震局）

强震危险区划关键技术研究进展

项目来源:"十一五"国家科技支撑计划项目
执行年限:2006—2010 年
依托单位及负责人:中国地震局地球物理研究所　高孟潭
主要进展:

项目开展了强震区高震级潜在震源区划分及其震级上限判定技术、中强地震区潜在震源识别及其震级上限判定技术、大地震复发周期与年平均发生率的评价技术、近场地震动衰减关系确定技术、场地条件影响评估技术等抗倒塌区划图编制关键技术的研究,在 3 个示范区开展了地震区划图预编试验研究。

主要成果:

(1) 针对基于抗倒塌设计水准地震区划中潜在震源区划分及其大震复发周期评价、大震近场地震动衰减关系确定等关键技术问题开展攻关研究,提出了潜在震源区三级划分的技术方法,明确了块体作用边界对潜在震源区范围和震级上限确定的影响,并将构造类比原则发展为构造模型类比原则,提出了不同构造类型潜在震源区划分与构造类比的原则以及震级上限不确定性分析方法,提出了区域地震活动性分析和背景源空间光滑统计新方法,提出了综合利用古地震资料、地震资料、断层活动速率和 GPS 等资料确定高震级地震复发周期和年平均发生率的方法,提出了新的大震近场地震动衰减关系。为科学合理确定抗倒塌概率设计水准(50 年超越概率 2%)的地震动参数奠定了坚实的基础。

(2) 系统研究了土层对地震动放大的影响,提出了地震区划图中地震动反应谱土层影响双调整的研究结果,为科学合理确定我国东部、沿海地区及海岸工程抗震设防参数提供了科学基础。

(3) 首次考虑全国不同地区经济发展水平和对地震灾害的承受能力的差别,研究了地震区划的概率水准对工程造价的影响及其抗震费用在房屋价格中比例,为制定不同经济发展水平地区制定抗震设防水准提供了科学依据,对在全国范围内实现全面防御与重点防御相结合的战略目标具有重要作用。

(4) 系统研究了全国不同地区中震(50 年超越概率 10%)与大震(50 年超越概率 2%)的比例及其与地震环境的关系,研究了概率地震危险性分析结果的不确定性对大震参数确定的影响,通过不同实验区地震区划图预编研究,提出了地震区划中合理确定抗倒塌概率设计水准(50 年超越概率 2%)地震动参数的方法和技术途径。

(5) 修订了汶川地震灾区地震区划图。编图组依托所获得的汶川地震的最新资料和对龙门山地震带的最新认识,依托全国地震区划图编制工作中所汇集的大量基础资料,依托本课题所获得的最新研究成果,针对龙门山断裂带的分段性和活动性、潜在震源区划分、大震复发周期等关键问题进行了充分研究与论证,采用编制国家标准 GB 18306—2001《中国地震动参数区划图》的原则与方法,编制了《四川、甘肃、陕西部分地区地震动参数区划图》。

(中国地震局地球物理研究所)

活动地块边界带的动力过程与强震预测

项目来源：科技部项目
执行年限：2004—2010 年
依托单位及负责人：中国地震局地质研究所　张培震
主要进展：

（1）通过对活动地块边界带构造变形方式和深部构造环境的研究，确定预测时间段有可能发生强震的区域和控制强震发生的活动断裂；研究这些活动断裂的晚第四纪断裂活动习性，获取千年时间尺度的活动断裂定量参数，判断各活动断裂的强震危险程度和可能发生地震的强度（破裂长度或震级）；利用古地震和历史地震破裂的时空分布，获得主要活动断裂的破裂历史，深化对所识别的危险区的认识；利用现代观测技术（数字地震、形变测量、应力测量等）和数据分析处理方法，研究危险区现今状态，评价其未来时段的危险程度。

（2）以构造物理实验和数值模拟为主要手段，研究了非均匀性对脆性断层滑动行为和破裂过程的影响、发现断裂结构对破裂长期活动习性、应变场演化、温度场特征和微震活动图像具有明显的控制作用。利用高温高压实验模拟技术，研究了断层带深部的摩擦、流变及物理性质，并结合野外观测资料，初步建立了川西高原、龙门山构造带和四川盆地的流变模型；以地震活动和现场应力测量资料为基础，分析了断层带的变形特征和应力状态；对断裂带震源破裂的运动学和动力学开展了理论研究，发展了能够模拟计算地震断层在自由边界的地表影响下的自发破裂传播过程的方法。

（3）提出了汶川地震孕育和发生的多单元组合模型，在青藏高原向北东方向的推挤作用下，川西高原由于地壳介质软弱而发生强烈震前变形，构成孕震的变形单元；龙门山断裂带的上地壳强度非常大，震前只发生缓慢的变形，但积累很高的应力，构成孕震的闭锁单元；四川盆地由于刚度大、不易变形而对川西高原和龙门山的向东扩展起着阻挡作用，构成孕震的支撑单元。这 3 个单元的共同作用导致了龙门山断裂带应力的高度积累和突发释放，形成了汶川特大地震。这种多单元组合模型丰富了对大陆内部逆冲型强震破裂特征和发震机理的认识。

（中国地震局地质研究所）

重大地震灾害及其灾害链综合风险评估技术

项目来源：科技部项目
执行年限：2008—2011 年
依托单位及负责人：中国地震局地质研究所　聂高众

主要进展：

（1）在强震孕震构造环境调查和分析的基础上，开展我国强震孕震环境的区划研究，开展区域强震构造与场地环境的综合分区和建构筑物抗震能力的评价体系研究，建立了全国建筑物抗震能力指数分布图和分县市建筑物抗震能力指数，开展中国未来20年强震危险性、危害性的评价与分析，通过对我国地震的空间分布、时间分布、危险区分析和危险性分区研究，进行了未来20年中国地震危险性地区差别及高危害区分析。

（2）通过对区域仿真减灾能力影响因素的分析与调查，建立区域绝对防震减灾能力的概念内涵及指标体系、评价体系及评估方法，构建区域绝对防震减灾能力评价体系与评估模型，完成我国现在和未来绝对防震减灾能力分布图的绘制，在此基础上，开展了区域相对防震减灾能力评判标准与评判模型以及区域地震灾害风险评价模型的构建。

（3）开展了强震次生灾害和灾害链危险性评估研究，构建了中国西部高原山区强震山体滑坡次生地质灾害及灾害链风险评估模型，中国华北西部黄土高原地区强震山体滑坡次生地质灾害及灾害链风险评估模型，并构建了大华北地区强震灾害风险评估技术与评价技术，进行了华北地区未来20年强震危害性评价和风险评估与编图。

（4）开展强震灾害风险防范关键技术研究，主要包括了区域强震预测预警技术与强震保险研究，区域防震土地利用评价技术研究以及城市震害风险辨识技术与应急救援配置技术等的相关研究工作，编制了地震危险区地震灾害应急风险评估与应急对策工作指南。

通过对强震灾害致灾因子数据库建设规范和数据内容标准的研究和编写，完成了中国地震灾害及其灾害链综合风险数据库的建设及地震风险区划图与数据管理系统平台的搭建，编制了我国1∶100万强震灾害风险等级图等一系列专题图件。

（中国地震局地质研究所）

中国主要活动火山喷发序列研究与灾害预测

项目来源：公益性行业科研专项
执行年限：2007—2011年
依托单位及负责人：中国地震局地质研究所　许建东
主要进展：

（1）在火山地质学调查的基础上，结合火山喷发物的遥感填图技术研究和火山喷发物精细的多技术手段的年代学研究，编制了长白山天池火山、腾冲火山地区的打鹰山、马鞍山与黑空山等具有潜在喷发危险性的火山的1∶5万火山地质图，以此作为评估我国主要活动火山未来喷发危险性与灾害预测的基础依据。力争开展火山喷发动力学实验研究，为深入开展火山喷发物理及化学过程、喷发危险性、灾害预测与对策研究奠定基础。

（2）初步探查研究了内蒙古东部柴河、阿尔山、锡林浩特、集宁等地活火山的数量及空间分布规律，火山堆积物的成因类型及相应几何参数，确定了喷发序列和喷发堆积物定位环境。据地质、地形地貌、火山剥蚀降解程度，结合有效的同位素测年，查明乌兰哈达火山群是由 3 万年以来的火山喷发作用所构筑，属第四纪火山群，火山活动分为晚更新世和全新世两期。乌兰哈达火山群全新世主要为中心式喷发，火山结构完整，有特征的火山锥、火山口、喷火口、火口锥，典型的结壳熔岩流、渣状熔岩流以及松散火山渣、形态和结构复杂的火山弹、熔岩饼、熔结火山碎屑岩，规模宏大的"石河、石湖"、熔岩冢、喷气锥等，是一天然火山"博物馆"。

（中国地震局地质研究所）

中国地震活断层探察——华北构造区

项目来源：公益性行业科研专项
执行年限：2009—2011 年
依托单位及负责人：中国地震局地质研究所　徐锡伟
主要进展：

（1）完成了华北构造区 12 条活动断层 1:5 万地质地貌填图，填图长度合计 1187 千米，获得了活动断层的空间展布和活动性参数，以及同震地表错动带宽度、同震位移量等工程减灾必需的基础数据。

（2）通过一条跨华北地区中北部 1 条长度 1200 千米的深地震和电磁测深联合探测剖面，查明深浅构造关系，建立不同区段的区域地震构造模型，把握整体地震活动水平和地震构造环境。

（3）基于计算机网络与 GIS 平台，构建活动断层探测与调查基础数据库和信息数据共享服务系统，为包括 GPS、InSAR 等在内的各种大地形变测量数据的综合解释、分析中国大陆及其邻区地壳变形样式、变形特征、地震孕育机理及其动力学过程等提供了具有物理意义的三维地震构造框架，推动地球科学发展。

（中国地震局地质研究所）

汶川地震三维发震构造、现今运动状态和区域活动断层发震危险性综合评价

项目来源：国家自然科学基金项目
执行年限：2009—2011 年
依托单位及负责人：中国地震局地质研究所　徐锡伟
主要进展：

（1）通过对汶川地震断层地质填图、龙门山推覆构造带古地震探槽开挖和断错地貌的实测和编年，地质灾害高分辨率卫星解译和空间分布特征等研究，宽频带地震台阵记录数

据的震源机制和初始破裂特性研究，以及地震前后 GPS 观测研究，利用多方法准确地给出了汶川地震地表破裂的基本几何学、运动学参数，龙门山推覆构造带晚第四纪长期运动特征、地表破裂型地震（古地震）复发序列、区域活动断层滑动习性、地震地质灾害分布特征与发震断层几何学和运动学等参数间的定量关系等，较深入地讨论了区域地震构造模型的初始边界条件、现今运动状态及其对区域运动状态的影响，综合评价区域活动断层发震危险性，基于区域活动构造分布和深部探测结果，初步建立了三维地震构造模型，深化了对汶川地震成因机制的认识。

（2）通过对比、分析 2008 年汶川地震和 1999 年台湾集集地震前的 CMT 解、震源区附近中小地震震源机制解及其反演的应力场，指出了逆断层型主震区附近随着震源区应力积累，在震前会出现相似的局部应力场转换现象，当最终转换到与发生主震的应力状态一致时，表明震源区附近应力已达到相当高的应力水平，可能是发生大地震的征兆。

（中国地震局地质研究所）

中国地震活动断层探察——华北构造区和南北地震带南段

项目来源：地震行业专项

执行年限：2010—2020 年

依托单位及负责人：中国地震局地壳应力研究所　徐锡伟

主要进展：

2010—2013 年，主要完成我国发震危险较大的南北地震带南段、华北地震区断层活动性鉴定，编制 1:25 万活动断层分布图；完成两个地震区（带）内 37 条（段）主要地震活动断层 1:5 万填图，开展华北地震区和南北地震带南段重点危险区深浅构造探测，建立区域地震构造模型。

（中国地震局地壳应力研究所）

深层煤矿床的原地应力场与采动应力叠加效应研究

项目来源：国家重点基础研究发展计划（973 计划）

执行年限：2006—2010 年

依托单位及负责人：中国地震局地壳应力研究所　李宏

主要进展：

1. 深部煤岩体地质力学参数与采动应力测试仪器开发研制

研究了适合煤矿井下煤岩体地质力学参数快速测试方法，开发了适合煤矿井下煤岩体地质力学参数快速测试成套仪器，包括深部岩体强度原位测试仪、深部巷道围岩结构精细探测仪、深部煤岩体采动应力测量仪和解除法深孔地应力测量系统；课题开发的地质力学参数快速测试方法与装备于 2006 年获得国家发明专利。测试系统为获取深部煤岩体地应力状态和围岩环境提供技术支撑，达到国际领先水平。

2. 深部煤田及其邻区应力场

将利用断层滑动资料反演构造应力张量的分析方法引入到深部煤岩体应力状态研究中，首次在我国华北 2 个典型深部煤矿区开展了井下活动构造形迹的详细调查和计算分析工作。依据震源机制解、断层滑动、水压致裂、应力解除和钻孔崩落等应力数据，对华北煤矿区深浅部应力差异及其与区域构造应力场的关系进行了比较系统地研究，初步揭示了华北煤矿区应力状态随深度的变化规律。

3. 深部地应力场点—面分析测试方法

通过对区域构造体系及地质历史的复合分析，确定构造应力场的期次及其先后顺序，从而得出晚近构造应力场的特点。在此基础上，进行地应力测点的布置设计，由此得到的地应力测点的测量数值则可代表晚近及现代应力场分布的特点。以实测地应力数据作为控制条件，对矿区初始地应力场进行反演，给出矿区的应力场分布特征，建立地应力点测量结果与区域地应力场分布规律之间的关系。

4. 深部煤矿井下地质力学参数与采动应力测试及分布特征

选择有代表性的深部矿井，开展了地应力测量、煤岩体强度测试及巷道围岩结构精细测量，分析测试数据，得出深部矿井地应力、煤岩体强度及围岩结构的分布特征与规律。选择有代表性的深部巷道与采煤工作面，进行采动应力测量，分析采动影响范围与程度，得出采动应力在时间与空间上的分布与演化规律。选择典型矿区开展采用 FLAC3D 掘进工作面周围的应力分布研究。

5. 深部煤矿现今构造应力场与采动应力场的关系

研究了高地应力场作用下岩体持续流变与破坏的机理、岩体不连续变形及动力响应的突变性。给出了不同构造应力场作用下巷道与采场周围应力场分布与围岩破坏特征，提出支护应力场的概念，分析了原岩应力场、采动应力场与支护应力场的关系；基于应力叠加效应研究了深井冲击地压发生过程中能量的变化过程，采用理论分析、实验室试验、数值模拟和现场工业实验等方式对煤岩体在受到冲击载荷作用下煤岩体的失稳破坏过程进行了研究，确定了深部开采条件下工作面冲击地压的诱发能量的类型，确定了冲击地压产生的机制，建立了不同开采模式下冲击地压发生的模型，提出了基于非平衡热力学参量状态的冲击地压发生判别准则。

（中国地震局地壳应力研究所）

大地震灾害救援现场关键环节标准工作程序及其管理系统研发

项目来源：地震行业科研专项

执行年限：2010—2012 年

依托单位及负责人：中国地震局地壳应力研究所　陈虹

主要进展：

该项目研究中国现有地震应急预案在可操作性上存在的问题，提出了地震应急预案需要进一步细化和规范的内容。结合地震应急管理工作机制特点，提出地震应急救援标准工作的程序框架。在此基础上，该项目对地震灾害紧急救援的队伍建设、救援基地建设、救援队员岗位资格认证、地震灾害救援现场安全评估、救援队地震应急响应、地震现场信息管理、倒塌建筑物的搜索与救援、危险品侦检、地震灾害救援医疗等关键环节，开展了系列标准及标准工作程序的设计与编制。

（中国地震局地壳应力研究所）

金沙江地震监测项目

项目来源：中国长江三峡集团公司

执行年限：2006—2022 年

依托单位及负责人：中国地震局工程力学研究所　孙柏涛、王兆荣

主要进展：

金沙江地震监测项目一期工程为 2006—2015 年，二期工程 2015—2022 年。截至 2010 年，项目一期建设的所有工作内容已完成，各分项工程已全面进入运行期。临时网络管理中心建设、地下水动态监测网络建设、向家坝和溪洛渡固定测震网络试运行及考核运行、强震动监测网络试运行、地下水动态监测网络试运行顺利通过验收。地壳形变监测网络完成了向家坝、溪洛渡库区年度监测任务。

（中国地震局工程力学研究所）

华北克拉通岩石圈构造及深部过程的研究

项目来源：国家自然科学基金

执行年限：2008—2011 年

依托单位及负责人：中国地震局地球物理勘探中心　李松林

主要进展：

（1）通过滤波、坐标变换等多种方法，识别出了人工地震 S 波震相，并读取了相应的到时。

（2）通过 Moho 面反射 S 波、反射 P 波的波形对比，推断了华北克拉通不同地区 Moho 面的性质。

（3）对诸城—宜川人工地震剖面 S 波的走时资料进行了反演计算，得到了 S 波二维速

度结构。
（4）求得了沿剖面的波速比结构和泊松比结构。
（5）利用远震到时资料反演了大华北地区地壳—上地幔三维速度结构。
（6）横跨郯庐带又临时布设了16个流动地震台，记录远震资料。

（中国地震局地球物理勘探中心）

用超长观测距地震宽角反射/折射剖面研究华北克拉通北部岩石圈结构和性质

项目来源：国家自然科学基金
执行年限：2009—2012年
依托单位及负责人：中国地震局地球物理勘探中心　王夫运
主要进展：
（1）在2009年的工作基础上，经过对资料的再分析，对各种震相进行了反复识别，反复正演模拟，最终确定了各种反应地壳结构的震相Pg、Pi1、Pi2、Pi3、PmP、Pn；初步识别出反应上地幔结构的震相P1、P2、P3、P4。
（2）进行了一维震相拟合，得到一维速度模型。
（3）在一维模型的基础建立了二维模型，采用二维动力学射线追踪，得到了二维P波地壳速度模型。
（4）采用Fast初至波反演方法对荣城—忻州—阿拉善左旗剖面11个炮点的初至波走时进行了成像。二维动力学射线追踪结果与Fast初至波成像结果在基底结构和Moho面形态方面基本一致。

（中国地震局地球物理勘探中心）

中国地震活断层探察——华北构造区-深地震反射和折射剖面综合探测

项目来源：中国地震局地质研究所
执行年限：2010—2011年
依托单位及负责人：中国地震局地球物理勘探中心　刘保金
主要进展：
该项目实施的首要任务是要进行野外探测施工。野外工作区大部分位于华北、华东平原，涉及江苏、山东、河北、山西和内蒙古5省区，剖面全长1340千米，工作区范围大、探测剖面长。2010年6月25日—8月28日，项目组进行了野外探测，完成深地震反射探测 278.7 千米。"中国地震活断层探察——华北构造区呼包盆地深地震反射"项目现场探测工作于 2010 年 9 月 16 日—12 月 31 日进行，完成深地震反射探测 91.86 千米。2010 年 8—10 月，完成前期有关调研和地质等方面的资料收集，完成地震探测剖面的野外踏勘、选线及炮点位置的确定，完成野外探测技术设计的编写和野外探测实施方案的规划。

2010 年 10—11 月，完成炮点和测线经过地区与地方各级政府、公安的协调和震源药柱及爆破材料的购买、运输、使用手续以及前期有关准备工作等。

2010 年 11—12 月，完成野外地震探测资料采集工作。

（中国地震局地球物理勘探中心）

中国综合地球物理场观测——青藏高原东缘地区

项目来源：地震行业专项

执行年限：2010—2012 年

依托单位及负责人：中国地震局第二监测中心　王庆良

主要进展：

推进项目的组织实施，与 5 个协作单位加强沟通联络，制定了项目实施方案和工作计划，完成了陆态网络项目 41 个基准站的水准联测任务及相对重力联测任务。

（中国地震局第二监测中心）

废墟搜索与辅助救援机器人研制

项目来源：科技部"十一五"863 计划

执行年限：2007—2010 年

依托单位及负责人：中国地震应急搜救中心　吴建春

主要进展：

1. 废墟表面搜索与辅助救援机器人

完成了适应瓦砾表面运动的移动机构研制、模块化废墟表面辅助救援机器人系统集成，局部自主与遥控相结合的机器人操控技术研究。研制出的机器人系统包括机器人本体和远程控制站，其中机器人本体由移动机构、箱体、控制系统、数据通信系统和视频传输系统组成；远程控制站与机器人采用无线串口进行通信，配有两个监视器，一个用于显示操控软件界面，另一个用于显示机器人发送回来的图像；还配有一个综合控制面板，安装了控制手柄和多个开关。

2. 废墟内部搜索与辅助救援机器人

完成了可变形的环境适应移动机构、机器人模块化可重构控制系统、宜人化机器人操控平台的研制，以及无线通信和载荷信息实时传输技术的研究和实用任务载荷的集成。机器人系统包括可变形机器人、模块化任务载荷和监控平台。其中可变形机器人是由首模块、中模块和尾模块组成的履带式运动单元模块，任务载荷主要包括红外夜视摄像头、拾音器等，监控平台由监控计算机、监控软件、数传通信模块及人机接口组成。

3. 废墟缝隙搜索与辅助救援机器人

完成了适应缝隙为 8 厘米的本体推杆和自动推进机构、缝隙机器人控制系统的研制，集成了辅助救援任务载荷，实现了缝隙内部形状显示与定位。机器人系统由缝隙搜救机器人本体和自动推进系统、基于力觉和视觉的避障越障导航系统、空间形状感知和重建系统、搜救目标定位系统、音频生命探测和对讲系统等组成。

4. 多指机械手机器人

完成了可搭载多种载荷模块的三指六自由度自适应机械手爪研制，可搭载多种载荷模块，实现了深入废墟内部进行探测或传递任务荷载的功能。

（中国地震应急搜救中心）

成果推广

核电站地震仪表系统（KIS）

KIS 地震仪表系统主要用于监视核电站厂区、设备及反应堆结构厂房的震动状况及响应，向核电站运行人员提供地震信息，助力其做进一步操作的决策。KIS 地震仪表系统利用布设于核电站厂区及反应堆结构厂房不同部位的多台传感器，连续不断地采集、监测反应堆厂房的震动状况，一旦检测到有地震发生，立刻发出报警信号，通知运行人员采取应急操作，避免和降低地震造成的损害，保证核电站的运行安全。同时，系统记录地震发生过程中的完整数据，可分析、评估厂房的结构安全，为下一阶段运行决策提供依据。

KIS 地震仪表系统借鉴国际多项先进技术，独创性地实现了核电现场的弱信号的长距离传输及噪声处理和数据的实时采集与应急快速判断，并根据现场周围环境，在系统软件中使用特有的算法消除了核电站周围的人工和其他非地震震动引起的误差，已经现场安装的 KIS 系统运行至今，未出现一次误动作，实现了零误触发。

KIS 地震仪表系统是我国首台同时通过了辐照试验、电磁兼容试验以及抗震试验等三大严酷的测试，达到了国际先进水平，填补了国内空白。

KIS 系统具有自主知识产权的独创性软件，用于核电 KIS 地震仪表系统对发生地震时的震动反应状况进行监测、分析和预警。

从 2007 年至 2009 年底，已经分别在秦山核电站二期扩建工程、岭澳二期工程、大亚湾二期工程、红沿河和宁德一期工程安装了多台 KIS 地震仪表系统，各台设备运行正常，为各核电站的安全运行提供了保障，同时提供了丰富可靠的地震加速度数据。

（湖北省地震局）

汶川县地震小区划

《汶川县地震小区划》为汶川重建的城市规划和工程建设提供科学、合理的抗震设防标准，既保障城市和工程建设的安全，又使投资更经济合理，为保障汶川县社会稳定，经济建设发挥了积极作用。《汶川县地震小区划》报告被收藏于汶川县地震博物馆。

（广东省地震局）

结构抗震性能的诊断及评估研究

该项目建立了基于强度与延性的既有钢筋混凝土结构抗震能力的定量评估体系，实现对结构抗震能力综合评估、判断，填补了国内技术上的空白；建立了对薄弱楼层、薄弱单元的抗震加固定量评估分析体系，评估计算软件 EAC－RC 界面友好，操作简便，使抗震能力评估和加固方法的推广应用具有广阔前景。该成果获 2010 年度广西科学技术进步奖二等奖。

（广西壮族自治区地震局）

乌鲁木齐城市活断层探测与地震危险性评价

"乌鲁木齐城市活断层探测与地震危险性评价"项目在乌鲁木齐总规修编中得到应用；在米东工业园、经济技术开发区二期用地、二期延伸区用地、农十二师合作区用地中得到广泛应用；作为约束条件之一，在乌鲁木齐市特别是断层附近的工程用地的规划中得到广泛应用；在乌鲁木齐市区数十个重要工程及大型住宅小区的工程场地地震安全性评价中得到广泛应用；该项目将乌鲁木齐城市活断层探测的成果作为分析判断乌鲁木齐地区地震危险性的重要依据。同时，该成果将作为最重要的基础资料，在乌鲁木齐地区地震中长期地震预测中得到应用。

（新疆维吾尔自治区地震局）

中国地震灾害防御中心成果推广

2010 年中国地震灾害防御中心开展了北海原油商业储备基地地震安评、浠水核电厂可研工作，为国家的原油储备、能源可持续发展提供地震安全保障服务。

2010 年中国地震灾害防御中心承担了海口市建成区小区划项目，为海口市基础设施建设和既有房屋建筑提供地震安评服务。完成了川气东送、包兰铁路、天津原油储备基地、乐山天然气输气管道、湛江港输油管道地震安评工作。2010 年中国地震灾害防御中心科技开发工作侧重点在输油输气管道领域，其他包含输气管道、铁路、城市地铁等为国家相关领域提供地震安全服务。

（中国地震灾害防御中心）

科学考察

中国地震局地质研究所
青海玉树 7.1 级地震科学考察

2010 年 4 月 14 日，青海玉树发生 7.1 级地震，造成较严重的人员和经济损失。震后，受中国地震局地震应急现场工作队委派，中国地震局地质研究所立即组织地震应急现场工作组赶赴现场。考察组由陈立春任组长，苏桂武、孙鑫喆、谭锡斌等参加，对此次地震的地表破裂进行了野外科学考察。5 月初，徐锡伟、孙鑫喆等又对隆宝湖西侧破裂带进行了调查。两次调查探明了这次地震地表破裂总长度、展布、分段、结构特征和左旋走滑性质，确定其同震位移量，并且探明甘孜—玉树断裂就是此次地震的发震断裂，该断裂大地震具原地复发特征。野外考察成果都已及时在国内 SCI 收录刊物《科学通报》（中、英文版）、《地球物理学报》以及核心刊物《地震地质》上发表。

（中国地震局地质研究所）

中国地震局工程力学研究所
青海玉树 7.1 级地震工程震害科学考察

2010 年 4 月 14 日，青海玉树发生 7.1 级地震。中国地震局决定在现场工作队应急考察工作基础上开展系统性科学考察工作，其中工程震害及应急救援响应调查由中国地震局工程力学研究所（以下简称"工力所"）牵头组织，并由工力所所长孙柏涛担任分队长。为了完成工程结构震害及地震烈度核定考察、场地条件对工程震害影响调查以及地震人员伤亡主要因素调查，工力所组建了由孙景江研究员、郭迅研究员、李山有研究员、戴君武研究员、郭恩栋研究员等 12 名科技人员以及来自中国地震局地球物理研究所、防灾科学技术学院、中国地震灾害防御中心、哈尔滨工业大学的 4 名科技人员组成的工程震害调查工作组。

工程结构震害科考分队现场调查共计 12 天，行程数千千米，克服高原缺氧、严寒等困难，超强度忘我工作，对玉树地震灾害进行了全面考察与总结，初步取得主要成果如下：

1. 地震烈度复核

以结古镇为中心，沿 9 条不同方向线路对沿途城镇和乡村的震害进行了核定调查，累计行程 3000 余千米，调查了 63 个居民点，基于这些调查点的房屋破坏统计数据，根据《中国地震烈度表》（GB/T 17742—2008），评定、给出修正后的玉树地震烈度分布。

2. 房屋震害调查

经初步统计，在地震破坏最严重的结古镇，普查底框、框架、砌体（块）、土木、石木、砖木等房屋建筑 5764 栋，其中底框结构 146 栋，框架结构 74 栋，砌块结构 2035 栋，砖混结构 213 栋，石木结构 276 栋，土木结构 2842 栋，砖木结构 178 栋。

3. 生命线工程震害调查

生命线系统震害调查在玉树地震应急期间工作的基础上，全面调查了灾区的生命线系统的震害和应急抢修情况，包括交通系统、供电系统、通信系统、供水系统等。

4. 典型结构环境振动测试

由结构测试小组负责，采用中国地震局工程力学研究所研制的 941 – B 型拾振器，对玉树州人民医院住院部、第三完全小学教学楼、县公安局家属楼、结古寺大经堂（在建钢筋混凝土框架结构）等 16 栋重要与典型建筑物，以及当卡寺等 4 栋古建筑进行了环境振动测试，并根据测试数据分析了结构的振动特性。

（中国地震局工程力学研究所）

中国地震局地球物理勘探中心
青海玉树 7.1 级地震科学考察

按照中国地震局玉树地震科考方案的部署，利用人工地震宽角反射/折射与折射、反射联合探测技术对玉树地震区震源细结构和甘孜—玉树断裂构造带进行探测研究工作的实施，获得了较高质量的高分辨地震折射和深地震宽角反射/折射资料。用多种不同方法进行计算与处理，得到了地壳上地幔基本结构与构造图像。通过对结果的进一步分析，揭示出剖面经过该震区及其邻近地区的深部构造背景。这些结果对于深入认识和理解该区地壳深部的发震的构造环境等提供了重要的基础资料。

（中国地震局地球物理勘探中心）

机构·人事·教育

本部分主要收载机构设置及领导名单，人事教育工作，地震系统院士、有突出贡献中青年专家、享受政府特殊津贴人员简介，入选跨世纪人才名单和新通过评审的研究员名单，以及表彰情况等。

机构设置

中国地震局领导班子成员名单

（2010 年 12 月 31 日）

党组书记、局　长：陈建民
党组成员、副局长：刘玉辰
党组成员、副局长：赵和平
党组成员、副局长：修济刚
党组成员、纪检组长：张友民
党组成员、副局长：阴朝民

中国地震局机关司、处级领导干部名单

（2010 年 12 月 31 日）

部门	职位	姓名	处室	职位	姓名
办公室	主　任 副主任 副主任 副巡视员	唐　豹 王　蕊 张志波 陈　静	秘书处 （值班室）	处长、局长秘书、党组机要秘书	米宏亮
				副处长	延旭东
				调研员	吴　昭
			新闻宣传处	处　长	（空缺）
				副处长	马　明
			文电与信息化处	处　长	康　建
				调研员	陈贺永
			综合处	处　长	闫京波
				副调研员	付计明
			行政事务处	处　长	董艺斌
				副处长	张立军
				调研员	陈永章
			机关财务处	处　长	申屠娟
				副处长	刘秀莲

续表

部门	职位	姓名	处室	职位	姓名
政策法规司	司　长 副司长 副司长	方韶东 李　健 唐景见	政策研究处	处　长	（空缺）
				副处长	郑　妍
			法规处	处　长	刘凤林
				巡视员	徐　卫
			标准计量处	处　长	李成日
				副处长	林碧苍
			综合处（监督处）	处　长	（空缺）
				副调研员	韩　磊
发展与财务司	司　长 副司长 副巡视员	牛之俊 徐铁鞠 于惠芳	发展规划处	处　长	韩志强
				副处长	关晶波
				副调研员	陆覃星
			投资处	处　长	顾　劲
				副处长	黄　蓓
				调研员	吕凤兰
			预算处	处　长	周伟新
			财务与资产处	处　长	吴　晋
				调研员	张淑丽
				副调研员	许　权
人事教育司	司　长 副司长 副司长 副巡视员 副巡视员	何振德 刘铁胜 吴仕仲 杨心平 阎保平	机关人事处	处　长	康小林
				副处长	张琼瑞
				调研员	宋志萍
			干部处（干部监督处）	处　长	付跃武
				调研员	张克里
				主任科员	刘小群
			人才与教育处	处　长	张大维
			机构工资处	处　长	陈　光
				副处长	牟艳珠
科学技术司（国际合作司）	司　长 副司长 副司长 副巡视员 副巡视员	胡春峰 赵　明 李　明 栾　毅 田　柳	基础研究处	处　长	王　峰
				副处长	刘豫翔
			应用研究与成果处	处　长	王春华
				副调研员	谢春雷
			双边合作处	处　长	徐志忠
			国际组织与国际会议处	处　长	王　剑

续表

部门	职位	姓名	处室	职位	姓名
监测预报司	司 长 副司长 副司长	李 克 宋彦云 车 时	预报管理处	处 长	刘桂萍
				副处长	马宏生
				副调研员	黄蔚北
			监测一处	处 长	余书明
				调研员	孙为民
				副调研员	黄 媛
			监测二处	处 长	陈 锋
				副处长	熊道慧
			信息网络处	处 长	王 飞
				调研员	唐 毅
震害防御司	司 长 副司长	杜 玮 黎益仕	社会宣教处	处 长	金 雷
			社会防御处	处 长	李永林
			防灾基础处	处 长	张黎明
			抗震设防处	处 长	韦开波
震灾应急救援司	副司长 副司长	苗崇刚 尹光辉	应急协调处	处 长	侯建盛
			综合处	处 长	高玉峰
				副处长	白春华
				调研员	解桂华
			紧急救援处	处 长	王志秋
				副处长	冯海峰
			技术装备处	处 长	周 敏
直属机关党委	常务副书记 副书记	刘连柱 杨小瑛	宣传部（党校）	部长、局党校副校长	乔福生
			直属机关工会 （直属机关妇工委）	副巡视员	卢 桢
监察司 （纪检组）	副司长	孙晓竟	案件审理室（综合室）	主 任	杨 威
			纪检监察室	主 任	（空缺）
				副主任	秦久刚
			审计室	主 任	王 蔚
离退办	主 任 副巡视员	王 霞 刘成海	综合处	处 长	王 羽
				副调研员	韩薇冬
			老年教育活动处	处 长	贾国军
				副调研员	王瑜青
				副调研员	李国舟
				调研员	李春明
驻外干部					王满达

（中国地震局人事教育司）

中国地震局所属各单位领导班子成员名单

(2010 年 12 月 31 日)

序号	工作单位	姓名	党政领导职务
1	北京市地震局	吴卫民	党组书记、局长
		徐 平	副局长
		胡 平	党组成员、副局长
		陶裕禄	党组成员、纪检组长、副局长
		谷永新	党组成员、副局长
2	天津市地震局	赵国敏	党组书记、局长
		冯俊生	党组成员、副局长
		聂永安	党组成员、副局长
		武丁辰	党组成员、纪检组长
3	河北省地震局	周清良	党组书记、局长
		王钟山	副局长
		孙佩卿	党组成员、纪检组长、副局长
		赵 军	党组成员、副局长
4	山西省地震局	赵新平	党组书记、局长
		樊 琦	党组成员、副局长
		郭跃宏	党组成员、纪检组长、副局长
		郭君杰	党组成员、副局长
5	内蒙古自治区地震局	包东健	党组书记、局长
		曹 刚	党组成员、副局长
		张建业	党组成员、副局长
6	辽宁省地震局	高常波	党组书记、局长
		卢 群	党组成员、纪检组长、副局长
		臧 伟	党组成员、副局长
7	吉林省地震局	任利生	党组书记、局长
		包晓军	党组成员、副局长
		陈凤学	党组成员、副局长
		孙继刚	党组成员、副局长
		张明宇	党组成员、纪检组长

续表

序号	工作单位	姓名	党政领导职务
8	黑龙江省地震局	孙建中	党组书记、局长
		张 莹	党组成员、副局长
		赵 直	党组成员、副局长
		蒋贵宏	党组成员、纪检组长
9	上海市地震局	张 骏	党组书记、局长
		王建军	党组成员、副局长
		李红芳	党组成员、纪检组长、副局长
		王绍博	党组成员、副局长
10	江苏省地震局	丁仁杰	党组书记、局长
		张振亚	党组成员、副局长
		仲建民	党组成员、纪检组长、副局长
		倪岳伟	党组成员、副局长
		刘建达	党组成员、副局长
11	浙江省地震局 (杭州培训中心)	苏晓梅	党组书记、局长（主任）
		宋新初	党组成员、副局长（副主任）
		傅建武	党组成员、副局长（副主任）
		陈经华	党组成员、纪检组长、副局长（副主任）
12	安徽省地震局	张 鹏	党组书记、局长
		姚大全	党组成员、副局长
		王 跃	党组成员、副局长
		刘 欣	党组成员、副局长
		姜久坤	党组成员、纪检组长
13	福建省地震局	金 星	党组书记、局长
		朱金芳	党组成员、副局长
		黄向荣	党组成员、副局长
		史粦华	党组成员、副局长
		申 平	党组成员、纪检组长
14	江西省地震局	王建荣	党组书记、局长
		张福平	党组成员、纪检组长、副局长
		郑 栋	党组成员、副局长
15	山东省地震局	晁洪太	党组书记、局长
		孙亚强	党组成员、副局长
		林金狮	党组成员、副局长
		姜金卫	党组成员、副局长
		刘 峰	党组成员、副局长
		张有林	党组成员、纪检组长

续表

序号	工作单位	姓名	党政领导职务
16	河南省地震局	梁宪章	党组书记、局长
		卢国合	党组成员、副局长
		王合领	党组成员、副局长
		刘尧兴	党组成员、纪检组长、副局长
17	湖北省地震局 （中国地震局地震研究所）	姚运生	党组书记、局（所）长
		吴 云	党组成员、副局（所）长
		邢灿飞	党组成员、副局（所）长
		龚 平	党组成员、副局（所）长
		黄社珍	党组成员、纪检组长
		杜瑞林	党组成员、副局（所）长
18	湖南省地震局	胡奉湘	党组书记、局长
		燕为民	党组成员、副局长
		宁 萍	党组成员、纪检组长
		罗汉良	党组成员、副局长
19	广东省地震局	黄剑涛	党组书记、局长
		梁 干	党组成员、副局长
		吕金水	党组成员、副局长
		钱顺琴	党组成员、副局长
		武守春	党组成员、纪检组长
		钟贻军	党组成员、副局长
20	广西壮族自治区地震局	高荣胜	党组书记、局长
		劳王枢	党组成员、副局长
		龙安明	党组成员、副局长
		李伟琦	党组成员、副局长
		李青春	党组成员、纪检组长
21	海南省地震局	牟光迅	党组书记、局长
		郭坚峰	党组副书记、副局长
		周 昕	党组成员、副局长
		李战勇	党组成员、副局长
22	重庆市地震局	陈铁流	党组书记、局长
		王 强	党组成员、纪检组长、副局长
		吴晓莉	党组成员、副局长

续表

序号	工作单位	姓名	党政领导职务
23	四川省地震局	张宏卫	党组书记、局长
		邓昌文	党组成员、副局长
		王 力	党组成员、副局长
		吕弋培	党组成员、副局长
		李广俊	党组成员、副局长
		王继斌	党组成员、纪检组长
24	云南省地震局	皇甫岗	党组书记、局长
		胡永龙	党组成员、纪检组长、副局长
		陈 勤	党组成员、副局长
		王 彬	党组成员、副局长
25	西藏自治区地震局	李振海	党组书记
		朱 荃	党组成员、局长
		索 仁	党组成员、纪检组长、副局长
		郭星全	党组成员、副局长
26	陕西省地震局	胡 斌	党组书记、局长
		姬丁义	党组成员、纪检组长、副局长
		李炳乾	党组成员、副局长
		刘 晨	党组成员、副局长
27	甘肃省地震局 （中国地震局兰州地震研究所）	王兰民	党组书记、局（所）长
		周志宇	党组成员、副局（所）长
		杨立明	党组成员、副局（所）长
		王克宁	党组成员、纪检组长
		石玉成	党组成员、副局（所）长
		袁道阳	党组成员、副局（所）长
28	青海省地震局	张新基	党组书记、局长
		任铁生	党组成员、副局长
		哈 辉	党组成员、副局长
		樊兰宝	党组成员、纪检组长
		宋 权	党组成员、副局长
29	宁夏回族自治区地震局	佟晓辉	党组书记、局长
		马贵仁	党组成员、副局长
		金延龙	党组成员、副局长
		柴炽章	党组成员、副局长
		李 杰	党组成员、纪检组长

续表

序号	工作单位	姓名	党政领导职务
30	新疆维吾尔自治区地震局	张云峰	党组书记、局长
		寇大岳	党组成员、副局长
		吐尼亚孜·沙吾提	党组成员、副局长
		宋和平	党组成员、副局长
		王海涛	党组成员、副局长
31	中国地震局地球物理研究所	吴忠良	党委副书记、所长
		乔森	党委书记、副所长
		高孟潭	副所长
		杨建思	副所长
		宁为民	纪委书记、副所长
		李小军	副所长
32	中国地震局地质研究所	张培震	所长
		欧阳飚	党委书记、副所长
		江钊	党委副书记、纪委书记、副所长
		马胜利	副所长
		徐锡伟	副所长
33	中国地震局地壳应力研究所	谢富仁	党委副书记、所长
		阮晓龙	副所长
		陆鸣	副所长
		何玉	纪委书记
		陈虹	副所长
		杨树新	副所长
34	中国地震局地震预测研究所	任金卫	党委副书记、所长
		孙雄	党委书记、副所长
		蔡晋安	副所长
		李志雄	副所长
		汤毅	副所长
		张雪洁	纪委书记
35	中国地震局工程力学研究所	孙柏涛	党委副书记、所长
		杨小峰	党委书记、副所长
		张孟平	副所长
		李山有	纪委书记、副所长

续表

序号	工作单位	姓名	党政领导职务
36	中国地震台网中心	潘怀文	党委副书记、主任
		李强华	党委书记、副主任
		张晓东	副主任
		贺 钦	副主任
		刘瑞丰	总工程师
		张 敏	纪委书记
37	中国地震应急搜救中心	吴建春	党委书记、主任、基地指挥长
		谭先锋	副主任
		黄宝森	副主任
		曲国胜	总工程师
		刘鹏飞	纪委书记
		张 辉	灾协秘书长
		高 伟	救援基地副指挥长
38	中国地震灾害防御中心	孙福梁	党委书记、主任
		王 英	党委副书记、副主任
		武冀新	纪委书记、副主任
		张周术	副主任
		陈国星	副主任
39	地壳运动监测工程中心	李 强	党委副书记、主任
		张 金	党委书记、副主任
		吴书贵	副主任
		于惠芳	总会计师
40	中国地震局地球物理勘探中心	李松岭	党委书记、主任
		方盛明	副主任
		王夫运	副主任
		王秋润	副主任
		刘保金	副主任
		李 齐	纪委书记
41	中国地震局第一监测中心	章思亚	主 任
		刘宗坚	党委书记、副主任
		刘广余	副主任
		薄万举	副主任
		高荣建	纪委书记

续表

序号	工作单位	姓名	党政领导职务
42	中国地震局第二监测中心	张尊和	党委副书记、主任
		李顺平	党委书记、副主任
		王庆良	副主任
		白伟东	纪委书记
		熊善宝	副主任
		陈宗时	副主任
43	防灾科技学院	齐福荣	党委书记
		薄景山	院　长
		宿景贵	党委副书记、副院长
		钟南才	纪委书记、副院长
		刘春平	副院长
		迟宝明	副院长
		谭金意	副院长
44	地震出版社	张　宏	党委书记、社长、总编辑
		王天星	副社长
		傅　宏	纪委书记
		胡勤民	副社长
45	中国地震局机关服务中心	巩曰沐	党委副书记、主任
		韩晓东	党委书记、副主任
		马铁民	纪委书记、副主任
		徐京华	副主任
		李　伟	副主任
46	中国地震局深圳防震减灾科技交流培训中心	续新民	党组书记、主任
		刘升礼	党组成员、副主任
		宗　耀	党组成员、纪检组长、副主任

（中国地震局人事教育司）

2010年中国地震局局属单位机构变动情况

1. **批准中国地震局机关三定方案**

   管理机构为:办公室、政策法规司、发展与财务司、人事教育司、科学技术司(国际合作司)、震害防御司、震灾应急救援司、直属机关党委、监察司、离退休干部办公室。

   (中震人函〔2010〕2号,2010年1月7日)

2. **批准吉林省地震局管理机构调整**

   独立设置应急救援处、政策法规处(合署办公);计划财务处更名为发展与财务处;科技发展处更名为科学技术处,仍与监测预报处合署办公;地方地震工作处更名为市县工作处,仍与震害防御处合署办公。

   (中震人函〔2010〕179号,2010年10月9日)

3. **批准宁夏回族自治区地震局管理机构和下属单位更名**

   计划财务处更名为发展与财务处,机关服务中心更名为地震应急保障中心。

   (中震人函〔2010〕180号,2010年10月8日)

4. **批准青海省地震局管理机构调整**

   独立设置应急救援处;计划财务处更名为发展与财务处;科技发展处更名为科学技术处,仍与监测预报处合署办公;震害防御与法规处更名为震害防御处、政策法规处(合署办公)。

   (中震人函〔2010〕202号,2010年11月11日)

5. **批准调整黑龙江省地震局管理机构调整**

   独立设置应急救援处、离退休干部管理处、纪检监察审计处;计划财务处更名为发展与财务处;科技发展处更名为科学技术处,仍与监测预报处合署办公;法规处更名为政策法规处,仍与震害防御处合署办公。

   (中震人函〔2010〕203号,2010年11月11日)

6. **批准天津市地震局管理机构调整**

   独立设置应急救援处、离退休干部管理处;计划财务处更名为发展与财务处,科技发展处更名为科学技术处,发展与财务处、科学技术处仍合署办公;法规处更名为政策法规处,仍与震害防御处合署办公。

   (中震人函〔2010〕204号,2010年11月11日)

7. **批准上海市地震局管理机构调整**

   独立设置应急救援处、纪检监察审计处;法规处更名为政策法规处,与震害防御处合署办公;计划财务处更名为发展与财务处;科技发展处更名为科学技术处,与发展与财务处合署办公;地方地震工作处更名为市县工作处,仍与震害防御处合署办公;外事办公室与监测预报处合署办公。

   (中震人函〔2010〕209号,2010年11月12日)

8. **批准河南省地震局部分机构调整**

   独立设置应急救援处;计划财务处更名为发展与财务处;科技发展处更名为科学技术处,仍与监测预报处合署办公;法规处更名为政策法规处,仍与震害防御处合署办公;成立地震应急保障中心，与机关服务中心一个机构两块牌子。

（中震人函〔2010〕210 号，2010 年 11 月 12 日）

9. 批准辽宁省地震局管理机构调整

科技发展处更名为科学技术处并独立设置，外事办公室与其合署办公；计划财务处更名为发展与财务处；法规处更名为政策法规处，仍与震害防御处合署办公。

（中震人函〔2010〕214 号，2010 年 11 月 17 日）

10. 批准云南省地震局管理机构调整

科技发展处更名为科学技术处并独立设置，外事办公室与其合署办公；计划财务处更名为发展与财务处；法规处更名为政策法规处，仍与震害防御处合署办公。

（中震人函〔2010〕215 号，2010 年 11 月 17 日）

11. 批准新疆维吾尔自治区地震局管理机构调整

成立科学技术处，外事办公室与其合署办公；计划财务处更名为发展与财务处；法规处更名为政策法规处，仍与震害防御处合署办公。

（中震人函〔2010〕216 号，2010 年 11 月 17 日）

12. 批准安徽省地震局管理机构调整

独立设置应急救援处；计划财务处更名为发展与财务处；科技发展处更名为科学技术处，仍与监测预报处合署办公；法规处更名为政策法规处，与震害防御处合署办公；地方地震工作处更名为市县工作处，仍与震害防御处合署办公。

（中震人函〔2010〕217 号，2010 年 11 月 17 日）

13. 批准调整福建省地震局管理机构

科技发展处更名为科学技术处并独立设置，调整外事办公室、台湾事务办公室与科学技术处合署办公，计划财务处更名为发展与财务处；法规处更名为政策法规处，与震害防御处合署办公。

（中震人函〔2010〕221 号，2010 年 11 月 29 日）

14. 批准湖北省地震局管理机构调整

科技发展处更名为科学技术处并独立设置。成立外事办公室，与科学技术处合署办公；计划财务处更名为发展与财务处；法规处更名为政策法规处，仍与震害防御处合署办公。

（中震人函〔2010〕222 号，2010 年 11 月 29 日）

15. 批准湖南省地震局管理机构调整

独立设置应急救援处、离退休干部管理处；成立外事办公室，与人事教育处合署办公；计划财务处更名为发展与财务处；科技发展处更名为科学技术处，仍与监测预报处合署办公；法规处更名为政策法规处，仍与震害防御处合署办公。

（中震人函〔2010〕230 号，2010 年 12 月 7 日）

16. 批准浙江省地震局管理机构调整

独立设置应急救援处、纪检监察审计处、机关党委、离退休干部管理处；计划财务处更名为发展与财务处；科技处更名为科学技术处，仍与监测预报处合署办公；法规处更名为政策法规处，仍与震害防御处合署办公。

（中震人函〔2010〕231 号，2010 年 12 月 7 日）

17. 批准内蒙古自治区地震局管理机构调整

独立设置应急救援处、纪检监察审计处；计划财务处更名为发展与财务处；法规处更名为政策法规处，仍与办公室合署办公。

（中震人函〔2010〕232号，2010年12月7日）

18. 批准广西壮族自治区地震局管理机构调整

独立设置应急救援处；调整外事办公室与人事教育处合署办公；计划财务处更名为发展与财务处；科技监测处更名为监测预报处、科学技术处（合署办公）；震害防御处加挂行政审批办公室牌子；法规处更名为政策法规处，仍与震害防御处合署办公。

（中震人函〔2010〕234号，2010年12月15日）

19. 批准重庆市地震局管理机构调整

独立设置应急救援处、离退休干部管理处；计划财务处更名为发展与财务处，科技发展处更名为科学技术处，仍与监测预报处、外事办公室合署办公；法规处更名为政策法规处，与办公室合署办公。

（中震人函〔2010〕251号，2010年12月29日）

20. 批准江苏省地震局管理机构调整

科技发展处更名为科学技术处并独立设置，法规处更名为政策法规处，与科学技术处合署办公，调整外事办公室与科学技术处合署办公；计划财务处更名为发展与财务处；地方地震工作处更名为市县工作处，仍与震害防御处合署办公。

（中震人函〔2010〕252号，2010年12月29日）

21. 批准局工程力学研究所管理机构调整

独立设置人才资源部、党群工作办公室（纪检监察审计室）。

（中震人函〔2010〕252号，2010年12月29日）

（中国地震局人事教育司）

人事教育

2010年中国地震局人事教育工作综述

一、认真贯彻落实全国人才工作会议精神

全国人才工作会议结束后,中国地震局马上召开了京区党政领导班子成员和局机关司以上干部会议,学习传达全国人才工作会议精神,并下发《中国地震局关于学习贯彻全国人才工作会议精神和国家中长期人才发展规划纲要的通知》,要求各单位要把人才工作摆在更加突出的位置,用战略思维、开放视野、发展的观点谋划和推动人才工作,落实人才培养、使用各项政策,深入研究本单位人才工作面临的突出问题,为人才发展营造良好环境。

2010年8月26—27日,中国地震局人事工作会议暨人才工作会议在北京召开,地震系统30个单位分管或协管人事人才工作领导同志,中国地震局机关各部门负责同志,各省(区、市)地震局,各直属单位人事部门负责同志参加了会议,中国地震局党组书记、局长陈建民等局领导出席会议并作重要讲话。这次人才工作会议的召开,分析了形势,统一了思想,提高了认识,交流了经验,明确了任务,务实高效,达到了预期效果。

二、抓紧编制"十二五"人才队伍建设规划

为认真贯彻落实全国人才工作会议和国家中长期人才规划纲要精神,建设一支高素质防震减灾人才队伍,2010年年初启动了制定《防震减灾"十二五"人才队伍建设规划》工作。规划编写组认真总结了中国地震局人才工作的主要经验和存在的问题,在对汶川地震总结反思的基础上,对照中国地震局"十一五"人才规划实施情况,分析了新形势下人才发展面临的机遇和挑战,确定了防震减灾人才发展规划的目标和任务,同时针对中国地震局人才发展亟待解决的突出问题,提出了"高层次人才培养与推进计划""全员知识更新工程""人才培养基地建设工程"3个人才队伍建设的重大计划和工程。规划初稿经多次研讨和征求意见,已形成征求意见稿。

三、采取各种切实可行的措施,建设一支高水平人才队伍

(一)大力加强高层次人才队伍建设

2010年中国地震局积极鼓励和支持百人计划人选通过竞争、承担重大科研课题和重大工程项目;积极鼓励和支持人选参加国际学术研讨会议、学术论坛、讲座和考察;在此基

础上，也加强对人选的动态跟踪管理，近期将组织专家在听取人选学术交流研讨的基础上，对人选的综合素质、工作进展、人才培养和获得项目资助等方面进行两年一次的综合考核，对考核结果为优秀的人选给予奖励，对获得国家自然科学基金项目的人选，给予课题配套经费支持。

在人力资源和社会保障部的大力支持下，中国地震局还多次举办专业技术人员高级研讨班，2010年9月举办的高级研修班的主题是"基于空间对地观测技术提高地震监测预警能力"。通过组织人选围绕防震减灾工作中的重大专业技术问题进行专题研讨和交流，大大促进了高层次优秀科技人才的成长。

（二）大力培养青年科技骨干人才队伍

2009年，中国地震局与国家留学基金委正式签署了"地震科技青年骨干人才培养项目"合作协议，连续3年选派优秀年轻科技人才和在读博士研究生，以交流访问、联合培养的方式加速中国地震局地震科技后备人才成长进程，开辟了培养地震科技后备人才的新渠道。

2010年连续第2年开展此项目，通过一批批青年骨干人才出国学习与交流，将会对中国地震局人才队伍质量的提高起到很好的推动作用。

（三）大力促进科技人才队伍的交流与合作

组织实施国内"交流访问学者计划"是中国地震局开展青年科技骨干培养的途径之一。该项计划重点支持各省地震局的科技人员到有关重点接收单位进行学习交流，支持高水平科技专家到各省地震局进行业务指导或项目合作。该计划7年来已累计支持了327位访问学者，其中支持西部省地震局的人数占总数的42.5%，对西藏自治区地震局还专设援藏计划，极大地促进了西部省局的科研实力和人才培养。2010年该项计划共支持了29名普通交流访问学者和5名高级访问学者，促进了研究所与省地震局、省地震局与省地震局之间的科技交流与科研合作，促进了相互间的工作交流、优势互补，对促进地震科技队伍能力建设起到了积极的作用。

（中国地震局人事教育司）

2010年中国地震局教育培训工作

2010年中国地震局共举办各类培训班136期，培训人数达8711人次，投入经费998.7493万元。2010年中国地震局计划培训53期，完成41期，完成率约为77%。其中举办中国地震局重点培训班9期，培训人数774人，完成率90%；举办中国地震局一般培训班27期（其中完成计划17期，计划外新增10期），培训人数1996人，完成率约为61%；举办中国地震局基层重点培训班10期，培训人数1231人次，完成率为100%；举办台站全员培训9期，培训人数479人，完成率为100%。基层重点培训及台站全员培训均百分之百地完成了培训任务，较好地执行了年度培训计划。

防灾科技学院本科招生计划1500人、专科招生计划800人。

中国地震局地球物理研究所、中国地震局地质研究所、中国地震局工程力学研究所招收博士57人。

中国地震局地球物理研究所、中国地震局地质研究所、中国地震局地壳应力研究所、中国地震局地震预测研究所、中国地震局工程力学研究所、湖北省地震局、甘肃省地震局招收硕士156人。

（中国地震局人事教育司）

2010年中国地震局干部培训中心教育培训工作

1. 培训班教务管理

2010年中国地震局干部培训中心共举办系统内培训班8期，培训人员314人；编制完成中国地震局2010年培训计划，对中国地震局、各省级培训机构2010年培训执行情况进行了汇总。对培训方法、培训管理进行了创新，培训中心特色化建设得到稳步推进。

序号	培训班名称	人次	举办日期
1	2010年中国地震局局管干部研修班（第18期）	31	5月5日—6月5日
2	2010年中国地震局审计电算化培训班	52	9月25—30日
3	2010年中国地震局中青年干部培训班（第6期）	47	10月11日—11月11日
4	青海省海西州政府—中国地震局干部培训中心应急救援管理研修班	30	10月15—26日
5	地震应急预案工作研讨会	13	10月29日—11月4日
6	2010年中国地震局密码业务培训班	68	11月11—14日
7	中国地震局直属机关工会委员培训班	15	11月22—26日
8	全国地震信息网络评比分布式监控采集系统及Nagios等开源软件应用技术培训班	58	12月21—25日

2. 继续教育网站建设

及时更新网站新闻、审核注册人员、回答学员的有关问题。将培训班上教师的现场授课以实录的形式进行全程录制，放在中国地震继续教育网上，为学员提供一个开放互动的交流学习平台。继续教育网站作为教育培训宣传学习平台的功能得到了系统内的认可。培训中心申报的《利用信息网络平台，创新教育培训方式》获2010年度浙江省地震局防震减灾优秀成果奖二等奖。

3. 其他

完成软科学杂志编辑出版3期；编制完成《2010年中国地震局局管干部研修班（第18期）》《中国地震局中青年干部培训班（第6期）》教学方案，该方案包括领导干部学习要求、学习内容、教师安排、考核办法等做详细安排；重抓制度建设，编制完成《教学管理流程指南》《每月工作信息》上报制度、《中国地震继续教育网》栏目更新有关规定及《仪器设备保管领用制度》《论文与科技成果奖励办法》《学员考勤制度》《学员考核办法》《学员守则》《班委工作制度》《建立大震应急准备机制》等制度,这些制度在培训中心管理、教育培训中得到了有效实施。

(浙江省地震局)

中国地震局直属单位教育培训工作

上海市地震局

《上海市实施〈中华人民共和国防震减灾法〉办法》（以下简称《实施办法》）于2010年1月1日正式施行，为贯彻落实好这部法规，上海市地震局组织全局职工参加防震减灾基础知识学习考试活动，并将这项工作列为年度重点工作。学习考试的内容包括《实施办法》、地震科普知识和《上海市地震局地震应急预案》内容等。

（上海市地震局）

湖北省地震局

2010年，湖北省地震局贯彻落实教育培训工作的各项要求，切实加强干部的教育培训工作，把教育培训工作与防震减灾工作紧密结合，按照服务大局、联系实际、学用结合、改革创新的工作原则，以提高公务员公共管理、党性党风党纪教育培训为主，开展了机关公务员培训、局党务干部与工会干部培训班、加强公务员行为能力建设、新进职员培训等培训班；以提高领导干部、专业技术人员业务水平的培训为辅，开展了地震灾害紧急救援骨干培训、地震预报培训、地震应急工作培训以及相关专业技术培训。

培训采取单位统一组织和职工自学的形式，以脱产（短期）为主。部分学习培训按照相关要求组织了考核或考试。除了传统的培训考核形式，结合培训以及自学的学习效果，开展答卷和知识竞赛的考核方式，对培训效果优秀的学员给予奖励。同时通过开办讲座式培训，邀请专家重点进行党的十六大、十七大以来中央提出的科学发展观、构建社会主义和谐社会等重大战略思想的教育培训；配合重点项目的实施，对专业技术人员，以新理论、新技术、新知识、新方法为主要内容进行培训。

2010年，湖北省地震局共组织5名机关干部参加党校培训，其中副厅级1名、处级1名、科级3名；组织新招录公务员到台站实习培训、参加中国地震局公务员初任培训；组织专业技术人员参加各类培训达到200多人次。

通过一系列的举措，使机关干部和专业技术人员全面提高了工作能力和业务素质。实施全体机关干部的集中学习培训，提高机关工作人员政策水平和综合管理能力。

（湖北省地震局）

广东省地震局

2010年，广东省地震局在职学历（学位）教育进一步得到加强，1人取得博士学位、1人取得硕士学位、2人取得本科学历学位。截至2010年底，全局共有研究生以上学历人员39人，占全局总人数的17%；本科学历人员108人，占全局总人数的46%。2010年派出1名局级干部、1名处级干部分别参加由中国地震局举办的为期一个月的进修班。年内共计派出机关工作人员、事业单位专业技术人员参加各类理论学习、专业技术等各类培训50人次；组织地震前兆异常物理基础与成因机理研讨班、全省地震应急救援志愿者骨干培训班、地震应急与地震信息网络技术培训班等3个自办培训班，参加人员达155人次。

（广东省地震局）

广西壮族自治区地震局

2010年，按照《中国地震局2008—2012年干部教育培训规划》及《"十一五"全国干部教育培训规划》，广西壮族自治区地震局积极推进教育培训工作。选派1名厅级干部参加局管干部培训班、1名干部参加新任干部上岗培训班，9名同志参加区直工委党校举办的党的知识及党务培训班，组织干部职工参加地震背景场工程初步设计培训班、新农村建设指导员培训班、劳动保障监督员、信息安全管理培训班等各类业务培训。

举办广西壮族自治区地震局干部职工培训系列活动，课程内容包括公文写作能力、加强理解力和执行力、法律知识讲座、公务礼仪培训以及员工压力管理等。自主开办地震应急拓展培训班、地震前兆技术与会商报告编写培训班、广西地震系统公文和政务信息培训班、科研课题申报培训班、工程物探培训等培训班。

选派1名技术专家参加中国地震局举办的英国自然灾害救援预案管理培训班。

6名同志继续就读广西大学公共管理研究生班和中国地质大学（武汉）工程专业研究生班，3名同志继续就读广西民族大学在职研究生班，另有6名同志新参加广西大学MPA班学习。

（广西壮族自治区地震局）

四川省地震局

根据教育培训规划，推荐1名处级领导干部参加了10月在杭州举办的"2010年中国地震局中青年干部培训班（第六期）"；选送1名副处级干部参加了四川省直机关党校培训班；1名青年技术骨干参加了人力资源和社会保障部与中国地震局9月份在北京联合举办的

《基于空间对地观测技术提高地震监测预警能力高级研修班》。与监测预报处、震害防御处、预报研究所联合举办中国地震局 2010 年基层重点培训项目——四川省地震局地震分析预报培训班，并得到中国地震局相关部门现场指导、调派专家授课等支持以及经费资助。

（四川省地震局）

云南省地震局

  2010 年，云南省地震局网络学习覆盖率达 99.6%。共承办、举办各类培训班 9 个。
  2010 年，云南省地震局共有 1 人获得硕士学位，6 人考取硕士研究生。选派 1 名同志赴中国地震局地球物理研究所交流学习。选派 1 名技术骨干通过公派留学访问的答辩，按计划进行出国留学访问。

（云南省地震局）

陕西省地震局

  2010 年，陕西省地震局选派局级干部 1 名、处级干部 9 名到省委党校、干部培训基地进行培训学习。举办了支部书记培训班、防震减灾条例培训班、科研课题申请实施及科技论文撰写技巧培训班、应急现场工作培训班等，培训人员 130 多人次。选送 68 人次专业技术人员参加各类培训，2 人列入中国地震局交流访问学者。
  修改完善了专业技术职务职称评审定量考核办法，评审中级职务任职资格 6 人，高级职务任职资格 5 人。

（陕西省地震局）

新疆维吾尔自治区地震局

  开展地（州、市）地震局长培训工作。组织新疆维吾尔自治区地方地震局长 19 人进行了为期 10 天的培训和地震现场考察。
  协调自治区考试中心，组织 2010 年二级地震安全性评价工程师考试，制定自治区二级地震安全性评价工程师考试合格标准。完成自治区非教育系统外语培训报名工作。经人社厅批准，选派青年业务骨干一人赴西安外国语学院进修。
  实施全员参训。2010 年参加培训人数 151 人，培训经费约 34 万元。

（新疆维吾尔自治区地震局）

人物

2010年中国地震局享受政府特殊津贴人员简介

黄金莉

女，1962年生，2006年毕业于日本爱媛大学，获博士学位，固体地球物理专业。现任中国地震局地震预测研究所研究员，博士生导师。主要从事中国大陆及重点地区深部结构等方面的研究工作，曾获省部级一等奖2项、二等奖1项。

刘杰

男，1965年生，1998年毕业于中国地震局地球物理研究所，获博士学位，地球物理专业。现任中国地震台网中心研究员。主要从事地震预报、地震活动中长期评估、地震统计和动力学模型、数字地震学等方面的研究工作，曾获省部级二等奖6项。

薄万举

男，1957年生，1981年毕业于武汉测绘学院，获学士学位，大地测量专业。现任中国地震局第一监测中心研究员，硕士生导师。主要从事地震预报、地壳形变等方面的研究工作。曾获省部级一等奖1项、二等奖4项、三等奖4项。

何昌荣

男，1961年生，1989年毕业于日本东京大学，获博士学位，岩石力学专业。现任中国地震局地质研究所研究员，博士生导师。主要从事高温高压岩石力学、地震动力学研究等工作。

吴建平

男，1964年生，1997年毕业于中国地震局地球物理研究所，获博士学位，固体地球物理专业。现任中国地震局地球物理研究所研究员，博士生导师。主要从事流动地震观测研究、新一代地震走时表和定位软件研究和科学探测台阵数据中心建设等工作。曾获省部级一等奖2项、二等奖2项。

田勤俭

男，1966年生，1998年毕业于中国地震局地质研究所，获博士学位，地震地质专业。现任中国地震灾害防御中心研究员，博士生导师。主要从事地震地质研究、地震中长期预测研究和地震安全性评价等工作。

焦明若

男，1963年生，2000年毕业于中国地震局地球物理研究所，获博士学位，地球物理专业。现任辽宁省地震局研究员，博士生导师。主要从事地震综合预报方法研究等方面的工作。曾获省部级一等奖1项、二等奖1项。

（中国地震局人事教育司）

2010年通过研究员（正研级高级工程师）专业技术职务任职资格人员名单

序号	姓名	性别	单位	专业技术职务	研究方向（工作领域）
1	曹井泉	男	天津市地震局	正研级高工	监测预报
2	高立新	男	内蒙古自治区地震局	正研级高工	监测预报
3	杨清福	男	吉林省地震局	正研级高工	监测预报
4	李家明	男	湖北省地震局	正研级高工	科技服务与技术支撑
5	姚 宏	男	广西壮族自治区地震局	正研级高工	监测预报
6	李永强	男	云南省地震局	正研级高工	应急救援
7	吴志坚	男	甘肃省地震局	研究员	地震工程
8	陈玉华	女	青海省地震局	正研级高工	监测预报
9	王宝善	男	中国地震局地球物理研究所	研究员	地球物理
10	刘爱文	男	中国地震局地球物理研究所	研究员	地震工程
11	于贵华	女	中国地震局地质研究所	正研级高工	震害防御
12	陈九辉	男	中国地震局地质研究所	研究员	地球物理
13	李海亮	男	中国地震局地壳应力研究所	正研级高工	科技服务与技术支撑
14	王勤彩	女	中国地震局地震预测研究所	正研级高工	监测预报
15	康春丽	女	中国地震局地震台网中心	正研级高工	监测预报
16	张郁山	男	中国地震局震害防御中心	研究员	地震工程
17	唐方头	男	中国地震局地壳工程中心	正研级高工	震害防御
18	刘保金	男	中国地震局地球物理勘探中心	正研级高工	震害防御

（中国地震局人事教育司）

中国地震局2010年获得专业技术二级岗位人员名单

序号	单位	姓名	学科方向	专业技术岗位系列
1	中国地震局工程力学研究所	孙景江	地震工程	科学研究
2	河北省地震局	刁桂苓	地震学	科学研究
3	中国地震局地震预测研究所	杜建国	地球化学	科学研究
4	四川省地震局	程万正	地震预报	科学研究
5	中国地震局地球物理研究所	杨建思	地震学	科学研究
6	中国地震局地质研究所	何昌荣	地球物理实验与仪器	科学研究
7	中国地震局地壳应力研究所	刘耀炜	地震预报	科学研究
8	中国地震局地震预测研究所	任金卫	构造地质	科学研究
9	中国地震局工程力学研究所	孙柏涛	防灾减灾工程与防护工程	科学研究
10	中国地震局工程力学研究所	杨学山	地震工程	科学研究

（中国地震局人事教育司）

合作与交流

主要收载地震系统一年来双边、多边国际合作项目,以及重要学术活动概况,是了解国内外地震领域科研进展,学术交流的窗口。

合作与交流项目

2010年中国地震局对外交流与合作综述

2010年中国地震局认真贯彻党的十七届四中、五中全会精神和《国务院关于进一步加强防震减灾工作的意见》要求，继续坚持"以我为主、以外促内"的原则，加强组织领导，完善外事制度，扎实推进地震科技外事各项工作，取得显著成效。

一、"走出去"和"引进来"并举

2010年，中国地震局坚持"走出去"和"引进来"相结合的原则，在国际资源和合作经费有限、出国总量严格控制的条件下，合理统筹，积极有效地开展地震科技外事工作，主要成果如下。

1. 重点合作领域得到巩固并深化

2010年，中国地震局组织高访团分别访问了丹麦、冰岛、智利、韩国等国家和地区，在应急救援、火山监测、应急管理等领域开展交流，和冰岛气象厅、韩国气象厅签署或续签了合作协议，并考察了智利8.8级地震、新西兰基督城地震和意大利拉奎拉地震现场。同时，还参加了中日韩三边地震合作会谈，进一步加强三边合作机制。

同年，冰岛总统顺访云南省地震局，了解紧急救援、应急管理等领域的工作情况。成功举行了中美地震科技协调人工作会晤，在中美合作数字化地震台网升级改造事宜上获得新进展。接待了韩国、泰国等国家的重点团组，围绕地震数据交换、地震科技合作、地震应急救援能力建设等进行了交流。

2. 国际合作与交流受益面不断扩大

瞄准国际地震学科前沿，组织人员参加了"2010年西太平洋地球物理会议""2010年美国地球物理联合会秋季年会""2010年亚洲大洋洲地球科学联合会议"和"欧洲地球物理联合会2010年学术大会"等具有代表性的重要学术会议。并与国际地震学与地球内部物理学协会、联合国人道主义事务协调办公室和国际地震数据中心保持密切沟通。

成功支持中国地震局地壳应力研究所、中国地震应急搜救中心及中国地震局地球物理研究所举办"第五届国际岩石应力研讨会""第十七届国际应急管理学会2010年年会"以及"第十四届国际地磁学与高空大气学协会地磁台站工作会议"。

3. 智力输出力度逐步增强

2010年，中国地震局加大实施多层次人员培训。日本国际协力机构（JICA）地震培训项目正式启动，共有来自系统各单位的140余人参加了培训。并先后举办赴英地震灾害应急预案管理和救援培训班、赴德国地震学培训班，共50人次。

同时，组织举办了发展中国家地震监测技术基础培训班，来自 8 个国家的 20 余人参加培训，扩大了中国地震科技优势的国际影响。

4. 港澳台地震科技合作与交流取得新突破

组织高访团赴台参加学术研讨，与台湾地区有关机构和人员就进一步增进海峡两岸地震科技合作，特别是加快推进台海地震合作项目实施进行了磋商。闽台首次开展两岸地震观测数据交换、台网联合观测和人工诱发地震观测。由国家自然科学基金委和台湾李国鼎科学基金共同资助为期三年的"汶川地震发震机理研究"项目取得了阶段性成果。

组织高访团赴港澳访问，就进一步加强中国地震局与港澳地震科技合作与震灾应急救援进行了探讨，并与澳门地球物理暨气象局重新签署了《中国地震局与澳门地球物理暨气象局地震科技合作安排》。

二、全力服务于国家总体外交

2010 年，中国地震局紧密围绕"大国是关键，周边是首要，发展中国家是基础，多边是重要舞台"这一外交工作总体布局，密切结合国家总体外交战略，全力为国家外交大局服务。

扎实推进境外地震台网建设。境外地震台网建设项目是中国对受援国外交顺利开展的重要依托和保障之一。2010 年，援印度尼西亚地震监测和海啸预警系统项目的交接工作及老挝、缅甸境外台站项目的验收工作顺利完成；援萨摩亚地震监测台网已完成无线电频点申请及台站征地工作，下一步将开始基建及设备安装调试工作；援巴基斯坦地震监测台网项目已完成 10 个宽频带地震观测台站及一个地震数据处理中心的建设及设备安装工作。

积极开展国际人道主义救援行动。2010 年至今，中国地震局对海地、智利、新西兰等国 11 次地震和 2 次火山事件启动了响应。并根据国务院的总体部署，与有关部门密切配合，组织协调中国国际救援队赴海地、巴基斯坦、新西兰、日本开展了 5 批次救援救助行动，受到了当地政府与人民的高度评价，为树立责任大国的形象、配合国家总体外交作出了特殊贡献，获得了温家宝总理、回良玉副总理的赞扬与肯定。

三、大力服务于地震科技进步和防震减灾需求

2010 年，中国地震局结合世界地震科技的新成果、新动向，保障了一批重大国际科技合作项目的顺利实施，切实提高了地震科技自主创新能力和防震减灾工作能力。

2010 年科技部审批通过了中国地震局提交的 3 个重大科技国际合作项目申请，涵盖地震监测、烈度速报等领域。其中，科技部专题项目"远东地区地磁场、重力场及深部构造观测与模型研究"合作项目获得了近 1000 万人民币的经费支持。

中国地震局与联合国国际减灾战略秘书处及国际劳工组织共同开展了"汶川地震恢复重建经验总结"项目，向国际社会特别是地震灾害严重的发展中国家宣传展示汶川地震恢复重建成果，并积极参与全球地震模型项目。

同时，结合数据交换需求和国际新动态、新形势，中国地震局组织专家对中国地震数

据以及交流现状进行了系统调研分析，并提出了符合中国实际的交换方案。

四、继续严控出国团组，规范外事管理

2010年是严格执行量化管理的第一年。中国地震局系统共出访团组188个429人次，达到了总量持平的要求。

依据国家有关规定，中国地震局进一步完善了地震部门因公出国（境）团组管理制度体系建设。严格执行年度计划报批制度、团组行前教育制、团长责任制以及出访总结报告制度。在严格出访团组控制的同时，采取有保有压的原则，确保有实质内容、工作急需的出访任务。

同时，为规范外事管理，陆续下发了收缴因公护照、报送出访总结、按季度报送因公出国（境）团组和经费使用情况的通知，确保外事工作有质有序地开展。

（中国地震局科技与国际合作司）

2010 年出访项目

1月2—11日

中国地震局地质研究所所长张培震研究员赴美国科罗拉多大学环境科学研究院执行中美地震科技合作"青藏高原东北缘晚新生代构造演化与强震发生机理"项目,与美方进行资料分析和总结及成果发表等工作。

1月6日—3月6日

中国地震台网中心研究员黄志斌赴日本执行日本国际协力机构(JICA)全球地震观测研修任务。

1月11日—2月27日

中国地震局工程力学研究所助理研究员王祥建赴日本执行日本国际协力机构(JICA)综合防灾行政培训任务。

1月13—27日

中国国际救援队共50人赴海地太子港进行地震救援,其中武警医院和北京军区40人,中国地震局派出震灾应急救援司司长黄建发等一行10人专家组参加救援。

1月17日—2月6日

中国地震局地震预测研究所助理研究员王曙光赴日本九州大学执行"东北深源地震的物质与应力环境及其与东北浅源地震的关系"项目合作研究,并进行岩石样品实验。

1月18—27日

中国地震局地震预测研究所研究员王晓青等一行4人赴日本气象厅地磁研究所和韩国地质资源研究院地震研究中心就"亚洲地震巨灾评估技术及应用研究"课题进行学术交流,并收集地震灾害风险评估有关资料。

1月20日—2月8日

中国地震局震害防御司副调研员金雷赴俄罗斯参加"科技创新与科技普及运行机制培训班"。

1月24—29日

天津市地震局灾害防御中心主任傅仲生等一行4人赴日本东京、大阪就"天津滨海新区软土地基的地震和交通荷载作用效应技术研究"课题进行科技交流。

1月25日—2月9日

中国地震局地壳运动监测工程研究中心副总工程师杨大克等一行3人赴缅甸执行境外台网项目,进行GNSS设备、卫星通信系统升级及地震观测系统测试等工作。

1月28日—2月28日

中国地震局地震预测研究所助理研究员武艳强赴日本九州大学就"汶川地震对区域应变积累影响的研究"项目开展合作研究。

1月30日—2月3日

中国地震局地震预测研究所研究员申旭辉赴法国巴黎参加"中法航天合作联委会第九次会议"。

2月3—6日

中国地震局地球物理研究所研究员郑重赴韩国首尔参加"第一次东亚全面禁核试条约数据中心和台站运行维护国际研讨会"。

2月3—9日

中国地震局地震预测研究所研究员申旭辉等一行3人赴意大利罗马,与意大利国家航天局和国家核物理研究院商讨中意电磁卫星有效载荷合作方案。

2月23日—3月11日

新疆维吾尔自治区地震局高级工程师郑黎明和副研究员李志海2人赴美国新泽西州立大学执行中美地震科技合作"用地震体波研究中国西部岩石圈应变状态"项目。

3月1—31日

中国地震局地震研究所研究员王琪赴美国加州大学圣芭芭拉分校就汶川地震开展合作研究,通过联合反演地震波形和GPS位移深入分析汶川地震的破裂过程。

3月2—7日

中国地震局工程力学研究所研究员齐霄斋等一行3人赴日本东京参加"第七届城市地震工程与第五届地震工程国际联合会议"。

3月6—28日

中国地震台网中心高级工程师韩磊等一行4人赴巴基斯坦伊斯兰堡执行援巴地震监测台网项目,落实项目建设场地准备情况,清点我方设备。

3月7—12日

中国地震局地震预测研究所研究员江在森赴日本九州大学就"利用非连续变形分析方法和数值流行方法分析地壳运动与应力应变场动态变化问题"进行论证研究。

3月7—12日

四川省地震局研究员杜方赴日本九州大学就"利用非连续变形分析方法和数值流行方法分析地壳运动与应力应变场动态变化问题"进行论证研究。

3月9—12日

中国地震局地震研究所副所长龚平应邀赴日本兵库县神户市参加东北亚地区地方政府联合会(NEAR)第八届防灾分科委员会会议及防灾研修活动。

3月9—14日

黑龙江省地震局副局长张莹赴日本兵库参加"东北亚地区地方政府联合会第八次防灾分科委员会会议"。

3月15—19日

中国地震局国际合作司副司长赵明等一行4人赴日本东京与日本野村综合研究所讨论开展地震烈度速报领域合作事宜,并探讨在地震物流、地震保险领域合作的可能性。

3月15—24日

中国地震局地壳运动监测工程研究中心高级工程师唐方头等一行7人,为完成国家重大科技基础设施建设项目"中国大陆构造环境监测网络"的流动重力测量任务,赴美国考察相对重力仪制造商,并学习有关重力仪的原理及使用方法。

3月16—22日

应香港欧美大地仪器公司和瑞士GEOSIG公司的邀请,武汉地震科学仪器研究院项大鹏院长和陈志高总工对以上两家仪器经销商和生产厂家进行了为期5天的访问和考察。

3月20—26日

中国地震局震灾应急救援司副主任尹光辉等一行4人赴阿拉伯联合酋长国阿布扎比参加"2010年度国际搜索与救援咨询团（INSARAG）国际城市搜索救援队队长年会暨医疗工作组会议（MWG）"。

3月25日—4月8日

中国地震局地壳运动监测工程研究中心助理研究员邹锐等一行3人赴老挝执行境外台站设备升级和调式任务。

3月27日—4月2日

中国地震台网中心总工程师、研究员刘瑞丰赴美国洛杉矶参加"第四届中美双边科技数据合作交流圆桌会议"。

4月1日—5月9日

中国地震局地质研究所助理研究员陈桂华赴法国巴黎地球物理研究所和尼斯大学短期工作，共同探讨东昆仑合作项目研究成果及撰写研究论文事宜，并赴奥地利维也纳参加"2010年欧洲地学年会"。

4月4—7日

中国地震局地壳运动监测工程研究中心研究员杨大克赴泰国曼谷参加"亚非区域多灾种综合预警系统执行委员会第二次会议"。

4月5—16日

中国地震局副局长刘玉辰率团一行6人赴印度尼西亚参加"援印度尼西亚地震监测和海啸预警系统"项目交接仪式，并赴老挝、缅甸参加境外地震台站落成仪式。

4月8—10日

中国地震局地壳运动监测工程研究中心助理研究员邹锐赴缅甸执行境外台站仪器调试和地震观测台站交接任务。

4月8—16日

中国地震台网中心主任潘怀文等一行6人赴印度尼西亚雅加达进行"援印度尼西亚地震监测和海啸预警系统"项目移交前准备工作，并商讨后续合作事宜。

4月11—16日

中国地震局地震预测研究所研究实习员太龄雪赴澳大利亚帕斯参加"第十四届国际地震各向异性研讨会"。

4月11—16日

辽宁省地震局研究员焦明若赴澳大利亚帕斯参加"第十四届国际地震各向异性研讨会"。

4月11—16日

中国地震局兰州地质研究所所长王兰民和副研究员吴志坚2人赴日本冲绳参加"第四届中日岩土工程研讨会"并顺访东京大学。

4月11—24日

中国地震局地壳应力研究所助理研究员赵俊香赴丹麦哥本哈根丹麦里索实验室，学习、掌握所购释光仪器性能、放射源的标定、释光测年原理及国际最新释光技术动态、里索配套软件程序的使用等技术。

4月11—26日

中国地震局地震预测研究所研究员高原赴澳大利亚帕斯参加"第十四届国际地震各向异性研讨会"，并赴日本访问日本东京大学和日本地球演化研究所。

4月11日—7月9日

中国地震局地质研究所助理研究员刘进峰赴丹麦哥本哈根丹麦里索实验室进行光释光放射测量实验研究。

4月14—19日

中国地震局工程力学研究所研究员齐霄斋等一行3人赴美国圣胡安参加"中美地震工程与减轻地震灾害合作项目协调会"并进行工程抗震考察。

4月18—22日

中国地震应急搜救中心工程师隋建波和助理工程师李立2人赴新西兰奥克兰参加"亚太地区人道主义合作伙伴（APHP）第七次工作会议"。

4月18—29日

中国地震局地球物理研究所研究员王健赴奥地利维也纳奥地利气象与地球动力中央研究所执行中奥科技部双边互访项目"历史地震参数确定方法研究"。

4月22日—10月9日

中国地震局地震预测研究所助理研究员李乐赴美国休斯敦美国莱斯大学进行"板内重复地震"课题合作研究。

4月25—30日

中国地震局地球物理研究所副所长高孟潭研究员赴意大利帕维亚参加"全球地震模型回顾会议"。

5月1日—11月1日

中国地震局地质研究所博士姚琪赴澳大利亚昆士兰地球系统科学计算中心进行工作访问，执行科技部国际科技合作项目"汶川地震区活动断层发震习性鉴定与重建避让带宽度研究"。

5月7日—6月7日

中国地震局地震预测研究所助理研究员邵志刚赴德国波茨坦地学研究中心进行"地震动力学数值模拟"方面合作研究。

5月9—14日

中国地震局地球物理研究所所长吴忠良研究员赴意大利底里亚斯特国际理论物理中心为"减轻地震灾害与可持续发展高级研讨班"授课。

5月10日—6月16日

中国地震局副局长阴朝民赴美国哈佛大学参加"第八期公共管理高级培训班"。

5月11—15日

中国地震局地质研究所副所长徐锡伟和中国地震台网中心总工程师刘瑞丰2人赴韩国首尔与韩国气象厅就"汶川地震信息交流和地震观测数据准实时交换"进行讨论。

5月12—22日

中国地震局副局长修济刚率团一行6人赴智利圣地亚哥与智利天主教大学同行交流破坏性地震震后减灾、救援及恢复重建工作领域的经验，回顾已有合作并探讨未来合作计划，并赴智利8.8级地震灾区考察综合震害、活动构造及倒塌建筑物等；此外，还赴美国华盛顿访问美国国家标准技术研究院，讨论在地震工程领域的合作事宜。

5月15日—6月5日

中国地震局震害防御司司长杜玮和上海市地震局副局长李红芳2人赴日本东京大学参加"现代化省市建设与防震减灾专题研究班"。

5月16—20日

中国地震局地质研究所研究员陈杰赴德国波茨坦参加由美国国家科学基金会（NSF）大陆动力学计划资助、美国怀俄明大学和德国国家地球科学中心共同组织的"帕米尔地区陆内深俯冲作用国际研讨会"。

5月16—25日

江苏省地震局副局长倪岳伟等一行6人赴韩国、日本进行防震减灾工作考察。

5月16—26日

云南省地震局副局长王彬等一行15人赴日本执行JICA中日合作地震应急救援能力强化计划项目培训。

5月16—29日

中国地震局地球物理研究所研究员郑重赴奥地利维也纳参加禁核试核查系统波形技术培训。

5月17—21日

中国应急搜救中心总工程师曲国胜赴俄罗斯莫斯科参加由俄罗斯紧急情况部主办的"国际地震安全研讨会"。

5月21日—6月20日

中国地震局地球物理研究所副研究员蒋长胜赴日本东京大学地震研究所就"地震可预测性研究"方面进行合作研究，并参加"日本地球科学联合会2010年年会"。

5月24日—6月1日

北京市地震局副局长胡平研究员赴美国圣地亚哥密苏里科技大学参加"第五届国际地震工程与土动力学新进展学术会议"。

5月25—31日

甘肃省地震局局长王兰民和副研究员吴志坚2人赴美国圣地亚哥参加"第五届国际岩土地震工程新进展大会"。

5月29日—6月10日

中国地震局地震预测研究所研究员杜建国赴法国参加法国奥尔良大学组织的野外测量团，赴阿尔卑斯山进行地质构造野外测量，与中国大陆造山带的构造进行对比研究。

5月31日—6月5日

中国地震局地质研究所研究员许建东和副研究员李霓2人赴西班牙加纳利岛参加"第六届国际城市火山大会"。

6月1日—8月25日

中国地震局地震预测研究所副研究员金红林赴日本东京大学地震研究所就GPS和InSAR数据处理技术应用于汶川与玉树地震同震形变联合反演问题开展合作研究。

6月2—4日

第七届中哈天山国际地震学术研讨会在哈萨克斯坦共和国阿拉木图市召开。中国地震局代表团派出27人参会，由陈颙院士任团长，中国地震局国际合作司赵明副司长、新疆维吾尔自治区地震局王海涛副局长任副团长。

6月5—11日

中国地震局地质研究所副所长马胜利等一行3人赴荷兰乌德勒支参加"地壳断层活动力学——从大地震到人类诱发地震研讨会"，并作学术报告。

6月5—14日

中国地震台网中心研究员李大辉赴萨摩亚执行"援萨摩亚地震监测台网项目"基建工程检查及项目实施技术协调工作。

6月7—12日

中国地震局地质研究所所长张培震赴美国旧金山参加"第二十五届国际喜马拉雅—喀喇昆仑—青藏高原讨论会"和"青藏高原和喜马拉雅科学研究的未来方向研讨会"。

6月10日—9月11日

中国地震局地震预测研究所研究员孟国杰赴日本东京大学地震研究所进行"地壳形变特征分析和模型构建"方面合作研究。

6月12—15日

中国地震局地震预测研究所研究员陈棋福赴英国撒彻参加"2010年国际地震中心执委会会议"。

6月14—23日

天津市地震局局长赵国敏等一行3人赴澳大利亚参加"天津—墨尔本缔结友城关系三十周年"系列活动，考察历史建筑抗震性能及城市规划等；还赴新西兰签署"天津市与惠灵顿市关于防震减灾深度合作框架协议"。

6月20—29日

安徽省地震局副局长王跃等一行5人赴澳大利亚新南威尔士大学和新西兰鹰技术集团访问考察，就地理信息系统技术应用进行科技交流。

6月22—26日

湖北省地震局廖武林副研究员和张丽芬助理研究员赴中国台湾参加了2010年度西太平洋地球物理会议。

6月29日—7月10日

中国地震局地震预测研究所助理研究员王曙光赴日本九州大学Sping-B同步衍射光源实验室进行实验研究。

7月5—9日

中国地震局地球物理研究所研究员葛洪魁赴法国普罗旺斯参加"2010年东南亚地球动力学和环境会议"，并作题为《汶川地震断裂带主动源监测技术研究》的学术报告。

7月12—17日

中国地震局地球物理研究所所长吴忠良研究员赴奥地利维也纳参加全面禁核试条约组织临时秘书处召开的"地震波形关键性能指标评估会议"。

7月25—30日

中国地震台网中心副研究员康春丽赴美国夏威夷火奴鲁鲁参加"2010年国际地球科学与遥感应用研讨会",并作题为《基于标准差阈值法的长波辐射地震异常研究》的学术报告。

7月25—30日

中国地震局地质研究所研究员单新建赴美国夏威夷火奴鲁鲁参加"2010年国际地球科学与遥感应用研讨会"。

7月25—30日

湖北省地震局处长卓力格图副研究员等一行5人赴马来西亚PORT DICKSON参加亚太地区第二期联合国灾害评估与协调队(UNDAC)队员强化培训。

7月25—30日

中国地震局工程力学研究所副研究员毛晨曦赴加拿大温哥华参加"第九届美国暨第十届加拿大联合地震工程会议",并作题为《六层砌体结构汶川地震余震损伤发展识别》的学术报告。

7月26日—8月1日

中国地震局地震预测研究所研究员王晓青和副研究员董彦芳2人赴美国夏威夷火奴鲁鲁参加"2010年国际地球科学与遥感应用研讨会"。

7月28日—8月15日

中国地震台网中心高级工程师韩磊等一行3人赴巴基斯坦执行援巴地震监测台网项目设备安装工作。

7月28日—9月7日

中国地震局地质研究所研究员王敏赴美国加州大学洛杉矶分校就"中国大陆及美国西部地区的地壳形变和区域构造"项目进行合作研究。

7月28日

湖北省地震局助理研究员周义炎赴美国南加州大学学习电离层数据同化处理技术和理论方法。学习至2011年6月27日结束。

7月29日—8月7日

中国地震局局长陈建民率团一行5人赴丹麦、冰岛访问,与丹麦紧急事务管理局商讨在应急救援、紧急管理领域合作事宜;与冰岛环境部续签在地震研究领域合作谅解备忘录,并商讨合作计划,交流地震救援经验,了解冰岛应对火山喷发的对策措施。

8月1—6日

中国地震局地震预测研究所研究员申旭辉和地壳应力研究所研究员王兰炜2人赴意大利航天局和国家核物理研究院访问,并具体落实与意大利电磁卫星有效载荷合作技术方案。

8月8—15日

中国地震局地质研究所研究员赵国泽赴巴西伊瓜苏参加"美洲地球物理大会",并作题为《基于汶川八级地震区的电性结构研究为什么在龙门山积累大地震的应力》的学术报告。

8月15—20日

山西省地震局局长赵新平等一行3人赴挪威卑尔根大学访问交流，讨论"山西省活动断层与岩石磁组构"课题工作进程及进一步计划。

8月15—22日

中国地震局人事教育司司长何振德等一行3人赴德国柏林参加由德国波茨坦地球科学研究中心举办的"中德第二期地震学培训班"开幕式及授课、讲座等活动。

8月15日—9月6日

中国地震局地球物理研究所助理研究员王宝善等一行27人赴德国柏林参加由德国波茨坦地球科学研究中心举办的"中德第二期地震学培训班"。

8月15日—9月13日

山西省地震局助理工程师李斌赴挪威卑尔根大学就"山西省活动断层与岩石磁组构"课题进行合作研究，并对研究过程中采集的样品进行实验室测量。

8月16—21日

广东省地震局副局长吕金水等一行6人赴日本东北大学和日本气象厅访问，考察地震监测及观测仪器设备新技术。

8月22—31日

云南省地震局副局长胡永龙等一行4人赴德国波茨坦地球科学研究中心和荷兰搜救培训中心等机构访问。与德方进行应急救援和震害防御方面学术交流；与荷方进行国际联合救援队快速反应专题讨论，并与两国机构商讨国际培训合作事宜。

8月23—29日

中国地震台网中心总工程师刘瑞丰赴德国柏林参加由德国波茨坦地球科学研究中心举办的"中德第二期地震学培训班"授课、讲座活动。

8月25日—9月4日

中国地震应急搜救中心副主任谭先锋等一行10人赴日本执行JICA"中日地震紧急救援能力建设"项目培训。

8月26日—9月15日

中国国际救援队赴巴基斯坦水灾地区进行医疗人道主义救援，中国地震局派出震灾应急救援司司长黄建发等9人专家组参加救援（武警总医院派出36人，北京军区工兵团派出10人，随行记者5人，共计60人）。

8月27日—9月1日

中国地震局地质研究所研究员高建国赴日本东京参加"第六届北京—东京论坛"。

8月29日—9月3日

中国地震局工程力学研究所研究员温增平赴马其顿奥赫里德参加"第十四届欧洲地震工程会议"，并作题为《2008年5月12日汶川地震地震动的特性》专题报告。

8月29日—9月6日

云南省地震局主任科员晏萌赴德国柏林参加由德国波茨坦地球科学研究中心举办的"中德第二期地震学培训班"交流活动。

8月29日—9月9日

江苏省地震局局长丁仁杰等一行5人赴瑞士、波兰和匈牙利访问考察,分别访问瑞士地震服务中心、波兰科学院地球物理研究所和匈牙利科学院测量与地球物理研究院,就地震学研究、地震监测预报和地震仪器研制等领域展开交流,商讨合作;还访问设在瑞士的世界行星监测与减缓地震危险组织。

8月29日—10月9日

中国地震应急搜救中心副处长卢杰和助理工程师王念法2人赴日本执行JICA"中日地震紧急救援能力建设"项目特别培训,学习日本的救援制度、技术及教官所必需的教授法、指导法等。

8月30日—9月16日

中国地震局发展与财务司主任科员李羿嵘赴日本访问,考察日本行政制度与管理、经济政策与产业振兴、地方行政制度等。

9月3—11日

中国地震局地质研究所副研究员陈晓利赴新西兰奥克兰参加"第十一届国际工程地质大会",并作题为《汶川地震诱发的地质灾害》学术报告。

9月6—13日

中国地震局直属机关党委团委书记王继斌、局工程力学研究所副处长刘伟2人赴日本友好访问。

9月7—16日

中国地震局陈颙院士赴意大利、荷兰进行学部工作调研。

9月8—13日

中国地震局地质研究所研究员何宏林赴英国达拉漠大学访问,参加该校召开的"地震灾害响应讨论会"并发言。

9月9—14日

中国地震局地质研究所所长张培震研究员赴美国内华达大学参加"2010年度布尔特·斯莱蒙斯讲座"活动,发表演讲,并对美国盆地山脉省的活动构造进行考察研究。

9月14日—10月4日

中国国际救援队第二批人员赴巴基斯坦水灾地区进行人道主义医疗救援,中国地震局派出震灾应急救援司副司尹光辉等11人专家组参加救援(武警总医院派出41人,北京军区工兵团派出10人,随行记者5人,共计67人)。

9月15—24日

中国地震局第二监测中心副主任王庆良等一行4人赴日本北海道大学和加拿大地质调查局太平洋地球科学中心考察访问,交流慢地震等方面科学研究进展及其在地震预测中的应用和东亚大陆地球动力学问题。

9月19—24日

中国地震局地质研究所研究员赵国泽等一行5人赴埃及开罗吉萨参加"第二十届国际地球电磁感应学术研讨会",并作学术报告。

9月19—25日

中国地震局地壳应力研究所助理研究员兰晓雯和副研究员赵亚敏2人赴新西兰皇家地

质与核科学研究院，就地震烈度和地震动衰减关系、近断层地震区地震动加速度反应谱关系等内容进行学术交流。

9月20—25日

中国地震局地震预测研究所研究员孙汉荣赴日本横滨参加"拓普康C空间新技术学习交流研讨会"。

9月20—29日

中国地震局副局长赵和平率团一行6人赴法国访问法国内政部及外交部，交流在灾害应急管理领域经验，商讨加强地震应急救援领域合作的可能；赴意大利访问意大利民事保护局，并考察"2009年6月4日拉奎拉地震"灾区现场，交流地震应急救援、灾后恢复重建等领域的经验。

9月20—29日

中国地震局地球物理研究所陈运泰院士赴日本和澳大利亚进行学术和科技期刊工作调研。

9月21日—10月18日

中国地震台网中心助理工程师李璐彬等一行4人赴印度尼西亚雅加达执行"援印度尼西亚地震监测和海啸预警系统"台站维护维修工作。

9月24—29日

中国地震局地质研究所研究员何宏林赴日本东京大学地球与行星科学系参加中日合作"青藏高原扩大过程研究"项目启动会，并进行野外考察。

9月25日—10月1日

河北省地震局副研究员张跃刚等一行4人赴希腊塞萨洛尼基亚里士多德大学地球物理系访问，讨论双方今后的合作内容和形式。

9月26日—10月1日

中国地震局地球物理研究所副所长杨建思随全国青联代表团，赴美国参加全国青联与美青理会建立交往关系三十周年活动。

9月28日—2011年9月17日

湖北省地震局助理研究员张丽芬和中国地震局工程力学研究所助理研究员齐文浩2人赴日本执行JICA地震、耐震、防灾政策任务。

10月2—17日

天津市地震局副局长聂永安赴意大利参加"可持续发展——环境技术与管理创新"专题培训。

10月3—7日

中国地震局地球物理研究所副研究员蒋长胜赴日本小樽参加"亚太经合组织地震模拟合作计划2010年工作会议"。

10月3—9日

上海市地震局研究员马钦忠赴美国洛杉矶参加"地震与火山电磁研究学术会2010年会"。

10月3—9日

中国地震局地震预测研究所研究员尹祥础赴日本小樽参加"亚太经合组织地震模拟国

际合作组织第七届国际专题研讨会"。

10月3—9日

中国地震台网中心研究员张永仙和副研究员余怀忠2人赴日本小樽参加"亚太经合组织地震模拟国际合作组织第七届国际专题研讨会",并分别作题为《地震图像信息法对于田和汶川地震预测效能的回溯性检验》及《多方法联合分析未来地震的发生趋势》的学术报告,并讨论下一步合作计划。

10月3—10日

中国地震局地震预测研究所研究员杜建国和助理研究员刘雷2人赴加拿大蒙特利尔科尔康迪亚大学、米盖尔大学和多伦多大学开展岩石力学、分子动力学方面合作研究和科技交流。

10月4—9日

中国地震局地球物理研究所研究员吴建平等一行6人赴日本京都大学和国家极地研究所就新一代地震走时表编制关键问题——三维速度模型的建立、多种震相理论走时的计算和地震定位技术的发展以及极地研究等内容进行考察和学术交流。

10月5—19日

上海市地震局研究员尹京苑赴美国访问,执行"上海市城市公共安全评估与指标体系构建"项目合作研究。

10月9—21日

地壳运动监测工程研究中心助理研究员邹锐和研究实习员李建勇2人赴老挝执行援老挝GNSS基准站设备调试和维护工作。

10月9—29日

中国地震局政策法规司司长方韶东等一行22人赴英国参加"自然灾害救援预案管理培训"。

10月10—15日

中国地震局地球物理研究所所长吴忠良研究员赴奥地利维也纳参加全面禁核试条约组织筹委会临时技术秘书处组织召开的"IMS波形技术关键性能指标评审工作会议"。

10月10—26日

中国地震局地震研究所副研究员李欣和助理研究员王培源2人赴西班牙国家地理研究所就地球动力学、火山监测和台站地壳形变监测仪器等方面进行合作交流。

10月12日—12月20日

中国地震局地震研究所副研究员杨少敏赴美国阿拉斯加大学费尔班克分校地球物理所就GPS数据分析的最新技术和地壳形变进行合作研究。

10月20—29日

中国地震局人事教育司副司长吴仕仲等一行5人赴德国、意大利进行地震科普宣传教育工作考察。

10月21—26日

湖南省地震局高级工程师全德辉等一行6人赴美国地质调查局考察地震区划与地震危险性评价方法及灾害应急管理处置等。

10月24—27日

中国地震局地球物理研究所研究员郑重等一行4人赴韩国参加"第九届远东地震学国际研讨会"。

10月24—29日

中国灾害防御协会秘书长张辉等一行5人赴韩国参加"第四届韩国国际防灾产业展"和"第四次联合国减灾亚洲内阁会议"。

10月24—30日

中国地震局地壳应力研究所副所长陆鸣等一行3人赴英国格拉斯哥大学、伦敦大学大学院等进行学术交流,并就相关领域科技合作及人才培养等方面签署合作意向书。

10月24—31日

中国地震应急搜救中心总工程师曲国胜等一行3人赴蒙古对蒙古紧急事务管理局人员开展"地震救援行动"培训。

10月25日—11月12日

新疆维吾尔自治区地震局工程师刘平仁赴德国波茨坦德国地球科学研究中心就"新疆乌恰地震余震监测"进行合作研究,完成数据分析处理工作,共享数据解释和研究成果。

10月25日—11月12日

中国地震局地球物理研究所助理研究员和锐赴德国波茨坦德国地球科学研究中心就"新疆乌恰地震余震监测"进行合作研究,完成数据分析处理工作,以共享数据解释和研究成果。

10月31日—11月4日

中国地震局地质研究所研究员何宏林和助理研究员魏占玉2人赴马来西亚吉隆坡参加第二届亚洲研究咨询机构领导联合研讨会"自然灾害管理:学习与分享"。

10月31日—11月9日

中国地震应急搜救中心主任吴建春等一行5人赴丹麦和德国分别考察两国应急救援体制、装备保障管理和人员培训等经验。

10月31日—11月16日

中国地震局地震预测研究所助理研究员王曙光赴日本九州大学、大阪Spring-8同步衍射光源实验室进行合作研究。

11月1—3日

中国地震局地震预测研究所研究员王晓青和副研究员窦爱霞2人赴美国罗得岛大学执行中美合作"地震应急遥感实用化关键技术研究"项目,就地震灾害快速评估和综合减灾、震后地震影响场的快速技术确定、遥感震害应急评估技术等进行学术交流。

11月1—10日

吉林省地震局局长任利生赴新加坡考察。

11月4—8日

中国地震台网中心研究员张永仙赴越南河内参加"第八届亚洲地震年会",并作题为《玉树7.1级地震前后震中区观测到的现象》的学术报告,还为"亚洲地震风险与灾害"培训讲座授课。

11月4—8日

湖北省地震局研究员吕宠吾等一行4人赴越南河内参加"第八届亚洲地震年会",并顺访越南科学技术研究院地球物理研究所,检修和维护仪器并进行学术交流、洽谈合作事宜等。

11月5—8日

中国地震局地球物理研究所助理研究员伍国春赴日本名古屋参加"日本社会学年会",并作题为"灾害志愿者在中国的作用和课题"的学术报告。

11月7—11日

中国地震台网中心研究实习员程佳赴越南河内参加"第八届亚洲地震年会"。

11月8—15日

中国地震台网中心研究员李大辉赴萨摩亚执行援萨摩亚地震监测台网项目协调工作。

11月13—18日

中国地震局地震预测研究所研究员王晓青和地球物理研究所研究员温增平2人赴意大利帕维亚参加"全球灾害数据库项目启动会"。

11月14—19日

中国地震局副局长阴朝民率团一行5人赴韩国首尔参加"第五届中日韩地震科技三边会晤"。

11月18日

中国地震局工程力学研究所博士研究生何先龙赴美国纽约州立大学布法罗分校进行合作研究。该行程至2011年2月18日结束。

11月22日—12月5日

中国地震局副局长刘玉辰率团一行5人赴萨摩亚商讨援助地震台网进展计划;赴新西兰考察地震现场;赴澳大利亚商讨地震科技合作事宜。

11月23—26日

中国地震局地震预测研究所所长任金卫等一行7人赴日本东京大学地震研究所参加"中日内陆地震联合研讨会"。

11月24日—12月14日

中国地震局地震预测研究所助理研究员洪顺英一行4人赴法国迪米特卫星中心学习法国电磁卫星关键技术。

11月25日

中国地震局地球物理研究所助理研究员常利军参加中国第二十七次南极考察度夏项目——长城站考察项目,赴南极长城站进行设备维护、线路改造以及数据处理,开展相关研究和条件评估。该考察至2011年1月28日结束。

12月4—9日

中国地震局地球物理研究所副所长高孟潭研究员等一行4人赴美国地质调查局交流美国2008年地震动参数区划图研究成果和我国新一代地震区划图编制的进展。

12月4—9日

中国地震局地质研究所研究员冉洪流赴美国地质调查局交流美国2008年地震动参数区

划图研究成果和我国新一代地震区划图编制的进展。

12月6—15日

中国地震局政策法规司巡视员徐卫等一行6人赴瑞士、奥地利进行防震减灾法制考察。

12月8—17日

中国地震局地质研究所研究员许建东等一行4人赴印度尼西亚协助开展默拉皮火山监测研究工作。

12月10—25日

中国地震局地震研究所研究员王琪赴美国加州大学圣巴巴拉分校就"汶川破坏性地震断裂过程"课题开展学术访问与合作研究。

12月11—16日

中国地震局地球物理研究所研究员顾左文等一行6人赴蒙古科学院天文与地球物理中心执行科技部国际合作项目"远东地区地磁场、重力场及深部构造观测与模型研究"的实施前期工作。

12月11—17日

四川省地震局研究员杜方赴土耳其博斯普鲁斯大学，就两国长期地震预测研究现状和进展开展学术交流，并考察安纳托利亚断层。

12月12—17日

中国地震局地质研究所博士研究生王虎赴美国旧金山参加"美国地球物理联合会2010年秋季大会"。

12月12—17日

中国地震局地壳应力研究所研究实习员罗毅赴美国旧金山参加"美国地球物理联合会2010年秋季大会"。

12月12—17日

防灾科技学院研究员万永革赴美国旧金山参加"美国地球物理联合会2010年秋季大会"。

12月12—17日

第二监测中心研究员崔笃信和高级工程师胡亚轩二人赴美国旧金山参加"美国地球物理联合会2010年秋季大会"。

12月12—17日

中国地震台网中心研究员黄辅琼和副研究员高福旺二人赴美国旧金山参加"美国地球物理联合会2010年秋季大会"。

12月12—17日

中国地震局地震预测研究所研究实习员刘志坤赴美国旧金山参加"美国地球物理联合会2010年秋季大会"。

12月12—17日

中国地震局地壳应力研究所研究员刘耀炜赴美国旧金山参加"美国地球物理联合会2010年秋季大会"。

12月12—17日

中国地震局地质研究所副所长徐锡伟等一行4人赴美国旧金山参加"美国地球物理联

合会2010年秋季大会"。

12月12—17日

中国地震局地球物理研究所所长吴忠良等一行6人赴美国旧金山参加"美国地球物理联合会2010年秋季大会"。

12月12—17日

中国地震局地壳应力研究所所长谢富仁等一行7人赴美国旧金山参加"美国地球物理联合会2010年秋季大会"。

12月12—21日

中国地震局地球物理研究所陈运泰院士赴美国旧金山参加"美国地球物理联合会2010年秋季大会",并作为获奖者出席颁奖仪式。

12月12日

中国地震局地质研究所研究员陈杰和研究生李涛2人赴美国旧金山参加"美国地球物联合会2010年秋季大会",并赴加州大学圣巴巴拉分校和加州理工学院进行学术访问与合作研究。该行程至2011年1月20日结束。

12月15—20日

防灾科技学院院长薄景山赴土耳其博斯普鲁斯大学,就两国长期地震预测研究现状和进展开展学术交流,并考察安纳托利亚断层。

12月15—20日

中国地震局地震预测研究所研究员田勤俭和副研究员吕晓健2人赴土耳其博斯普鲁斯大学,就两国长期地震预测研究现状和进展开展学术交流,并考察安纳托利亚断层。

12月15—21日

中国地震局国际合作司处长徐志忠和武警总医院副主任医师汪茜2人赴巴基斯坦参加由伊斯兰堡中巴友谊中心举办、温家宝总理出席的中巴友好人士交流座谈会。

12月16—31日

中国地震应急搜救中心总工程师曲国胜赴美国俄克拉荷马大学执行"唐山活断层探测到与地震危险评价"项目合作研究。

(中国地震局科技与国际合作司)

2010年来访项目

3月20日—4月1日

日本东京大学副教授池田安隆(Ikeda Yasutaka)先生等一行3人,应中国地震局邀请来华访问,与中国地震局地质研究所科研人员一起,赴四川凉山州大凉山断裂带一线开展野外考察。

4月8—25日

以色列内盖夫本古里安大学教授阿默然·奥尔默特(Amram Olmert)和教授那桑·布

莱恩斯坦（Nathan Blaunstein）2 人，应中国地震局邀请来华访问，与中国地震局地震预测研究所讨论地震电离层扰动特征及监测技术领域的合作事宜。

5 月 13—20 日

挪威卑尔根大学地球科学系教授瑞达·拉弗利（Reidar Lovlie）应中国地震局邀请来华访问，赴山西太原考察太谷断裂带和霍山断裂带，采集岩石样品，与山西省地震局探讨今后合作事宜。

5 月 16—18 日

意大利帕维亚大学电子工程系和欧洲地震工程培训与研究中心副教授保罗·伊托·岗巴（Paolo Ettore Gamba），应中国地震局邀请来华访问，在中国地震局地震预测研究所就"遥感在地震应急应用"方面进行学术交流，并签订所际科技交流合作协议书，商讨具体合作事宜。

5 月 17—23 日

西班牙国家地理研究所常务副所长 Jesus Gomez-Gonzalez 等一行 4 人应湖北省地震局邀请来华访问，双方就进一步拓展两所间在空间观测技术、地壳形变观测技术及地震学研究等领域的科技合作达成了共识。

5 月 22—29 日

英国牛津大学博士约翰·艾略特（John Elliott），应中国地震局邀请来华访问，在中国地震局地质研究所就"玉树地震形变场 InSAR 观测"领域进行学术交流。

5 月 24—29 日

韩国地质与资源研究院地震研究中心主任申珍秀（ShinJin－Soo）等一行 4 人，应中国地震局邀请来华，赴荣成地震台和连云港地震台进行台站维护和数据备份等工作。

5 月 28—31 日

日本京都地球创新技术研究所教授薛自求，应中国地震局邀请来华访问，在中国地震局地壳应力研究所就"超声波在饱和各向异性孔隙介质中的传播与衰减的成像特征与监测技术研究问题"开展学术交流及讨论。

6 月 8—28 日

由商务部主办、中国地震台网中心承办的"发展中国家地震监测技术基础培训班"在北京举办，来自巴勒斯坦、赞比亚、汤加、马拉维、萨摩亚、南非、莫桑比克和厄瓜多尔等国家的 20 名学员参加了培训。培训班通过课堂授课、台站参观、社会考察和交流研讨等形式，就地震预报研究、地震观测系统、地震台网建设和地震观测仪器 4 个方面对学员进行了培训。

6 月 13 日—8 月 25 日

美国纽约大学布法罗分校硕士研究生乔斯·桑切斯（Jose A. Sanchez），应中国地震局邀请来华访问，在中国地震局工程力学研究所就"中国地震灾害损失评估系统"进行合作研究。

6 月 28 日—7 月 3 日

美国马里兰大学地理系教授孙国清（Guoqing Sun），应中国地震局邀请来华访问，在中国地震局地震预测研究所就"微波遥感和激光遥感数据分析处理方法研究""玉树地震遥感资料分析处理"等内容进行合作交流。

6月28日—7月7日

印度尼西亚气象与地球物理局科尔优诺（Karyono）先生和泰尔·普瑞斯塔雅（Tiar Prasetya）先生2人，应中国地震局邀请来华访问，在广东省地震局参加"援印度尼西亚地震监测和海啸预警系统"项目第五期技术培训班，学习数据中心处理系统软件的安装与维护以及地震数据分析处理。

7月17—23日

美国伊利诺伊大学香槟分校（UIUC）土木与环境工程系副教授詹姆士·拉法夫（James M. LaFave）博士等一行3人应中国地震局邀请来华访问，在中国地震局工程力学研究所就"重大工程结构健康诊断暨灾变预警技术研究"项目中应用无线传感器模块的使用和损伤位置向量（DLV）健康监测方法进行交流与指导。

7月22—27日

美国密苏里大学教授刘冕等一行3人应中国地震局邀请来华访问，在中国地震局地壳应力研究所进行学术交流，探讨合作事宜，并前往河北三河夏垫断裂、大同盆地进行考察，针对口泉断裂探槽剖面与大同第四纪火山进行现场交流。

7月25—28日

日本冈山理科大学教授丰田新（Shin Toyoda），应中国地震局邀请来华访问，在中国地震局地质研究所新构造年代学ESR实验室开展学术交流。

7月28—31日

日本气象厅地震火山部地震海啸监测课调查官下山利浩（SHIMOYAMA Toshihiro）先生应中国地震局邀请来华访问，在福建省地震局进行学术交流。

8月10—17日

朝鲜地震局外事科科长朴光范等一行4人应中国地震局邀请来华访问，商讨地震科技合作事宜，并访问地震台网中心、国家地震灾害紧急救援训练基地及山西省地震局等。

8月19—27日

希腊萨洛尼卡大学地球物理实验室教授伊列夫瑟瑞亚·帕帕蒂米缇欧（Eleftheria Papadimitriou）和副教授瓦西里欧斯·卡拉科斯塔斯（Vassilios G. Karakostas）2人应中国地震局邀请来华访问，与河北省、山西省和四川省地震局商讨地震科研项目合作事宜，讨论地震中长期预报的思路和方法，并考察汶川地震现场。

8月22—28日

美国密苏里大学地球科学系助理研究员杨有卿博士应中国地震局邀请来华访问，在中国地震局地壳应力研究所参加"南北地震带中段地壳动力学与强震发生机理研究"课题工作会议。

8月23—27日

巴基斯坦气象局局长卡玛-乌兹-赞曼·乔德里（Qamar–uz–Zaman Chaudhry）等一行5人应中国地震局邀请来华访问，就中国地震局援巴地震台网项目进展、中巴地震科技合作事宜进行讨论，并在中国地震台网中心了解地震台网架设情况，还访问陕西省地震局。

8月28日—9月12日

美国马里兰大学帕克分校地理系教授孙国清及夫人马芳林2人应中国地震局邀请来华

访问，在中国地震局地震预测研究所就微波遥感和激光遥感数据分析处理方法并运用于玉树地震资料分析等进行合作交流，并赴四川汶川地震灾区进行灾害和活动构造遥感野外考察。

8月30日—9月3日

韩国地质与矿产资源研究院博士金根勇（Kim Geunyoung）等一行3人应中国地震局邀请来华访问，在中国地震局地球物理研究所备份中韩合作地震台站数据，并赴延吉地震台、敦化地震台开展工作。

9月4—27日

美国密西根大学副教授莫瑞·克拉克（Marin Kristen Clark）女士等一行3人应中国地震局邀请来华访问，与中国地震局地质研究所人员一起，前往甘肃兰州、临洮、临潭、康乐和玛曲等地区开展野外工作，合作研究该地区活动构造及强震的构造背景。

9月4—11日

俄罗斯科学院西伯利亚分院院士谢尔曼·赛门（Sherman Semen）等一行3人应中国地震局邀请来华访问，在中国地震局地质研究所就地震区域构造物理模型和强震形变前兆研究、贝加尔裂谷带及周边构造与地球动力学问题进行学术交流。

9月5—11日

美国纽约州立大学布法罗分校教授李兆治应中国地震局邀请来华访问，在中国地震局工程力学研究所就国家重点基础研究发展计划项目"城市工程的地震破坏与控制"和地震行业科研专项经费项目"基于GIS的地震灾区恢复重建科学化决策辅助系统"的有关内容进行交流讨论。

9月6—10日

韩国气象厅地震办公室地震政策处处长李德基等一行3人应中国地震局邀请来华访问，在中国地震台网中心商谈地震合作技术事宜，并赴沈阳和大连地震台站参观。

9月7—12日

法国国家科学研究中心卫星首席科学家米歇尔·帕罗特及意大利、俄罗斯和美国的有关专家一行5人应中国地震局邀请来华讲学，参加在中国地震局地震预测研究所召开的"地震电磁监测卫星关键技术与科学问题研讨会"。

9月13—20日

蒙古国家紧急事务管理局地震应急管理司司长曹戈特巴托尔（Sengee Tsogbaatar）先生等一行5人应中国地震局邀请来华访问，交流震害防御、地震灾害早期预报及灾后重建领域的经验，访问北京市地震局、中国地震局地球物理研究所、中国地震台网中心、国家地震灾害紧急训练基地等单位，并赴四川地震灾区考察。

9月13—27日

日本东京都立大学教授吉岭允俊（MItsutoshi Yoshimine）等一行3人应中国地震局邀请、根据国家外专局批准资助的2010年度引进国外人才"甘肃省岩土防灾工程试验与勘探技术开发"项目来华访问，在甘肃省地震局进行学术交流。

9月21—30日

英国地质调查局博士戴维·布斯（David C. Booth）应中国地震局邀请来华访问，在中国地震局地震预测研究所进行合作交流,与陈颙院士共同完成《2008汶川特大地震》英文书稿的定稿工作。

9月22—24日

法国巴黎地球物理研究所博士努瓦·赫脉兹(Benoit Heumez)应中国地震局邀请来华访问,执行中法合作地磁观测项目,在兰州观象台开展业务交流,了解台站观测仪器运行及资料处理情况。

9月24—30日

蒙古科学院天文和地球物理学研究中心地震目录编制研究人员达苏东戈(Mungunsuren-Dashdondog)女士和苏额尔(Baasanbat Tsagaan)先生2人,应中国地震局邀请来华进行学术交流,在与中国地震局地球物理研究所签署的"中国北部、蒙古及邻近地区统一地震目录编制的合作协议"规定的范围内,进行地震资料交换,探讨编制统一地震目录存在的问题及下一步工作安排。

9月27日—10月30日

美国加州大学圣巴巴拉分校地壳研究所博士杰茜卡·汤姆普森(Jessica Thompson)女士和博士本杰明·莫鲁什(Benjamin L. Melosh)先生2人应中国地震局邀请来华访问,与中国地震局地质研究所人员在新疆塔里木盆地西缘的帕米尔和南天山山前地区开展野外地震地质考察,完成该地区的构造地质填图和变形阶地调查。

10月8—13日

日本东京大学地震研究所教授大久保修平应中国地震局邀请来华访问,与中国地震局地震预测研究所洽谈合作事宜,并作学术报告。

10月9日—11月1日

荷兰乌德勒支大学教授克里斯托弗·詹姆斯·施皮尔斯(Christopher James Spiers)应中国地震局邀请来华访问,在中国地震局地质研究所开展实验和资料分析工作。

10月13—15日

"亚洲巨灾综合风险评估技术研讨会"在北京召开,来自印度班加罗尔数学建模与计算机仿真中心地震专家艾姆蒂阿兹·艾哈迈德·佩尔韦兹(Imtiyaz Ahmed Parvez)博士、土耳其博斯普鲁斯大学坎迪利天文台与地震研究所的牙塞明·克库素兹(Yasemin Korkusuz)和日本气象厅地磁观测研究所的石川有三(Yuzo Ishikawa)先生及杉山优子(Yuko Sugiyama)女士4人应中国地震局邀请来华参加会议。

10月21—24日

美国地质调查局博士马克·彼得森(Mark Petersen)应中国地震局邀请来华访问,在中国地震局地球物理研究所和陕西省地震局开展工程地震学与减灾领域的学术交流。

10月25日—11月15日

法国国立自然博物馆史前研究所教授让·侠客·布郝(Jean–Jacques Bahain)和助理研究员皮尔·华切(Pierre Voinchet)2人应中国地震局邀请来华访问,在中国地震局地质研究所进行学术交流和实验技术交流,并赴宁夏中卫市沙坡头黄河阶地考察,采集测试样品,供对比试验使用。

11月13—28日

俄罗斯科学院莫斯科国际地震预测理论与数学地球物理研究所地震学家乔治·迈尔肯

（George Molchan）教授和泰坦阿娜·克洛德（Tatiana Kronrod）教授2人应中国地震局邀请来华访问，在中国地震局地球物理研究所就华北历史地震烈度资料的分析等问题进行学术交流。

12月1—4日

韩国地质资源研究院首席研究员申珍秀等一行4人应中国地震局邀请来华执行中韩合作地震台网项目，在中国地震局地球物理研究所进行数据交换和备份的维护和检查。

（中国地震局科技与国际合作司）

2010年港澳台合作交流项目

1月8—12日

"海峡两岸汶川地震专题讨论会"在北京举行，台湾"国科会"副主任陈正宏教授等一行20位学者赴祖国大陆参加会议，参加会议的大陆学者约20人。会议讨论了海峡两岸学者一年来执行港澳台合作项目"汶川地震三维发震构造、现今地壳运动状态和区域活动断层发震危险性综合评价"项目研究的初步成果。会后代表还赴汶川地震灾区开展了野外考察。

1月11—16日

台湾大学教授吴逸民应中国地震局地球物理研究所邀请，来祖国大陆进行工作访问，就地震预警技术的科学问题及系统建设进行交流，并对首都圈地震预警原型系统预警计算模块进行更新完善。

3月1日—8月1日

中国地震局工程力学研究所研究实习员曹振中赴香港理工大学土木与结构工程系进行土动力学方面合作研究。

4月1日—6月30日

中国地震局地球物理研究所陈运泰院士赴台湾"中央"大学地球物理研究所访问，期间担任该校"讲座教授"，从事地球物理方面教学研究工作。

4月7—17日

地壳运动监测工程研究中心研究员李丽等一行4人赴台湾参加"海峡两岸地震断层科学深钻研讨会"。

4月21—30日

福建省地震局副局长黄向荣等一行3人赴台湾访问"李国鼎科学发展基金会"及"中央"大学等单位，商讨联合建立地震观测台网项目的实施事宜。

4月25日—5月2日

福建省地震局副局长史粦华和中国地震局地球物理勘探中心主任李松岭等一行9人赴台湾访问"中央"大学地球物理研究所，商讨开展"海峡深部地震构造环境爆破探测"合作事宜。

4月30日—5月2日

福建省地震局副局长史粦华等一行5人访问台湾后，赴香港理工大学就工程地震问题开展学术交流。

6月21—26日

中国地震局地震预测研究所研究员黄金莉等一行7人赴台湾"中央"大学参加"2010年西太平洋地球物理会议"。

6月24—28日

中国地震局副局长张友民率团一行6人赴台湾"中央"大学地球物理研究所商讨加强已有项目的合作事宜。

6月29日—7月3日

中国地震局副局长张友民率团一行6人访问台湾后,赴香港、澳门与香港天文台和澳门地球物理暨气象局就地震科技合作安排进行深入讨论。

7月26—31日

广东省地震局副局长钱顺琴等一行14人赴台湾科研机构访问交流,以建立和促进粤台地震科技合作。

8月8—18日

中国地震局科学技术司副司长李明等一行17人赴台湾参加由中国地震学会和台湾"中央"大学共同举办的"2010年海峡两岸地震科技论坛"。

9月8—11日

中国地震局地球物理研究所副所长高孟潭研究员赴香港参加"香港元朗—屯门地震小区划项目技术讨论会",并作现场指导。

10月17—24日

中国地震局副局长修济刚率团一行18人赴台湾参加由台湾气象局举办的"2010年海峡两岸地震测报与地震前兆研讨会"。

10月26—28日

中国地震局陈颙院士赴澳门科技大学访问,并担任"科技大师系列讲座"主讲嘉宾,就减轻地震灾害进行学术演讲。

10月30日—11月8日

中国地震应急搜救中心高级工程师李凤莉和陈白鹭2人参加由北京海峡两岸民间交流促进会组织的"台盟中央妇委会考察团"赴台湾考察文化、教育和妇幼工作等。

12月1日

台湾大学地球与环境科学系教授陈于高等一行10人,为执行国家自然基金委、台湾李国鼎科学基金会和中国地震局两岸重点合作"汶川地震三维发震构造、现今运动状态和区域活动断层发震危险性综合评价"项目,与中国地震局地质研究所人员一起,赴四川省龙门山进行野外考察和交流。该行程至2011年1月31日结束。

12月15—21日

中国地震局工程力学研究所研究员林均岐等一行3人参加由中国消防协会组织的代表团赴台湾参加"海峡两岸灾害防救经验交流会"。

(中国地震局科技与国际合作司)

学术交流

冰岛共和国总统访问云南省地震局

2010年9月5日,在云南省副省长顾朝曦、中国外交部欧洲司副司长徐飞洪、云南省人民政府外事办公室副主任施明华等人的陪同下,冰岛共和国总统奥拉维尔·拉格纳·格里姆松参观访问云南省地震局。云南省地震局局长皇甫岗向格里姆松总统介绍了云南防震减灾工作情况。格里姆松总统介绍了2010年冰岛火山喷发的情况,以及冰岛地震早期预警和震后救援的相关情况。双方还就地震火山预警、地热资源开发等方面的合作达成共识。随同格里姆松总统来访的人员还有冰岛驻华大使柯斯婷女士、冰岛总统府办公室主任奥尔尼·西古永松先生、总统特别顾问达格芬努尔·斯文比亚那松先生,以及雷克雅未克市能源公司和Enex(中国)公司的CEO。

(云南省地震局)

第四届粤港澳地区地震科技研讨会

2010年1月7—8日,第四届粤港澳地区地震科技研讨会在香港召开,三地地震学界专家、学者聚首香江。广东省地震局局长黄剑涛率科技骨干12人参会,并在会上交流《广东省地震科技新进展和"十二五"地震科技规划》《广东省抗震设计规范中的场地和地震作用研究》《地震台网地震新参数的测定》等报告和论文11篇,获得与会者普遍好评。

粤港澳地震速报网络系统建成使用。基于广东省地震局自主研发的JOPENS软件系统,建成粤港澳地震速报网络系统。派员赴香港天文台、澳门地球物理暨气象局安装速报网络系统终端,实现三地观测资料实时交换及共享。

圆满完成香港天文台国际招标项目——香港地区地磁测量。对香港国际机场、新界地区、万宜水库等场址进行磁偏角、磁倾角和总强度精密测量,测量结果精密度优于合同要求,提交的项目技术报告得到港方高度认可,香港天文台李本滢台长就此特意来信致谢。本项目的成功开展,打破欧美权威机构在香港地区对地磁测量的长期垄断。

(广东省地震局)

第五届国际岩石应力研讨会

中国地震局地壳应力研究所、中国岩石力学与工程学会、中国地震学会共同承办，国内外多家科研单位和团体协办的"第五届国际岩石应力研讨会"（ISRSV）于 2010 年 8 月 25—27 日在北京召开。

中国地震局刘玉辰副局长出席开幕式并作重要讲话，出席开幕式的还有国际岩石力学学会主席 John Hudson 教授、中国岩石力学与工程学会中国国家小组主席唐春安教授、国际岩石力学学会执行副主席及下任当选主席冯夏庭教授、中国科学院研究生院石耀霖院士、中国地震局监测预报司李克司长、科学技术司（国际合作司）赵明副司长、发展财务司徐铁鞠副司长等领导和专家。会后，地壳所正式向国际岩石力学学会递交"地壳应力与地震专业委员会"的成立申请。2010 年 10 月国际岩石力学学会批准"地壳应力与地震专业委员会"成立。

本次会议受到业内同行、专家学者的广泛关注，展示了当前世界地应力研究的新成果和进展，对外也提升了地壳所的形象，充分展示了地壳所的研究成果；通过这种国际学术交流活动，必将进一步推动地壳所在相关领域的科学研究工作及与国内外的合作。

（中国地震局地壳应力研究所）

第八届全国土动力学学术会议

由中国地震局工程力学研究所承办、哈尔滨理工大学协办的第八届全国土动力学学术会议（四年一度）于 2010 年 12 月 24 日在哈尔滨隆重开幕。来自全国各地 60 余个单位的 140 余名专家学者出席了本次会议，美国工程院院士 T. L. Youd 教授也应邀出席了此次学术盛会。开幕式由中国地震局工程力学研究所岩土工程研究室主任袁晓铭研究员主持，中国振动工程学会土动力学分会主任委员张建民教授代表学会致开幕词，中国地震局工程力学研究所党委书记、副所长杨小峰，副所长李山有研究员出席会议并致辞。

经过两天大会主题报告、分会专题报告，由中国地震局工程力学研究所承办、哈尔滨理工大学协办的第八届全国土动力学学术会议于 2010 年 12 月 25 日下午圆满闭幕。闭幕式由第八届全国土动力学学术会议组委会主席、中国地震局工程力学研究所岩土工程研究所研究员袁晓铭主持，中国振动工程学会土动力学分会主任委员张建民教授代表学会致辞，总结本次会议召开情况；天津大学王建华教授代表第九届全国土动力学学术会议承办单位向代表们发出诚挚邀请；新当选的青年理事河海大学陈育民博士对未来青年土动力学科研工作者提出殷切的希望；中国振动工程学会土动力学分会副主任理事刘汉龙教授致闭幕词。闭幕式上举行了汪闻韶青年优秀论文奖和全国学术会议青年优秀论文奖的颁奖典礼，清华大学冯大阔博士、南京工业大学王炳辉博士获得汪闻韶青年优秀论文奖，中国地震局工程力学研究所陈龙伟博士、浙江大学周燕国博士等 4 人获得全国学术会议青年优秀论文奖。

（中国地震局工程力学研究所）

计划·财务·纪检监察审计·党建

主要收载中国地震系统年度的事业发展计划与财务工作综述；地震系统有关情况统计；审计、纪检监察工作状况；党建工作概况。

发展与财务工作

2010年中国地震局发展与财务工作综述

一、规划体系建设

2010年是"十一五"的最后一年,是谋划中国地震局"十二五"事业发展的关键之年。全面总结"十一五"发展历程,设计"十二五"发展蓝图,是2010年发展与财务工作的重中之重。

为进一步统一全局思想,明确"十二五"事业发展战略,组织召开了20个单位和机关各司室主要负责同志参加的"怎样面对下次汶川地震"研讨会。会议指明"十二五"事业发展指导思想和基本原则,为谋划"十二五"事业发展格局和编制规划奠定了基础。2010年4月,中国地震局成立了国家"十二五"防震减灾规划体系各规划编制领导小组及工作委员会,进一步明确了规划体系建设工作的管理机制和工作要求。

二、投资管理

2010年中国地震局的投资管理,紧扣各重大项目设计、立项和实施这一主题,取得重要进展。

一是国家地震安全计划。2010年,国家地震安全计划中的中国地震局背景场探测项目和国家地震社会服务工程的初步设计获得发改委批复,2011年即将全面开工。通过与国家发展和改革委员会积极沟通调整项目排序,优先启动国家地震烈度速报和预警工程立项工作。

二是部门自身建设项目及其他专项。2010年,中国地震局部门自身建设项目及中国大陆构造环境监测网络、国家陆地搜寻与救护基地、汶川地震灾后恢复重建等项目建设进展顺利。编制下达2010年度基本建设投资计划15项。积极筹措建设资金,引导地方投资,大力支持各地防震减灾指挥中心的建设,提升各地防震减灾综合能力。及时下达中国大陆构造环境监测网络2010年度投资计划,国家陆地搜寻与救护基地项目于9月24日获得初步设计批复,国家地震紧急救援训练基地项目已向财政部报批该项目竣工决算。

三是地方项目。2010年是各省级地震局衔接地方"十一五"和"十二五"重大项目的重要之年,许多省级地震局积极推进在建项目建设,积极争取新一批重大项目立项,取得斐然成绩。

三、预算管理

2010年，中国地震局的预算管理在继续保持总量稳健增长的同时，更加重视优化资源结构、支持重点环节，在解决基本支持预算不足、自主科研经费没有正规渠道、市县地震工作缺乏投入3个严重影响事业健康发展的资源瓶颈问题上终于实现重大突破。预算公开也取得良好的社会反响。

一是预算收入稳健增长，截至2010年底，中国地震局收入决算数为38.28亿元，自2007年平均年增长2.7亿元。收入总量稳健增长，保证了防震减灾工作的资金需求。

二是资源配置更加科学，中国地震局的预算管理遵循财政科学化精细化管理要求，进一步加强项目申报前、执行中和完成后的控制，充分发挥预算评审的监控作用，提高资源配置的科学。在总结以往建设经验的基础上，以财政部定额体系建设意见为指导，着手建立了项目支出定额标准制定工作组，组织开展定额体系建设工作，以使项目预算编制更加符合地震行业特点和实际，进一步提高预算管理的工作实效，为预算精细化、科学化管理奠定基础。

三是预算公开塑造部门好形象，为落实国务院2009年底提出的关于争取两三年内实现向社会公开全部部门预算的承诺，2010年3月，中国地震局党组作出了自2010年起向全社会公开发布中国地震局详细部门预算的决定。2010年6月29日，中国地震局公开发布了2010年详细部门预算。国务院办公厅2010年3次邀请局人员介绍预算公开的做法，为进一步推进政府信息公开提供借鉴。

四、专项治理

2010年，认真贯彻中央要求和中国地震局的工作部署，紧紧围绕建立健全惩治和预防腐败体系五年工作规划，继续深入推进"小金库"专项治理、预算执行审计、工程建设领域突出问题治理，并结合2010年全国地震局长会暨党风廉政建设工作会议精神，针对2009年稽查中发现的问题，认真做好财务稽查工作，尤其是加强了对科研项目经费预算和财务监管的稽查力度，从源头上惩治和预防腐败，加强党风廉政建设，促进防震减灾事业健康发展。

（中国地震局规划财务司）

中国地震局财务决算与分析

一、年度收入情况

2010年总收入52.11亿元,其中,本年收入38.28亿元,占总收入的73.5%。本年收入中,中央财政拨款21.43亿元,地方财政拨款7.71亿元,事业收入3.34亿元,经营收入2.17亿元,附属单位上缴收入0.34亿元,其他收入3.29亿元。

二、年度支出情况

2010年度总支出35.30亿元,其中:基本支出15.89亿元,占总支出的45%;项目支出17.62亿元,占总支出的49.9%;经营支出1.79亿元。基本支出中,人员经费支出11.88亿元,日常公用经费支出4.01亿元。项目支出中,行政事业类项目支出13.07亿元,基本建设类项目支出4.55亿元。

三、年末资产情况

2010年年末资产合计59.39亿元,主要包括:固定资产33.91亿元,占年末资产合计的57.10%;流动资产22亿元,其他资产3.48亿元。

(中国地震局规划财务司)

国有资产

2010年3月,遵照中国地震局党组要求,组织开展经营性国有资产管理改革工作,成立了经营性国有资产管理改革工作小组,开始制定《经营性国有资产管理改革指导意见》,并在系统内征求意见。

经营性国有资产管理改革以强化国有资产管理、规范国有资产经营活动、保障国有资产权益、促进新时期防震减灾事业发展为目标,从国家有关政策要求出发,着力转变经营性活动事企不分、机构人员资产混杂不明、成本支出混乱、利润分配"大包干"等现状明确各类经营活动的改革方向,以及具体的运行机制、收益分配方式和监管体系,从制度上保障和鼓励经营活动的合规运行和健康发展,进一步提升经营活动对防震减灾事业的辅助支持作用。

加强国有资产管理,2010年在做好指导下属单位国有资产清查的同时,开展了规范资产处置收入工作,实现了资产"收支两条线"。按照《中央级事业单位国有资产处置管理暂行办法》的规定,中央级事业单位国有资产处置收入,在扣除相关税金、评估费、拍卖佣金等费用后,按照政府非税收入管理和财政国库收缴管理的规定上缴中央国库。2010年6月,完成了资产处置中央财政汇缴专户的开立工作,截至2010年9月底,地震系统上缴资产处置收入37笔,共计114.29万元。

(中国地震局规划财务司)

机构、人员、台站、观测项目、固定资产统计

地震系统机构

独立机构分类	机构数/个
合计	47
省（区、市）地震局	30
中国地震局直属事业单位（研究所、中心、学校）	15
中国地震局机关	1
中国地震局直属国有企业（地震出版社）	1

地震系统人员

人员构成	人数/人	占总人数的百分比/%
合计	13181	—
其中：固定职工	11595	87.97
合同制职工	668	5.07
临时工	918	6.96
生产经营人员	2046	—

地震台站

观测台站种类	观测台站数/个	投入观测手段	投入观测仪器/台套	备注
合计	2193	合计	3244	1. 强震台观测点：2073 个 主要观测仪器：2251 台套 2. 投入经费：130723 万元
国家级地震台	207	测震	940	
省级地震台	216	地磁	401	
省中心直属观测站	549	地电	225	
		重力	116	
市、县级地震台	1097	地壳形变	576	
		地下流体	684	
企业办地震台	124	其他	302	

流动观测（常规）

项目名称	计量单位	计划指标量	实际完成量	完成计划比例/%
区域水准	千米	2820	2720	96
定点水准	处/次	1156/3882	1156/3878	100
跨断层水准	处/次	1249/737	1252/733	100
流动地磁	点	2622	2612	98
流动重力	千米/点	582055/4721	665334/4849	103
流动 GPS	点	1009	1008	100
基线测距	边	679	679	100

固定资产

固定资产分类	计量单位	数量	原值总计/千元	
				其中：当年新增
合计		—	3416524	464573
房屋和建筑物	平方米	1698013	1411241	151469
其中：业务用房	平方米	—	636333	110019
仪器设备	台套	142294	1537200	249944
交通工具	辆	975	284062	32578
图书资料	册	1527390	43772	3633
其他	—	—	140249	24949
土地	平方米	7067776	—	—
其中：台站用地	平方米	4903238	—	—

（中国地震局规划财务司）

政府采购工作

为保障防震减灾事业发展对资产的需求，发展与财务司积极与财政部沟通协商，做好政府采购工作。截至2010年9月，累计办理进口设备财政审核10笔，共计1.29亿元；办理政府采购方式变更财政审批6笔，共计3080万元；上报了2009年度政府采购统计报表编报和2010年3个季度的政府采购统计报表编报工作。同时，为指导各单位政府采购工作，将2010年度涉及政府采购的相关文件进行整理，以汇编的形式下发给各单位。

（中国地震局规划财务司）

纪检监察审计工作

2010年地震系统纪检监察审计工作综述

一、强化政治责任，为重大决策部署落实提供有力保障

坚持党风廉政建设与防震减灾工作一起抓，以高度的政治责任感把贯彻落实党中央、国务院关于防震减灾工作重大决策部署的监督检查，作为党风廉政建设工作的重要任务。着重加强各单位贯彻落实全国防震减灾工作会议精神和国发18号文件要求、全国地震局长会暨党风廉政建设工作会议精神，以及学习实践活动整改落实的监督检查；加强上海世博会、广州亚运会安保任务落实和汶川地震灾后恢复重建项目实施的监督检查；印发了《中国地震局机关贯彻落实2010年度党风廉政建设工作任务分工意见》，将4个方面35项任务逐一分解落实到机关具体部门，局机关有关部门对90余件重要事项进行了督查督办，保证了中国地震局党组重大决策部署的贯彻落实。坚持以严肃的政治纪律保障重大决策部署的顺利实施，在玉树地震应急处置和抗震救灾中采取强有力的组织措施，加强对有关单位履职情况的检查，针对不良倾向及时严肃政治纪律，得到中央纪委的充分肯定。

二、加强教育监督，领导干部廉洁自律意识进一步增强

按照中央的要求，及时部署贯彻实施《廉政准则》，中国地震局党组同志先行一步，以中心组学习带动全体党员干部认真学习和深刻领会，把《廉政准则》作为党风党纪教育的重要内容，在局门户网站设专题专栏，开展不同形式的廉政教育，党员干部廉洁自律意识进一步提高。各单位各部门结合实际对照检查，认真分析薄弱环节和主要问题，并以学习贯彻《廉政准则》为主题开好领导班子民主生活会，纠正了个别领导干部廉洁自律问题。多数单位将党员领导干部履行《廉政准则》情况列入党风廉政建设责任制和干部考核内容，有些单位将《廉政准则》纳入新任处级干部任前廉政知识测试内容。

认真落实领导干部监督制度和有关规定，通过党风廉政责任制考核、巡视、指导领导班子民主生活会、党政主要负责人和纪检组长（纪委书记）向中国地震局党组述职述廉、认真执行谈话和函询制度等有效措施，进一步加强了对领导干部特别是"一把手"的监督制约。驻局纪检组与新任纪检组长、部分单位班子成员和机关新任司级领导干部进行廉政谈话。一些单位制定并认真执行干部任职谈话制度，增强了新任干部的责任意识。

创新巡视工作模式，试点"审计先行"，提高了巡视工作的针对性和有效性。实现审计财务联网，强化预算资金执行情况实时监督。

三、开展专项治理，重点领域反腐倡廉工作进一步深化

按照中央纪委的部署，开展中央扩大内需促进经济增长政策落实情况的检查，组织各单位对庆典、研讨会、论坛活动进行自查自纠，继续开展工程建设领域的突出问题专项治理。结合地震系统实际，继续开展"小金库"专项治理，对发现的问题要求及时整改，推进开发经营性活动和财务运作的规范，对存在问题单位的领导班子和有关领导干部进行严肃批评。

严格执行厉行节约有关规定，与去年相比，三类会议数量减少30%，各类会议数量减少50%，出国（境）团组数量减少7个，公务用车购置得到严格控制。

四、推进制度建设，从源头上防治腐败工作进一步深入

认真贯彻落实胡锦涛总书记关于反腐倡廉制度建设的指示精神，围绕健全权力运行制约和监督机制，从教育、监督、预防、惩治4个方面，统筹谋划，开展了为期2年的反腐倡廉制度建设活动。立足反腐倡廉建设科学化，把反腐倡廉各项规章制度和要求有机连接起来，努力实现从制度要素建设向制度体系建设的全面转变；注重把反腐倡廉延伸到防震减灾各领域各方面，强化人财物事的监管，解决突出问题，形成包括基本制度、专项制度、具体制度的反腐倡廉制度体系，着力推进惩治和预防腐败体系建设。局机关率先一步，在对现有138项制度进行清理评估基础上，保留执行66项、确定修订28项、新制定40项、废止4项，出台地震系统反腐倡廉制度体系目录，修订完善了一批制度。各单位按照《关于加强反腐倡廉制度建设的意见》，扎实开展工作，制度建设活动取得阶段性成果。

五、加强队伍建设，为党风廉政建设提供有力组织保障

召开2010年纪检监察审计工作会议，认真总结近几年工作，明确当前和今后一个时期工作思路，统筹部署今后工作任务，为全面推进纪检监察工作奠定坚实基础。

纪检监察审计队伍建设取得新进展。通过单设岗位、易地交流、单设考核系列等措施，为纪检组长、纪委书记履职创造条件。对个别履职不力的纪检领导干部进行诫勉谈话。通过教育培训和理论学习、巡视和查办案件等实践锻炼，纪检监察审计干部能力得到提升，敢说、敢谏、敢抓、敢管的纪检干部不断增多，整体素质逐步提高。中国地震局党组印发了《加强纪检监察审计队伍建设的意见》，将近几年在实践中行之有效的措施形成制度，特别是结合实际，在机构设置、人员配备、培养选拔、监督考评等方面创新举措，明确刚性要求和量化指标，为纪检监察审计队伍建设提供了制度保障。

（中国地震局直属机关党委）

党建工作

2010年中国地震局直属机关党建工作综述

一、基层组织建设

一是扎实深入开展创先争优活动。2010年5月研究制定中国地震局深入开展创先争优活动实施方案，成立领导小组和办事机构，组织召开动员部署会议。2010年12月中国地震局党组对领导小组和办事机构作进一步调整，形成党组书记亲自抓、党组成员分别抓、机关各司室合力抓的工作机制。各单位党委、机关各党支部分别按照职责分工和组织隶属关系深入基层，以身示范，带头创先争优；调查研究、专题交流、开展点评，指导创先争优。通过创先争优活动的开展，党的基层组织更加坚强，党员的先进性更加突出，党的各项建设更加坚实。

二是加强机关党的思想政治建设。认真落实中央《关于推进学习型党组织建设的意见》，坚持党组（党委）中心组带头，以创建学习型党支部为基础，广泛开展学习型党组织建设活动。围绕提高党建工作科学化水平，组织开展调查研究，形成调研报告15篇，入选中央国家机关党建研究会4篇。积极参加"提高机关党的建设科学化水平：理论与实践"征文和研讨活动，向工委推荐征文6篇。在调研和征文活动中，中国地震局共7篇文章分获工委二、三等奖和优秀奖，直属机关党委获组织奖。

三是夯实机关党的基层组织。认真贯彻落实《中国共产党党和国家机关基层组织工作条例》，组织召开局直属机关第七次党代会、地震系统党建与精神文明建设交流会、直属机关第五次会员代表大会，完成直属机关党委、纪委、工会的换届工作。完成地球所、出版社等单位党委、纪委和机关司室党支部换届工作。地质所、预测所等单位结合领导班子建设进一步健全了党委。加强"两委书记"、支部书记培训，举办入党积极分子培训班。2010年直属机关发展新党员38人，预备党员转正41人，入党积极分子82人，防灾科技学院发展学生党员408人。做好党员管理和服务，京直单位全年及时办理组织关系接转100批次。

二、精神文明建设和文化建设

组织参加中央国家机关第三届职工运动会，7个单位和局机关共200余名同志参加了活动，我局荣获体育道德风尚奖。各单位党委、机关各党支部组织开展文明单位考核、抗震救灾先进、青年志愿者、巾帼建功、青年五四奖章等一系列推优荐优活动。10个京直单位和局机关被评为中央国家机关文明单位，2个京直单位被评为首都文明单位。多人、多集体获中央国家机关工委、团中央、妇联等组织表彰。召开局直属机关青年座谈会，研究青年发展需求，引导青年在创先争优活动中立足岗位，争当先进。开展新任公务员读书送书活动，帮助青年成长、成才。深入开展送温暖、献爱心等活动，着力推动和谐文明、人文关怀、凝聚稳定工作。

（中国地震局直属机关党委）

附 录

收载本系统一年的重大事件、本系统各单位离退休人员人数统计表，以及出版的重要地震科技图书简介。

附 录

收载本系统一年的重大事件、本系统各单位离退休人员人数统计表,以及出版的重要地震科技图书简介。

2010年中国地震局大事记

1月8—10日

中国地震局党组成员、副局长刘玉辰出席海峡两岸汶川地震专题研讨会并讲话。

1月13日

5时53分,海地地区发生7.3级地震。经党中央、国务院批准,中国地震局立即派出50人组成的中国国际救援队,会同外交部、公安部工作人员飞赴海地实施人道主义援助行动。救援队在海地太子港多个地区展开了12次搜救行动,对23个现场进行搜救,连续工作60小时,挖掘出8名我方人员遗体、5名联合国人员遗体。而后,进入灾民聚集区开展医疗救治与防疫工作,医治伤员2500余名,其中重伤员500余名。地震造成超过20万人死亡。

1月15—16日

国务院在成都召开全国防震减灾工作会议,国务院副总理回良玉出席会议并作重要讲话。

1月17—18日

中国地震局在四川成都召开2010年全国地震局长暨党风廉政建设工作会议。

1月18日

17时37分,贵州省安顺市关岭布依族苗族自治县、贞丰县、镇宁布依族苗族自治县交界发生3.4级地震,震源深度约7千米。震后,贵州省地震局立即派出现场工作队赴震区开展应急处置工作。

1月20日

国务院召开会议研究对海地地震援助工作下一步安排,中国地震局党组成员、副局长赵和平参加。

1月24日

10时36分,山西省运城市河津市、万荣县交界发生4.8级地震,震源深度约12千米。震后,国务院副总理回良玉迅即作出重要批示,中国地震局迅即对地震应急处置工作作出部署,做好后续震情趋势判断、宏观异常监测。山西和陕西省地震部门派出现场工作队赶赴震区,开展流动观测,调查了解现场情况,配合地方政府做好应急处置和维护稳定工作。

1月25—29日

国家地震紧急救援训练基地项目通过验收。

1月27日

中国国际救援队圆满完成赴海地救援任务乘机返京,中国地震局党组书记、局长陈建民,党组成员、副局长赵和平到机场迎接。

1月27日

国务院副总理回良玉在中南海紫光阁亲切会见中国国际救援队赴海地全体队员,代表党中央、国务院向他们致以亲切的慰问。中国地震局党组书记、局长陈建民,党组成员、副局长赵和平参加会见活动。

1月31日

5时36分，四川省遂宁市市辖区、重庆市潼南县交界发生5.0级地震，震源深度约10千米。震后，国务院副总理回良玉作出重要批示，中国地震局迅即启动应急预案，对地震应急处置工作作出部署，要求监测预报司、应急救援司等有关部门加强对四川省、重庆市地震部门的业务指导，四川省、重庆市地震部门派出现场工作队会同地方政府做好震情趋势的跟踪研判、灾情收集、次生灾害防范、维护社会稳定等各项应急处置工作。

2月1日

国务院汶川地震灾后恢复重建工作协调小组第四次全体会议召开，中国地震局党组成员、副局长修济刚参加。

2月25日

12时56分，云南省楚雄彝族自治州禄丰县、元谋县交界发生5.1级地震，震源深度约16千米。震后，中国地震局迅即研究部署应急处置工作。云南省地震局现场工作队抵达震区开展工作，强化监测，密切跟踪地震发展趋势，协助地方政府有力有序做好各项应急工作。

3月2日

中国大陆构造环境监测网络工程执委会第三次全会在北京召开，中国地震局党组书记、局长陈建民，党组成员、副局长阴朝民出席。

3月2—5日

2010年中国地震局地震科技外事工作会议召开，中国地震局党组成员、副局长刘玉辰出席。

3月3—13日

中国地震局党组书记、局长陈建民参加全国政协十一届三次会议。

3月4日

8时18分，台湾高雄县、屏东县交界发生6.7级地震。震后国务院副总理回良玉迅即作出重要批示，要求地震部门高度重视，跟踪了解情况，继续加强地震监测工作。遵照回良玉副总理的重要批示精神，中国地震局党组书记、局长陈建民立即作出部署，要求有关部门认真分析近期全球及我国周边地震活跃态势对我国大陆地震趋势的影响，努力把握我国大陆地震形势变化，按照国务院年初作出的一系列加强防震减灾工作的部署落实各项防范措施。当前要把"两会"期间的地震安全保障任务作为一项重中之重的工作，按照既定的部署落实好震情跟踪、应急准备等各项工作。

3月10日

中国地震局党组成员、副局长赵和平列席政协十一届三次会议第四次全体会议。

3月29日

科技部、国土资源部、地震局联合召开汶川地震断裂带科学钻探项目进展成果汇报会。

3月31日

汶川地震科学总结与反思阶段总结会在北京召开，中国地震局党组书记、局长陈建民，党组成员、副局长刘玉辰出席。

4月1日

中国地震局党组成员、副局长刘玉辰出席地震电磁探测试验卫星工作领导小组会议。

4月4日

21时46分，山西省大同市阳高县、大同县交界发生4.5级地震，震源深度约8千米。震后，山西省地震部门立即启动应急预案，通过媒体及时发布地震信息，派出现场工作队赶赴震区调查了解灾情、配合地方政府开展应急处置工作。

4月5—16日

中国地震局副局长刘玉辰赴老挝、缅甸出席境外台站落成仪式，赴印度尼西亚参加援印度尼西亚地震监测和海啸预警系统交接仪式。

4月9日

南北地震带强震强化监视与跟踪工作启动会召开，中国地震局党组成员、副局长阴朝民出席。

4月14日

7时49分青海省玉树藏族自治州玉树县发生7.1级地震，震源深度约14千米。震后，国务院副总理回良玉作出重要批示，中国地震局党组书记、局长陈建民对应急处置工作迅即作出部署和安排。中国地震局启动一级地震应急响应，并派出两批共128人的现场工作队赶赴灾区开展应急处置并指导和协助震区政府开展抗震救灾工作，同时组织青海省以及临近的甘肃、西藏、新疆等地震部门的现场工作队赶赴震区支援现场工作。

4月14日

国务院秘书长马凯主持召开国务院关于研究青海玉树7.1级地震有关事宜的会议，中国地震局党组成员、副局长修济刚参加。

4月14日

中国地震局党组成员、副局长修济刚主持召开中国地震局青海玉树7.1级地震应急指挥部第1次会议，传达国务院会议精神，部署地震部门应急处置和抗震救灾工作。

4月14—16日

中国地震局党组书记、局长陈建民陪同国务院总理温家宝、副总理回良玉赴青海玉树地震灾区看望慰问受灾群众，指导抗震救灾工作。

4月14—21日

中国地震局党组成员、副局长赵和平赴青海玉树地震灾区指挥现场应急工作。

4月15日

中国地震局党组成员、副局长修济刚主持召开中国地震局青海玉树7.1级地震应急指挥部第2次会议，中央纪委驻局纪检组组长张友民，中国地震局党组成员、副局长阴朝民出席。

中国地震台网中心召开青海玉树7.1级地震紧急会商会。中国地震局党组书记、局长陈建民主持召开中国地震局青海玉树7.1级地震应急指挥部第3次会议，通报陪同国务院领导在青海玉树地震现场指挥抗震救灾的总体情况，传达国务院抗震救灾总指挥部会议精神。

4月17日

中国地震局党组书记、局长陈建民列席中央政治局常委会会议，参加国务院抗震救灾总指挥部第 6 次会议。

4 月 18 日

中国地震局党组书记、局长陈建民陪同胡锦涛总书记赴青海玉树地震灾区看望慰问灾区群众、实地指导抗震救灾工作。

4 月 18 日

中国地震局党组成员、副局长修济刚主持召开青海玉树 7.1 级地震国务院抗震救灾总指挥部地震监测组、抢险救灾组会议。

4 月 19 日

中国地震局党组书记、局长陈建民主持召开中国地震局青海玉树 7.1 级地震应急指挥部第 4 次会议，传达陪同胡锦涛总书记赴青海玉树地震灾区指导抗震救灾工作的情况，研究部署抗震救灾各项工作。

4 月 19 日

中国地震局党组书记、局长陈建民参加国务院抗震救灾总指挥部第 7 次会议。

4 月 20 日

中国地震局党组成员、副局长修济刚主持召开青海玉树 7.1 级地震国务院抗震救灾总指挥部抢险救灾组第 2 次会议。

4 月 21 日

中国地震局党组书记、局长陈建民参加国务院抗震救灾总指挥部第 8 次会议。

4 月 21 日

中国地震局党组书记、局长陈建民主持召开中国地震局青海玉树 7.1 级地震应急指挥部第 5 次会议，传达国务院抗震救灾总指挥部第 8 次会议精神，研究部署抗震救灾各项工作。

4 月 21 日

中国地震局召开会议，中国地震局党组书记、局长陈建民通报青海玉树 7.1 级地震抗震救灾工作情况，部署下一步工作。

4 月 23—24 日

中国地震局党组书记、局长陈建民陪同国务院副总理回良玉再次赴青海玉树地震灾区指导抗震救灾工作。

4 月 26 日

中国地震局党组书记、局长陈建民参加国务院抗震救灾总指挥部第 10 次会议。

4 月 27 日

中国地震局党组书记、局长陈建民主持召开中国地震局青海玉树 7.1 级地震应急指挥部第 6 次会议，传达国务院抗震救灾总指挥部会议精神，听取玉树地震灾害评估和恢复重建准备工作汇报。

4 月 28 日

中国地震局党组书记、局长陈建民参加国务院第 109 次常务会议。

4 月 29 日

中国地震局党组书记、局长陈建民参加国务院抗震救灾总指挥部第 11 次会议。

4月30日

中国地震局党组成员、副局长刘玉辰参加青海玉树7.1级地震灾后恢复重建组第1次全体会议。

5月1—2日

中国地震局党组书记、局长陈建民陪同国务院总理温家宝、国务院副总理回良玉再次赴玉树地震灾区，指导抗震救灾和恢复重建工作。

5月4日

中国地震局党组书记、局长陈建民主持召开中国地震局青海玉树7.1级地震应急指挥部第7次会议，传达国务院领导同志讲话精神，研究部署地震部门下一阶段工作。

5月6日

中国地震局党组书记、局长陈建民参加国务院抗震救灾总指挥部第13次会议。

5月7日

中国地震局局长陈建民会见泰国气象厅厅长苏纳莱一行，双方签订《中国地震局和泰国气象厅地震科技合作领域的谅解备忘录》。

5月10—11日

中国地震局党组书记、局长陈建民陪同国务院副总理李克强赴青海玉树灾区考察。

5月12日

中国地震局党组成员、副局长修济刚参加国务院第111次常务会议，讨论《高分辨率对地观测系统重大专项实施方案（送审稿）》。

5月13—22日

中国地震局副局长修济刚出访美国、智利。

5月19日

中国地震局党组成员、副局长刘玉辰参加国务院第112次常务会，讨论《国务院关于做好玉树地震灾后恢复重建工作的指导意见》。

5月20日

中国地震局党组成员、副局长刘玉辰出席"钻孔应力应变前兆观测网络"论证会。

5月25日

14时11分，四川省成都市都江堰市、彭州市交界发生5.0级地震，震源深度约10千米。震后，中国地震台网中心和四川省地震局组织召开紧急会商会，研判震情发展趋势。四川省地震局和成都市防震减灾局派出现场工作组前往震区调查核实情况，协助当地政府开展应急处置工作。

5月27日

中国地震局副局长刘玉辰会见日本国际协力机构（JICA）代表团。

5月29日

10时29分青海省玉树藏族自治州玉树县发生5.7级余震，震源深度约10千米。震后，国务院副总理回良玉立即作出重要指示，中国地震局认真落实，进一步加强玉树地震余震的监测和研判工作，并密切注视震区情况。

6月2日

中国地震局党组书记、局长陈建民参加国务院抗震救灾总指挥部第17次会议。

6月5日

20时58分，山西省太原市阳曲县发生4.6级地震，震源深度约5千米。震后，国务院副总理回良玉立即作出重要指示，中国地震局认真贯彻落实，加强地震监测和震后趋势分析，及时准确、公开透明发布信息，确保社会稳定，避免引起群众的过度恐慌。山西省地震局和震区的地方地震工作机构派出现场工作队伍，了解核实灾情，协助地方政府开展应急处置工作。

6月9日

国务院发布《关于进一步加强防震减灾工作的意见》，提出到2015年基本形成多学科、多手段的覆盖中国大陆及海域的综合观测系统。意见要求，扎实做好地震监测预报工作，切实提高城乡建筑物抗震能力，强化基础设施抗震设防和保障能力，大力推进地震应急救援能力建设，进一步完善政策保障措施。

6月18—19日

2010年年中全国地震趋势会商会召开，中国地震局党组成员、副局长阴朝民出席。

6月19—20日

中国地震局党组书记、局长陈建民陪同国务院领导视察青海玉树恢复重建工作，并参加玉树地震灾后恢复重建工作会议。

6月19—20日

中国地震局副局长赵和平出席2010年应急管理国际研讨会，作中国地震应急救援专题报告，并主持研讨会第三次全体会议和闭幕式。

6月23日

中国地震局党组成员、副局长修济刚参加国务院第116次常务会议。

6月29日—7月1日

广西壮族自治区百色市凌云县、河池市凤山县交界发生小震群活动，最大震级为7月1日10时27分发生的3.2级地震。中国地震局高度重视此次震群活动，要求广西壮族自治区地震局高度重视震情发展，做好趋势分析、震情跟踪及各项应急处置工作。

7月12日

中国地震局副局长赵和平会见澳大利亚总监察部常务副部长罗杰·维尔金斯一行。

7月15日

四川省乐山市犍为县发生震群活动。5时41分，该地区发生3.6级地震。随后，相继于5时49分发生3.4级地震、6时06分发生3.8级地震、6时53分发生3.6级地震、7时48分发生3.9级地震。震后，中国地震局高度重视，中国地震局党组书记、局长陈建民立即作出批示，要求监测预报司和四川省地震局等部门认真研究震情趋势，切实采取有力措施，强化震情跟踪工作。四川省地震局、乐山市防震减灾局立即派出专家组赶赴震区，开展应急处置工作，跟踪震情发展。

中国地震局党组成员、副局长阴朝民主持召开局长专题会议，研究部署《破坏性地震应急条例》修订工作。

7月22日

中国地震局与中国科学院举行"重大地震灾害应急遥感合作协议"签署仪式，中国地

4月30日

中国地震局党组成员、副局长刘玉辰参加青海玉树7.1级地震灾后恢复重建组第1次全体会议。

5月1—2日

中国地震局党组书记、局长陈建民陪同国务院总理温家宝、国务院副总理回良玉再次赴玉树地震灾区，指导抗震救灾和恢复重建工作。

5月4日

中国地震局党组书记、局长陈建民主持召开中国地震局青海玉树7.1级地震应急指挥部第7次会议，传达国务院领导同志讲话精神，研究部署地震部门下一阶段工作。

5月6日

中国地震局党组书记、局长陈建民参加国务院抗震救灾总指挥部第13次会议。

5月7日

中国地震局局长陈建民会见泰国气象厅厅长苏纳莱一行，双方签订《中国地震局和泰国气象厅地震科技合作领域的谅解备忘录》。

5月10—11日

中国地震局党组书记、局长陈建民陪同国务院副总理李克强赴青海玉树灾区考察。

5月12日

中国地震局党组成员、副局长修济刚参加国务院第111次常务会议，讨论《高分辨率对地观测系统重大专项实施方案（送审稿）》。

5月13—22日

中国地震局副局长修济刚出访美国、智利。

5月19日

中国地震局党组成员、副局长刘玉辰参加国务院第112次常务会，讨论《国务院关于做好玉树地震灾后恢复重建工作的指导意见》。

5月20日

中国地震局党组成员、副局长刘玉辰出席"钻孔应力应变前兆观测网络"论证会。

5月25日

14时11分，四川省成都市都江堰市、彭州市交界发生5.0级地震，震源深度约10千米。震后，中国地震台网中心和四川省地震局组织召开紧急会商会，研判震情发展趋势。四川省地震局和成都市防震减灾局派出现场工作组前往震区调查核实情况，协助当地政府开展应急处置工作。

5月27日

中国地震局副局长刘玉辰会见日本国际协力机构（JICA）代表团。

5月29日

10时29分青海省玉树藏族自治州玉树县发生5.7级余震，震源深度约10千米。震后，国务院副总理回良玉立即作出重要指示，中国地震局认真落实，进一步加强玉树地震余震的监测和研判工作，并密切注视震区情况。

6月2日

中国地震局党组书记、局长陈建民参加国务院抗震救灾总指挥部第17次会议。

6月5日

20时58分，山西省太原市阳曲县发生4.6级地震，震源深度约5千米。震后，国务院副总理回良玉立即作出重要指示，中国地震局认真贯彻落实，加强地震监测和震后趋势分析，及时准确、公开透明发布信息，确保社会稳定，避免引起群众的过度恐慌。山西省地震局和震区的地方地震工作机构派出现场工作队伍，了解核实灾情，协助地方政府开展应急处置工作。

6月9日

国务院发布《关于进一步加强防震减灾工作的意见》，提出到2015年基本形成多学科、多手段的覆盖中国大陆及海域的综合观测系统。意见要求，扎实做好地震监测预报工作，切实提高城乡建筑物抗震能力，强化基础设施抗震设防和保障能力，大力推进地震应急救援能力建设，进一步完善政策保障措施。

6月18—19日

2010年年中全国地震趋势会商会召开，中国地震局党组成员、副局长阴朝民出席。

6月19—20日

中国地震局党组书记、局长陈建民陪同国务院领导视察青海玉树恢复重建工作，并参加玉树地震灾后恢复重建工作会议。

6月19—20日

中国地震局副局长赵和平出席2010年应急管理国际研讨会，作中国地震应急救援专题报告，并主持研讨会第三次全体会议和闭幕式。

6月23日

中国地震局党组成员、副局长修济刚参加国务院第116次常务会议。

6月29日—7月1日

广西壮族自治区百色市凌云县、河池市凤山县交界发生小震群活动，最大震级为7月1日10时27分发生的3.2级地震。中国地震局高度重视此次震群活动，要求广西壮族自治区地震局高度重视震情发展，做好趋势分析、震情跟踪及各项应急处置工作。

7月12日

中国地震局副局长赵和平会见澳大利亚总监察部常务副部长罗杰·维尔金斯一行。

7月15日

四川省乐山市犍为县发生震群活动。5时41分，该地区发生3.6级地震。随后，相继于5时49分发生3.4级地震、6时06分发生3.8级地震、6时53分发生3.6级地震、7时48分发生3.9级地震。震后，中国地震局高度重视，中国地震局党组书记、局长陈建民立即作出批示，要求监测预报司和四川省地震局等部门认真研究震情趋势，切实采取有力措施，强化震情跟踪工作。四川省地震局、乐山市防震减灾局立即派出专家组赶赴震区，开展应急处置工作，跟踪震情发展。

中国地震局党组成员、副局长阴朝民主持召开局长专题会议，研究部署《破坏性地震应急条例》修订工作。

7月22日

中国地震局与中国科学院举行"重大地震灾害应急遥感合作协议"签署仪式，中国地震局党组书记、局长陈建民出席并致辞，中国地震局党组成员、副局长赵和平主持仪式。

7月29日—8月7日

中国地震局局长陈建民率团赴丹麦、冰岛两国访问。

8月8日

凌晨，甘肃省甘南藏族自治州舟曲县发生特大泥石流灾害事件，造成严重人员伤亡和财产损失。遵照国务院领导指示，中国地震局紧急与总参作战部应急办协调，派出以中国地震局党组成员、副局长刘玉辰带队的80人国家地震灾害紧急救援队伍，携带12条搜救犬、生命探测仪等救援装备赶赴灾区开展紧急搜索救援。

8月26日—10月4日

7月底巴基斯坦遭遇特大洪水灾害，已造成近2000人死亡，超过2000万人受灾。日前，巴基斯坦正式向我国政府提出派遣救援队的请求。经党中央、国务院批准，中国地震局会同外交部分两批派出中国国际救援队共116人飞赴巴基斯坦实施人道主义援助行动，开展医治伤员、卫生防疫等大量工作，共医治伤病员25700多人次。

9月13日

中国地震局党组成员、副局长赵和平出席"重大地震灾害应急遥感合作协议签署仪式。

9月28日

北京市综合应急救援队总队举行揭牌仪式，并进行应急综合演练。

10月15—18日

中国地震局党组书记、局长陈建民参加中国共产党十七届五中全会。

11月9日

中国地震局党组书记、局长陈建民主持召开2010年度第3次局务会议，研究审议《防震减灾科学技术奖励办法》和《地震科技应用研究与成果推广专项管理办法》。

11月20—25日

国家地震灾害紧急救援队到马尔康、汶川等地调研汶川地震应急响应、抢险救援、指挥协调、医疗救护、卫生防疫、灾民安置、恢复重建工作，收集整理并推广抗震救灾及重特大突发事件应急处置的成功经验。

11月23日—12月4日

中国地震局副局长刘玉辰率团访问萨摩亚、澳大利亚、新西兰。

11月24日

中国地震局党组成员、副局长赵和平出席重大地震灾害应急遥感合作协议签署仪式。

11月26日

中国地震局党组成员、副局长修济刚听取防震减灾"十二五"规划编制工作进展汇报。

12月6—7日

2011年度全国地震趋势会商会在北京召开。

12月8日

中国地震局党组成员、副局长赵和平出席2010年度中南五省（区）应急联动协作工作会议暨中南五省（区）应急救援联动合作协议签字仪式。

12月13日

国家发展和改革委员会批复了中国地震背景场探测项目初步设计方案和投资概算，总投资 4.29 亿元。

12 月 13 日

国家发展改革委批复了国家地震服务工程初步设计方案和投资概算，总投资 3.59 亿元。

12 月 15—16 日

中国地震局党组成员、副局长阴朝民出席宁夏海原地震博物馆开馆仪式并讲话，期间与宁夏回族自治区李锐副主席就进一步加强宁夏防震减灾工作进行会谈。

12 月 27—30 日

中国地震局党组成员、副局长刘玉辰出席北川地震纪念馆开工仪式，并察看北川、汶川等地灾后恢复重建工作。

12 月 28 日

中国地震局党组书记、局长陈建民主持召开2010年度第6次局务会议，研究审议《地震应急救援管理条例（送审稿）》《地震科学数据共享管理办法（草案）》《水库地震监测管理办法（草案）》和2011年中国地震局工作要点。

（中国地震局办公室）

2010年地震系统各单位离退休人员人数统计表

序号	单位	总计	离休干部					退休干部	工人
			小计	局级	处级	其他		小计	小计
		9365	411	100	270	41		7080	1874
1	北京市地震局	65						60	5
2	天津市地震局	170	7	3	4			146	17
3	河北省地震局	376	10	2	7	1		319	47
4	山西省地震局	179	9	4	5			144	26
5	内蒙古自治区地震局	138	8	1	7			117	13
6	辽宁省地震局	299	20	5	15			233	46
7	吉林省地震局	84	7	1	4	2		69	8
8	黑龙江省地震局	116	9	3	6			95	12
9	上海市地震局	128	8	2	6			105	15
10	江苏省地震局	249	5	2	3			224	20
11	浙江省地震局	66	3	2	1			54	9
12	安徽省地震局	122	8	3	4	1		100	14
13	福建省地震局	269	5	2	2	1		209	55
14	江西省地震局	29	2		2			26	1
15	山东省地震局	289	25	4	18	3		225	39
16	河南省地震局	132	8	2	4	2		113	11
17	湖北省地震局	462	17	5	12			324	121

续表

序号	单位	总计	离休干部				退休干部	工人
			小计	局级	处级	其他	小计	小计
		9365	411	100	270	41	7080	1874
18	湖南省地震局	74	6	3	3		55	13
19	广东省地震局	437	11	1	7	3	301	125
20	广西壮族自治区地震局	74	4		4		66	4
21	海南省地震局	46	2	1	1		33	11
22	重庆市地震局	18					17	1
23	四川省地震局	620	21	6	15		434	165
24	云南省地震局	634	20	5	14	1	478	136
25	西藏自治区地震局	11	1			1	6	4
26	陕西省地震局	190	13	3	10		147	30
27	甘肃省地震局	510	20	9	8	3	404	86
28	青海省地震局	76	2	1	1		54	20
29	宁夏回族自治区地震局	89	1		1		75	13
30	新疆维吾尔自治区地震局	239	8	2	4	2	174	57
31	中国地震局地球物理研究所	397	21	6	13	2	344	32
32	中国地震局地质研究所	322	19	2	16	1	253	50
33	中国地震局地壳应力研究所	470	20	3	13	4	311	139
34	中国地震局地震预测研究所	210	13		9	4	193	4
35	中国地震局工程力学研究所	427	21	6	14	1	314	92
36	中国地震台网中心	132	4	3	1		120	8
37	中国地震灾害防御中心	287	7		7		100	180

· 354 ·

续表

序号	单位	总计	离休干部					退休干部	工人
			小计	局级	处级	其他		小计	小计
		9365	411	100	270	41		7080	1874
38	中国地震应急搜救中心	50	2			2		40	8
39	中国地震局地球物理勘探中心	198	9	1	6	2		128	61
40	中国地震局第一监测中心	208	5	1	4			129	74
41	中国地震局第二监测中心	191	9		8	1		107	75
42	防灾科技学院	104	1			1		93	10
43	中国地震局深圳防震减灾科技交流培训中心	6						5	1
44	中国地震局机关服务中心	61						51	10
45	中国地震局机关	111	20	6	11	3		85	6

注：由于地震出版社进行机构改革，从第二季度起，地震出版社全体离退休干部整体划入中国地震台网中心。从第二季度开始，地震出版社离休干部、退休干部和工人直接列入中国地震台网中心离退休干部基数。

（中国地震局离退休干部办公室）

地震科技图书简介

欧洲地震烈度表（1998）

［德］G. Grunthal 主编

黎益仕 温增平 译

刘锡荟 杜玮 校

定价：62.00元

欧洲地震烈度表（1998）是世界权威的、公认的地震烈度表，对我国地震烈度评估工作具有指导意义。其主要内容包括不同建筑结构类型的易损性等级、钢混结构的破坏等级、砖石建筑的破坏等级、描述性术语的定量意义等。

中国地震构造运动

李祥根 著

定价：60.00元

本书以地震构造理论为纽带，串述了地壳震源破裂、地表地震断层、古地震事件和活动构造地貌效应等；阐述了后造山作用及新构造裂陷机制下的中国地震构造类型和基本特征；分述了中国地震构造区、带特征；分析了中国现今地震构造运动的特点、应力作用和动力学问题，从而推测了（地震）构造运动的模式过程和细节特征；分析了立说地球圈层构造运动理念；对中国地震中长期危险性预测作了一些研究现状的客观介绍。

志愿者与地震紧急救援

徐德诗 王恩福 孙式国 等 著

定价：58.00元

本书结合我国汶川大地震，用翔实的资料和理性的分析，阐述了在重大灾害中志愿者的工作和科学的紧急救援活动发挥的重要作用。本书还介绍了志愿者和紧急救援的由来、发展和现状，专业性强。这对引导广大公众提高紧急救援理念，积极参与志愿者活动，提高救援水平具有积极作用。

防震减灾实用知识手册

北京市地震局 主编

定价：10.00元

本书由北京市地震局和北京市科学技术委员会联合编写。全书分为认识地震、地震监测预报常识、震害防御基本常识和自救常识四部分，以期帮助民众掌握防震、减震、自救、互救的知识和技能，提高民众的心理承受能力，增强全民防震减灾意识。

长春市活断层探测与地震危险性评价

杨清福 杨以道 张羽 等 著

定价：50.00元

全书分两大部分：一是活断层探测，

用地球化学、地球物理方法进行活断层的精细结构调查，确定年代、具体位置、活动性等；二是地震危险性评价，结合地震地质调查、近区域活动构造的鉴别和区域地震活动水平的分析。

汶川地震建筑物震害遥感解译图集

中国地震局地震预测研究所
中国科学院对地观测与数字地球科学中心　编

定价：980.00 元

本图集以科学性、知识性和资料性为编制原则，以中国地震局地震预测研究所在汶川工程震害的遥感对比野外科学考察中取得的大量第一手资料为基础，抽取其中有代表性的内容编辑而成。

地震电磁学理论基础与观测技术（试用本）

中国地震局监测预报司　编

定价：70.00 元

本书是为中国地震局加强地震监测工作规范化管理，实施从事台站电磁监测工作人员上岗培训而编写的电磁学科专门教材。

建筑抗震设计规范（GB 50011—2010）统一培训教材

国家标准建筑抗震设计规范管理组　编

定价：45.00 元

为帮助勘察设计人员正确掌握和运用《建筑抗震设计规范》（GB 50011—2010），本书阐述了中国建筑工程抗震防灾的形势和任务、提高工程抗震设防质量的重要性；系统介绍了新规范修订的背景、法律法规依据、技术政策以及修订的主要内容；介绍了新增加的大跨屋盖建筑和单建式地下建筑的抗震设计以及建筑抗震性能化设计原则和基本方法等内容。

2001—2005 年中国大陆地震灾害损失评估汇编

中国地震局震灾应急救援司　编

定价：100.00 元

本书汇编了 2001—2005 年中国大陆地震灾害的主要资料和数据，分析了当年的地震灾害的特点，详细记录了每次地震灾害事件的基本参数，灾区概况。

《中国地震年鉴》特约审稿人名单

谷永新	北京市地震局	张永久	四川省地震局
郭彦徽	天津市地震局	陈本金	贵州省地震局
翟彦忠	河北省地震局	毛玉平	云南省地震局
李　杰	山西省地震局	张　军	西藏自治区地震局
弓建平	内蒙古自治区地震局	王彩云	陕西省地震局
赵广平	辽宁省地震局	石玉成	甘肃省地震局
孙继刚	吉林省地震局	马玉虎	青海省地震局
张明宇	黑龙江省地震局	张新基	宁夏回族自治区地震局
李红芳	上海市地震局	王　琼	新疆维吾尔自治区地震局
付跃武	江苏省地震局	李　丽	中国地震局地球物理研究所
王秋良	浙江省地震局	单新建	中国地震局地质研究所
张有林	安徽省地震局	杨树新	中国地震局地壳应力研究所
朱海燕	福建省地震局	张晓东	中国地震局地震预测研究所
熊　斌	江西省地震局	李山有	中国地震局工程力学研究所
李远志	山东省地震局	孙　雄	中国地震台网中心
王志铄	河南省地震局	陈华静	中国地震灾害防御中心
晁洪太	湖北省地震局	吴书贵	中国地震局发展研究中心
曾建华	湖南省地震局	翟洪涛	中国地震局地球物理勘探中心
钟贻军	广东省地震局	宋兆山	中国地震局第一监测中心
李伟琦	广西壮族自治区地震局	范增节	中国地震局第二监测中心
陈　定	海南省地震局	贾作璋	防灾科技学院
杜　玮	重庆市地震局	高　伟	地震出版社

《中国地震年鉴》特约组稿人名单

赵希俊	北京市地震局	何濛滢	四川省地震局
丁　晶	天津市地震局	何国文	贵州省地震局
张帅伟	河北省地震局	徐　昕	云南省地震局
和　炜	山西省地震局	赵立宁	西藏自治区地震局
张　茜	内蒙古自治区地震局	谢慧明	陕西省地震局
韩　平	辽宁省地震局	许丽萍	甘肃省地震局
赵春花	吉林省地震局	胡爱真	青海省地震局
李丽娜	黑龙江省地震局	沙曼曼	宁夏回族自治区地震局
刘　欣	上海市地震局	邱媛媛	新疆维吾尔自治区地震局
郑汪成	江苏省地震局	卜淑彦	中国地震局地球物理研究所
沈新潮	浙江省地震局	高　阳	中国地震局地质研究所
李　昊	安徽省地震局	喻建军	中国地震局地壳应力研究所
王庆祥	福建省地震局	张　洋	中国地震局地震预测研究所
曹　健	江西省地震局	彭　飞	中国地震局工程力学研究所
李志鹏	山东省地震局	薛　杭	中国地震台网中心
滕　婕	河南省地震局	杨　睿	中国地震灾害防御中心
安　宁	湖北省地震局	许启慧	中国地震局发展研究中心
孙慧璇	湖南省地震局	魏学强	中国地震局地球物理勘探中心
袁秀芳	广东省地震局	孙启凯	中国地震局第一监测中心
吕聪生	广西壮族自治区地震局	屈　佳	中国地震局第二监测中心
曾春梅	海南省地震局	张玉琛	防灾科技学院
谢　镪	重庆市地震局	郭贵娟	地震出版社